生物工程设备

黄儒强　黄继红　主编

科学出版社

北　京

内 容 简 介

要培养生物工程高素质的专业人才，开设"生物工程设备"课程是十分必要的。为此，编者团队在参考国内外最新文献的基础上，结合生产实践经验和科研成果编写了本书。本书系统地介绍了生物工程设备的原理、结构及其应用。全书共分五篇二十章，内容涉及生物工程产业各环节，其主要特点是将理论与实践相结合，重点突出生产上的可操作性。

本书可供生物工程及相关专业的广大高校师生作为教材使用，也可供上述领域的企业生产者、技术工作者和管理人员参考。

图书在版编目（CIP）数据

生物工程设备/黄儒强，黄继红主编．—北京：科学出版社，2023.11
ISBN 978-7-03-076504-8

Ⅰ．①生…　Ⅱ．①黄…　②黄…　Ⅲ．①生物工程-设备　Ⅳ．①Q81

中国国家版本馆CIP数据核字（2023）第189676号

责任编辑：席　慧　马程迪 / 责任校对：严　娜
责任印制：张　伟 / 封面设计：无极书装

科学出版社 出版
北京东黄城根北街16号
邮政编码：100717
http://www.sciencep.com

北京九州迅驰传媒文化有限公司印刷
科学出版社发行　各地新华书店经销

*

2023年11月第　一　版　　开本：889×1194　1/16
2025年1月第二次印刷　　印张：19 3/4
字数：654 000
定价：86.00元
（如有印装质量问题，我社负责调换）

《生物工程设备》编委会名单

主　编　黄儒强（华南师范大学）

　　　　黄继红（河南大学/许昌学院）

参　编　陈建芳（华南师范大学）

　　　　尹　亮（华南师范大学）

　　　　尤　蓉（华南师范大学）

　　　　江学文（华南师范大学）

　　　　胡　飞（华南理工大学）

　　　　卜　杰（华南理工大学）

　　　　侯银臣（河南牧业经济学院）

　　　　吴　丽（重庆工商大学）

　　　　杨　森（河南农业大学）

　　　　周靖波（澳门大学）

　　　　张相生（河南科谱特医药科技研究院有限公司）

前　言

党的十八大以来，习近平总书记反复强调，教育是国之大计、党之大计，要把教育摆在优先发展的战略位置，并提出了一系列新理念、新思想和新论断，系统回答了教育工作的根本性、全局性、方向性和战略性问题。党的二十大报告指出："教育、科技、人才是全面建设社会主义现代化国家的基础性、战略性支撑。""培养造就大批德才兼备的高素质人才，是国家和民族长远发展大计。""加快建设国家战略人才力量，努力培养造就更多大师、战略科学家、一流科技领军人才和创新团队、青年科技人才、卓越工程师、大国工匠、高技能人才。"习近平总书记关于教育的重要论述为我国各类人才的培养指明了方向。

生物产业是我国的重要发展方向，其发展离不开生物工程。生物工程是指用生物体或其组成成分在最适条件下产生有益产物及进行有效生产过程的技术，包括遗传工程（基因工程）、细胞工程、微生物工程（发酵工程）、酶工程（生化工程）和生物反应器工程等。生物工程设备的研究对象主要是生物工厂中广泛使用的与生产工艺紧密结合的设备，依托化工原理、机械设计基础、生物学、生物工艺学、高等数学等基础知识，研究各类型设备的工作原理、结构、适用对象、特点及设计计算等方面内容。生物工程设备的工作领域为传统生物技术产业的改造和现代生物技术产业的发展提供高效率的生物反应器、现代分离纯化材料和技术及相关的工程装备，还提供单元化生产设备、工艺过程优化、在线自动控制系统、系统集成设计等，因此，对生物工程而言，生物工程设备具有十分重要的地位。

要培养高素质的生物工程卓越工程师和高技能专业人才，除了讲授专业课，让学生了解生物技术知识外，更主要的是开设一门与生产实际结合紧密，同时具有先进性和科学性的设备课程。因此，在参照国内外最新设备书籍及结合编者自己的生产实践经验和科研成果的基础上，编者团队编写了本书。本书系统地介绍了生物工程设备的原理、结构及其应用。全书共分五篇，内容包括：生物反应物料处理设备、辅助系统设备、生物反应器、产物分离纯化与包装设备和设备管理概论等。其主要特点是将理论与实践相结合，重点突出生产上的可操作性。本书编写人员有黄儒强、黄继红、陈建芳、尹亮、尤蓉、江学文、胡飞、卜杰、侯银臣、吴丽、杨森、周靖波、张相生。华南师范大学生命科学学院研究生高莹、王静辉、高林林、王倩、陈樑强、张竞雯、刘若微、蒋新萍及广州珠江啤酒股份有限公司黄德章参与了资料收集、整理和图表制作等工作。

本书可供生物工程、环境工程、制药工程和生物技术领域的广大高校师生阅读使用，也可供上述领域的企业生产者、技术工作者和管理人员参考。

由于编者水平和经验有限，书中不足之处在所难免，敬请读者批评指正。

编　者

2023 年 8 月 30 日

目　录

教学课件索取方式

　　凡使用本书作为教材的主讲教师，可获赠教学课件一份。欢迎关注微信公众号"科学EDU"索取教学课件。

科学EDU

关注→"教学服务"→"样书＆课件申请"

绪　　论

一、生物工程及设备的发展

生物工程是指用生物体或其组成成分在最适条件下产生有益产物及进行有效生产过程的技术。生物工程包括五大工程，即遗传工程（基因工程）、细胞工程、微生物工程（发酵工程）、酶工程（生化工程）和生物反应器工程。

（一）传统生物技术——发酵技术

传统天然发酵技术出现已经有1000多年，甚至可追溯到4000多年以前。过去人们制造白酒、酱油和豆腐乳等时，没有酿造知识，全凭经验制造。发酵是利用微生物的某些生物功能，为人类生产有用的生物产品，或者直接利用微生物参与和控制某些工业生产过程的一种技术。包括细菌、病毒、真菌及一些小型的原生动物、显微藻类等在内的一大类生物群体与人类生活关系密切，涵盖了有益、有害的众多种类，广泛涉及健康、食品、医药、工农业、环保等诸多领域。所谓"靠山吃山，靠水吃水"，在微生物学家的眼中其实就是"靠菌吃菌"。在1500年前的古籍中就有利用匍匐生长的毛霉菌发酵制作豆腐乳的记载。腐乳便宜美味，老少皆宜。

传统天然发酵设备及特点是：手工操作为主，如酿酒手艺代代相传，自然承袭。虽然传统天然发酵风味自然，但一般是小规模、混合菌种发酵和依靠经验进行生产等，产品质量参差不齐，品种少，用途单一。但由于某些发酵产品的特殊性等，传统天然发酵不会完全被工业发酵取代。

（二）纯培养阶段

1675年列文虎克利用显微镜观察到微生物。

19世纪初人类利用酵母进行大规模发酵生产酒精、乳酸、柠檬酸和蛋白酶等初级代谢产物。19世纪中叶法国人酿造葡萄酒时，发现酒总是变酸，便请教当时正在对发酵作用机制进行研究的巴斯德。巴斯德通过研究证明了酵母的酒精发酵，之后科赫建立了纯培养技术。布赫纳随后证明了酒精发酵由一系列酶促反应产生，发酵工业由此进入了纯培养阶段。酒精、甘油、啤酒等产品的纯种厌氧液体发酵获得了空前发展。生物技术由手工作坊进入工业化时代。

纯培养阶段的发酵产品属于初级代谢产物，生产过程简单，生产规模小，对发酵设备要求不高。纯培养阶段设备以机械化为主，纯培养单一菌种发酵，一般有严格的工艺流程和控制参数，产品质量比较稳定；发酵品种多，用途广泛。

（三）好氧发酵阶段

1928年英国的弗莱明发现了青霉素，近代生物工程的起始标志是青霉素的工业开发获得成功：弗莱明、弗洛里和钱恩也因发现和开发了青霉素被授予诺贝尔生理学或医学奖。生产抗生素必须要有严格的无菌操作技术，同时要求从外界通入大量的空气而又不污染杂菌，还要想方设法从大量培养液中提取这种当时产量极低的较纯的青霉素。第二次世界大战的爆发，使美国的科学家在1942年正式实现了青霉素的工业化生产。发酵技术也从昔日以厌氧发酵为主发展为以抗生素和有机酸发酵为主要产品的深层通风发酵为主。

由于青霉素的大规模工业化生产，生物和化工的交叉学科——生化工程诞生。发酵工程在微生物学、生物化学、生化工程三大学科基础上迅速形成一个完整的体系，促进了抗生素工业、酶制剂工业和有机酸工业迅速发展。生物工程设备方面，为提高发酵设备的溶氧能力、降低生产成本，研制出了带有机械搅拌和通气设施的发酵罐。发酵罐步入半自动化、多元化、配套化阶段，长期的生产实践证实，带有机械搅拌的通气培养装置，其搅拌器是影响发酵液中氧传递的重要因素。

（四）代谢控制发酵阶段

1950年，日本建立了代谢控制发酵技术。出现了以谷氨酸、赖氨酸为代表的氨基酸发酵，以及以肌苷酸、鸟苷酸为主的核苷酸发酵技术。实现了对微生物代谢的人工调节，进一步促进了生物技术在工业生产过程的应用。1960年又增加了酶制剂工业。产物抑制和底物抑制理论的出现使发酵工业出现了流加技术和发酵提取耦合技术，同时出现了谷氨酸、赖氨酸生产的流加设备。

代谢控制发酵技术对纯种发酵和无菌操作要求严格，产出的产品种类多为初级代谢产物和次级代谢产物。同时对机械搅拌发酵罐进行改进，研制出了气升式发酵罐，以及多种新型分离介质，如新型树脂材料等。规模大的机械搅拌发酵罐已达500m³，气升式发酵罐达3000m³，设备进入全自动化、智能化阶段。发酵过程是一个高度复杂、具有强烈非线性和时变性特征的过程。传统动力学模型难以准确地把握发酵过程复杂、时变性强烈的动态特性。代谢网络模型虽然可以比较精确地描述发酵过程的内在本质和特征，却由于其过于复杂而无法直接用于发酵过程在线控制和故障诊断，只能间接地对发酵过程优化控制和故障诊断提供帮助。传统动力学模型和技术方法已经无法满足发酵过程控制和故障诊断的需求。因此，将新型的人工智能技术引入发酵过程在线控制和故障诊断领域，研发基于人工智能和代谢调控技术的在线控制和故障诊断系统势在必行。人工智能（artificial intelligence，AI）是自1956年达特茅斯会议后，在经济迅速发展的时代大背景下产生的新技术，具有使用范围广、涉及学科广、需要高端技术等特点。AI是计算机科学研究的一个重要领域，致力于设计开发精密的计算机程序和软件，并以此来模拟人脑的信息获取、逻辑推理及归纳总结等智能行为，以便解决一些需要人类智慧才能解决的复杂问题。人工智能领域的方法主要包括人工神经网络、遗传算法、模糊逻辑及支持向量机等。

（五）基因重组技术的成熟——现代生物技术阶段

20世纪70年代以后，基因工程、细胞工程等的开发，使发酵进入了定向育种的阶段。动植物细胞培养技术及其工业化的发展开始兴起，其中以胰岛素、干扰素为代表。为适应动植物细胞培养过程中对氧、温度、剪切力的需要，设备上出现了与之相应的动植物细胞培养反应器。

现代生物技术可生产多种生理活性蛋白，如胰岛素、生长激素和单克隆抗体等。生物技术已广泛应用于医药卫生、农林牧渔、轻工食品和能源环境等领域。生物工程设备也得到了发展，如针对大多基因工程菌在细胞内表达产物的设备，研制出了超声细胞破碎和高压匀浆新技术及膨胀床吸附等新方法。生物技术产品的工业化多半要仰赖于发酵工程技术，而基因重组技术的迅猛发展对发酵工程技术及其工程师提出了更高的要求。因此，作为生物化工主体的发酵工程技术及设备就成为大部分生物技术药物工业化生产的关键。

（六）生物工程正在改变人类的生存方式和思考方式

发酵工业已经从过去简单的生产酒精类饮料、生产乙酸和发酵面包发展到今天成为生物工程的一个重要分支。现代发酵工程生产的胰岛素、干扰素、生长激素、抗生素和疫苗等多种医疗保健药物，天然杀虫剂、细菌肥料和微生物除草剂等农用生产资料，氨基酸、香料、生物高分子、酶、维生素和单细胞蛋白等产品已经渗透到人们生活的方方面面。

发酵食品是人类巧妙地利用有益微生物加工制造的食品，发酵使食品中原有的营养成分发生改变并产生独特的风味。在日常生活中，人们摄入的动植物细胞内有些成分是人体难以消化和利用的，而发酵时微生物分泌的酶能裂解细胞壁，提高营养素的利用程度。在发酵过程中微生物还可将肉和奶等动物性食品的原有蛋白质进行分解，使其易于被人体消化和吸收。微生物还能合成B族维生素，特别是维生素B_{12}，其是动物和植物自身都无法合成的维生素。发酵食品脂肪含量较低且消除了抗营养因子，发酵过程要消耗碳水化合物的能量，因此是减肥人士的首选健康食品。微生物新陈代谢时产生的不少代谢产物，多数有调节机体生物功能的作用，能抑制体内有害物的产生。

1. 微生物发酵制剂成为保健食品新宠　利用微生物菌体蛋白或代谢产物制作食品，不仅能发挥宿主的正常生理功能，还能利用宿主的免疫防御功能控制菌体蛋白或代谢产物生产过程中的病原体感染。随着微生物种类及发酵机理逐步被阐明，微生物制剂在食品制造中的应用范围日益扩大。

2. 发酵对医药行业的贡献 青霉素在第二次世界大战期间救了千万战士的性命。虽然过去了多年，但青霉素依然奋斗在临床一线。青霉素之类的抗生素是20世纪人类最为重要的医药发明。

3. 微生物在工业上创造奇迹 胜利油田河口沾三块微生物驱出1.5万t原油，胜利油田采油院微生物中心科研人员在沾三块实施内源微生物驱油先导试验见到明显降水增油效果。采用中高温油藏微生物驱油技术后，对应油井日产油从26.3t升至77.2t，日增油50.9t，综合含水由96.1%降低至90.6%，累计增油达15 444t。

日本研究人员利用大肠杆菌，通过转基因操作和光反应等方法，制作出400℃左右高温下也不会变性的生物塑料，是当前同类塑料中最耐热的。日本科学技术振兴机构等机构联合发表的公报提到，这种塑料是透明的，硬度特别高，用于汽车上代替玻璃，能大幅度减轻汽车重量，从而节约能源、减少二氧化碳排放。

4. 微生物推动环保行业 采用新型微生物酶环保技术，将垃圾倒入处理箱后，在8h内进行干燥、脱水、除臭、排毒等技术处理，利用微生物酶有效降解餐厨垃圾中的盐分、脂肪，将动物蛋白、植物蛋白转化为菌体蛋白，变成有机肥料，可用于园林绿化和农作物追肥；分离出来的中水可浇灌绿地、树木。整个处理过程没有污水和臭气排放，也没噪声扰民。

5. 微生物为新能源服务

（1）生物电池靠废弃物驱动。利用微生物可将种植物能源、废弃物能源转化为氢能、乙醇等可再生能源，用于生物电池。

（2）阳光驱动的细胞工厂——微藻。微藻被称为阳光驱动的细胞工厂，通过光合作用将二氧化碳吸收，转化为有机物储存起来，有些微藻油脂含量很高，经一定加工可转化为生物柴油；微生物纳米导线的发现推动了电微生物学的发展，大大提升了产能过程中的导电效率。

6. 现代微生物工程改变我们的思考方式 过去飞机与真菌怎么也联系不到一起，而科学家利用真菌制成首架可生物降解的"活"无人机，打破了人们的正常思维。真菌无人机倘若意外坠毁，残骸就变成一小洼黏液，不会给某些敏感的环境造成污染。这架原型机的主体部分是由菌丝体的材料制造，这完全改变了人们对传统微生物的认知。

总之，生物工程尤其是微生物发酵工程的开发利用前景无限，只有我们想不到的，没有微生物做不到的。

本教材的编写既有传统发酵的提升，也渗透着现代发酵技术的研究成果，为我国发酵行业的科研工作提供了很好的思路和方法，也希望人们能够利用发酵技术在食品科学、医学、材料、能源等交叉学科方面出现更多逆向思维。

二、生物工程设备研究对象

生物工程设备的研究对象主要是生物工厂中广泛使用的与生产工艺紧密结合的设备。依托于化工原理、机械设计基础、生物学、生物工艺学、高等数学等基础知识，研究各类型设备的工作原理、结构、适用对象、特点及设计计算等方面的内容。

生物工程设备的工作领域：为传统生物技术产业的改造和现代生物技术产业的发展提供高效率的生物反应器、现代分离纯化材料和技术及相关的工程装备，还提供单元化生产设备、工艺过程优化、在线自动控制、系统集成设计等。

三、生物工程设备的特点和要求

（一）生物工程设备的基本特点

表现为：①设备操作条件为常温、常压或低压；②无菌操作，设备应考虑消除卫生死角，保证不被杂菌污染，如正压操作、蒸汽密封、使用专用阀门等；③设备结构应满足工艺要求，如可通风、调节

pH、控制温度、补料等；④制作材料应具有耐腐蚀性，生物工程设备大多使用不锈钢或内衬不锈钢材料、耐腐蚀涂料、橡胶等。

生物工程机械设备的特点主要表现为：①种类繁多，型式多种多样，结构繁简不一，自动化程度差异较大；②定型的标准化机械设备少，而未定型的非标准化机械设备较多；③生物制品加工原料的强季节性要求其加工机械设备具有多功能性，即可以一机多用，灵活性和可移动性强，可根据不同产品加工需要进行调整组配形成不同产品的生产线；④生物制品（如药品、保健品）大多为人类的入口产品，要求其加工机械设备在所用材料、结构等方面，卫生状况优良且易于拆卸、清洗、消毒，甚至要求具有自动清洗和消毒系统；⑤生物制品加工水用量较大，许多机械设备要求与水接触，甚至要与腐蚀性液体（如酸、碱、盐）接触，因此要求机械设备具有良好的防腐蚀、防水性能；⑥现代化高水平成套生产线还具有连续、密闭、高度自动化并在无菌状态下工作的特点。

（二）生物工程设备的基本要求

具体如下：①在满足生产工艺、产品质量要求的前提下，尽可能节省投资，降低生产成本；②要达到必需的强度和刚度要求；③降低加工费、运转费；④生物工程设备的生产能力越大，投资越省，如罐容增大10倍，投资只需增加4～5倍；⑤设备利用率越高，成本越低，要尽可能提高利用率（反应器的时空收率）。

生物工程设备的工程学和工程理念要求：将原料转化为产品的过程中，需要考虑理论上的正确性，通过质量衡算、动量衡算、热量衡算达到物料和能量的有效集成，体现工程学要求的反应速率、最优化、技术经济指标等要求。

生物工程特点对生物工程设备的要求：由于生物反应剂的存在，生化反应过程与化学反应过程相比，具有反应条件温和、反应机理复杂、生物体动态变化等特点。以生物反应器为核心，可以将生物生产过程分为上游、中游、下游三个部分。

上游生物技术的主要任务是生物催化剂的制备，还包括原材料的物理、化学及生物处理、培养基制备和灭菌等问题。中游生物技术是整个生物生产过程的关键，是实现生物技术产业化的核心环节，生物反应器更是其关键工程设备。生物生产过程中的下游是对目的物的提取和精制。

四、生物工程设备的分类

按生产过程中的作用把生物工程设备分为四大部分：①生物反应物料的输送与处理设备，其主要作用是输送、除杂、粉碎、制备培养基及灭菌等；②辅助系统设备，主要包括清洗、消毒、供水、制冷、制备无菌空气系统等；③关键核心设备，主要包括发酵罐（有氧发酵罐、厌氧发酵罐）及动植物细胞培养反应器、固定化酶或固定化细胞反应器；④产物分离纯化设备，对产物进行过滤、浓缩、干燥、结晶、蒸馏、离心、脱色、萃取等。

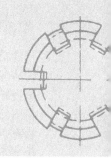

第一篇
生物反应物料处理设备

第一章　物料处理设备

旋振筛
演示视频

第一节　固体物料的分级分选设备

物料分级分选的方法、成本和质量直接影响着经济收益，经济收益是实施分选的原动力，合理优化分选策略对提高效率和效益具有决定性的影响，可以从根本上促进物料分级分选的实施。

一、固体物料的筛选设备

筛选是许多行业采用的一种分离或分级技术。筛选的核心工作构建是一层或数层并用的、具有一定形状和大小筛孔的筛面。存在粒度差别（长度、宽度和厚度等）的混合物料在筛面上运动时，一部分粒度较小的物料将穿过筛孔成为筛下物；另一部分粒度较大的物料则留在筛面上成为筛上物，物料因此而被分离或分级。

筛选设备的一般结构包括进料机构、筛体、振动与传动机构、减振或限振机构、筛体平衡机构、筛体支撑或悬吊装置、风选装置或吸风系统等。谷物筛选设备常见的有旋振筛、振动筛（S49型或TQLZ型）、高速振动筛（SG型）和平面回转筛（SM型或TQLM型）等。以下主要介绍旋振筛和S49型振动筛。

1. 旋振筛　旋振筛是一种高精度细粉筛分机械，也称为三次元振动筛、三次元旋振筛，其噪声低、效率高，快速换网需3～5min，全封闭结构，适用于粒、粉、黏液等物料的筛分过滤，其根据不同的应用分为普通型旋振筛、闸门型旋振筛、加缘型旋振筛等。①普通型旋振筛主要针对通用粉体、小颗粒物料的筛分作业。②闸门型旋振筛（淀粉专用筛）是在实际应用中衍生的一种产品，多用于超轻、超细物料的筛分，可以一次投料长久筛分作业，同时控制闸门的开合以达到良好筛分的目的，这种筛分作业多用于中药粉、花粉等行业。③加缘型旋振筛（泥浆状物料专用旋振筛）是在普通型旋振筛的基础上增大入料口，并通过特殊角度设计以防止液体飞溅的过滤型筛分设备，在水过滤、纸浆过滤等行业有着广泛的应用。旋振筛由直立式振动电机作激振源，电机上、下两端安装有偏心重锤，将电机的旋转运动转变为水平、垂直、倾斜的三次元运动，再把这个运动传递给筛面。调节电机上、下两端的相位角，可以改变物料在筛面上的运动轨迹。

2. 振动筛　S49型振动筛（图1-1），其对任何颗粒、细粉、浆液、黏液在一定范围内均可筛选。

振动筛
装配视频

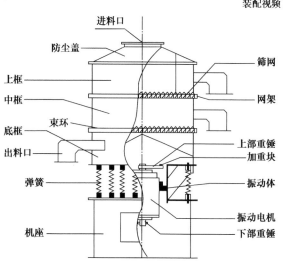

图1-1　S49型振动筛的结构（高服公司，2013）

筛分粉类最细可至500目或0.028mm，过滤液体类最小可至5μm。出料口位置可沿圆周360°任意改变，自动清理堵网装置能把堵网概率降到最小。根据不同需要有多种网架结构，把更换筛网的时间降到3~5min，更换筛网2人即可完成，比其他类型振动筛节约30~60min。筛网寿命更长，效率更高。能进行高效率的精确筛选，使用过程中连续给料，所有进机物料自动排放，机内无存料。同等筛面振动筛比其他类型振动筛有更大容量。每台振动筛可选1~5层筛网，能同时进行2~6个等级的分选或过滤。广泛应用于生物、化工和食品等领域。

振动筛的处理能力主要计算公式如下。

（1）振动筛处理量的计算方法为

$$Q=3600bvh\gamma \tag{1-1}$$

式中：Q为处理量（t/h）；b为筛机宽度（m）；v为物料运行速度（m/s）；h为物料平均厚度（m）；γ为物料堆密度（t/m³）。

（2）直线振动筛物料运行速度的计算方法为

$$v=kv\lambda\omega\cos\delta\ (1+\tan\delta\cdot\tan\alpha) \tag{1-2}$$

式中：v为物料运行速度（m/s）；kv为综合经验系数，一般取0.75~0.95；λ为单振幅（mm）；ω为振动频率（rad/s）；δ为振动方向角（°）；α为筛面倾角（°）。

（3）动负荷为

$$P=k\lambda \tag{1-3}$$

式中：P为动负荷（N）；k为弹簧刚度（N/m）；λ为振幅（m）。

最大动负荷（共振动负荷）按上述结果的4~7倍计算。

二、磁选机设备

磁选机是一种能产生强大磁场吸引力的设备，它能够将混杂在物料中的铁磁性杂质清除，以保证输送系统中的破碎机、研磨机等机械设备安全正常工作。

磁选机设备包括永磁溜管和永磁滚筒。

（一）永磁溜管

永磁溜管是将永久磁钢装在溜管上的盖板上，一条溜管上一般设置2~3个盖板，为防止同极相斥，两磁极间应用薄木片或纸板衬隔。

工作时让薄而均匀的物料从溜管上端流下，磁性物体被磁钢吸住，此种装置结构简单，但除杂效果较差，还必须定时对磁极面进行人工清理。

（二）永磁滚筒

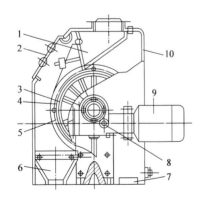

图1-2　永磁滚筒的结构（沈再春，1993）
1. 进料口；2. 观察窗；3. 滚筒；4. 磁芯；
5. 隔板；6. 出料口；7. 铁杂质收集盒；
8. 变速机构；9. 电动机；10. 机壳

永磁滚筒主要由进料装置、滚筒、磁芯、机壳和传动装置五部分组成（图1-2），磁芯是由永久磁钢铁隔板及铝制鼓轮组成的170°的半圆芯，固定在中心轴上。滚筒由非导磁材料（磷青铜或不锈钢）制成，外筒表面喷涂无毒耐磨的聚氨酯涂料，以延长滚筒寿命。工作过程中，磁芯固定不动，电动机通过涡轮减速器带动滚筒旋转，设备下部一端设有出料斗，连接出料导管，另一侧安装铁杂质收集盒，存放分离出的磁性金属杂质。当谷物和金属杂质均匀地落到永磁滚筒上后，谷物随着滚筒转动而下落，从出料口排出，磁性金属杂质被吸留在外筒表面，被安装在外筒上的拨齿带着一起转动，当转至磁场工作区外，自动落入铁杂质收集盒，达到磁性杂质与谷物分离的目的。永磁滚筒除杂效率高，特别适合清除颗粒物料中的磁性杂质。

三、分级设备

根据生产需要，有些原料经过除杂粗分以后就可用于生产，有些则必须进行进一步的精选和分级，精选机工作的主要原理是按照谷物颗粒的长度进行分级。

常用的精选机有碟片式精选机和滚筒式精选机两种，都是利用带有袋孔（窝眼）的工作面来分离杂粒，袋孔中嵌入长度不同的颗粒，以带升高度不同而分离。

1. 碟片式精选机　碟片式精选机的主要构件是一组同轴圆环状铸铁碟片，在碟片的平面上有许多带状凹孔，孔的大小和形状依除杂质条件而定（图1-3）。碟片在粮堆中运动时，短小的颗粒嵌入袋孔，被带到较高的位置落下，因此只要把收集短粒的斜槽放在适当的位置，即可将短粒分开。

2. 滚筒式精选机　滚筒式精选机的主要工作构件是一个内表面开有袋孔的旋转圆筒，如图1-4所示。当物料进入圆筒，长粒物料在进料的压力和滚筒本身倾斜度的作用下，沿滚筒从另一端流出，短粒物料则嵌入袋孔被带到较高的位置，落入中央槽，从而实现分离精选的目的。

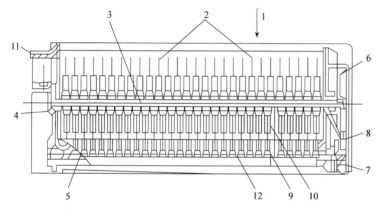

图1-3　碟片式精选机结构（黄亚东，2013）

1. 进料口；2. 碟片；3. 轴；4. 轴承；5. 绞龙；6. 大链轮；
7. 小链轮；8. 链条；9. 隔板；10. 孔；11. 长粒物料出口；12. 溜板

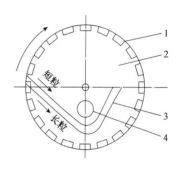

图1-4　滚筒式精选机工作示意图
（黄亚东，2013）

1. 筛转圆筒；2. 袋孔；3. 螺旋输送机；4. 中央槽

第二节　固体物料切割、粉碎设备

一、固体物料粉碎目的与方式

粉碎是利用机械的方法克服固体物料内部的凝聚力而将大尺寸固体变为小尺寸固体的一种操作，是固体生物原料加工中的基本操作之一。

（一）固体物料粉碎目的

（1）减小固体尺寸，可以加快溶解速度或提高混合均匀度，或是重新赋形以改进产品的口感，如盐、糖等的粉碎。

（2）控制多种物料相近的粒度，防止各种粉料混合后再产生自动分级的离析现象。

（3）进行选择性粉碎，将原料颗粒内的成分分离。

（4）减小体型，加快干燥脱水速度。

（5）许多固体物料产品要求有一定的粒度。

（二）固体物料粉碎级别

根据粉碎的粒度大小，可以将粉碎分成以下几种级别：粗破碎，物料被破碎到200～100mm的粒度；中破碎，物料被破碎到70～20mm的粒度；细破碎，物料被破碎到10～5mm的粒度；粗粉碎，将物料粉碎到5～0.7mm的粒度；超细粉碎，将90%以上物料粉碎到能通过200目标准筛网；微粉碎，将90%以上物料粉碎到能通过325目标准筛网；超微粉碎，将全部物料粉碎到微米级的粒度。

（三）固体物料粉碎方式

固体物料粉碎方式很多，主要归纳为图1-5所示几种。

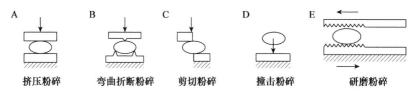

图1-5　粉碎方式示意图（于成，2021）

1. 挤压粉碎　挤压粉碎是指将物料置于两个工作构件之间，逐渐加压，使之由弹性变形或塑性变形而至破裂粉碎的粉碎方式。这种粉碎方式仅适用于脆性物料。固体物料加工中常用的挤压方式是对辊粉碎，当对辊的线速度相等时，则为纯粹的挤压方式。被处理物料若具有一定的韧性或塑性，则处理后物料可呈片状。例如，轧制麦片、米片及油料轧片等处理方式均属于此类。

2. 弯曲折断粉碎　弯曲折断粉碎是指物料在工作构件间承受弯曲应力超过强度极限而折断的粉碎方式。一般用来处理较大块的长或薄的脆性物料，如玉米穗等，粉碎的粒度较低。

3. 剪切粉碎　剪切粉碎是指物料在构件间承受切应力超过强度极限而折断的粉碎方式。这是一种粉碎韧性物料能耗较低的粉碎方式。新形成的表面比较规则，易于控制处理后粒度的大小，一般果蔬和肉类的切块、切片、切丝、切丁都属于这一类。在小麦磨粉用的拉丝对辊磨粉机中，剪切也起着重要作用。

4. 撞击粉碎　撞击粉碎是指当物料与工作构件以相对高速运动撞击时，受到时间极短的变载荷，物料被击碎的粉碎方式。这种粉碎方式适用于质量较大的脆性物料。撞击粉碎应用范围很广，从较大块的破碎到微粉碎均可以使用，而且可以粉碎多种物料。最典型的撞击粉碎机械是锤式粉碎机，它用得很多。也有利用物料自身高速运动而碰撞粉碎的机器，称为超音速喷射粉碎机，但是其能耗很大。

5. 研磨粉碎　研磨粉碎是指物料与粗糙工作面之间在一定压力下相对运动而摩擦，使物料受到破坏，表面剥落的粉碎方式。这是一种既有挤压又有剪切的复杂过程。当两个工作表面之间的压力达到某个极值或两个工作表面之间的间隙达到某个极值时，通过研磨粉碎可以得到所需要的粉碎效果。

二、粉碎机工作原理

粉碎是一个复杂的过程，而且粉碎机的种类繁多。在所有的粉碎机中，都存在多种粉碎物料的方式。对于各种不同物料的粉碎操作，应根据其物料的性质和粉碎要求采用不同的机械，以得到较好的工艺效果。

除了研究将物料尺寸变小外，在粉碎过程中对温度的控制也是非常重要的。因为对于大多数粉碎过程而言，大量的机械能由于摩擦等原因会转化成热能，这一热效应会引起热敏性物料的性质发生改变，轻则降低物料的感官品质和营养价值，严重的会使粉碎操作无法进行。

三、粉碎能量消耗

（一）粉碎能量消耗的机理

对物料进行粉碎而产生的主要作用力为挤压力、剪切力、冲击力，其他如弯曲、扭转等则为附带的作用力。在实际粉碎操作中，作用力是上述几种力的综合。这些作用力由粉碎机的部件传给物料，物料受各种力作用后，首先产生各种应变并以各种形式的变形能积蓄于物料内部。当局部积蓄的变形能超过某临界值（其值取决于物料的性质）时，裂解就发生在脆弱的断裂线上。

粉碎主要需要两方面的能量：一是裂解发生前的变形能（即使未发生裂解，也终将转化为热），这部分能量与颗粒的力学性能（如硬度）和体积有关；二是裂解发生后出现新表面所需的表面能，这部分能量与新出现的表面积的大小有关。当然还有颗粒间摩擦所消耗的能量。

到达临界状态（裂解发生前）的变形能之所以与颗粒的体积有关，是因为体积越大，脆弱点存在的可能性就越大。故大颗粒所需的临界应力就比小颗粒小，因而消耗的变形能也就较少，这就是粉碎操作随着粒度减小而粉碎愈加困难的原因。

在颗粒粒度相同的情况下，由于物料的力学性质不同，所需的临界变形能也不相同。一般物料受应力作用时，在弹性极限应力以下，物料发生弹性变形；当作用的应力在弹性极限应力以上时，物料发生塑性变形直至应力达到屈服极限；在屈服极限以上物料开始流动，经历塑性变形区域，直至达到破坏应力而断裂。物料的力学性质包括以下四点：硬度、强度、脆性和韧性。

（二）粉碎能量消耗的法则

在常规粉碎中，粉碎操作中因增加新的表面积而消耗的能量只占全部能量消耗的很小比例。计算粉碎操作所需的最低能耗是不容易的，此方面的研究很多，因此也提出了许多经验公式。这些公式在一定条件下对计算粉碎的能量消耗是很有用的。

例如，锤式粉碎机的功率一般按经验公式估算：$N=\kappa D_1^2 Ln$。

式中：N 为功率消耗（kW）；D_1 为转子的工作直径（m）；L 为转子的轴向长度（m）；n 为转子的转速（r/min）；κ 为系数，与原料的性质及粉碎度有关，其参考数据 κ 为 0.1～0.2，当粉碎比大时，κ 可取大值。

辊式粉碎机的功率消耗可按下述经验公式估算：$N=\dfrac{0.735\kappa G}{dn}$（kW）。

式中：κ 为系数，取 $\kappa=100\sim110$；d 为被粉碎粒子腹径（cm）；n 为轧辊转速（r/min）；G 为粉碎机的生产能力（t/h）。

四、粉碎规则与粉碎操作

（一）粉碎规则

粉碎物料的基本原则是只需将物料粉碎到所需的粉碎程度，而不过度粉碎，因此粉碎规则如下。

（1）对被粉碎物料只需粉碎到需要的或适于下一工序加工的粉碎比，到达此程度后，应立即使物料离开粉碎机。

（2）在粉碎操作的前后都要过筛，凡能通过所需大小筛孔的物料，就不使它再经过粉碎机粉碎，以免引起过度粉碎，降低粉碎机的生产能力。

（3）当所需粉碎比较大时，应分成几个步骤进行粉碎，实验证明当粉碎比在4左右时，操作效率最高。

（4）粉碎过程尽可能单一，不应添加其他操作。

（二）粉碎操作

在粉碎操作中，首先要考虑的是采用何种粉碎方法或设备，这主要取决于被粉碎物料的大小和所要求的粉碎比及物料的物性，而其中物料的硬度和破裂性是最为重要的考虑因素。挤压和冲击力对于特别坚硬的物料很有效，剪切力（或摩擦力）对于韧性物料有效。将大块固体物料粉碎为细粉，由于一次粉碎比很大，常分为若干级，使每级担负一定的粉碎比。通常干法粉碎操作有开路磨碎、自由压碎、滞塞进料和闭路磨碎几种方法。

粉碎操作除了上述的干法粉碎外，还有湿法粉碎，即将被处理的物料悬浮于载体液流中进行粉碎。常用水作载体，其中水起着硬度降低剂的作用。也可采用其他表面活性剂作硬度和黏度降低剂。实践证明，湿法粉碎操作一般能量消耗比干法粉碎大，同时设备的磨损也严重。但湿法粉碎比干法粉碎易获得更细的制品，在超微粉碎中应用广泛。

除上述干法粉碎和湿法粉碎操作外，还有低温粉碎操作等。低温粉碎是针对那些在常温下有热塑性或非常强韧、粉碎有困难的物料，当其冷却到低温时，物料成为脆性物料，可进行相应的粉碎。

五、干法粉碎

干法粉碎是食品粉碎的重要加工方式，传统的粉碎基于干法粉碎，现代的超微粉碎也基于干法粉碎操作。研究干法粉碎设备对于这一加工技术的掌握是很有意义的。

（一）锤式粉碎技术与设备

锤式粉碎机是干法粉碎最重要的设备之一，也是最常见的粉碎设备。它应用范围广，结构简单，易于掌握。但本章内容注重介绍在选用设备时以前不太注意的问题，这对于选用合适的设备，提高加工效率是有益的。

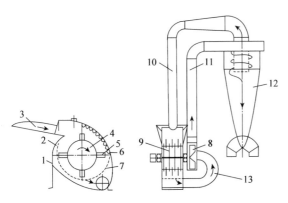

图1-6　锤式粉碎系统（宋建农，2006）

1. 下机体；2. 上机体；3. 喂料口；4. 转子；5. 锤片；
6. 齿板；7. 筛片；8. 风机；9. 锤架板；10. 回料管；
11. 出料管；12. 集料筒；13. 吸料管

1. 锤式粉碎系统组成与粉碎机理　如图1-6所示，由锤架板和锤片组成的转子由轴承立承在机体内，上机体内安有齿板，下机体内安有筛片包围整个转子，构成粉碎室。锤片用销钉销连在锤架板的四周，锤片之间安有隔套（或垫片），使锤片彼此错开，按一定规律均匀地沿轴向分布。工作时，物料从喂料口进入粉碎室，受到高速回转锤片的打击而破裂，以较高的速度飞向齿板，与齿板撞击进一步破碎，如此反复打击、撞击，物料粉碎成小碎粒。在打击、撞击的同时物料还受到锤片端部与筛片的摩擦、搓擦作用而进一步粉碎。在此期间较细颗粒由筛片的筛孔漏出，留在筛片上的较大颗粒再次受到粉碎直到从筛片的筛孔漏出。从筛孔漏出的物料细颗粒由风机吸出并送入集料筒。带物料细颗粒的气流在集料筒内高速旋转，物料细颗粒受离心力的作用被抛向筒的四周，速度降低而逐渐积到筒底，通过排料口流入袋内；气流则从顶部的排风管排出，并通过回料管使气流中极小的物料粉尘回流到粉碎室，也可以在排风管上接集尘布袋收集物料粉尘。

2. 锤式粉碎机的分类与应用　按粉碎机的进料方向，锤式粉碎机可分为切向式、轴向式和径向式3种，如图1-7所示。按某些部件的变异分类又可分为两种：水滴形粉碎室式粉碎机和无筛粉碎机，如图1-8和图1-9所示。

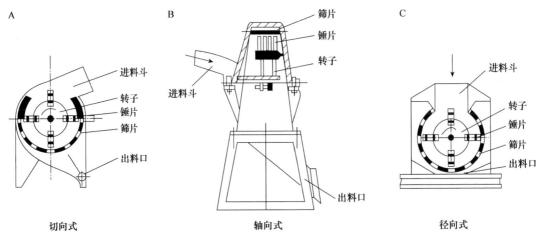

图1-7　锤式粉碎机类型（郭建平和林伟初，2006）

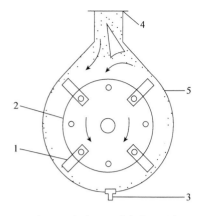

图1-8　水滴形粉碎室式粉碎机
（宋建农，2006）

1. 锤片；2. 转子；3. 筛片；4. 直线段；5. 圆弧段

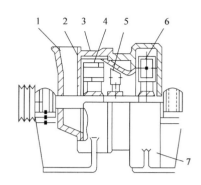

图1-9　无筛粉碎机（宋建农，2006）

1. 喂料口；2. 侧齿板；3. 弧形齿板；4. 转子与锤块；
5. 控制轮与叶片；6. 风机叶轮；7. 机体

（二）辊式粉碎技术与设备

辊式粉碎机是在面粉制造工业中广泛使用的粉碎机械，其他如啤酒麦芽的粉碎、油料的轧坯、巧克力的研磨、糖粉的加工、麦片和米片的加工等均有采用。

图1-10为MY型辊式磨粉机外形示意图，它具有两对磨辊，每对磨辊可以各自成一独立系统，中间用隔板隔开，粉碎原料从上部进入、从下部排出，所以这种机器通常安装在楼板上使用。辊式磨粉机的机身采用大墙板拼装式结构，整个机身由8块铸铁件构成，即左右侧墙板、磨顶、磨底和4块墙板撑挡，全部用螺栓及定位销连接固定。磨辊由滑动轴承支撑，有定位性能。上磨辊的转速较高，称为快辊。快辊轴承座固定在墙板上，轴的一端由大带轮驱动，轴的另一端置入链轮传动箱，以驱动下磨辊。下磨辊的转速一般仅为快辊的1/2.5，称为慢辊。

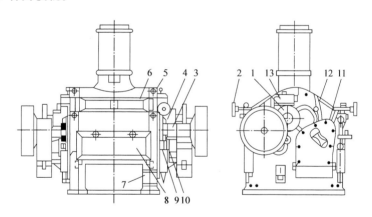

图1-10　MY型辊式磨粉机外形示意图（张裕中，2000）

1. 喂料辊传动轮；2. 轧距调节手轮；3. 快辊轴承座；4. 轧距单边调节机构；5. 指示灯；6. 上磨门；7. 机架；
8. 下磨门；9. 慢辊轴承臂；10. 慢辊轴承座；11. 链轮传动箱；12. 油缸活塞杆端；13. 自动控制装置

慢辊轴承座安装在杠杆式轴承臂（俗称"牛腿"）内，轴承臂的上端空套在墙板的铰支轴上，另一端支撑在轧距调节机构的拉杆上。改变拉杆的位置，可使慢辊轴承臂绕铰支轴旋转，借以改变快辊和慢辊之间的间隙，即调节轧距的大小。慢辊一侧的轴承臂的铰支轴上加一偏心套，用来调整轴承臂上慢辊轴承中心到铰支轴心的距离，以保证快辊和慢辊轴线可以调整到同一平面上。为补偿慢辊在轧距调节过程中可能产生的轴承偏斜，两端轴承臂的铰支轴均做成球面形状。轧距调节机构分总调和单调两个部分，总调是磨辊两端同时平行调节；单调则是调节磨辊一端的轧距，可用来调节磨辊的平行度。

主料辊和下料辊同方向旋转，其间有一光滑导料板，使物料稳定过渡，不产生冲击。扇形料门用2个顶尖轴铰支在墙板上，其中一个顶尖轴有一可调偏心，用来调节料门与定量辊之间间隙的均匀度，保证在整个辊长

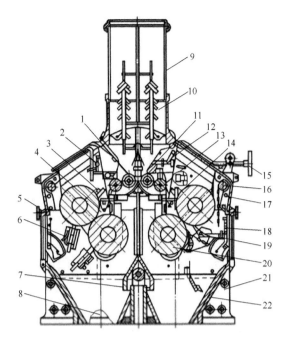

图 1-11 MY 型辊式磨粉机纵剖面（张裕中，2000）

1. 喂料绞龙；2. 料门限位间螺钉；3. 棚条护栏；
4. 阻料板；5. 下磨门；6. 弹簧毛刷；7. 吸风道；
8. 机架墙板；9. 有机玻璃筒；10. 枝形浮子；11. 喂料门；
12. 料门调节螺杆；13. 下喂料辊；14. 挡板；
15. 轧距总调手轮；16. 偏心轴；17. 上横挡；18. 活动挡板；
19. 光辊清理刮刀；20. 下磨辊；21. 下横挡；22. 排料斗

方向的喂料量均匀一致，料门由螺杆控制。磨辊在研磨物料的过程中，辊面的黏附物由辊下的清理装置处理。齿辊的清理装置为硬毛刷，用弹簧压紧在辊面上。光辊的清理装置为刮刀，安装在铰支的杠杆上，靠在配重压的辊面上，当磨粉机停车时有一金属链将配重担起，刮刀离开光辊面，避免光辊面和刮刀接触处的腐蚀。粉碎机工作难免产生粉尘，常配以吸风系统使机腔内始终处于负压状态。风进入磨粉机，绕过磨辊，穿过磨下物料进入吸风道可以降低辊温和料温，兼具有排除湿气的作用。MY 型辊式磨粉机的喂料系统分为上下两辊和喂料门控制系统。对于不同散落性的物料采取不同的喂料方式。对于散落性差的物料如图 1-11 中左半边所示，从料筒下落的物料在喂料绞龙正中向整个辊长展开，然后由下侧喂料辊经闸门定量后喂入磨辊。对于散落性好的物料如图 1-11 中右半边所示，物料下落接触的第一个喂料辊就可将物料沿辊长展开，由喂料门进行定量，然后由下喂料辊进行均流送入磨辊轧区。

MY 型辊式磨粉机的进料、合闸、松闸、停料程序等动作由液压控制系统完成。液压控制系统固定在墙板上，各种动作由进料管的枝形浮子传感器和杠杆系统完成。

六、湿法粉碎

湿法粉碎也是生物加工中重要的粉碎手段，它不仅能将固体颗粒的尺寸减小，而且能使液体的液滴减少。在生物加工中，常常遇到的是固液混合体系，如将其干燥后粉碎则增加了加工的能量消耗，而且许多物料在液体体系中处于溶胀状态，质地很软，易于加工。因此湿法粉碎对生物加工意义重大。

湿法粉碎设备主要有高压均质机、磨浆机（胶体磨和自分离磨浆）和破碎机（搅拌磨和超声均质机）。高压均质机主要应用多组分的液体体系，胶体磨适用于含一定量较软质地的固体体系，自分离磨浆适用于要求固液分离的加工，而搅拌磨和超声均质机主要是用于湿法超微粉碎加工。

（一）高压均质技术与设备

高压均质是利用高压使得液料高速流过狭窄的缝隙而受到强大的剪切力、对金属部件高速冲击而产生强的撞击力及因静压力突降与突升而产生的空穴爆炸力等综合力的作用，把原先颗粒比较粗大的乳浊液或悬浮液加工成颗粒非常细微的稳定的乳浊液或悬浮液的过程。通过高压均质可以将原料的浆、汁、液进行细化和混合，从而可以大大提高物料的匀细度，防止或减少液状物料的分层，改善外观、色泽及香度，提高产品质量，增加经济效益。

高压均质机主要由柱塞泵、均质阀等部分组成。如图 1-12 所示为高压均质机的结构图和外形图。

常用柱塞泵为三缸柱塞泵，由 3 个互不相连的工作室、3 个柱塞、3 个进料阀和 3 个出料阀等组成。通过曲轴连杆机构和变速箱将电动机高速旋转运动变成低速往复直线运动。由活塞带动柱塞，在泵体内做往复运动，完成吸料、加压过程，然后进入集流管。进料管和排料管相通，在料液的排出口装有安全阀，当压力过高时，可使料液回流到进料口。由于曲轴设计为使得连杆相位差为 120°，这样可使排出的流量基本平衡。

高压均质正是通过剪切作用，把原先相对较大的颗粒粉碎成无数接近于液体分子大小的微粒，使微粒稳定、均匀地分散在液体介质中而不发生分离。

均质头的作用就是把高压力静压能转变成液体的高流速动能从而完成均质。在高压泵的作用下，液体被强制通过阀座与阀杆间大小可以调节的缝隙（约为 0.1mm）时，其流动速度在瞬间被加速到

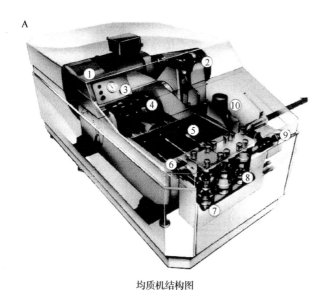
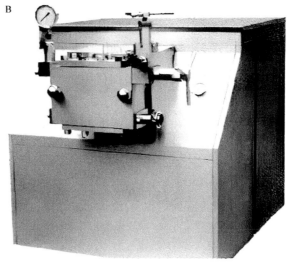

均质机结构图   均质机外形图

图1-12 高压均质机结构图和外形图（唐丽丽等，2014）

1. 主驱动轴；2. V形传动带；3. 压力显示；4. 曲轴箱；5. 柱塞；6. 柱塞密封座；
7. 固定不锈钢泵体；8. 均质阀；9. 均质装置；10. 液压设置系统

200～300m/s，在缝隙中产生巨大的压降，当压力降低到工作温度下液体的饱和蒸气压时，液体就开始"沸腾"并迅速气化，内部产生大量微气泡。含有大量微气泡的液体从缝隙出口流出，流速逐渐降低，压力又随之提高，压力增加至一定值时，液体中的微气泡突然破灭而重新凝结，微气泡在瞬时大量生成和破灭就形成了"空穴"现象。空穴现象似无数的微型炸弹爆炸，能量强烈释放产生强烈的高频振动，同时伴随着强烈的湍流产生强烈的剪切力，液体中的软性颗粒和半软性颗粒就在空穴、湍流和剪切力的共同作用下被粉碎成微粒，其中空穴起了主要的作用。被粉碎了的微粒接着又强烈地冲击到冲击环上，被进一步分散和粉碎，最后以一定的压力流出，完成均质过程。均质在本质上类似于"汽蚀"现象，均质正是利用了这一原先有害的过程并有目的地加以控制，使之发生在特定的区域，而且更为强烈，以至于能产生强大的粉碎作用。均质过程如图1-13所示。

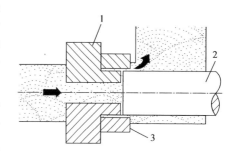

图1-13 均质阀基本结构和均质过程示意图
（夏芸等，2011）

1. 阀座；2. 阀杆；3. 冲击环

（二）胶体磨及其磨浆设备

胶体磨又称为分散磨，工作构件由一个固定的磨体（定子）和一个高速旋转的磨体（转子）组成，两磨体之间有一个可以调节的微小间隙。当物料通过这个间隙时，由于转子的高速旋转，附着于转子面上的物料速度最大，而附着于定子面上的物料速度为零。这样产生了急剧的速度梯度，从而使物料受到强烈的剪切、摩擦和湍动，而产生了粉碎作用。

胶体磨的特点如下。

（1）可在极短时间内实现对悬浮液中的固体物进行超微粉碎作用，即微粒化，同时兼有混合、搅拌、分散和乳化的作用，成品粒径可达1μm。

（2）效率和产量高，是球磨机和辊磨机的效率的2倍以上。

（3）可通过调节两磨体间隙（最小可达到1μm以下），达到控制成品粒径的目的。

（4）结构简单，操作方便，占地面积小。

（5）由于定子和转子间隙极微小，因此加工精度较高。

胶体磨的普通形式为卧式，外形如图1-14A所示，其转子随水平轴旋转，定子与转子间的间隙通常为50～150μm，依靠转动件的水平位移来调节。物料在旋转中心处进入，通过间隙后从四周卸出。转子的转速为3000～15 000r/min。这种胶体磨适用于黏性相对较低的物料。其结构如图1-14B所示。

对于黏度相对较高的物料，可采用立式胶体磨，外形如图1-15A所示，转子的转速为3000～10 000r/min，这种胶体磨卸料和清洗都很方便。其结构如图1-15B所示。

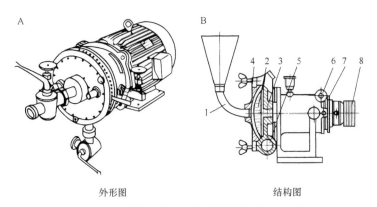

图1-14　卧式胶体磨示意图（宋建国，2007）

1. 进料口；2. 转动件；3. 固定件；4. 工作面；5. 卸料口；6. 张紧装置；7. 调整环；8. 带轮

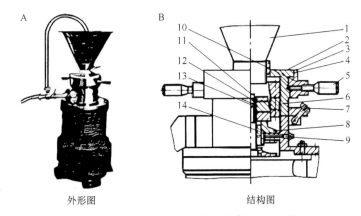

图1-15　立式胶体磨示意图（宋建国，2007）

1. 进料斗；2. 刻度环；3. 固定环；4. 紧定螺钉；

5. 调节手柄；6. 定盘；7. 压紧螺帽；8. 离心盘；9. 溢水嘴；10. 调节环；

11. 中心螺钉；12. 对称键；13. 动盘；14. 机械密封

第三节　固体物料的输送设备

生物工业生产中，固体物料的输送方式主要是机械输送，即利用机械运动输送物料。机械输送设备种类繁多，目前用于输送固体原料的主要有带式输送机、螺旋输送机和链式输送机。

一、带式输送机

带式输送机是连续输送机中效率最高、使用最普遍的一种机型。它广泛地应用于食品、酿酒等行业。可用来输送散粒物品（谷物、麸曲、麦芽等）和块状物品（薯类、酒饼、煤等）。按结构不同，带式输送机可分为固定式和移动式两类。工厂中采用固定式带式输送机的较多。

1. 带式输送机的原理　带式输送机是利用一根封闭的环形带，绕在相距一定距离的2个鼓轮上，带由主动轮带动运行，物料在带上靠摩擦力随带前进，到另一端卸料。

2. 带式输送机的结构　带式输送机的主要构件包括输送带、张紧装置和托辊等，有的还附有装料斗和中途卸料装置。带式输送机简图如图1-16所示。

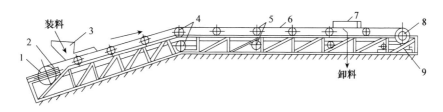

图1-16　带式输送机简图（段开红，2017）

1. 张紧滚筒；2. 张紧装置；3. 装料斗；4. 改向滚筒；5. 托辊；6. 环形输送带；7. 卸料装置；8. 驱动滚筒；9. 驱动装置

在带式输送机中，输送带既是承载构件，又是牵引构件，主要有橡胶带、塑料带、钢带等几种。其中多层橡胶带最为普遍，将输送带连成环形，套在两个鼓轮上，卸料端的鼓轮由电动机传动，称为主动轮；另一端的鼓轮为从动轮。鼓轮可以铸造，也可以是焊制成鼓形的空心轮，表面稍微凸起，使输送带运行时能对准中心。为了增加主动轮和带的摩擦，在鼓轮表面包以橡胶、皮革或木条，鼓轮的宽度应比带宽100～200mm，鼓轮直径根据橡胶带的层数确定。由于环形带长又重，若只由两端鼓轮支撑而中间悬空，则带必然下垂，所以需在带的下面装若干个托辊。托辊多用钢管制成，长度比带宽，两端管口有盖板，盖板中镶以轴承，环形带回空部分，由于已经卸载，托辊个数可以减少。此外，还有张紧装置使输送带有一定的张力，以利正常运行。

3. 输送量的计算　　带式输送机的输送量 Q 由式（1-4）决定：

$$Q = 3.6qv \tag{1-4}$$

式中：Q 为输送量（t/h）；q 为带上单位长度的负荷（kg/m）；v 为带的运行速度（m/s）。

二、螺旋输送机

螺旋输送机在输送形式上分为有轴螺旋输送机和无轴螺旋输送机两种，在外形上分为U形螺旋输送机和管式螺旋输送机。有轴螺旋输送机适用于无黏性的干粉物料和小颗粒物料（如粮食等），而无轴螺旋输送机适合输送有黏性的和易缠绕的物料（如污泥、生物质等）。螺旋输送机由一个旋转的螺旋轴和料仓及传动装置等构成（图1-17）。螺旋输送机的工作原理是利用带有螺旋叶片的螺旋轴的旋转，使物料产生沿螺旋面的相对运动，物料受到料槽或运输管壁的摩擦力作用不与螺旋一起旋转，从而将物料轴向推进，实现物料的运输。在水平螺旋输送机中，料槽的摩擦力是由物料自身重力引起的，而在垂直螺旋输送机中，运输管壁的摩擦力主要是由物料旋转离心力所引起的。螺旋输送机螺旋轴上焊的螺旋叶片，叶片的面型根据输送物料的不同有实体式、实体叶片式、带式和成型式（图1-18）。螺旋输送机的螺旋轴在物料运动方向的终端有止推轴承以随物料给螺旋的轴向反力，在机长较长时，应加中间吊挂轴承。

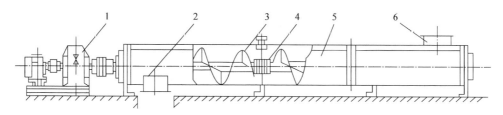

图1-17　螺旋输送机示意图（邹建，2019）

1. 驱动装置；2. 出料口；3. 螺旋轴；4. 中间吊挂轴承；5. 壳体；6. 进料口

（一）应用范围及特点

（1）螺旋输送机是广泛应用的一种输送设备，主要用于输送粉状、颗粒状和小块状物料。它不适宜输送易变质的、黏性的和易结块的物料。

（2）螺旋输送机使用的环境温度为−20～50℃；输送机的倾角 $\beta \leqslant 20°$；输送长度一般小于40m，最长不超过70m。

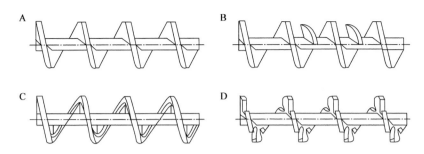

图1-18 螺旋形状（段开红，2017）
A. 实体式；B. 实体叶片式；C. 带式；D. 成型式

（3）螺旋输送机与其他输送设备相比较，具有结构简单、横截面尺寸小、密封性能好、可以中间多点装料和卸料、操作安全方便及制造成本低等优点。它的缺点是机件磨损较严重、输送量较低、消耗功率大及物料在运输过程中易被破碎。

（二）螺旋输送机输送量计算

螺旋输送机的输送量可由式（1-5）近似计算：

$$Q=47\beta\delta\rho D^2sn \tag{1-5}$$

式中：Q 为输送量（t/h）；β 为倾斜系数；δ 为物料填充系数，$\delta=0.125\sim0.4$；ρ 为物料的密度（t/m^3）；D 为螺旋的直径（m）；s 为螺距（m）；n 为螺旋的转数（r/min）。

三、链式输送机

链式输送机（图1-19）是一种用于水平（或倾斜≤15°）输送粉状、粒状物料的机械新产品，其使用性能优越于螺旋输送机、埋刮板输送机和其他输送设备。

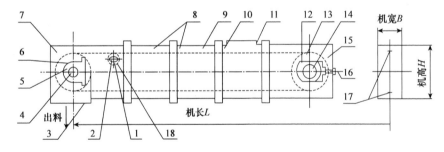

图1-19 FU型链式输送机结构图（新乡百盛机械，2015）
1. 托轮轴；2. 托轮；3. 出料口；4. 头轴；5. 轴承座；6. 头部链轮；7. 头部；8. 中间节（标准）；9. 输送链；10. 中间节（非标准）；
11. 进料口；12. 尾轴承箱；13. 尾轮；14. 尾轴；15. 尾部；16. 调节丝杆；17. 导轨；18. 带菱形轴承座

链式输送机产品利用散料具有内摩擦和侧压力的特性，保证了料层之间的稳定状态，在输送链的作用下形成了连续的整体流动。链式输送机主要由头部、中间节（标准）、中间节（非标准）、尾部、输送链、进料口和驱动装置等组成，驱动装置分左装和右装两种，驱动装置型号根据输送量和输送长度选配；链式输送机产品目前常见的进料口布置分为三种型式：上进料口、侧进料口、两侧进料口，出料口为头部出料口，也可以中间底层出料和中间侧面出料，供用户选用。

第四节 液体物料的输送设备

在生物加工工业中，由于工艺上的要求，常需要把液体从一个设备通过管道输送到另一个设备中去，这就需要液体输送机械，即利用泵、真空吸料装置等将液体物料做一定距离的输送及一定高度的提升，泵是工厂里常见的输送液体并提高其压力的通用设备。

生物化工工厂中液体物料的输送多采用离心泵、往复泵和螺杆泵三种，使用较多的是离心泵和往复泵。

（一）离心泵

离心泵在开动前，先用被输送液体灌泵，开动后，叶片间的液体随叶轮一起旋转，产生离心力，液体从叶轮中心被甩向叶轮外围，高速流入泵壳，从排出口流入排出管路，叶轮内的液体被抛出后，叶轮中心处形成一定的真空，泵的吸入管路一端与叶轮中心处相通，另一端则淹没在所输送的液体内，在液面大气压与泵内真空度的压差的作用下，液体经吸入管路进入泵内，填补被排出的液体的位置，只要叶轮不停转动，离心泵便不断地吸入和排出液体。

卧式管道离心泵的结构见图1-20和图1-21。其由泵、电机和底座三部分组成。泵结构由泵体、叶轮、泵盖、机械密封等零部件组成。泵为单级单吸卧式离心泵，泵体和泵盖两部分是从叶轮背面处剖分的，即后开门结构形式。大多数泵的叶轮前、后均设有密封环，并在叶轮后盖板上设有平衡孔，以平衡作用在转子上的轴向力。泵进口为轴向水平吸入，出口为垂直向上布置。泵和电机同轴，电机轴伸端采用双角接触球轴承结构，可部分平衡泵的残余轴向力。泵与电机越联，安装时不需要校正，具有共同底座，并用JG型隔振器进行隔振。

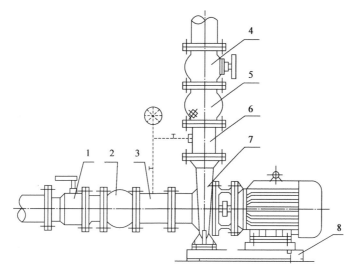

图1-20 卧式管道离心泵结构一（上海丁菲泵业，2010）

1. 进口球阀；2. 进口挠性接头；3. 进口直管取压段；4. 出口闸阀；
5. 出口挠性接头；6. 出口直管取压段；7. 泵；8. 底座

（二）往复泵

往复泵是依靠活塞、柱塞或隔膜在泵缸内往复运动使缸内工作容积交替增大和缩小来输送液体或使之增压的容积式泵。往复泵按往复元件不同分为活塞泵、柱塞泵和隔膜泵3种类型。图1-22为WB型电动往复泵装置的简图，泵缸内有活塞，以活塞杆与传动机构相连，活塞在缸内往复运动。当活塞自左向右移动时，工作室内的体积增大，形成低压。储液池内的液体受大气压的作用，被压进吸液管，顶开吸入阀而进入阀室和泵缸。这时排出阀被排出管中的液体压力压住，处于关闭状态，当活塞从右到左移动时，缸内液体受挤压，并将吸入阀关闭同时工作室内压强增高，排出阀被推开，液体进入排出管而排出。往复泵就是靠活塞在泵缸中左右两端点间做往复运动吸入和压出液体的。

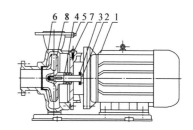

图1-21 卧式管道离心泵结构二
（上海丁菲泵业，2010）

1. 电动机；2. 泵轴；3. 挡水圈；4. 机械密封；
5. 取压塞；6. 泵体；7. 放气塞；8. 叶轮

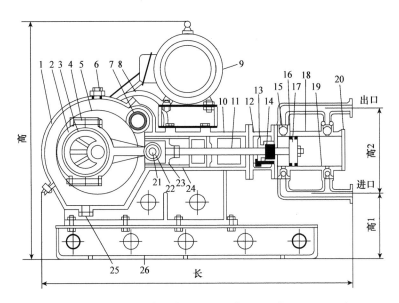

图1-22　WB型电动往复泵装置的简图（上海鄂泉泵业，2019）

1. 箱盖；2. 连杆；3. 连杆铜套；4. 连杆螺丝；5. 偏心轮；6. 加油孔；7. 齿轮油；8. 皮带轮；9. 电机；
10. 箱体；11. 泵轴；12. 垫料架；13. 垫料压盖；14. 垫料；15. 单向球阀；16. 活塞环；17. 活塞；18. 泵体；
19. 单向球阀座；20. 泵盖；21. 连杆销；22. 连杆水上铜套；23. 十字头；24. 往复缸；25. 方油孔；26. 底盘

本 章 小 结

　　生物工程产品的生产主要是以初级粮食为原料，由于这些原料在收获、储藏和运输中，常常会混入各种杂物，达不到生产的质量要求，因此，生产原料往往要经过预处理。固体生产原料的预处理包括：分级、分选、切割和粉碎等过程。同时，由于工艺上的要求，常需要把液体从一个设备通过管道输送到另一个设备中去，这就需要液体输送机械，即利用泵、真空吸料装置等将液体物料做一定距离的输送及一定高度的提升。

思考题

1. 简述永磁滚筒的工作原理。
2. 谷物原料的精选设备有哪些？各有什么特点？
3. 简述锤式粉碎机的工作原理。
4. 简述带式输送机的结构特点、工作原理和适用范围。
5. 生物化工工厂中常用的泵有哪些类型？各有什么特点？

第二章 培养基配制设备

第一节 糖蜜原料的稀释与澄清

糖蜜是一种非结晶糖分,因其本身就含有相当数量的可发酵性糖,不需要糖化,因此是微生物工业大规模发酵生产酒精、甘油、柠檬酸、谷氨酸、食用酵母及液态饲料等的良好原料。由于糖蜜原料的浓度一般都在80°Bx以上,胶体物质与灰分多,产酸细菌多,所以糖蜜酒精发酵前需进行稀释、酸化、灭菌、澄清等处理。

一、糖蜜原料的稀释

(一)糖蜜稀释的工艺要求

糖蜜一般浓度为80~90°Bx,含糖分50%以上,发酵前必须用水稀释到适合的浓度,稀释糖蜜的浓度随生产工艺流程和操作而不同,通常糖蜜稀释的工艺条件如下。

(1)单浓度流程:稀糖液浓度(糖蜜稀释后的糖液浓度)22%~25%。

(2)双浓度流程:酒母稀糖液12%~14%,基本稀糖液33%~35%。

(二)糖蜜的稀释方法

糖蜜的稀释方法可分为间歇稀释法与连续稀释法两种。

1. 间歇稀释法 糖蜜间歇稀释法是先将糖蜜由泵送入高位槽,经过磅秤称重后流入稀释罐,同时加入一定量的水,开动搅拌器充分拌匀,即得所需浓度的稀糖液,经过滤后可供酒母培养和发酵用。间歇式糖蜜稀释器通常是一敞口容器,内装有搅拌装置或用通风代替搅拌,使糖蜜与水均匀混合。

2. 连续稀释法 糖蜜连续稀释是通过连续稀释器进行的,常用的连续稀释器有以下几种型式。

1)水平式糖蜜连续稀释器 如图2-1所示(也称马尔钦柯式连续稀释器),该稀释器不带搅拌器,为一根圆筒形的管子,顺着管长装有若干孔板式的隔板和一块筛板,为了使糖蜜与水更好地混合,各板上的孔位都是交错配置的,即一个孔在上部,一个孔在下部,这样使液体在流动过程中呈湍流式运动,隔板

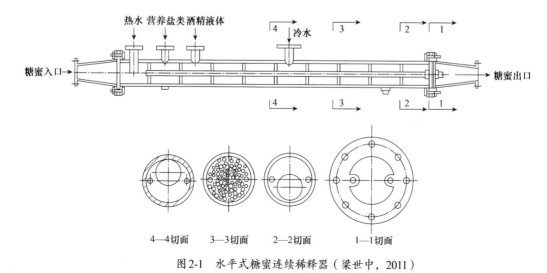

图2-1 水平式糖蜜连续稀释器(梁世中,2011)

上孔的直径是根据保证液体在器内的湍流式流动来计算的。隔板固定在一对水平轴上，能与轴一道拆卸，以便清洗。稀释器安装时通常出口的一端向下倾斜，这种稀释器的混合效果较好，同时也节省动力。该稀释器可同时进行稀释及加营养盐等操作。

2）立式糖蜜连续稀释器　该稀释器也是一根圆筒形的管子，如图2-2所示，它是利用截面积不断改变，保证液体在器内的湍流式流动来达到糖蜜与水均匀混合的目的。糖蜜连续稀释时，首先用泵将糖蜜送至高位槽，然后借位压流往稀释器，与来自另一高位槽的热水混合。保证稀糖液的一定浓度是此稀释器操作的关键，调节稀糖液浓度依靠相应的阀门用人工控制，在大型工厂中采用能调节水及糖蜜流量的联动泵来控制。

3）其他糖蜜连续稀释设备　错板式糖蜜连续稀释器（图2-3A）中糖蜜和水从稀释器的一端到另一端以并流方向流动，经过器内各挡板的作用，糖液反复改变流向，使糖蜜和水得到均匀的混合。

胀缩式糖蜜连续稀释器（图2-3B）是一个中间几次突然收缩的中空圆筒。水和糖蜜从器身一端进入，糖液在器内因器径的几次改变，其流速也发生多次改变，促进了糖液的均匀混合，最后从另一端获得符合工艺需要的稀糖液。该种稀释器的中间收缩部分直径和筒身直径之比为1:(2~3)，收缩段的长度等于主体管的直径。

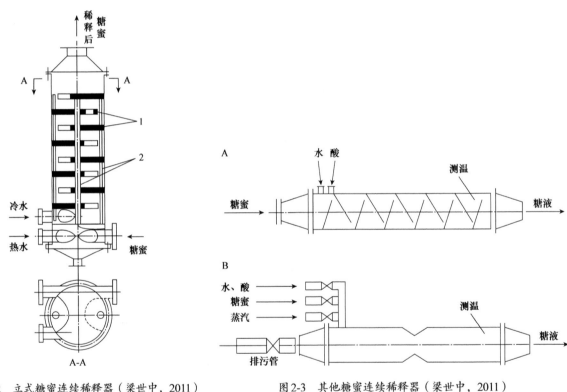

图2-2　立式糖蜜连续稀释器（梁世中，2011）
1. 隔板；2. 固定杆

图2-3　其他糖蜜连续稀释器（梁世中，2011）
A. 错板式糖蜜连续稀释器；B. 胀缩式糖蜜连续稀释器

二、糖蜜原料的澄清

澄清糖蜜原料的目的是使原料中灰渣等固形物沉淀，同时进行灭菌，以达到发酵的要求。

（一）加酸通风处理法

将糖蜜加水稀释至50°Bx左右，加入0.2%~0.3%浓硫酸，通入压缩空气1h，静置澄清数小时，取出上清液作为制备糖液用。

（二）加热加酸沉淀法（又称热酸处理法）

工艺上采用阶段稀释法，第一阶段先用60℃温水将糖蜜稀释至55~58°Bx，同时添加浓硫酸调整pH

为3～3.8，进行酸化，然后静置5～6h；第二阶段则将已酸化的糖液再稀释到所需的浓度。

（三）絮凝剂澄清处理法

先将糖蜜加水稀释至30～40°Bx，加一定硫酸调pH为3～3.8，加热到90℃，添加8mg/kg聚酰胺（PAM），搅拌均匀，澄清静置1h，取上清液即可制备稀糖液用。

第二节　蒸煮与糖化设备

淀粉质原料中所含的淀粉存在于原料的细胞之中，受到细胞壁的保护，不呈溶解状态，不能被糖化剂中的淀粉酶直接作用。淀粉必须先经糖化剂中的淀粉酶作用变成可发酵性糖之后，才能被酵母利用，发酵而生产酒精。将淀粉质原料进行蒸煮的目的是借助蒸煮时的高温作用，使原料的细胞的细胞壁和细胞膜破裂，其内容物流出，成溶解状态变成可溶性淀粉，以便糖化剂作用。采用的方法是用加热蒸汽加热蒸煮，借助蒸汽的高温高压作用，把存在于原料中的大量微生物进行杀灭，以保证发酵过程中原料无杂菌感染。

目前，生物工厂采用的连续蒸煮设备有罐式（图2-4）、柱式（图2-5）和管式（图2-6）三种形式。其

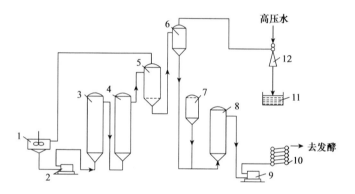

图2-4　罐式连续蒸煮设备（沈玉龙和曹文华，2016）
1. 粉浆搅拌桶兼预蒸煮锅；2. 粉浆泵；3. 蒸煮罐；4. 后熟器；
5. 气液分离器；6. 真空冷却器；7. 液体曲罐；8. 糖化罐；
9. 糖化醪泵；10. 喷淋冷却器；11. 热水箱；12. 水力喷射器

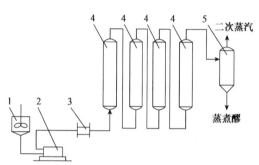

图2-5　柱式连续蒸煮设备（陆寿鹏，2002）
1. 拌和桶；2. 粉浆泵；3. 加热器；4. 蒸煮柱；5. 后熟器

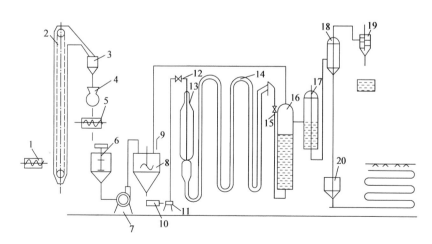

图2-6　管式连续蒸煮设备流程图（朱明军和梁世中，2019）
1. 输送机；2. 斗式提升机；3. 储料斗；4. 锤式粉碎机；5. 螺旋输送机；6. 粉浆罐；7. 泵；8. 预热锅；
9. 进料控制阀；10. 过滤器；11. 泥浆泵；12. 单向阀；13. 三套管加热器；14. 蒸煮管道；15. 压力控制阀；
16. 后熟器；17. 气液分离器；18. 真空冷却器；19. 蒸汽冷却器；20. 糖化罐

中，罐式连续蒸煮设备以其蒸煮温度可高（高温蒸煮）、可低（α-淀粉酶液化、中低温度蒸煮），节省煤耗，设备简单，操作容易，制造方便等而为厂家广泛采用。

一、蒸煮设备

（一）蒸煮罐

蒸煮罐是由圆筒体与球形或碟形封头焊接而成，如图2-7所示，粉浆被往复泵由下端中心进料口压入罐内，被加热蒸汽管喷出的蒸汽迅速加热到蒸煮温度，此罐保持压力为0.3~0.35MPa（表压），糊化醪出口管应伸入管内300~400mm，使罐顶部留有一定的自由空间。在靠近加热位置的上方有温度计测温口，以测试醪液被加热的温度。蒸煮时依据该温度自动控制或手动控制加热蒸汽量。罐下侧有人孔，用以焊接罐体内部焊缝和检修内部零件。加热蒸汽入口处须装有止逆阀，以防蒸汽管路压力降低时罐内醪液倒流甚至造成管路上其他装置的堵塞。

罐式连续蒸煮设备的蒸煮罐和后熟器，其直径不宜太大。原因是醪液从罐底中心进入后做返混运动，不能保证醪液的先进先出，致使时间不均匀，而造成部分醪液蒸煮不透就过早排出，而另有局部醪液过热而焦化。因此，罐的个数不宜太少。瓜干类原料蒸煮罐宜采用4~5个，玉米类原料蒸煮罐宜采用5~6个。

糊化醪随着流动，压力下降，产生二次蒸汽，由最后一个后熟器分离出来。故最后一个后熟器也称为气液分离器。分离出的二次蒸汽，可预热粉浆。气液分离器的液位较低，上部需留有足够的自由空间，以分离二次蒸汽。一般醪液控制在50%左右位置上。

（二）加热器

加热器结构如图2-8所示，该加热器是由三层直径不同的套管组成。内管和中管壁上都钻有许多小孔。粉浆流经中管，高压加热蒸汽从内管、外管两层进入，穿过小孔向粉浆液流中喷射。此加热器气液接触均匀，加热比较全面，在很短时间内可使粉浆达到规定的蒸煮温度。

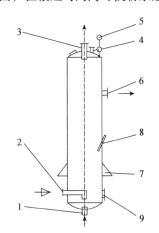

图2-7　蒸煮罐（梁世中，2011）
1. 粉浆入口；2. 加热蒸汽管；
3. 糊化醪出口；4. 安全阀接口；5. 压力表；
6. 制液体曲醪出口；7. 罐耳；
8. 温度计测温口；9. 人孔

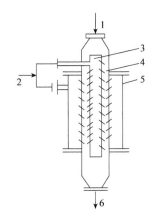

图2-8　加热器结构（梁世中，2011）
1. 冷粉浆；2. 蒸汽；3. 内管；
4. 中管；5. 外管；6. 热粉浆

加热管壁上小孔分布区称为"有效加热段"，粉浆在"有效加热段"停留的时间较短，一般为15~20s。粉浆在此区域内流速以不超过0.1m/s为宜，粉浆的初温一般为70℃左右，加热蒸汽的压力为0.5MPa（表压）。

（三）真空冷却器

由气液分离器排出的糊化醪温度为100℃左右，黏度大，又含有固形物，需降温至65~80℃进行糖化。许多厂家采用真空冷却器进行糊化醪糖化之前的冷却。真空冷却器（图2-9）的器身为圆筒锥底，料液以切线进入，由于器内为真空，醪液产生自蒸发，产生大量的二次蒸汽，醪液在器内旋转被离心甩向周边沿壁下流，从锥底排醪液口排出。二次蒸汽从器顶进入冷凝器被水冷凝，不凝气体由真空泵或蒸汽喷射器抽出。真空度保持在70~80kPa，醪液的温度很快可降至60~65℃，因器内压力低于大气压，真空冷却器常装于较高的位置，一般高于糖化锅10m。若采用水力喷射器抽真空，可与真空冷却器直接连接，可省去冷凝器。

二、糖化设备

（一）连续糖化罐

连续糖化罐的任务是把已降温至60~62℃的糊化醪与糖化醪液或曲乳（液）混合，将其在60℃下，维持30~45min，保持流动状态，使淀粉在酶的作用下变成可发酵性糖。

如图2-10所示，连续糖化罐是一个圆筒外壳、球形或罐形底的容器。若进入的糊化醪未经冷却或冷却不够，则糖化罐内需设有冷却蛇管。如果进入的糊化醪温度达到工艺要求，则罐内不设冷却管。为保证醪液在罐内达到一定的糖化时间，应保证糊化醪的容量不变，故设有自动控制液位的装置。罐内装有搅拌器1~2组，搅拌转数为45~90r/min。连续糖化罐一般在常压下操作，为减少染菌，可做成密闭式，并每天用蒸汽杀菌一次。

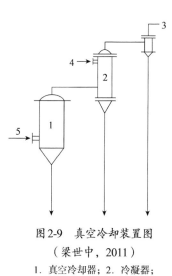

图2-9 真空冷却装置图
（梁世中，2011）
1. 真空冷却器；2. 冷凝器；
3. 蒸汽喷射器；4. 冷水进口；5. 料液进口

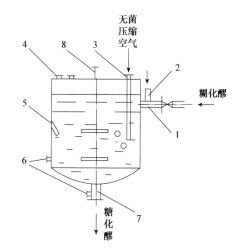

图2-10 连续糖化罐（池永红和范文斌，2014）
1. 糊化醪进管；2. 糖化酶进口；3. 无菌压缩空气管；
4. 人孔；5. 测温口；6. 杀菌蒸汽进口；
7. 出醪管；8. 搅拌器

（二）真空糖化装置

真空糖化装置如图2-11所示，依靠压力差，蒸煮醪液由气液分离器 I 与糖化曲液（由计量罐暂存）同时进入真空糖化罐 III。输送曲液（糖化醪液稀释水）与蒸煮醪充分接触。在糖化罐内蒸煮醪被迅速冷却。尽管引入口处曲液和蒸煮醪液的温度为64~66℃，但由于被冷却湍流速度快，曲液也不会发生过热。

符合糖化的最小体积应使糖化醪在真空糖化罐内平均停留时间为20min（连续糖化采用40~45min或更长时间）然后进入三级真空冷却器 V 的第一室。

真空糖化装置的优点是既是蒸发冷却器，又是糖化器，简化了设备。

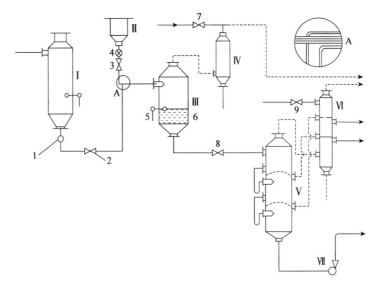

图2-11 真空糖化装置（朱明军和梁世中，2019）

Ⅰ. 气液分离器（最后一个后熟器）；Ⅱ. 糖化曲液计量罐；Ⅲ. 真空糖化罐；Ⅳ. 冷凝器；Ⅴ. 三级真空冷却器；
Ⅵ. 三级冷凝器；Ⅶ. 糖化醪泵；1、2、8. 阀；3、4、6、7、9. 控制阀及管；5. 测温管

糖化车间
视频

第三节　培养基的灭菌设备

一、蒸汽加热式灭菌设备

常用的蒸汽加热式灭菌方法有两种，即分批灭菌和连续灭菌。分批灭菌又称为实消，是中小型工厂常用的灭菌方法，它是将培养基在发酵罐中用高压蒸汽或热空气加热到预定灭菌温度后，维持一定时间，然后冷却到发酵温度。这种方法不需要单独的灭菌设备，操作简单，但加热和冷却时间长，延长了发酵周期，也使培养基的养分遭到破坏。

蒸汽加热式加热器有两种类型——喷射式加热器和注入式加热器。前者是加热器将蒸汽喷射到物料流体中，后者则是将物料注入蒸汽流中。

（一）喷射式加热器

采用喷射式加热器的超高温短时灭菌设备有多种类型，其基本原理都是将蒸汽喷射到液料中，使物料迅速升温到140℃左右，然后通过真空罐瞬间冷却至80℃。

图2-12是英国APV公司6000型直接蒸汽喷射灭菌装置流程图。物料由输送泵1从低温恒位槽中抽出，经第一预热器2进入第二预热器3，物料温度升高至75~80℃，然后在压力下由乳泵4抽出，经流量气控阀5送到直接蒸汽喷射杀菌器6，在该处向物料内喷入压力为1.0MPa的蒸汽，瞬间加热到150℃。在保温管中保持这一温度约达2.4s，然后闪蒸（急速蒸发）进入真空罐9中，在低压下物料水分闪蒸而消耗热量，物料温度被迅速冷却到77℃左右。利用喷射冷凝器18冷凝蒸汽和由真空泵21抽出不凝气体使真空罐保持一定的真空度。喷入物料中的蒸汽应在真空罐中气化时全部除去，同时带走可能存在于液体中的一些臭味。排出的蒸汽一部分送入第一预热器2，用于预热进入的冷液料。经过杀菌处理的物料收集在闪蒸真空罐底部，并保持一定的液位，然后用无菌乳泵11送至无菌均质机12，以30~35MPa的压力均质，使物料中的蛋白质和脂肪均匀混合并稳定。经均质的无菌物料在无菌物料冷却器13中进一步冷却到10~15℃后，直接送往无菌包装机，或送入无菌贮罐。为保证物料恢复到原有的相对密度和达到规定的杀菌温度，该杀菌设备装有相对密度自动调节器16和杀菌温度调节器8。

通常直接蒸汽喷射杀菌装置使用的蒸汽必须是干饱和蒸汽，不含油、有机物和异臭，故只有饮用水才能作为锅炉用水。为了保证加热蒸汽在使用前完全干燥，除过滤器外，还需设置气液分离器。

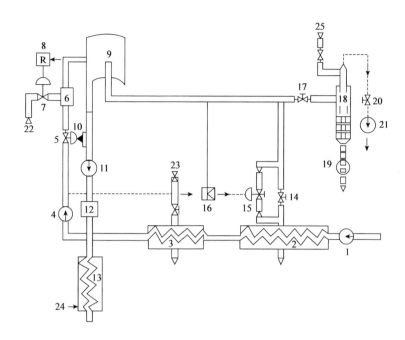

图2-12　英国APV公司6000型直接蒸汽喷射灭菌装置流程图（孙君社，2001）

1. 输送泵；2. 第一预热器；3. 第二预热器；4. 乳泵；5. 流量气控阀；6. 直接蒸汽喷射杀菌器；7. 蒸汽气控阀；
8. 杀菌温度调节器；9. 真空罐；10. 装有液面传感器的缓冲器；11. 无菌乳泵；12. 无菌均质机；
13. 无菌物料冷却器；14, 17. 蒸汽阀；15. 蒸汽气控阀；16. 相对密度自动调节器；18. 喷射冷凝器；
19. 冷凝器泵；20. 真空调节阀；21. 真空泵；22. 高压蒸汽；23. 低压蒸汽；24, 25. 冷却水

为了使制品高度无菌，必须准确控制杀菌温度，电子控制的杀菌温度调节器8自动检测并调节温度，通过蒸汽气控阀7调控蒸汽喷射速度。在150℃时平均精度可达到0.5℃，如果温度降到147℃以下，发出声响或声光警报，如再进一步降到143℃，则进料阀自动关闭，已灭菌料送出阀也自动关闭。

（二）注入式加热器

采用注入式加热器的超高温短时灭菌设备也有多种型号，其原理基本一样：将液料或其他物料注入过热蒸汽加热器中，由蒸汽瞬间加热到杀菌温度而完成杀菌过程。与喷射式加热器相似，灭菌高温物料的骤冷也是在真空罐中通过膨胀来实现降温的。

图2-13是法国拉吉奥尔公司的注入式超高温灭菌设备流程图。物料用高压泵1从平衡槽输送到第一预热器（水汽）2，在此与来自闪蒸罐5的蒸汽进行热交换预热升温，然后经第二预热器（蒸汽）3排出的废蒸汽加热到75℃。之后液体进入蒸汽加热器4，加热器内温度过热蒸汽约为140℃，且利用调节器T_1保持这一温度恒定。预热液体从喷头喷出细小微粒溅落到容器底部时，旋即被加热到杀菌温度（140℃），水蒸气、空气及其他挥发性气体一起从蒸汽加热器4的顶部排出，进入第二预热器3，预热由第一预热器2来的液体。蒸汽加热器4底部的热液体在压力作用下强制喷入闪蒸罐5，因突然减压而急剧膨胀，使温度很快降至75℃左右并蒸发水分，恢复至液体原有的水分。与此同时，大量水蒸气从闪蒸罐顶部排出，在第一预热器2处冷凝并预热原液体，从而在闪蒸罐内造成部分真空。

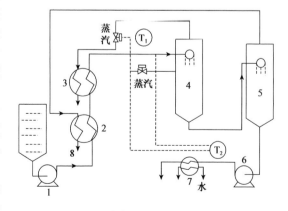

图2-13　法国拉吉奥尔公司的注入式超高温灭菌设备流程图
（章建浩，2000）

1. 高压泵；2. 第一预热器（水汽）；3. 第二预热器（蒸汽）；4. 蒸汽加热器；5. 闪蒸罐；6. 无菌泵；7. 冷却器；8. 真空泵；T_1, T_2. 调节器

用真空泵8将加热器和闪蒸罐的不凝气体抽出，会进一步降低两容器内的压力。沉积在闪蒸罐底部的无菌液体用无菌泵6抽出，进入冷却器7中用冰水冷却至4℃，再送到无菌包装机。与喷射式加热杀菌过程一样，通过控制液体加热前和膨胀后的温度差来保持液体中的水分或总固形物含量不变，而温度的控制是通过调节器T_2操纵自动阀门，调整进入第二预热器3的废蒸汽流速来实现的。

二、间接式超高温灭菌设备

间接式超高温灭菌设备根据热交换器型式分为薄板、套管式和刮板式三种。

（一）薄板超高温灭菌设备

薄板超高温灭菌设备由数组薄板热交换器组成，对流体物料连续预热、杀菌和冷却。英国巴拉弗洛公司间接加热超高温灭菌设备流程图如图2-14所示。

（二）套管式超高温灭菌设备

套管式超高温灭菌设备是由荷兰斯托克公司研制的，我国引进后首先由宁波食品设备总厂试制，其生产能力已达4000L/h。套管式超高温灭菌设备的加热器是由两根不锈钢管组成的双套盘管，利用内外管间环形间隙进行热交换。

图2-15为环形套管式超高温灭菌设备流程图。物料通过供料泵进入环形套管的外层通道，与内层通道的已杀菌高温物料热交换而预热，然后进入单旋盘管由高温桶内蒸汽间接加热到135℃，继而在桶外单旋盘管内保温3～6s，进入双套盘管内层通道被进料冷却到出料温度。该设备装有电脑控制器（PC），会自动检测出料的灭菌温度。当因突然停电停泵而蒸汽还存在时，为防止物料在高温桶内的旋管中过热结焦，需采用手动紧急措施。

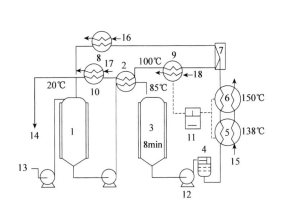

图2-14　英国巴拉弗洛公司间接加热超高温灭菌
设备流程图（席会平和田晓玲，2015）

1. 平衡槽；2. 热交换器（预热）；3. 槽；4. 均质机；
5、6. 热交换器（高温）；7. 转向阀；8. 分离冷却器；
9、10. 热交换器（冷却）；11. 控制箱；12. 不锈钢泵；
13. 原乳；14. 去灌装系统；15. 过热蒸汽；16、17、18. 冰水

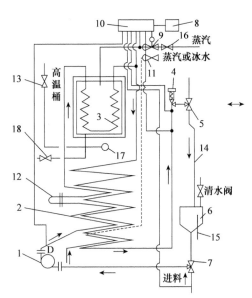

图2-15　环形套管式超高温灭菌设备流程图（沈月新，2006）

1. 供料泵；2. 双套盘管；3. 加热灭菌室；4. 背压阀；
5、7. 气控阀；6. 贮桶；8. 微机；9. 电控阀；10. 微机控制；
11. 截止阀；12. U形管；13. 冷水阀；14. 弯管；15. 溢流管；
16. 蒸汽阀；17. 疏水器；18. 截止阀

（三）刮板式超高温灭菌设备

此类热交换器用于番茄酱等黏性物料或热敏性物料的高温短时杀菌和快速冷却，这里不做详细介绍。

本 章 小 结

培养基是指供给给微生物、植物或动物（或组织）生长繁殖的，由不同营养物质组合配制而成的营养基质。生物反应所需培养基需要进行配制才能达到技术要求，糖蜜是一种非结晶糖分，因其本身就含有相当数量的可发酵性糖，不需要糖化，因此是微生物工业大规模发酵生产酒精、甘油、丙酮丁醇、柠檬酸、谷氨酸、食用酵母及液态饲料等的良好原料。由于原糖蜜的浓度一般都在 $80°Bx$ 以上，所以发酵前需进行稀释、酸化、灭菌、澄清等处理过程。糖蜜的稀释方法可分为间歇法与连续法两种。淀粉必须先经糖化剂中的淀粉酶作用变成可发酵性糖之后，才能被酵母利用，发酵而生产酒精。在糖化前，需要将淀粉质原料进行蒸煮，采用的方法是用加热蒸汽加热蒸煮。杀灭和抑制物料及设备中微生物的主要方法有热、冷、辐射、盐渍、干燥、烟熏等。生物发酵工业中，加热是杀灭和抑制微生物最重要的方法。加热杀菌方法分为湿热杀菌法和干热杀菌法。

思考题

1. 糖蜜原料的稀释有哪几种方法？分别简述其特点。
2. 简述蒸煮罐的结构特点及工作原理。
3. 以淀粉质原料为培养基时，多采用罐式连续蒸煮糖化流程来处理这些原料，该糖化流程中的蒸煮设备有哪些？简述它们各自的作用与特征。
4. 液体培养基的灭菌设备有哪些？它们之间有什么区别？简述各自的特征。

第二篇
辅助系统设备

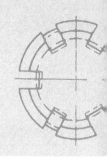

第三章　空气净化除菌与空气调节

第一节　空气介质过滤除菌设备及计算

一、空气中悬浮微粒类型及除菌的常用方法

　　无菌空气是通气发酵过程中的关键流体。它用于细菌的培养、发酵液的搅拌、液体的输送及通气发酵罐的排气。在通气发酵过程中，空气系统的染菌一直被列为发酵生产的第一污染源。由于空气系统纰漏而导致发酵染菌，在总染菌数中比例高达19.96%，而我国的生产现状还远远高于这一数据。为了防止压缩空气染菌给发酵液造成污染，进入发酵罐的空气必须达到0.5μm 100级净化标准，即每立方英尺[①]空气中含有≥0.5μm的微粒数应≤100个。目前，空气净化的主要方法是通过介质过滤达到除菌目的。为了保证过滤后的空气达到净化标准，过滤前的空气要进行降温、除水、除油、减湿的预处理。只有当压缩空气的相对湿度$\varphi \leqslant 60\%$，高效过滤器内的过滤介质保持干燥时，空气通过高效过滤方能达到过滤的期望值。因此，发酵空气净化实际上包括两部分：一是空气的预处理；二是选择性能优良的过滤介质和过滤设备。使科学合理、经济实用的工艺与完善的工程设计有机结合，以使空气系统在优化条件下运行，是发酵行业工程设计者不懈努力的目标。

（一）空气中悬浮微粒的类型

1. 按微粒的形成方式分类

　　（1）分散性微粒。固体或液体在分裂、破碎、气流、振荡等作用下，变成悬浮状态而形成。固态分散性微粒是形状完全不规则的粒子，或是由集结不紧、凝固并松散的粒子组合而又形成球形的粒子。

　　（2）凝集性微粒。通过燃烧、升华和蒸汽凝结及气体反应而形成。一般是由数目很多的有着规则结晶形状或者球状的原生粒子结成的松散集合体组成。

2. 按微粒的性质分类

　　（1）无机性微粒。例如，矿物尘粒、建材尘粒和金属尘粒等。

　　（2）有机性微粒。例如，植物纤维，动物的毛发、角质、皮屑，化学染料和塑料等。

　　（3）有生命微粒。例如，单细胞藻类、菌类、原生动物、细菌和病毒等。

3. 按微粒的大小分类

　　（1）可见微粒。肉眼可见，微粒直径大于10μm（图3-1）。

　　（2）显微微粒。在光学显微镜下可以看见，微粒直径为0.25～10μm（图3-1）。

　　（3）超显微微粒。在电子显微镜下可以看见，微粒直径小于0.25μm（图3-1）。

---

① 1 英尺＝30.48cm

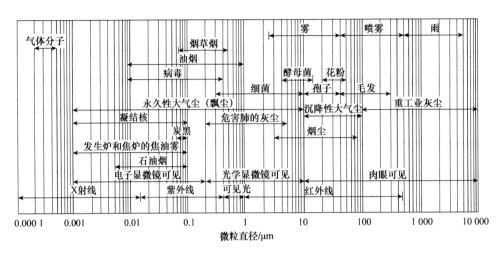

图 3-1 微粒的大小和范围（黄素逸等，1996）

（二）空气除菌的常用方法

1. 辐射灭菌 超声波、高能阴极射线、X射线、β射线、γ射线、紫外线等理论上都能破坏蛋白质活性而起灭菌作用。目前应用较广泛的是紫外线，紫外线波长为253.7～265nm时灭菌效力最强，通常将此波段的紫外线用于菌种车间、发酵车间和无菌室的室内空气灭菌。辐射灭菌效率较低，一般应用于对流不强情况下有限空间内空气的灭菌，对于在大规模空气条件下的灭菌尚有诸多问题亟待解决。

2. 热灭菌法 热灭菌法是一种有效的、可靠的灭菌方法。工业生产上常利用空气压缩时放出的热量进行加热保温灭菌（图3-2）。通常是将空气先预热至60～70℃进入压缩机压缩，并在200℃以上的温度下维持一段时间，以杀灭杂菌。对于耐热芽孢，218℃、24s就能完全被杀死，热灭菌法对于无菌要求不高的发酵来说，是比较经济合理的方法。

3. 静电除菌 静电除尘是利用静电引力吸附带电粒子而达到除菌除尘目的。管式静电除尘器及其除尘机理如图3-3和图3-4所示。

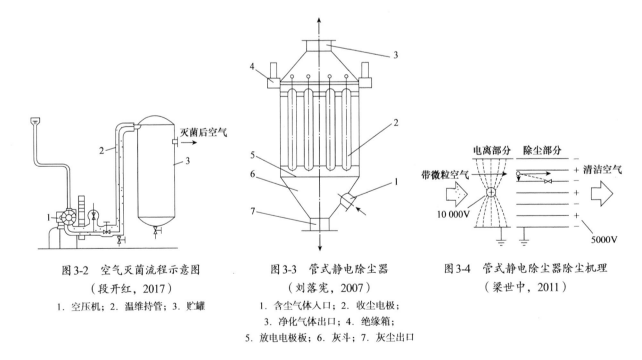

图 3-2 空气灭菌流程示意图
（段开红，2017）

1. 空压机；2. 温维持管；3. 贮罐

图 3-3 管式静电除尘器
（刘落宪，2007）

1. 含尘气体入口；2. 收尘电极；
3. 净化气体出口；4. 绝缘箱；
5. 放电电极板；6. 灰斗；7. 灰尘出口

图 3-4 管式静电除尘器除尘机理
（梁世中，2011）

4. 介质过滤除菌 过滤除菌法是使含菌空气通过过滤介质，以阻截空气流中所含微生物，从而获得无菌空气的方法，过滤除菌是目前生物工业生产中最常用、最经济的空气除菌方法。常用的过滤介质按孔隙的大小可分成两大类：一类是介质间孔隙大于微生物，故必须有一定的厚度才能达到过滤除菌目的，这类过滤介质有棉花、活性炭、玻璃纤维、有机合成纤维、烧结材料；而另一类是介质的孔隙小于微生物，空气通过介质，微生物就被截留于介质上，这称为绝对过滤，如微孔超滤膜。绝对过滤在生物工业生产上的应用逐渐增多，它可以除去0.2μm左右的粒子，故可把细菌等微生物全部过滤除去。目前，研究人员已开发出可成功除去0.01μm微粒的高效绝对过滤器。

二、介质过滤除菌流程

（一）空气除菌流程的要求

空气除菌流程是依据发酵生产上对无菌空气的要求并结合采气环境的空气条件、所用空气除菌设备的特性及空气的性质制订的。

要把空气过滤除菌，并输送到需要的地方，首先要提高空气的能量，即增加空气的压力，这就需要使用空气压缩机或鼓风机。而空气经压缩后，温度会升高，将经压缩后的热空气冷却，并将析出的油、水尽可能除掉，常采用油水分离器和去雾气相结合的装置。为防止往复式压缩机产生脉动，和一般的空气供给一样，流程中需设置一个或多个贮气罐。

总之，生物工业生产中所使用的空气除菌流程要根据生产的具体要求和各地的气候条件而制订，要保持过滤器有比较高的过滤效率，应维持一定的气流速度和不受油、水的干扰，满足工业生产的需要。

（二）空气除菌流程

1. 空气压缩冷却过滤流程　此除菌流程是一个设备较简单的空气除菌流程，它由压缩机、贮罐、冷却器和过滤器组成。它只能适用于那些气候寒冷、相对湿度很低的地区。这种流程在使用涡轮式空气压缩机或无油润滑空气压缩机的情况下效果较好，但采用普通空气压缩机时，可能会引起油雾污染过滤器，这时应加装丝网分离器先将油雾除去。

图3-5是一个比较完善的空气除菌流程。它可以适应各种气候条件，能充分分离空气中含有的水分，使空气在低的相对湿度下进入过滤器，提高过滤除菌效率。

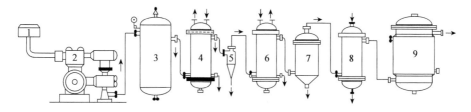

图3-5　两级冷却、分离、加热除菌流程图（黄方一和程爱芳，2013）

1. 粗过滤器；2. 压缩机；3. 贮罐；4、6. 冷却器；5. 旋风分离器；7. 丝网分离器；8. 加热器；9. 过滤器

2. 高效前置过滤除菌流程　高效前置过滤除菌流程如图3-6所示。它的特点是无菌程度高。

采用高效率的前置过滤设备可减轻主过滤器的负担。其常采用泡沫塑料（静电除菌）和超细纤维纸串联使用作为过滤介质。

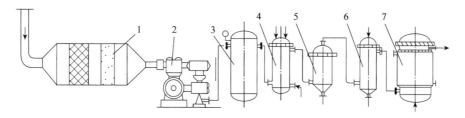

图3-6　高效前置过滤除菌流程图（胡斌杰和郝喜才，2018）

1. 高效前置过滤器；2. 压缩机；3. 贮罐；4. 冷却器；5. 丝网分离器；6. 加热器；7. 过滤器

第二节　生物工业生产的空气调节

一、生物工业生产对空气净化调节设施的要求

生物培养或发酵生产均涉及纯种培养和无菌操作的要求。无论是用微生物、动物细胞、植物细胞的大规模培养，还是产品的纯化、精、烘、包过程，均需要洁净的环境、适宜的空气温湿度和空气压强。GMP（良好生产规范）规定：制剂、原料药的精烘包，制剂所用的原辅料、直接与药品接触的包装材料的生产，应在有空气洁净度要求的区域内进行。

净化要求可分为以下三类。

（1）一般净化。对空气中的悬浮微粒没有具体要求，以温湿度控制为主的舒适性空调房间，通常只设初效过滤器对拟送入空调房间的空气进行一般的净化处理。

（2）中等净化。对空气中悬浮微粒的质量浓度有一定要求，一般采用二级过滤（在初效过滤器的下游再设一个中效过滤器），适用于配备有空调系统的大型公共建筑。

（3）超净净化。对空气中悬浮微粒的大小和数量均有严格要求（通常是洁净室才有此要求），一般要采用初、中、高效三种过滤器对拟送入洁净室的空气进行三级过滤。

二、空气的增湿和减湿方法及原理

（一）湿空气的性质

1. 湿度 x　湿空气中所含的水蒸气质量与所含的绝干空气质量之比，称为空气的湿度，或称湿含量，以 x 表示，单位是 kg 水蒸气/kg 干空气，计算公式如下：

$$x=\frac{m_{\mathrm{w}}}{m_{\mathrm{g}}}=\frac{M_{\mathrm{w}}}{M_{\mathrm{g}}}\cdot\frac{P_{\mathrm{w}}}{P_{\mathrm{t}}-P_{\mathrm{w}}}=0.622\frac{P_{\mathrm{w}}}{P_{\mathrm{t}}-P_{\mathrm{w}}} \tag{3-1}$$

式中：m_{w} 为水蒸气的质量（kg）；M_{w} 为水蒸气的相对分子质量；m_{g} 为干空气的质量（kg）；M_{g} 为空气的平均相对分子质量；P_{w} 为水蒸气的分压强（Pa）；P_{t} 为湿空气的总压强（Pa）。

若湿空气中水蒸气的分压强 P_{w} 等于该空气湿度下水的饱和蒸气压 P_{s}，则该空气就称为被水蒸气所饱和，空气的饱和湿度 x_{s} 可由式（3-2）决定：

$$x_s=0.622\frac{P_s}{P_\mathrm{t}-P_s} \tag{3-2}$$

由于水的饱和蒸气压 P_{s} 只与温度有关，故空气的饱和湿度 x 取决于它的温度与总压。

2. 相对湿度 φ　相对湿度是表示湿空气饱和程度的一个量，它是湿空气里水蒸气的分压强与同温下水的饱和蒸气压之比（通常以百分数表示）：

$$\varphi=\frac{P_{\mathrm{w}}}{P_{\mathrm{s}}}\times100\% \tag{3-3}$$

把此关系代入式（3-2）得

$$x=0.622\frac{\varphi\cdot P_s}{P_\mathrm{t}-\varphi\cdot P_s} \tag{3-4}$$

3. 热含量　湿空气的热含量（或简称焓）就是其中绝干空气的热含量与水蒸气热含量之和。为了计算上的便利，以 1kg 绝干空气为基准，又由于热含量是一个相对值，计算它的数值时必须有一个计算的起点，一般以 0℃ 为起点，称为基温。取 0℃ 时空气的热含量和液体水的热含量都为零，所以空气的热含量只计算其显热部分，而水蒸气的热含量则包括水在 0℃ 时的汽化潜热和水蒸气在 0℃ 以上的显热。

根据上述原则，湿空气的热焓可表示如下：

$$h=c_{\mathrm{g}}t+xh_{\mathrm{i}} \tag{3-5}$$

式中：c_g 为绝干空气的比热容，取 1.01kJ/（kg·℃）；t 为湿空气的温度（℃）；h_i 为在 t℃下水蒸气的热焓（kJ/kg）。

水在 0℃时的汽化潜热 r_0 为 2500kJ/kg，其比热 c_w 为 1.88kJ/（kg·℃），故水蒸气在 t℃时的热焓为

$$h_i = r_0 + c_w t = 2500 + 1.88t \qquad (3\text{-}6)$$

代入（3-5）得

$$h = （1.01 + 1.88x）t + 2500x \qquad (3\text{-}7)$$

式（3-7）中的第一项为湿空气的显热，第二项为其中水蒸气的汽化潜热，这两项都是以 1kg 绝干空气为基准的。

（二）空气的增减湿原理

空气的增湿或减湿过程是空气与水两相间传热与传质（质量传递）同时进行的过程。本节提到的增湿是指增加空气的湿含量；减湿则是减少空气的湿含量。

当空气与大量水接触时，其状态变化的路线与终点将以水的初温而改变。设空气的湿含量为 x，热焓值为 h，经调节后的湿含量变化值和热焓变化值分别为 Δx 和 Δh，比值表示单位湿含量的变化所引起的热含量改变。

每一空气状态的变化过程，由于在 h-x 图上变化方向不尽相同，其相应的差值也将不同。如图 3-7 所示，在 h-x 图上，可绘出代表不同状态改变的多条直线，它们各有不同的斜率。

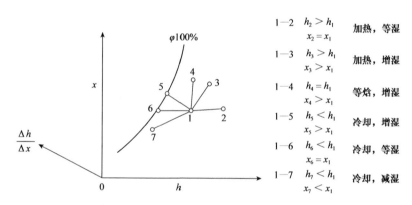

图3-7　空气状态变化过程的方向（朱明军和梁世中，2019）

在研究如何确定空气调节方法和选取设备前，首先要明了增（减）湿机理。如图 3-8 所示，MN 是水与空气的两相界面，在界面上空气的湿含量为 x_i，空气主体湿含量为 x，湿球温度为 t_i，所以 x_i 就是 t_i 下饱和空气的湿含量。由于 x_i 大于 x，故在湿含量差 $\Delta x = x_i - x$ 的作用下，空气不断增湿，也就是说，在推动力 Δx 的作用下，水分不断从两相界面传递到空气中去。与此同时也进行着传热过程。由于空气温度高于水温，借助对流给热，热量从空气传递到水，放出显热而空气自身的温度降低，水吸收了显热而升温。但此时，由于水分汽化后把潜热带到空气中，这部分热量的传递方向刚好与上述显热的传递方向相反。空气在这类增湿过程中可近似看作等焓过程。

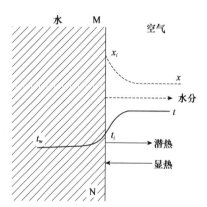

图3-8　空气增湿机理（高孔荣，1991）

减湿过程与增湿过程相反，如图 3-9 所示。空气的湿含量 x 超过了界面处的空气湿含量 x_i，所以水分扩散的方向正好与增湿相反，空气的湿含量不断减少。空气中水分冷凝放出的潜热和空气降温的显热，通过对流给热传给水，变为水的显热，使水的温度升高。

1. 空气的增湿方法

（1）往空气中直接通入蒸汽。

（2）喷水，使水以雾状喷入不饱和的空气中，使其增湿。

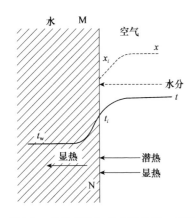

图3-9　空气减湿机理（高孔荣，1991）

（3）空气混合增湿：使待增湿的空气和高湿含量的空气混合，从而得到未饱和空气、饱和空气或过饱和空气。

2. 空气的减湿方法

（1）喷淋低于该空气露点温度的冷水。

（2）使用热交换器把空气冷却至其露点以下。这样原空气中的部分水汽可冷凝析出，以达到空气减湿目的。

（3）空气经压缩后冷却至初温，使其中水分部分冷凝析出，使空气减湿。

（4）用吸收或吸附方法除掉水汽，使空气减湿。

（5）通入干燥空气，所得的混合空气的湿含量比原空气的低。

3. 空气的温度控制　　空气的温度控制较为简单，通过常规的制冷、制热即可实现。由于空气温度的变化会影响湿度的变化，故温度的控制需与湿度控制相联动。

三、空气调节设备

（一）空气调节内容及主要种类

1. 空气调节内容　　空气调节内容主要如下：①外部空气环境各项参数控制指标的确定；②特定空间的内外干扰量的确定与计算；③各种空气处理方法及设备的选择；④空调系统形式的确定与设计；⑤内部气流组织设计与风口选择；⑥空调系统的消声、隔震、防火、防排烟；⑦空调系统的测试、调整、运行调节。

2. 空气调节主要种类　　有舒适性空调和工业性空调两大类，前者以室内人员为对象，创造舒适环境为目的；后者以生产工艺、机器设备或存放物品为对象，以保持最适宜的室内条件为目的。

（二）影响空气调节的因素

1. 冷冻循环　　在冷冻循环中，热泵把热力由一个低温热源传送到另一个较高温的散热装置，热力会自然地以相反方向流动，这是最普遍的空气调节方式。冰箱的运作原理与此相当接近，把热力由冰箱内部传送至冰箱外的空气中。

2. 湿度　　冷冻空气调节器材通常会降低已处理空气的湿度。比较冷（低于露点）的蒸发盘管将已处理空气的水蒸气凝结，正如冷饮品会令容器外空气中的水蒸气凝结一样，水分将经过污水管流走，如此去除了冷冻空间中的水蒸气，并使相对湿度降低。舒适性空调系统通常设计成可排放出相对湿度为40%～60%的空气。

3. 制冷剂（冷媒）　　氟利昂（Freon，氯氟甲烷）因具有很高的稳定性及安全性而被广泛使用。但有证据显示这些含有氯成分的冷冻剂在释放出大气时会升到大气层的上层，其化学作用尚未清楚，目前认为是氯氟烃在同温层被紫外线照射而分解，放出氯气粒子。氯气粒子成为使臭氧分解的催化剂，使地球防止紫外线照射的臭氧层被严重破坏。氯气粒子会继续成为催化剂，直至其与其他粒子组成稳定状态。

4. 功率　　空调设备的功率定义为用24h的时间将907kg 0℃的水变成0℃的冰所需要的制冷功率。它等于12 000英热单位/h[①]或3516W。

5. 隔热　　隔热可降低空气调节系统所需要的能量。较厚的墙、反射性的屋顶物料、窗帘及建筑物隔邻的树木，皆可降低系统的能源需求，耗用较少电费。

本　章　小　结

无菌空气是通气发酵过程中的关键流体。它用于细菌的培养、发酵液的搅拌、液体的输送及通气发酵罐的排气。因此，空气除菌是生物细胞培养过程中极其重要的一个环节，经除菌设备处理的空气必须具

---

① 　1英热单位/h＝0.293W

有合适的温度、湿度和压力，以符合工艺的要求。空气除菌的常用方法有：辐射杀菌、热灭菌法、静电除菌、介质过滤除菌。空气调节主要种类有舒适性空调和工业性空调两大类。

思考题

1. 介质过滤除菌流程的确定应根据哪些要求？其中气速与除菌效率的关系如何？
2. 介质过滤器除菌的原理是什么？
3. 空调的空气增减湿机理是什么？增减湿有哪些方法？
4. 若常压下某湿空气为20℃，湿度0.014 673kg/kg绝干空气，将该空气加热到50℃，试求：①湿空气的相对湿度；②湿空气的比体积；③湿空气的比定压热容；④湿空气的质量焓。
5. 简述空气湿度的定义。

第四章　设备与管道的清洗与杀菌

第一节　生物工业加工设备与管道的卫生要求

生物工业加工过程中设备及管道的清洗与杀菌在生物工业生产和实验研究中作为一项基础性工作，对于提高产品质量起到最关键的作用，是必不可少的一部分。清洗与杀菌就是为了尽可能地除去生产过程中管道及设备内壁生成的污物，同时消除腐败微生物对生产与研究的威胁。根据实验研究及生产实践结果，若设备及管道不进行严格清洗消毒，则残留的富含营养物质的发酵液易导致杂菌感染，一是杂菌大量消耗营养基质和产物，使生产效率和收率下降；二是杂菌及其代谢产物会改变发酵液的物化及流变特性，妨碍产物的分离纯化；三是杂菌可能会直接以产物为基质，从而造成产物生成量锐减而导致发酵失败。

第二节　常用清洗剂、清洗方法及设备

一、生物工业常用清洗剂

清洗剂的种类繁多，包括表面活性剂、吸附剂、酶制剂、酸-碱清洗剂等，而且大多数清洗剂都是混合物，是水溶性的，因为用水作溶剂可使成本降到最低。

（一）清洗剂

理想的清洗剂应能溶解或分解有机物，并能分散固形物，具漂洗和多价螯合作用，而且还具有一定的杀菌作用。但是至今仍未有一种单一的清洗剂具有上述所有性质，这也是目前所有清洗剂都是由碱或酸、表面活性剂、磷酸盐或螯合剂等混合而成的原因。

设备及管道的清洗方法可以分为物理法和化学法两类。物理法是指在清洗过程中没有新物质的生成，主要包括借助机械力、声波、热力、光等及单纯物理溶解的清洗方法。而化学法则是指在清洗过程中有新物质生成，主要包括利用酸碱反应、还原反应、配位反应、电化学、酶及微生物等进行的清洗方法。

生物工业常用的清洗剂主要是化学清洗剂。在工业清洗实践中，人们习惯把所有借助于化学制剂的溶解、反应、分散、乳化、吸附而达到清洗污垢目的方法统称为化学清洗法。其中所用到的化学制剂统称为化学清洗剂。除此之外，在清洗过程中还需要一些用以提高清洗效率，调节清洗液的pH和泡沫，改变或清除气味和颜色，抵制腐蚀和酸雾产生，螯合金属离子等的添加剂，这些称为化学清洗剂的助剂；而机械力、热力、光、电能和声波等作为化学清洗剂作用的强化手段，也可以单独作为物理清洗手段加以应用。

生物工业主要清洗剂的性能如表4-1所示。

表4-1　主要清洗剂的性能（刘信中，2005）

成分	水溶性	有机溶解性	湿润性	分散性	漂洗性	杀菌力	钙螯合力
NaOH	++++	++++	+	+	+	++++	
Na_3PO_4	++++	++	++	++++	+++	++	
表面活性剂	++++	+++	+++	+++	+++	+++	
三聚磷酸钠	++++	++	+	+++	++		+++

续表

成分	水溶性	有机溶解性	湿润性	分散性	漂洗性	杀菌力	钙螯合力
Na$_2$SiO$_3$	++++	+++	+++	++++	+++	+++	
Na$_2$CO$_3$	++++	++	+	+	+	+	

注："＋"表示作用能力；空白处表示某种清洗剂的该性能作用力很弱

从表4-1可以看出，生物工程设备需要能很好地溶解蛋白质和脂肪的洗涤剂，NaOH溶液是其中较好的一种，而硅酸钠（Na$_2$SiO$_3$）是一种良好的水溶液分散剂，它对于稠厚的积垢，如细胞残渣的分散是十分有效的。另外，磷酸三钠（Na$_3$PO$_4$）使用得也很普遍，因为有良好的分散性和乳化性，故有良好的漂洗性能。

用于清洗罐或管道的典型清洗剂配方如表4-2所示。其浓度控制在0.2%~0.5%，各种有效成分的配比根据不同的使用场合而适当改变。对于某些设备，如某些材料的膜不能耐受强烈的清洗剂，此时可用含酶（通常是碱性蛋白酶）的清洗剂。若使用此类含蛋白酶的清洗剂，在分离纯化蛋白质类产物时必须彻底把清洗剂漂洗除去干净。

表4-2　典型清洗剂配方（梁世中，2011）　（单位：g/L）

成分	罐CIP系统用	管道清洗用	成分	罐CIP系统用	管道清洗用
0.1mol/L NaOH	4.0		Na$_2$SiO$_3$		0.4
Na$_3$PO$_4$	0.2		Na$_2$CO$_3$		1.2
表面活性剂		0.1	Na$_2$SO$_4$		1.2
三聚磷酸钠		1.0			

注：CIP（clean in place，在位清洗）

此外，对于一些有机污垢，可选择酶制剂（蛋白酶、脂肪酶等）加入清洗液中，加快相应污垢的清洗。

生物工程清洗中应根据清洗体系及清洗环境的要求，适当添加各种功能的助剂，如消泡剂、缓冲剂、助洗剂等，使设备在有限的工期内较彻底地除去污垢。

各种常用工业污垢的清洗方法的应用场合和主要特点见表4-3。

表4-3　各种常用工业污垢的清洗方法（李德旺，2005）

清洗方法	应用场合	主要特点
手工工具法	局部，小面积污垢	简便，劳动强度大，效率低，质量较差
风动电动工具法	可用于较大面积污垢的清除	效率高于手工工具法
胶球清洗法	清除管内污垢	
高压水喷射法	各种污垢清洗	不使用化学品，不污染环境，应考虑水的循环使用
干冰喷射法	各种污垢清洗	不使用化学品和水，不污染环境，金属表面不易返锈
吸引法	在设备表面的附着力较小的污垢	简便，但需要其他使污垢松动的方法配合
热力法	主要清除蜡、旧有机物、无机盐等可燃烧或易变形的污垢	简便，成本低，不适用于易燃烧、易变形材料的清洗
溶剂法	油污及其他有机污垢，被清洗的设备材料应不溶解于溶剂	清洗效率高，但大多数溶剂易燃、易爆，对环境有污染
表面活性剂法	主要清洗油溶性污垢	用量少，效率高，成本低，可清洗设备死角
酸洗法	清洗能与酸作用的污垢，主要是锈垢、无机盐垢	效率高，成本低，除垢彻底，可清洗设备的死角，有操作人员和设备的安全与环境污染问题
酸熔融法	难溶于水的碱性或两性氧化物和氢氧化物垢	操作温度较高
碱熔融法	难溶于水或酸的酸性污垢	操作温度较高

（二）消毒杀菌剂

通常生物工业设备是用蒸汽加热杀菌的，消毒杀菌剂只应用在少数场合，只有当设备或管路不能耐受高温时才使用。

最常用的消毒杀菌剂是次氯酸钠，因为它能分解放出氯气，而后者是强力杀菌剂。近几年，稳定的二氧化氯因其优越的性能而逐渐取代次氯酸钠。虽然次氯酸溶液对许多金属包括不锈钢都有腐蚀作用，但在pH 8.0～10.5、较低的温度下，50～200mg/L的有效氯浓度，以及尽量缩短与设备的接触时间，可使腐蚀作用降到最小。当然应以保证杀菌的有效性为前提。与次氯酸盐相比，使用季胺化合物消毒对设备的腐蚀性较低，但在较低浓度和较低温度下其消毒效能相对低得多。例如，某些假单胞菌（*Pseudomonas*）就能耐受季铵盐而不被杀灭。

（三）特殊清洗试剂

在某些场合，需要把与有机物表面紧密结合的蛋白质分离洗脱出来，如色谱分离柱树脂的处理。这些树脂较易被NaOH等强力洗涤剂破坏。在这些场合下可使用尿素和氯化钠等化合物，需高浓度才能洗脱蛋白质，如常用6mol/L氯化钠溶液清洗蛋白质A亲和色谱柱，结合在填充柱介质上的免疫球蛋白和清蛋白容易被清洗下来而不损坏分离介质。

二、设备、管路、阀门等管件的清洗

传统的设备清洗方法是把设备拆卸下来用人工或半机械法清洗。但这有许多缺点，如劳动强度大、效率低、不易保障操作工人的安全、清洗与装拆的时间长，且对产品的质量也易造成影响。现在大规模的现代化生产已普遍采用CIP系统，用机械使清洗剂在设备中循环，清洗过程可自动化或半自动化。当然，有些特殊设备还需用人工清洗。

CIP系统具有降低劳动强度、缩短设备清洗时间、提高产品卫生质量等优点。

（一）管件和阀门的清洗

下面介绍一典型的管件清洗操作程序，如表4-4所示。

表4-4 一典型的管件清洗操作程序（朱明军和梁世中，2019）

操作步骤	清洗时间/min	温度	操作步骤	清洗时间/min	温度
1.清水漂洗	5～10	常温	4.消毒杀菌剂处理	15～20	常温
2.清洗剂清洗	15～20	常温至75℃	5.清水漂洗	5～10	常温
3.清水漂洗	5～10	常温			

通常，清洗过程中容器中的液流速度在1.5m/s即可获满意的清洗效果。实验结果证明，清洗液湍动强烈，即雷诺数较高时可获得较好的洗涤效果。若清洗液流速高于1.5m/s，会产生副作用；清洗时间也不需要太长，多于20min也不会明显提高清洗效果。

要注意用清洗剂清洗时不可使用太高的温度，因在较高的温度下易导致残留糖分的焦糖化、蛋白质变性及醋的聚合反应等，这些反应所形成的产物难以清洗除去。实践证明，75℃左右的温度应是最高操作温度，在发酵或生物反应过程完毕后应马上对设备、管路及管件等进行清洗，否则残留物干固后就更难清洗去除。

设备清洗完毕后，应及时把洗水排干净再使之干燥后备用，这样可避免设备内某处积水而导致微生物繁殖。

（二）罐的清洗

对于罐的清洗，常用的方法是使之充满一定浓度的清洗剂并浸泡，但这实际上只用于小型罐。对于大型罐，通常是在罐顶喷洒清洗剂，借助清洗剂对罐壁上的固形残留物的冲击碰撞作用达到清洗效果，这不仅可节约大量的清洗剂，而且使用较低浓度的清洗剂便可达到良好的清洗效果。通常使用的两类喷射洗涤设备为球形静止喷洒器和旋转式喷射器。前者结构较简单，设备费用也较低，没有转动部件，可提供连续的表面喷射，即使有一两个喷孔被堵塞，对喷洗操作影响也不大，还可自我清洗；但因喷射压力不高，故所达到的喷射距离有限，所以对器壁的冲洗主要是冲洗作用而非喷射冲击作用。而旋转式喷射器可在较低喷洗流速下获得较大的有效喷洒半径，且冲击洗涤速度也比喷洒球大得多；但其喷嘴易发生堵塞，故操作稳定性不及球形静止喷洒器，也不能自我清洗，因有转动密封装置，故制造及维护技术要求较高，设备投资较大。

典型的罐清洗流程与管件的清洗是类似的。若罐内装设有对清洗剂敏感的pH和溶氧电极等传感器时，应先把这些传感器拆卸下来另外进行清洗，然后，待罐清洗好后重新装上。

在罐或管路清洗过程中，必须按规程操作，避免把有腐蚀性的清洗剂淋洒到身体上。更应注意的是必须注意设备的热胀冷缩及会否产生真空，当加热清洗后转为冷洗时会产生真空作用，故应在罐内装设真空泄压装置，以免损坏。此外，为安全起见，所有的水泵都应有紧急停止按钮。

（三）生物加工下游过程设备的清洗

在回收细胞或用于液体除渣澄清时常使用碟片式离心机，若细胞质不太黏稠，设备还是不难清洗的，否则就较难清洗，往往要用人工清洗才能获得较好的清洗效果。

对错流的微滤或超滤系统常使用CIP系统清洗。但长时间使用之后，一层硬实的胶体层将在膜表面形成，且这些胶体分子能进入膜孔之中，此时用洗涤剂和清水循环轮换洗涤就很有必要。必要时，最好能对膜分离系统进行反向流动洗涤（反洗），以便在泵送作用下清洗剂把残留物从膜孔中洗脱出来。当然，能否反洗需视膜能否承受反洗压力而定。此外，还必须知道有些滤膜是不能耐受腐蚀性的化学试剂或较高的清洗温度的。

色谱分离柱的清洗有其特殊性。通常填充的高效液相色谱（HPLC）介质对高pH是较敏感的，所以不能耐受NaOH等碱性清洗剂。在这种情况下可用硅酸钠代替。若色谱系统使用的是软性介质，则只能在较低的压力和流速下进行清洗。若此介质不能耐受强碱，则只能延长清洗时间。又如，在某些情况下（如在位清洗）不能提供充足的清洗力度时，应将填充基质卸下来再用清洗剂浸泡清洗。

设备的内径和长径比是影响洗涤效果的重要参数，如长而细的设备比短而粗的设备洗涤效果要好得多。

（四）辅助设备的清洗

辅助设备，如泵、过滤器、热交换器等的清洗是比较简单的，但也必须注意下面两个问题。

（1）空气过滤器常被发酵罐冒出的泡沫污染，故不易清洗干净，必要时需用人工进行认真清洗。同样，也适用于液体过滤的装置。

（2）换热器的清洗，无论何种热交换设备，若是用于培养基的加热或冷却，则换热面上的结垢或焦化是很难避免的，也不易清洗。为避免此问题，应适当提高介质的流速。

（五）去致热物质和内毒素

在生物工程药物生产过程中，从产物中去除致热物质和内毒素是十分重要的，但往往也不易做好。实践表明，确保设备的清洁和不被杂菌污染繁殖是除去致热物质和内毒素的有效方法。通常，清洗过程用0.1mol/L NaOH浸洗是有效的。

（六）仪器的清洗

用于清洗仪器的便携式真空清洁器、管道真空装置已研制开发成功。用于杀灭细菌、真菌和抗病毒的清洗剂已在市场销售。清洗仪器时，往往在一间密封良好的无菌消毒室中进行，用甲醛等消毒杀菌剂进行熏蒸消毒。

三、在位清洗技术及设备

在位清洗（CIP）是指系统或设备在原安装位置不作拆卸及移动的条件下的清洁工作。在位清洗不需要拆卸与重新装配设备及管路，就可以对设备及管路进行有效的清洗，将上批生产或实验在设备及管路中的残留物减少到不会影响下批产物质量和安全性的程度。目前，在位清洗技术已经在食品、饮料、制药和生物技术工艺中得到越来越广泛的应用，可以确保去除工艺残留物，减少污染菌，确保不同生产过程段与段之间的隔离。

由于生物制品工厂的生产线必须保持无菌状态，常常采用CIP系统杀菌的生产方式。CIP系统具有减轻工人劳动强度、防止操作失误、提高清洗效率、安全可靠、易于操作等优点，大大提高了生产管理水平。CIP系统与其他清洗方法的比较见表4-5。

表4-5　CIP系统与其他清洗方法的比较（刘信中，2005）

清洗方法	优点	缺点
手工清洗	设备价格便宜，化学作用充分，化学安全性好，可以进行良好的物理搅动	局限于很少的区域使用，只可用稳定的化学试剂，劳动效率低，强度大，完成清洗后不能保证质量，有错误处理的危险，再现性不好
浸泡清洗	劳动强度最低，脏物渗透效果好	不搅动则低效，清洗剂选择有限
机械清洗	可冲洗设备内部，与其他方法相比费用低	喷射时有热量损失，上、下及有些死角喷射不到，压力太大易损伤设备，耗水量大，浪费时间，劳动效率低
CIP	劳动效率高，清洗强度大、效果好，持续清洗，程序合理先进，易于操作控制，适合大罐清洗	死角无法清洗，系统坏后就无法运行，出现问题的原因难以断定，清洗效果无法通过物理作用调整

CIP按清洗液使用方式，分一次性CIP系统和重复使用的CIP系统。一次性CIP系统通常分为预洗、碱洗、水洗和杀菌四个阶段。对于高温下运转的设备有时还加酸清洗和中和水清洗。一次性CIP系统适用于那些贮存寿命短、易变质的消毒剂，或者是设备中有较高水平的残留固形物致使消毒剂不宜重复使用。一次性CIP系统是较小型的固定单元装置（图4-1）。若某生产设备只用于生产单一产品，那么清洗液可重复利用，不仅可节省清洗剂用量，还可减少排污对环境的污染。随着科学技术的发展进步，一次性CIP系统已被重复使用的CIP系统所代替（以保证不发生交叉感染为前提），且广泛应用于各个行业。图4-2是一个典型的重复使用的CIP系统，它具有以下特点。

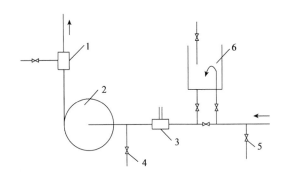

图4-1　一次性CIP系统（段开红，2017）
1. 过滤器；2. 循环泵；3. 喷射器；4. 蒸汽进口；
5. 排污阀；6. 清洗剂贮罐

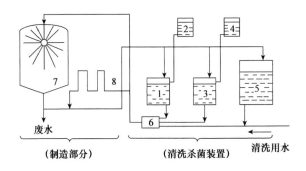

图4-2　重复使用的CIP系统（段开红，2017）
1. 稀释清洗剂罐；2. 浓清洗剂罐；3. 稀释杀菌剂罐；
4. 浓杀菌剂罐；5. 清洗用水罐；6. 程序控制装置；
7. 生产部分缸体；8. 生产部分传输管线

（1）在同一装置中同时进行清洗-灭菌，适合对生产罐体和配管同时进行清洗、消毒杀菌。在罐体中采用洗液喷射方式清洗，而在配管中洗液形成紊流效果的清洗。

（2）操作程序控制完全自动化，只需把必要的控制程序输入控制器便可随时开启，是一种需时短、省力、可靠性高的清洗-杀菌装置。

（3）经济效率高。这套装置在设计时均考虑将清洗用水、清洗剂、杀菌剂及蒸汽的消耗都保持在最小，尽量减少清洗操作费用。

CIP清洗发酵罐常用的方法按采用清洗剂种类不同，可分为碱洗和酸洗。碱洗特别适合去除系统内生成的有机污物，如酵母、蛋白质等；酸洗主要是去除系统内生成的无机污物，如钙盐、镁盐等。按清洗操作温度来分，可分为冷清洗（常温）与热清洗（加热）。为节约时间和清洗液，通常在温度较高的情况下进行清洗，而为操作安全考虑，冷清洗则常被用于大罐清洗。冷清洗总的作业时间为110min，热清洗时间为55min。整个程序如表4-6和表4-7所示。

表4-6　冷清洗程序（左永泉，2009）

步骤	清洗介质	清洗时间/min	作用	操作温度
预洗	回收水	10	去除表面疏松物	常温
主洗	清洗剂（酸性）	30	去除沉积物	常温
中间清洗	清水	10	去除清洗剂	常温
杀菌	杀菌剂	40	杀死微生物	常温
终洗	无菌水	20	去除杀菌剂	常温

表4-7　热清洗程序（左永泉，2009）

步骤	清洗介质	清洗时间/min	作用	操作温度/℃
预洗	回收水	5	去除表面疏松物	40
主洗	清洗剂（碱性）	15	去除沉积物	40
中间清洗	清水	10	去除清洗剂	常温
杀菌	杀菌剂	10	杀死微生物	40
终洗	无菌水	15	去除杀菌剂	常温

近年来还研究开发了集一次性和循环使用于一体的混合系统。这些单元设备是针对罐和管道的CIP系统而设计的，由预定程序控制。由不同清洗剂配比混合组成的清洗液对设备的清洗时间和温度有所不同。图4-3为简单的混合清洗系统，该系统包含回用水回收罐、循环泵、过滤器等。预洗用水可使用回收水，用完后可直接排放掉或贮留一段时间以进行中间清洗然后再排走。要控制一定的循环时间，也可把不同清洗剂混合使用。要确保清洗温度在预定的范围内。清洗剂及漂洗用水循环使用一定次数后，当其所含的污脏物达到一定浓度就不宜回收而需排放废弃。

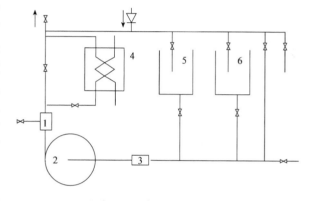

图4-3　简单的混合清洗系统（梁世中，2011）

1. 过滤器；2. 循环泵；3. 喷射器；4. 混合加热罐；
5. 洗涤剂罐；6. 回用水回收罐

现代的CIP系统应是较理想的自控系统，整个清洗过程是全自动或半自动控制的。经验证明，采用电磁阀进行自控可减少操作误差、清洗时间、清洗剂用量及清洗操作费用。

CIP系统的规模是根据清洗对象的情况而确定的。在一家工厂内最好用同一理念设计所有的系统，这样可以统一运行方式，减少运行操作差错，提供一致的控制参数，使用统一格式的系统运行记录文件。图4-4为

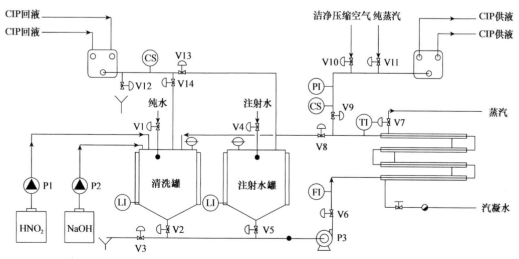

图4-4　适用于制药生物行业的典型CIP系统（冯庆和孙成杰，2001）

CS. 电导传感器；PI. 压力传感器；TI. 温度传感器；FI. 流量传感器；LI. 液位传感器

适用于制药生物行业的典型CIP系统，主要设有浓酸、浓碱贮槽，清洗罐，注射水罐。酸、碱分别经泵P1和P2计量送入盛有去离子水的清洗罐，由CIP输送泵P3在CIP控制阀V9关闭的情况下，循环混合，配制的溶液由卫生级套管换热器加热至预期温度，在CIP控制阀开启的情况下，送至流量分配板连通至需要清洗的对象。根据回水质量决定是否回至CIP贮罐或进行排放。清洗后期出水由电导传感器CS监控，如出水达到预先设定的电导值，则表示酸/碱已全部除去。各种设备特定的清洗流程（如清洗步骤的周期、程序、流量、温度等）均可编制程序，以适应工厂操作弹性的需要。

在位清洗过程是通过物理作用和化学作用两方面共同完成的。物理作用包括高速湍流、流体喷射和机械搅拌；而化学作用则是通过水、表面活性剂、碱、酸和卫生消毒剂进行的，占有主要地位。根据清洗方法的不同，在位清洗技术主要包括超声波清洗、干冰清洗、高压水清洗及化学清洗等。

第三节　设备及管路的杀菌

一、设备及管路的杀菌概述

在实际的生物工业生产中，使用最普遍的杀菌方法是蒸汽灭菌，其可把微生物细胞及其孢子全部杀死。蒸汽灭菌之所以高效，是因为与其接触的所有表面均处于高温蒸汽的渗透之下。该方法是利用水产生高温蒸汽穿透微生物（包括细菌的芽孢、真菌的孢子或休眠体等耐高温的个体）蛋白细胞，使其凝固、变性、肿胀、破裂，达到杀菌的目的。同时，由于灭菌设备种类、规格的不同，所采用加热蒸汽的温度与时间也有所不同。

对于一个优良的蒸汽灭菌系统来说，加热温度和时间是最重要的两个参数。英国医学研究理事会（MRC）提出了如表4-8所示的蒸汽灭菌工艺。此外还有其他的经验杀菌数据，如表4-9所示。

表4-8　蒸汽灭菌工艺（MRC建议）
（朱明军和梁世中，2019）

杀菌温度/℃	121	126	134
所需时间/min	15	10	3

表4-9　杀菌温度和时间的对应关系
（朱明军和梁世中，2019）

杀菌温度/℃	116	118	121	125	132
所需时间/min	30	18	12	8	2

实际上，实验室常用的锥形瓶等玻璃仪器及小量的培养基杀菌常用0.1MPa的饱和蒸汽（表压）灭菌15min。而反应器中培养基的杀菌时间要适当延长。

对于工业生产设备的杀菌，安全系数的选定取决于被杀菌设备的种类与规格。对于管路，一般用121℃，30min，而较小型的发酵罐约需45min，若是大型而复杂的发酵系统则需1h。系统越大，其热容量也越大，热量传递到其中每一点所需的时间也就越长。对于普通的蒸汽灭菌设备，通常装设压力表指示饱和蒸汽的状况而没有温度表。

设备用蒸汽灭菌，通常选择0.15～0.2MPa的饱和蒸汽，这样既可较快地使设备和管路达到所要求的灭菌温度，又使操作较安全。当然，对于大型设备和较长管路，可用压强稍高的蒸汽。此外，灭菌开始时，必须注意把设备和管路中存留的空气充分排尽，否则会造成假压而实际灭菌温度达不到工艺要求。还必须注意，紧急排气用的安全阀必须灵敏，泄气压力要准确。

对于哺乳动物细胞培养，蒸汽必须由特制的纯蒸汽发生器产生，并经不锈钢管道输送，因普通的钢制蒸汽设备有铁锈等杂质，可能污染产品或成为微生物的营养源。若用于大规模的抗体生产，所用的蒸汽发生器需使用美国食品药品监督管理局（FDA）批准使用的锅炉。

为确保蒸汽灭菌高效、安全，应确保下述几点要求：①确保设备的所有部件均能耐受130℃的高温。②为减少死角，尽可能采用焊接并把焊缝打磨光滑。③要避免死角和缝隙，若管路死端无可避免，要保证死端的长度不大于管径的6倍，且应装置一蒸汽阀以用蒸汽灭菌。④尽量避免在灭菌和非灭菌的空间之间只装设一个阀门，以保证安全。⑤所有阀门均应利于清洗、维护和灭菌，最常用的是隔膜阀。⑥设备的各部分均可分开灭菌，且需有独自的蒸汽进口阀。⑦要保证所提供的灭菌用蒸汽是饱和的且不带冷凝水，不含微粒或其他气体。⑧蒸汽进口应装设在设备的高位点，而在最低处装排冷凝水阀。⑨管路配置应能彻底排除冷凝水，故管路需有一定斜度和装设排污阀门。

二、发酵罐及容器的杀菌

发酵罐是生物工业生产中最重要的设备，发酵罐和容器在使用前必须经耐压和气密性试验。通常在设备安装完毕或每次检修后进行24h的气密性试验。检查方法是维持温度不变，检查压强是否稳定。实际上，每次杀菌前这样检查太费时，通常可用30min检查罐的压强是否改变来确定气密性。检测气压的压力表必须方便杀菌，故压力表和罐体连接管应尽量短，同时尽可能装设小蒸汽阀以确保杀菌彻底。

发酵罐和容器包括空罐、管道的加热蒸汽灭菌过程如下：①发酵罐进行气密性试验确认无渗漏后，把所有的冷凝水排除阀打开后开启进蒸汽阀，通入饱和蒸汽；②待有一定压强后，打开排空气阀，以便把容器中原有的空气排除干净，现代化的发酵罐排空气阀上还连有过滤器防止内外环境污染；③当管内蒸汽压力达到0.174MPa，即129℃时，维持45min，对罐内和罐上连接的阀门进行灭菌，对于大型或者结构复杂的发酵罐和容器，也可采用抽真空法排除空气，并使蒸汽通过，达到死角灭菌，注意在保压过程中，应不断排出蒸汽管路及发酵罐内的蒸汽冷凝水；④当达到工艺灭菌要求后，就结束灭菌操作。关闭蒸汽阀，待罐内压力低于空气过滤压力时，打开无菌空气进口阀，通入无菌空气保持罐压0.098MPa，以确保罐内蒸汽冷凝后不致形成真空而导致二次污染，待用。

（一）空气分布器的蒸汽灭菌管路配置

发酵罐及其他容器上灭菌蒸汽管路的安排比较简单，通常蒸汽进口装在罐顶，冷凝水排出阀在罐底，无菌空气分布器从罐底进入（图4-5）。

（二）浸没管路与旁路进口管的蒸汽灭菌管路配置

在蒸汽灭菌过程中，自始至终蒸汽阀A和B均需同时开启（图4-6），让蒸汽进入罐中。

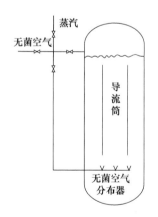

图4-5　发酵罐空气分布器的蒸汽灭菌管路
（段开红，2017）

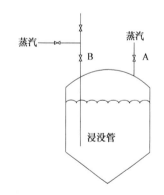

图4-6　有浸没管路容器的蒸汽灭菌布置
（梁世中，2011）

有旁路进口管容器的蒸汽灭菌管路配置分为从上向下进入和从下向上进入两种情况（图4-7）。

（三）容器的排料系统蒸汽灭菌管路配置

图4-8是容器的排料系统蒸汽灭菌管路配置。其蒸汽灭菌过程如下：灭菌时，开启阀门A、C和F，关闭阀门B、D和E。清洗时，开启阀门A、C和E，关闭阀门B、D和F。

（四）罐的CIP系统蒸汽灭菌管路配置

图4-9是CIP系统蒸汽灭菌管路配置。灭菌时，开启阀门B和C，关闭阀门A。

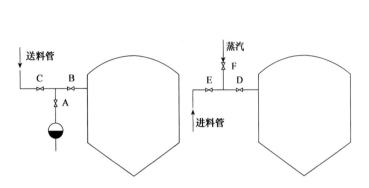

图4-7 有旁路进口管容器的蒸汽灭菌管路配置
（朱明军和梁世中，2019）

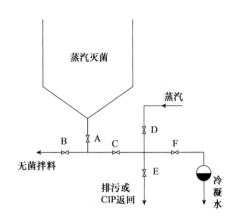

图4-8 排料系统蒸汽灭菌管路配置
（梁世中，2011）

（五）发酵罐搅拌器密封装置的蒸汽灭菌配置

现代化的发酵罐搅拌系统均使用双端面机械密封，发酵生产时，对其灭菌是非常重要的环节。图4-10是机械搅拌发酵罐搅拌轴封装置的蒸汽灭菌配置。

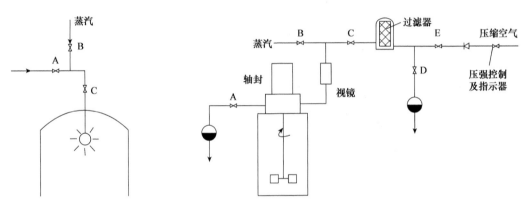

图4-9 CIP系统的蒸汽灭菌管路配置
（梁世中，2011）

图4-10 机械搅拌发酵罐搅拌轴封装置的蒸汽灭菌配置
（梁世中，2011）

在灭菌开始时，过滤器和搅拌轴封就通入蒸汽加热灭菌；当发酵罐杀菌完毕，就可利用轴封内的蒸汽冷凝水及施加压强的无菌空气来继续保压。

对于罐及容器的蒸汽加热灭菌管路配置，需要注意的是避免罐上有多余的接口或管路。若是新设计的罐，应有恰当的与功能相对应的接管数目。

三、空气过滤器的杀菌

通气发酵罐需通入大量的无菌空气，这就需要空气过滤器以过滤除去空气中的微生物。但过滤器本身必须经蒸汽加热灭菌后才能起除菌过滤以提供无菌空气的作用。

图4-11是过滤器连同发酵罐同时加热灭菌的管路配置。

较理想的空气过滤器加热灭菌流程如图4-12所示。在进空气管道上加装蒸汽进口管，可使蒸汽顺利通过管路和过滤介质，彻底加热灭菌，同时，蒸汽冷凝水不会积聚于过滤器或管路中，保证灭菌彻底的安全性。

空气过滤器灭菌操作：排出过滤器中的空气，从过滤器上部通入蒸汽，并从上下排气口排气，维持压力约0.174MPa，灭菌2h。灭菌完毕，即可通入压缩空气进入空气过滤器。

至于发酵过程需要更换空气过滤器的场合，可把杀菌管路和阀门等改为图4-13的配置。此管路配

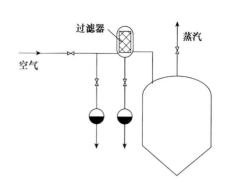
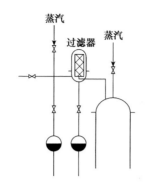
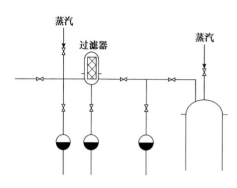

图4-11　过滤器连同发酵罐同时加　　图4-12　较理想的空气过滤器　　图4-13　过滤器单独灭菌的
热灭菌的管路配置（梁世中，2011）　　加热灭菌流程（段开红，2017）　　管路配置（梁世中，2011）

置可保证空气过滤器单独蒸汽加热灭菌，且安全高效。但其不足之处是要求两个蒸汽进口点的压强要有0.025MPa的压差。

四、管路和阀门的杀菌

（一）管路与阀门自身的杀菌

管路与阀门的彻底、安全杀菌是确保生物工程生产高效率和安全生产的重要环节。图4-14是隔膜阀开启和关闭的示意图。

对隔膜阀进行蒸汽加热灭菌有3种方式：第一种是蒸汽直接通过阀门；第二种是利用隔膜阀上面附加的取样用的或排污用小阀，可通过此小阀门通入蒸汽或放出蒸汽冷凝水；第三种是确保阀门接管的盲端管长与管径之比不大于6倍，且必须保证管内不积存冷凝水。由于最后一种方法容易发生灭菌不彻底的情况（图4-15），故尽量不采用。隔膜阀需要定期检查和更换。

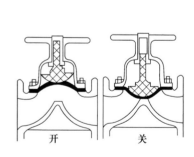
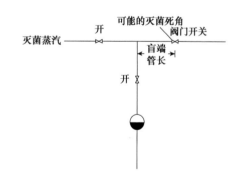

图4-14　隔膜阀的结构简图（段开红，2017）　　　　图4-15　容易产生灭菌死角的管路（段开红，2017）

为保证设备与管路灭菌彻底，管路系统在设计安装时应具有一定的斜度，通常取1：100或更大。其主要目的是确保蒸汽冷凝水排净或不积聚；对于水平安装的管道，一般在最低点安装排污阀。同时，为避免管路较长时中间下垂而形成凹陷点，管路必须设有足够的支撑点。

对于输送较长的管路，为方便清洗和加热杀菌，应尽量减少管路并使之简化，有些尽可能合并后与罐相连，弯头、阀门等管件尽可能减少，同时尽可能减少其最高点和最低点，且应在每个最低点设排污阀；在最高点设加热蒸汽进气管，这样才能保证蒸汽杀菌的彻底性。

当有多个罐时（如种子罐和发酵罐上连接的管路有接种管、空气管、流加管、进出料管和取样管等），在使用前必须分段进行灭菌（共同控制），保证蒸汽能够达到所有需要灭菌的地方。于是，在管路系统的设计中就应该考虑如何满足灭菌要求和尽量减少死角，并确保在灭菌之后保持无菌状态。当培养基贮罐1的已灭菌并冷却至所需温度的培养基要送往灭菌后的空发酵罐2中时，须先对管路进行灭菌（阀门均关闭）。

先依次打开阀门E、D、C、B，然后开启蒸汽阀，通入蒸汽进行灭菌。灭菌结束。先关闭阀门E，后关闭阀门B，并开启阀门F，以免管路因蒸汽冷凝而产生真空后引入一次污染。最后打开阀门A将培养基贮罐1中的培养基送至发酵罐2，如图4-16所示。

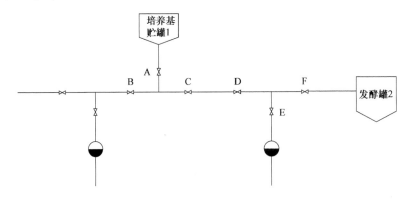

图4-16　两个罐及连接管的蒸汽灭菌（段开红，2017）

1. 灭菌培养液贮罐；2. 发酵罐

（二）管路死角的灭菌

对于某些蒸汽达不到的死角（如阀门）要装设与大气相通的旁路（排气口）。在灭菌操作时，将旁路阀门打开，使蒸汽流畅通过。对于接种、取样、补料等操作管路要配置单独的灭菌系统，使其能够在发酵罐灭菌后或发酵过程中进行单独灭菌。

管路中的死角是指灭菌时因某些原因使灭菌温度达不到或不易达到的局部位置。管路中如有死角存在，必然会因死角内潜伏的杂菌没有杀死而引起连续染菌，会影响正常生产。管道中常发现的死角主要有以下三种。

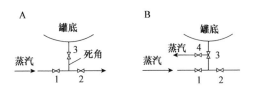

图4-17　种子罐放料管的死角与改进
（马晓建，1996）

1. 种子罐放料管的死角　种子罐放料管的死角及改进见图4-17。图4-17A表示有一小段管道因灭菌时管内有料液，阀门3不能打开，存在蒸汽不流通的一个小的放气阀；如图4-17B所示进行改进，此死角即可得到蒸汽的充分灭菌。类似这种管路的死角还有其他，解决的办法是在阀腔的一边装上一个小阀，死角往往出现于球心阀阀座两面的端角，可以在接种管、原料管、消泡管与发酵罐连接的阀门两面均装设小排气阀，以利灭菌。

2. 管道连接的死角　管道连接有螺纹连接、法兰连接和焊接等。生物工程工厂一般不采用螺纹和法兰连接，因为螺纹连接容易产生松动而有缝隙，是微生物隐藏的死角；法兰连接处也容易造成死角。因此工厂中大多采用焊接连接，加工安装时要保持连接处管道内壁畅通、光滑、密封性能良好，以避免和减少管道染菌的机会。目前，消灭管道死角较好的方法就是利用焊缝连接法，但焊缝一定要光滑，若有凹凸现象也会产生死角。

3. 排气管的死角　发酵罐罐顶排气管弯头处如有堆积物，其中隐藏的杂质不容易彻底清除。当发酵罐内的发酵液发酵时，受搅拌振动或排气的冲击就会一点点剥落下来造成污染。另外排气管的直径太大，灭菌时蒸汽流速过小，也会使管内的耐热菌不能完全杀死。故排气管要与罐的尺寸有一定比例。

考虑到设备及管路清洗与杀菌的方便，对设备的制造、材料的选用、管路安装及焊接光洁度也需要严格要求。

（三）系统冷凝水排放问题

当罐等设备及相关管路蒸汽加热灭菌，尤其是空消时，系统内的冷凝水必须予以排除，可通过三种途径完成此任务。

1. 自由排放　通过冷凝水排放阀自由放出。操作十分简单，就是让冷凝水排放阀稍微打开，在蒸汽的驱动下，冷凝水就排出环境中，可连续或间歇打开阀门排放。但此法较难控制排放的冷凝水量，也可能使冷凝水积聚越来越多，或是蒸汽和冷凝水交替排出。故此法只用于实验室或其他特定场合，因用此法既不可靠，又浪费蒸汽，且蒸汽的外泄也影响操作环境。

2. 用汽水阀自动排放　　汽水阀也称为水气分离器，是专门设计用于排除设备或管路蒸汽冷凝水的。汽水阀有不同规格，其规格大小的确定需视蒸汽杀菌系统的压强和冷凝水量而选定，排除冷凝水量需根据杀菌开始时用汽高峰期计算。汽水阀的安装必须按制造商的说明操作，且应尽量装在靠近蒸汽管道处，并要确保管道系统的所有部分均能达到工艺规定的灭菌温度。若使用的是恒温型汽水阀，那么在汽水阀前还需装设冷却器以确保冷凝水低于蒸汽温度。

3. 利用计算机自动控制排出冷凝水　　用计算机对冷凝水排放阀和排污阀进行自动控制。例如，当灭菌管路可能出现固体残留物时，利用计算机定期开闭排污阀，可把蒸汽冷凝水及固体污物同时排除，这特别适用于大型抗生素及酶制剂等生产工厂，因为这些工厂使用的培养基很多含有固体微粒，如玉米粉等。

五、通气发酵罐清洗与灭菌管路图

　　前面已介绍有关设备与管道清洗与蒸汽加热灭菌的管道设置及灭菌操作的关键问题。结合生产实践经验，发酵罐的清洗与灭菌管路布置也不容忽视。下面介绍典型的气升环流式发酵罐的清洗与灭菌管路布置。当然，有了良好的清洁卫生和防污染的优良设计，还需有严密而科学的工艺操作规程相匹配。通气发酵罐的清洗与灭菌管路布置如图4-18所示。

六、杀菌的确认及有关的其他问题

　　设备及管道经蒸汽灭菌后，灭菌效果如何，是否已彻底灭菌，必须进行检验。若发现灭菌不彻底或发酵过程有染菌现象，应及时针对问题查找原因，这些都是生物工程工厂的关键问题。

（一）灭菌效果的检验

　　灭菌效果的检验通常有两种方法，一是直接微生物培养法；二是间接法，即灭菌蒸汽的温度和压强监控法。

1. 直接微生物培养法　　该法就是利用无菌的标准培养基（肉汤培养基：牛肉膏0.5%，NaCl 0.5%，蛋白胨1%）进行培养检验，培养7～10d，若培养基仍保持无菌，则设备的灭菌是十分成功和可靠的。这种检验方法十分接近实际，可检验灭菌是否彻底，同时也检验了空气过滤系统及设备、管路的严密性和维持无菌度的效能。但是，此法前后需十多天，且测试费用高。当然，也可应用生产所用的发酵培养基进行检验，但有时此培养基对某些微生物并非良好的营养，故这些微生物生长十分迟缓，这给检测是否染菌带来了不小的困难。

2. 灭菌蒸汽的温度和压强监控法　　该法就是设法保证所有被灭菌设备、管路的每处均有足够的蒸汽压强（温度）和必需的灭菌时间。现有两种测量温度的方法，即应用插入设备内的温度传感器或应用玻璃温度计，也可应用固定于设备或管路壁面上的热电偶进行测温。

　　经验表明，所需的热电偶（测设备或管路外壁面用）数目视被灭菌系统的大小及形状复杂程度而定。其数量有最佳值，用得多不仅投资大且操作工作量也大，因为每次使用前都要校准温度计；使用得太少，则某些部位的温度未有测量而存在灭菌不彻底的风险。设备外壁的温度与内部温度的关系如何，应达到多少温度才能保证杀菌的可靠性呢？一般情况下，外壁达到123℃时则内部可达129℃。但因设备或管路的厚度及

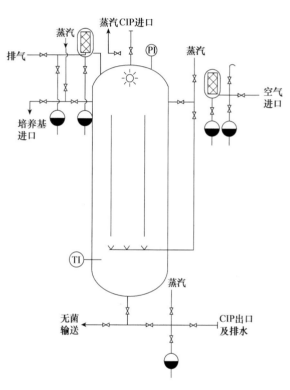

图4-18　通气发酵罐清洗与灭菌管路图
（朱明军和梁世中，2019）

PI. 压力传感器；TI. 温度传感器

热传导的特性不同，最好能进行实验测定。同时，加装压力表，要求其指示压强稍高于0.147MPa。

总之，为了确保蒸汽灭菌的效果，必须保证在规定的灭菌时间内，设备或管道内部温度在129℃以上，故要外壁温度高于123℃，而压强稍高于0.147MPa。

（二）蒸汽灭菌可能出现的问题及对策

在发酵设备的蒸汽灭菌上出现的不正常现象分为两大类，一是灭菌设备或管路在灭菌过程中未达设定的温度（129℃）；二是发酵过程发现杂菌感染。

对于第一类问题，可能有两种情况，或是整个被加热灭菌系统均未能达所要求的温度，或是局部范围达不到规定的温度。若发现是全系统均未达到129℃，则须进行下列的检查：①加热蒸汽压强是否达0.147MPa以上；②蒸汽调节器或蒸汽过滤器是否堵塞；③若只有一个温度计，则应检测此温度计是否正常和准确；④蒸汽总阀是否已全开启。若只发现系统的某部分达不到所要求的灭菌温度，则可能存在的问题有：①蒸汽阀门开启失灵或损坏；②汽水阀失灵或损坏；③温度计（热电偶）失效故温度指示不准；④过滤器安装不当，导致冷凝水堵塞；⑤没有绝热层的管路因靠近空调机或风扇等而降温太多，此时应加设绝热保温层。

对于以上有关蒸汽灭菌问题的解决，保证管路有1/100以上的斜率是十分重要的，同时应科学地设置阀门和管件，以保证冷凝水的正常排放。发酵过程中一旦发现杂菌污染，就应马上取样进行分析鉴别所污染的杂菌有多少种，是气体中的菌还是水溶液中的菌，同时进行以下有关研究：①发酵系统的蒸汽灭菌处理是否正常，是否出现灭菌温度不足或时间不够长的情况；②上批发酵放罐排料后，空置时间是否延长，若空置太久，则下一批的灭菌时间必须适当延长，以保证生长繁殖的杂菌的彻底杀灭；③再进行气密性测试，最好能进行24h的检漏测试，以查出渗漏所在，并进行维修，维修后再检测直至无渗漏为止；④重点检验阀门的隔膜、阀座等是否符合质量要求，检测所有O型密封圈等密封件。

（三）管路设计的校验及杀菌的自动控制

新设计的发酵工厂及大修理的发酵系统需要蒸汽灭菌和保持高度无菌的设备和管路，因此，对其设备流程、管路布置与安装等有关的设计必须严格校验。要点有：①需加热灭菌部分是否有阀门使之与非无菌部分隔离开；②所有管路沿蒸汽传送方向是否有1/100以上的足够斜度；③是否有开启失灵的阀门以致影响蒸汽通过；④是否存在冷凝水积聚的地方；⑤设备或管路任何部分是否会在蒸汽灭菌后形成真空。对校验中存在的问题或不足之处采取相关措施解决。

对于大型现代化发酵工厂，尽可能应用计算机自动控制或程序控制，其实行发酵系统的蒸汽灭菌和清洗等操作可克服人工操作存在的缺点，如劳动强度大、启动或结束操作花费时间长和容易出现操作失误等，可大大提升杀菌过程的可靠性。

本 章 小 结

清洗与杀菌就是为了尽可能地除去生产过程中管道及设备内壁生成的污物，同时消除腐败微生物对生产的威胁。清洗剂的种类繁多，包括表面活性剂、吸附剂、酶制剂、酸-碱清洗剂等，而且大多数清洗剂都是混合物，是水溶性的。传统的设备清洗方法是人工或半机械法清洗。为了提高效率，大规模的现代化生产已普遍采用CIP系统，清洗过程可自动化或半自动化。当然，有些特殊设备还需用人工清洗。发酵系统采用蒸汽灭菌，确保发酵生产的正常进行。

思考题

1. 生物加工过程中设备及管道为什么要清洗与杀菌？
2. 举例说明生物工业常用清洗剂有哪些及如何使用。
3. 什么是在位清洗及在位杀菌技术？有什么优点？
4. 简述发酵罐及容器的蒸汽加热灭菌过程。
5. 怎样确保蒸汽加热灭菌高效、安全？

第五章　生物工程供水与制冷系统及设备

第一节　用水质量分级与生物工程的用水质量要求

一、用水质量分级

自然界存在的天然水是由江、河、湖、海及陆地表面水分蒸发进入大气层，以后又以雨、雪、冰雹等形式降落，回到地面，有些渗入地下，进行不断的自然循环。于是便形成了地表水和地下水两种水源。地表水常含有土、沙、有机物、钙镁盐类、其他盐类及细菌等。地下水主要是指井水、泉水等，由于经过地层的渗透和过滤而溶入了各种可溶性矿物质，又由于水透过地质层时，形成了一个自然过滤过程，所以它很少含有泥沙、有机物和细菌。

在评价水质时，主要考虑两方面的因素：一是微生物污染；二是化学杂质。微生物污染时，其在有机物存在下很容易繁殖，从而引起产品变质，因此，严格控制微生物污染是很必要的。化学杂质的污染尽管不会像微生物那样繁殖，但有时微量成分也能引起产品品质的降低。尤其在制药工业中，贮水系统通常采用循环回路，并维持在较高温度（80℃）下，使微生物减少到最小值。工业生产中，可将水分成普通水、自来水、脱盐软化水和蒸馏水4级，如表5-1所示。

表5-1　工业生产用水分级（梁世中，2002）

分级	定义	用途
普通水	来自地表或地下不经过处理的水	常作为非生产用水或用于公用事业，如生产车间的冲洗用水、消防用水等
自来水	来自城市的公用供水系统，在水源头进行氯消毒处理或简单的沉淀分离处理	可广泛用于大部分加工过程中
脱盐软化水	通过脱盐以除去水中的金属离子，再进行超滤杀菌处理，降低水的硬度，以达到一定的指标	可作为生物工业的纯化水及锅炉用水，但不能作为严格的无菌水
蒸馏水	通过蒸馏作用，除去水中各种杂质，除去水中的溶解氧及其他气体，使水中不含任何附加物，这类水是纯净无菌的	常作为分析检测及注射用水

二、生物工程的用水质量要求

培养基必须以水为介质。生物工程所用的水有深井水、地表水、自来水或蒸馏水，而配制发酵培养基可用深井水，有的工厂还用地表水。水中的杂质组成和含量随地区不同而变化较大。由于水质的变化，有可能对生产带来各种影响。为满足生物工程用水质量的要求，常需进行处理。一些生物工程制品的水质要求见表5-2。

表5-2　一些生物工程制品的水质要求（段开红，2017）

指标用途	酿酒	啤酒	抗生素	清凉饮料
大肠菌群	无	—	—	无
臭气	无	无	无	无

指标用途	酿酒	啤酒	抗生素	清凉饮料
味	无	—	无	—
色度	无	<2.0	<2.0	无
浊度	无	<2.0	<2.0	1
蒸馏残渣/（mg/kg）	<500	<500	<150	<850
pH	6.8	6.5~7.0	6.8~7.2	—
硬度/（mg/kg）	<100	20~70	100~230	70
氯离子/（mg/kg）	<50	<60	<0.2	<0.2
铁/（mg/kg）	<0.02	<0.3	0.1~0.4	<0.2

"—"表示对该指标没有要求；"无"表示对该指标要求为0

第二节　水处理系统及设备

　　生物工业的水处理系统按欲达到的目的可分为三个阶段。一是除去水中的固体悬浮物、沉降物和各种大分子有机物等，常采用过滤、沉淀等方法；二是除去水中各种金属离子或其他离子，即水的软化或除盐；三是水的杀菌处理，利用氯、臭氧、紫外线等杀灭水中的微生物，制得无菌的纯水。

一、水的过滤

　　当水通过过滤介质层时，水中的悬浮物及胶体物质被截留在介质中。过滤是一系列不同过程的综合效应，包括筛滤、深层效应和静电吸附等。水中粒子大于过滤层的孔径时，则粒子被阻挡在过滤层的表面，称为表面过滤；而小于过滤层孔径的粒子便进入滤层深处，但由于滤层孔隙弯弯曲曲，形状大小不断变化，最终也能使小粒子被截留，这种作用为深层过滤；有些情况下，过滤介质所带电荷与水中粒子的电荷不同，这时粒子被吸附在介质表面而被除去，这称为静电吸附作用。

　　水的过滤基本上由两个过程组成，即过滤和冲洗，过滤为水的净化过程，冲洗是从过滤介质上冲洗掉污物，使之恢复过滤能力的过程。多数情况下，过滤和冲洗的水流方向相反。

　　良好的水过滤介质应满足以下要求：①化学性能稳定，不溶于水，不产生有害和有毒物质；②足够的机械强度；③含污能力（kg/m³）大，产水能力［m³/（M²·h）］高；④对于散状过滤介质（砂粒、活性炭等）有适宜的粒度分布和孔隙率。粒度分布常用不均匀系数 K 表示：

$$K = \frac{D_{80}}{D_{10}} \tag{5-1}$$

式中：D_{80} 为通过过滤介质重量80%的筛孔直径（mm）；D_{10} 为通过过滤介质重量10%的筛孔直径（mm）。

　　我国规定，一般情况下，$K=2.0\sim2.2$。对于孔隙率，砂粒为0.42左右，活性炭为0.5~0.6。

　　目前用于水的过滤装置有砂滤棒过滤器、活性炭过滤器和中空纤维超滤装置等。下文主要介绍前两种。

（一）砂滤棒过滤器

　　砂滤棒过滤器外壳是由铝合金铸成锅形的密闭容器，器内分上下两层，中间以孔板分开，一至数十根砂滤棒紧固于上，孔板上（下）为待滤水，其下（上）为砂滤水。操作时，水由泵打入容器内，在外压作用下，水通过砂滤棒的微小孔隙进入棒筒体内，水中粒子则被截留在砂滤棒表面。滤出的水可达到基本无菌。

　　砂滤棒（又称砂芯）是由硅藻土在高温下熔制成的过滤介质，或由硬质玻璃烧结而成。国产砂滤棒过滤器规格如表5-3所示。

表5-3　国产砂滤棒过滤器规格（蒲彪和胡小松，2016）

型号	规格高×直径×厚/mm	每台砂滤棒根数/根	压强为196kPa时的流量/（kg/h）
101型铝合金滤水器	800×500×20	101型砂滤棒19	1500
106型铝合金滤水器	450×320×10	106型砂滤棒12	800
112型铝合金滤水器	400×300×10	112型砂滤棒6	500
108型铝合金滤水器	320×260×10	108型砂滤棒7	250
单支压力滤水器	280×70×50	109型砂滤棒1	30

　　砂滤棒在使用前需进行灭菌处理。用75%乙醇注入砂滤棒内，堵住出水口震荡，使乙醇完全涂于内壁，数分钟后倒出乙醇，凡与滤出水接触部分均用乙醇擦洗。砂滤棒使用一段时间后，砂芯外壁会逐渐挂垢而降低滤水能力。这时必须停机清洗，卸出砂芯，堵住滤芯出水口，浸泡在水中，用水砂纸轻轻擦去砂芯表面被污染层，至砂芯恢复原色，即可安装重新使用。

　　砂滤棒过滤器常用于水量较小、原水中含有少量固体粒子的场合。

（二）活性炭过滤器

　　活性炭为多孔形状不规则颗粒，用于水处理的活性炭微孔径为2～5nm，借助于巨大的表面吸附作用和机械过滤作用以除去水中的多种杂质，常用于离子交换法和电渗析法的前处理，可有效地保护离子交换树脂，防止树脂污染。

　　活性炭过滤器（图5-1）结构与一般机械过滤器相似，过滤器底部装填0.2～0.3m厚、粒径为1～4mm的石英砂层作为支持层，有时下部再装填大颗粒石英砂。石英砂上面装1.0～2.0m厚活性炭层。操作时，水由顶部导入，顺流自然下降过滤，由底部排出。表5-4和表5-5分别列出了部分活性炭过滤器规格和过滤器参数。

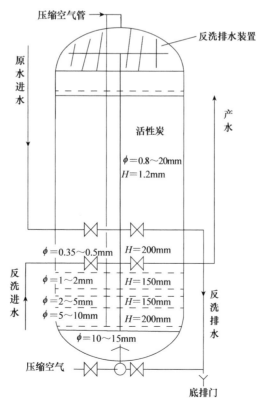

图5-1　活性炭过滤器结构图（巩耀武和管丙军，2006）

ϕ. 活性炭滤料粒径；H. 粒径滤料层高度

表5-4　部分活性炭过滤器规格（梁世中，2011）

规格Ø/mm	处理水量/（m³/h）	活性炭		设备质量/kg
		层高/mm	质量/kg	
1500	17.7	2000	1765	2671
2000	31.4	2000	3140	4020
2500	49.0	2000	4900	6860
3000	70.0	2000	7065	9260

表5-5　活性炭过滤器参数（康明官，2001）

参量	过滤兼吸附	单吸附
原水流速/（m/h）	6.1	6.1～12.2
活性炭层厚度/m	0.75～1.5	1.5～3.0
反冲强度/[L/（s·m²）]	3.0～10.2	3.4～10.2
器顶部最小空隙/%	30	30
活性炭粒径/mm	0.19～1.5	0.19～1.5

活性炭过滤器运行一段时间后，因截污量过多，暂时失去活性，需反洗再生，其步骤为：①反洗，清水以8～10L/（m²·s）的反冲强度从底部进入，反洗时间为15～20min；②蒸汽吹洗，从底部通入0.3MPa饱和蒸汽吹洗15～20min；③淋洗，用6%～8% NaOH溶液（40℃）从顶部通入洗涤，洗涤量为活性炭体积的1.2～1.5倍；④正洗，原水至顶部通入，冲洗至出水符合规定水质要求。活性炭使用2～3个月后，如果过滤效果下降就应调换新的活性炭。

活性炭颗粒的大小对吸附能力也有影响。一般来说，活性炭颗粒越小，过滤面积就越大。所以粉末状活性炭总面积最大，吸附效果最佳，但粉末状活性炭很容易随水流入水箱中，难以控制，较少采用。颗粒状活性炭因颗粒成型不易流动，水中有机物等杂质在活性炭过滤层中也不易阻塞，其吸附能力强，而且方便携带。

二、水的软化及脱盐

除去水中钙、镁等金属离子的过程称为水的软化，而除去所有阴、阳杂质离子则称为水的脱盐。现代生物工业中常用的方法有离子交换法、电渗析法和反渗透法等。

三、水的杀菌

杀菌是指杀灭水中的致病菌，水的杀菌方法很多，目前常用氯杀菌、臭氧杀菌及紫外线杀菌。

（一）氯杀菌

氯进入水中可生成次氯酸（HClO），次氯酸具有强烈的氧化作用，它可以穿过细菌的细胞膜进入细胞内部，由于氧化作用而破坏细胞内酶和细菌的生理机能使细菌死亡。我国水质标准规定，在管网末端自由性余氯保持在0.1～0.3mg/L，小于0.1mg/L时不安全，大于0.3mg/L时水有明显的氯臭。为了使管网最远点保持0.1mg/L以上的余氯量，一般加氯量为0.5～2.0mg/L，接触时间为15min。

常采用的氯杀菌试剂有活性二氧化氯、漂白粉和次氯酸钠（NaClO），其中二氧化氯是最理想的消毒剂，具有广谱、高效、无毒、用量小、药效长等特点。其杀菌能力是其他氯系杀菌消毒剂的2～5倍，被世界卫生组织（WHO）认定为最高级（A1级）消毒剂。

（二）臭氧杀菌

臭氧（O₃）是一种强烈的氧化剂，它能氧化水中的有机物，破坏微生物原生质，杀死微生物，也能破坏微生物孢子和病毒，同时可用来除去水臭、铁、锰及脱色。杀菌性能优于氯。在欧洲，臭氧已广泛用于水的杀菌。臭氧的化学性质极不稳定，只能边制取边使用。大多情况下，利用净化空气或氧气高压放电而制成臭氧，然后注入水中。因此臭氧杀菌系统包括空气净化设备、臭氧发生器和臭氧加注设备。

空气经过净化、冷却、去湿，并干燥至使空气露点达到5℃以下，通过15 000V的高压放电场或紫外线照射，可使部分氧聚合成臭氧。1m²放电1h可产生臭氧50g，耗电约1.6kW·h。

臭氧在水中溶解度极小，为使臭氧与水充分混合，一般采用喷射法加注臭氧，以增加与水的接触时间，另外水池应保持一定高度。图5-2为臭氧杀菌流程。

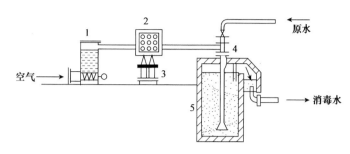

图 5-2　臭氧杀菌流程（高愿军，2006）

1. 空气净化降温干燥塔；2. 臭氧发生器；3. 变压器；4. 喷射器；5. 消毒水池

1m³ 过滤后的清净水中加入臭氧 0.1～1g，接触 10～15min，即可达到满意的效果，杀菌作用比氯快 15～30 倍。

（三）紫外线杀菌

微生物受紫外线照射后，其蛋白质和核酸吸收紫外光谱的能量，结构遭到破坏，从而引起微生物死亡。波长为 200～295nm 的紫外线有杀菌能力，所以能对水进行杀菌。

当介质温度较低时，杀菌效果差，故采用紫外线高压汞灯杀菌时，须装有石英套管，使灯管与套管间形成一个环状空气夹层，灯管能量能充分发挥而不致影响杀菌效果。图 5-3 为隔水套管式紫外线灯杀菌装置。使用时，紫外线灯可悬挂在水面上，待杀菌的水以 200mm 厚的薄层缓慢通过照射区。也可将紫外线灯沉浸在水中，水慢慢流过以杀菌。一般水上杀菌多采用低压汞灯，沉浸于水中的杀菌采用高压汞灯，显然后者的杀菌效果高于前者，杀菌率可达 97% 以上。表 5-6 列出了部分紫外线高压汞灯的使用参数。

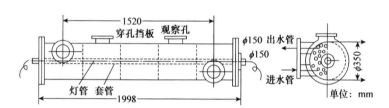

图 5-3　隔水套管式紫外线灯杀菌装置（朱明军和梁世中，2019）

表 5-6　部分紫外线高压汞灯的使用参数（杨世祥，1998）

型号	水流量/（m³/h）	大肠菌数/（个/L）	细菌总数/（个/L）	最大照射半径/mm	最短照射时间/s
AKX-1	50	10～500	1 500～12 740	345	339
X-1	50	60～1 320	60～2 930	125	57
X-3	50	40～940	1 000～3 160	175	10.3

第三节　供水系统及设备

生物工业中需要大量用水，对水的质量、温度、数量等都有较严格的要求。供水系统包括水源的选择与供水系统装置等。

一、水源的选择

水源的选择以优先采用地下水作主要水源较为经济合理。因为地下水不易受污染，含有机物、微生物、悬浮物较少，水温较稳定，基本不受外界气温影响，但硬度一般较大，应用时应进行处理。若缺乏直接由水源地取水的条件，也可应用城市自来水作为生产用水的水源，自来水流量及压力不稳定，采用时应设加压泵房、水塔等增压贮水设施。

地下水一般可分为无压水（浅水）和承压水（深井水）两种。无压水是指地面以下，在第一层不透水层构造以上所含有的水。无压水离地面较近，水质易受外界的污染干扰，不易保持清洁干净。承压水是指地面以下两个不透水层之间所含有的水，由于水面上有不透水层的分隔，形成了压力，当压力较高时，凿井后水能自动喷出，称为自流井或喷水井。承压水埋藏较深，与地面有不透水层分隔，不易受外界的干扰，水质易保持干净，且水质、水温均较稳定，应尽可能采用。

二、供水系统装置

（一）供水方式

根据生产用水特点及水源条件，常采用三种供水方式：直流供水、循环供水和连续供水。

（1）直流供水，即生产、非生产用水直接由供水水源得到。当供水水源的水量比较充足，能够完全保证供应时，采用这种系统较为合适。废水则直接排走。

（2）循环供水，即将生产用过的水经适当处理后重新循环使用，这样只要从水源吸取部分补充用水即可满足生产要求。例如，将用于生产中的冷却水经凉水塔降温后，适当沉淀处理即可循环使用。

（3）连续供水，若水源不足，当生产使用过的废水（如冷却水）污染不严重时，可以不经处理，直接供给其他车间再次使用，这样可以大大减少直接从水源吸取的水量。

（二）自来水供水系统

城市自来水在送往用户之前，已进行简单的沉淀、消毒处理。但由于自来水流量不稳定、水压波动较大，因此自来水不能直接送往生产车间，应设置加压、贮存装置，以保证压力、流量稳定，满足生产需要。自来水供水系统如图5-4所示。

（三）地下水供水系统

地下水水量足，可保证生产用量。但刚从地下抽取的水含有泥砂，不能立即使用，应先进行沉砂处理和消毒处理，再经二级泵房送往生产车间。地下水供水系统如图5-5所示。

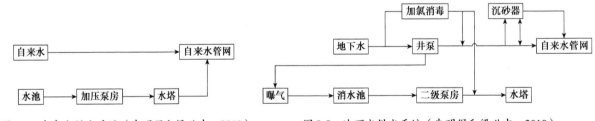

图5-4　自来水供水系统（朱明军和梁世中，2019）　　　图5-5　地下水供水系统（朱明军和梁世中，2019）

供水系统必要时可设两级泵房，一级泵房根据水源情况可布置在地面上、半地下及地下，二级泵房一般在地面上或半地下，在循环使用回水情况下，也可将二级泵房直接建在回水池上，以减少管路。在条件允许的情况下，自来水供水系统和地下水供水系统可同时设置，以满足不同的生产用水要求。

第四节　发酵工厂洁净蒸汽与制冷系统

一、发酵工厂洁净蒸汽

发酵工业生产中的热加工过程所需要的热源通常为蒸汽。以蒸汽为加热介质的操作主要包括：原料的蒸煮、糊化、原料脱皮、料液脱异味、灭酶、杀菌、蒸馏、浓缩、植物蛋白的膨化处理、过热蒸汽干燥和蒸汽真空系统等。其中有些过程是蒸汽与物料直接接触，如蒸馏、过热蒸汽干燥等。操作过程不同，其对蒸汽的要求也有所不同。

工业生产中蒸汽的来源主要由蒸汽锅炉产生，这种蒸汽称为生蒸汽或活蒸汽，其次也可从生产过程中产生，如蒸发浓缩过程中产生的蒸汽，通常称为二次蒸汽。水蒸发直接产生的蒸汽都处于饱和状态，称为饱和蒸汽。若将饱和蒸汽在同一压力下进一步加热，使蒸汽温度升高，则得到过热蒸汽，显然过热蒸汽处于不饱和状态。另外，蒸汽根据压力大小不同又分为低压蒸汽（蒸汽压力＜1.5MPa）、中压蒸汽（蒸汽压力1.5～6.0MPa）和高压蒸汽（蒸汽压力＞6.0MPa）。高压蒸汽常作为动力源。发酵工厂的用汽压力大多在0.7MPa以下，有的只有0.2～0.3MPa。

发酵工厂使用的蒸汽一般要求蒸汽压力稳定，不应在较大范围内波动，以保证热加工过程的稳定性，这可通过稳压阀和缓冲罐来实现。其次应尽可能供给干饱和蒸汽，即蒸汽应维持一定的干度。以蒸汽为热源的操作中主要是利用蒸汽的冷凝潜热，显然，蒸汽的干度越大，相同流量下释放的热量越多。蒸汽在送往生产车间的过程中，由于沿途热量损失，难免有冷凝水产生，若不除去，则将影响热效率，甚至冷凝水随着气流高速流动而产生"锤击"现象，严重时损坏管道及设备。可通过分汽缸或在管道上设置疏水器达到分离冷凝水的目的。另外，应保持蒸汽流量稳定，且含有较少的不凝气体，以提高蒸汽的热效率。

二、压缩式制冷循环系统

生物工业中，有些加工过程需要在低温下进行，如某些产品的接种发酵、菌种扩大培养、冷冻干燥等，这就需要制冷。通常温度高于-100℃时为一般制冷，低于-100℃为深度制冷。生物工业中所用的制冷温度多在-100℃以上，可采用单级压缩或双级压缩制冷系统。

（一）压缩式制冷循环

压缩式制冷循环实质上是一种逆向卡诺循环，制冷过程包括压缩、冷凝、膨胀、蒸发4个阶段。图5-6为单级压缩制冷循环。系统中的制冷剂饱和蒸汽（通常为氨）被压缩机吸入压缩，再进入冷凝器内被冷凝为液体而放出热量。液体制冷剂经膨胀阀后，压力降低，这时将有小部分液体吸热气化，使制冷剂温度降低，低温液体进入蒸发器吸收周围介质（载冷剂）热量而气化为气体，气体再进入压缩机被压缩，完成一个循环过程。为了使整个系统稳定循环，一般还设置了油氨分离器、贮氨罐等附属设备。单级压缩制冷压焓图和温熵图如图5-7所示。

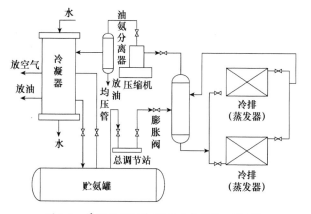

图5-6　单级压缩制冷循环（武建新，2000）

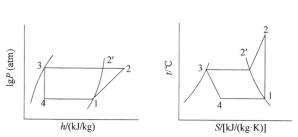

图5-7　单级压缩制冷压焓图和温熵图（武建新，2000）

1→2：在压缩机中压缩（等熵过程）；2→2′：在冷凝器中冷却（等压过程）；2′→3：在冷凝器中冷凝（等压等温过程）；3→4：在膨胀阀中节流降压（等焓过程）；4→1：在蒸发器中沸腾蒸发吸热（等压等温过程）（1atm=1.01×10⁵Pa）

当制冷温度较低时，则压缩机应在高压缩比（压缩机出口压力P_i与进口压力P_0的比值）条件下工作。此时若采用单级压缩制冷，则压缩终了时气体的温度很高，会引起运行上的困难，这种情况下，可采用双级压缩制冷。一般当压缩比 $P_t/P_o>8$ 时，采用双级压缩较为经济合理。对于氨压缩机，当蒸发温度在 $-25℃$ 以下或冷凝器冷凝压力大于 $12×10^5Pa$ 时，宜采用双级压缩制冷。

压缩式制冷循环中，制冷量 Q_0（制冷剂在蒸发器中吸收的热量）与压缩机所消耗的机械功 L 的比值称为制冷效率，可由式（5-2）计算：

$$\varepsilon=\frac{Q_0}{L}=\frac{T_0}{T-T_0} \qquad (5-2)$$

式中：ε 为制冷效率；Q_0 为制冷量（kJ/h）；L 为压缩机所消耗的功（kJ/h）；T_0 为制冷剂在蒸发器内的蒸发温度（K）；T 为制冷剂在冷凝器内的冷凝温度（K）。

制冷机的制冷量可用式（5-3）计算：

$$Q_0=Gq_0 \qquad (5-3)$$

式中：G 为制冷剂在制冷机中的循环量（kg/h）；q_0 为每千克制冷剂的制冷量（kJ/kg）。

则制冷机的理论功率 N_T（kW）为

$$N_T=\frac{Q_0}{3600\varepsilon} \qquad (5-4)$$

1. 制冷剂　制冷剂是制冷系统中借以吸取被冷却介质（或载冷剂）热量的介质。对制冷剂的要求如下。

（1）沸点要低，正常的沸点应低于10℃，在蒸发器内的蒸发压力应大于外界大气压；冷凝压力不超过1.5MPa；单位体积产冷量应尽可能大；密度和黏度应尽可能小；导热和散热系数高；蒸发比容小，蒸发潜热大。

（2）制冷剂能与水互溶，对金属无腐蚀作用，化学性能稳定，高温下不分解。

（3）无毒性、无窒息性及刺激作用，且易于取得，价格低廉。

目前常用的制冷剂有氨和氟利昂。氨主要用于冷冻厂、制药厂、酵母厂及其他发酵工厂的制冷系统。F-12及F-22多用于冰箱、空调机、双级压缩系统及冷库。氨有毒性，并且是能燃烧和爆炸的中温制冷剂；但其易于获得，价格低廉，压力适中，单位体积制冷量大，不溶于润滑油中，易溶于水，放热系数高，在管道中流动阻力小，因此被广泛采用。氟利昂制冷剂是饱和碳氢化合物的卤素衍生物的总称，种类繁多，性能各异，但有共同的特性——不易燃烧；绝热指数小，因而排气温度低；分子质量大，适用于离心式压缩机，但价格昂贵，放热系数低，单位体积制冷量小，因而制冷剂的循环量大。表5-7列出几种常用制冷剂的性能。

表5-7　几种常用制冷剂的性能（马晓建，1996）

制冷剂名称	氨	F-11	F-12	二氧化碳
化学分子式	NH_3	CCl_3F	CCl_2F_2	CO_2
沸腾温度/℃	-33.3	23.6	-29.8	-78.5
凝固温度/℃	-77.7	-111.1	-158.2	
临界温度/℃	132.4	198	111.5	31
临界压力（绝对）/MPa	11.43	4.38	4.01	7.39
$-15℃$时蒸发压力（绝对）/MPa	0.236	0.021	0.183	2.29
$-15℃$蒸发，30℃冷凝的压缩比 P_t/P_o	4.94	6.19	4.075	3.14
$-15℃$时汽化潜热/（kJ/kg）	1312.4	191.8	161.6	260.7
制冷系数	4.87	5.23	4.7	2.56
使用温度范围/℃	$-60～10$	$0～10$	$-60～10$	$-60～0$

2. 载冷剂　采用间接冷却方法进行制冷所用的低温介质称为载冷剂。载冷剂在制冷系统的蒸发器中被冷却，然后被泵送至冷却设备内，吸收热量后，返回蒸发器中。载冷剂必须具备以下条件：冰点低、热容量大、对设备的腐蚀性小，且价格低廉。常采用的载冷剂有氯化钠溶液、氯化钙溶液、乙醇和乙二醇等。氯化钠溶液价格便宜，但对金属的腐蚀性较大。氯化钙溶液对金属的腐蚀性较小。采用乙醇、乙二醇作为载

冷剂可以避免腐蚀现象。无水乙醇的凝固点为－117℃，当相对密度为0.965 78时，凝固点为－12.2℃；当相对密度为0.863 11时，凝固点为－51.3℃。乙二醇的相对密度为1.038时，凝固点为－12.2℃，相对密度为1.073时，凝固点为－40℃。氯化钠溶液适用于－16℃以上的蒸发温度，而氯化钙溶液可用于－50℃以上。

（二）制冷系统设备

1. 制冷压缩机　体积型制冷压缩机有活塞式、滑片式和螺杆式。活塞式制冷压缩机在工厂中使用较多。图5-8是活塞式制冷压缩机工作原理图。吸气阀门装在压缩机的活塞顶部，利用曲轴连杆使活塞上下活动。当活塞向下运动时，装在安全板上的排气阀门关闭，此时气缸内压力小于吸气管中压力，吸气阀门打开，氨气进入气缸。当活塞向上运动时，气缸内氨气被压缩，压力逐渐增大，此时吸气阀门关闭，当氨气压力大于冷凝器压力时，安全板上的排气阀门被顶开，氨气进入高压管中。为了有利于气缸散热，在气缸外部设置有水夹套，当压缩机工作时，用水进行冷却。

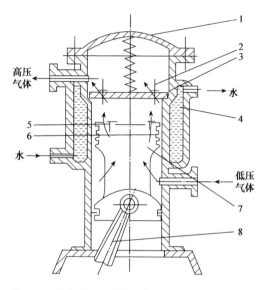

图5-8　活塞式制冷压缩机工作原理图（段开红，2017）
　1. 上盖；2. 排气阀门；3. 样盖；4. 水夹套；
　5. 吸气阀门；6. 活塞环；7. 活塞；8. 连杆

压缩机在运行中，气缸内存有余隙，吸气、排气时存在气阀阻力，气缸壁与制冷剂之间发生热交换，压缩机运动部件发生摩擦，吸气阀、排气阀泄漏等都会使压缩机的实际吸气体积V_P小于理论体积V_T，从而影响压缩机的产冷量，二者的比值称吸气系数，用λ表示，即

$$\lambda = \frac{V_P}{V_T} \tag{5-5}$$

对于大型立式氨压缩机，$\lambda = 0.81 \sim 0.92$，且冷凝温度越低，λ越大；而蒸发温度越低，则λ越小。高速（720r/min）多缸制冷压缩机的λ可用式（5-6）计算：

$$\lambda = 0.94 - 0.085\left[\left(\frac{P_i}{P_o}\right)^{\frac{1}{n}} - 1\right] \tag{5-6}$$

式中：P_i为冷凝压力（Pa）。P_o为蒸发压力（Pa）。n为多变压缩指数，对于氨，$n=1.28$；对于F-12，$n=1.13$；对于F-22，$n=1.18$。

新系列活塞式制冷压缩机按气缸直径分为50mm、70mm、100mm、125mm、170mm 5种基本系列，其中50mm、70mm和100mm三种系列可做成半封闭式（压缩机的机体与电动机外壳联成一体，构成一封闭机壳）。比较新的制冷压缩机有8AS-17型、8AS-12.5型、8AS-10型氨压缩机。

8AS-17型是中小型氨制冷压缩机系列中制冷量最大的一种，标准制冷量为18.4×10⁵kJ/h，结构型式为扇形，八缸，单级，逆流式，气缸直径为17cm，活塞行程14cm，额定转速720r/min；8AS-12.5型氨压缩机，标准制冷量为88×10⁵kJ/h，结构型式为扇形，八缸，单级，逆流式，气缸直径为12.5cm，活塞行程10cm；8AS-10型氨压缩机，标准制冷量为3.9×10⁵kJ/h，气缸直径为10cm，活塞行程7cm，额定转速有960r/min与1440r/min两种。

立式双级氨压缩机有瑞士ICV-280型、2CV-250型，比利时2V25，丹麦ACT-17、ACT-20；立式单级氨压缩机有捷克2SN300AD、2SN200AC，丹麦TSA-165，VV型单级氨压缩机有丹麦SMC-16-100、SMC-8-100、TSMC-8-180。

2. 冷凝器　冷凝器的作用是使高温高压过热气体冷却，冷凝成高压氨液，并将热量传递给周围介质。冷凝器有卧式冷凝器、立式壳管冷凝器、喷淋排管冷凝器和螺旋板式冷凝器等。

（1）氨卧式冷凝器常为双程列管式换热器。传热系数$K=700 \sim 900$W/（m²·℃），单位热负荷$q_F=3500 \sim 4100$W/m²，单位面积冷却水用量$W_F=0.5 \sim 0.9$m³/（m²·h），最高工作压力为2MPa，冷却水用量

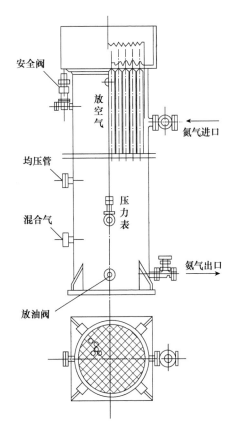

图5-9　氨立式壳管冷凝器示意图
（高孔荣，1991）

少，可以装在室内，操作方便，但水管清洗不方便，只适用于水质较好的地区。

（2）氨立式壳管冷凝器应用较多，结构如图5-9所示。立式冷凝器的优点是：占地面积小，可安装在室外，冷却效率高，为了提高冷凝器传热系数，在冷却水分配头内装有活动的水分配管或分配器，在水分配管下端有导向槽，使冷却水沿着导向槽进入列管的边壁呈螺旋状往下流，形成膜状分布在管内表面；可用河水进行冷却而不容易堵塞，清洗列管方便。设备的缺点是：造价较贵，用水量较大，如果有漏氨现象不容易被发现。

（3）喷淋排管冷凝器由盘管组成，盘管上装设V形配水槽，常安装在露天或屋顶上，传热系数$K=600\sim800\mathrm{W}/（\mathrm{m}^2\cdot\text{℃}）$，单位热负荷$q_F=3000\sim3500\mathrm{W}/\mathrm{m}^2$，用水量$W_F=0.8\sim1.0\mathrm{m}^3/（\mathrm{m}^2\cdot\mathrm{h}）$，这种冷凝器的优点是结构简单，用水量少，但占地面积大，较少使用。

（4）螺旋板式冷凝器的传热系数$K=950\sim1000\mathrm{W}/（\mathrm{m}^2\cdot\text{℃}）$，单位热负荷$q_F=5200\sim7000\mathrm{W}/\mathrm{m}^2$，冷却水用量$W_F=1.1\mathrm{m}^3/（\mathrm{m}^2\cdot\mathrm{h}）$。这种冷凝器结构紧凑，不易堵塞，但水侧阻力较大，已用于冷冻系统中。

3. 膨胀阀与蒸发器

（1）膨胀阀又称为节流阀，高压液氨通过膨胀阀节流而降压，使液氨由冷凝压力降低到所要求的蒸发压力，液氨气化吸热，使其本身的温度降低到需要的低温，再送入蒸发器。常用的手动膨胀阀（图5-10）有针形阀（公称直径较小）和V形缺口阀（公称直径较大）两种，螺纹为细牙，阀门开启度变化较小，阀孔有一定形状和结构，一般开启度为1/8～1/4周，不超过1周。手动膨胀阀按公称直径的大小选用。热力膨胀阀是一种能自动调节液体流量的节流膨胀阀，它是利用蒸发器出口处蒸汽的过热度来调节制冷剂的流量。小型氟利昂制冷机（电冰箱）多采用热力膨胀阀。

（2）蒸发器是制冷系统中的一种吸热设备。低温低压的液态制冷剂在传热壁的一侧气化吸热，从而使传热壁另一侧的介质被冷却。常用的蒸发器有立管式及卧式两种，另外还有冷却空气的蒸发器。

图5-11为立管式蒸发器的结构示意图。其蒸发器为多组（一般2～8组）并列的管组构成，各管组由上下两支水平总管及焊接在总管上直径较小的多支直立短管构成，其蒸发面积按10m、15m、20m、30m等规格

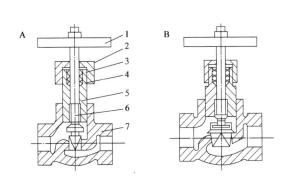

图5-10　手动膨胀阀（段开红，2017）
A. 针形阀；B. V形缺口阀
1. 手轮；2. 螺母；3. 钢套筒；4. 填料；
5. 铁盖；6. 钢阀杆；7. 外壳

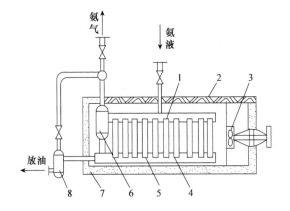

图5-11　立管式蒸发器（马海乐，2004）
1. 上总管；2. 木板盖；3. 搅拌器；4. 下总管；
5. 直立短管；6. 氨液分离器；7. 软木；8. 集油器

设定，上总管接氨液分离器，下总管与集油器连接。

工作时，制冷剂液体从几乎伸至下总管处的中间管进入，这种结构形式使制冷剂进入蒸发器后自下总管通过直立细管流至上总管，再沿直立细管返回下总管，这样，制冷剂很快地充满蒸发器并在循环过程中产生强烈的沸腾，沸腾时产生的蒸汽上升到上总管，经液体分离后排出，而被分离出的液滴则再次返回下总管进行再一次的循环。蒸发器的润滑油则沉积在集油器中，定期放出。

立管中氨的循环路线如图5-12所示。氨液自上部通过导液管进入蒸发器，导液管插入直立粗管中，保证液体先进入下总管，再进入立管，立管中液位几乎达到上总管。由于细管的相对传热面大、气化剧烈，保证了制冷剂的循环，从而提高了蒸发器的传热效果。

卧式壳管式蒸发器的结构与卧式壳管式冷凝器相似。

4. 油氨分离器 油氨分离器的作用是除去压缩后氨气中携带的油雾。油氨分离器有洗涤式、填料式及离心式等几种。图5-13为洗涤式油氨分离器。桶内氨液需保持一定的液位，因此在安装设备时，氨液的进口必须较冷凝器氨液出口低0.2～0.3mm。氨气经洗涤冷却而凝结成较大的油滴，由于液氨的相对密度比油小，油滴便沉入底部。可能被带出液面的油滴在重力作用和伞形挡板阻挡作用下被分离而落入液体。

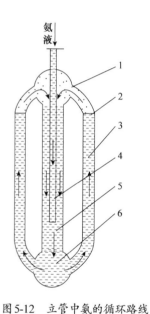 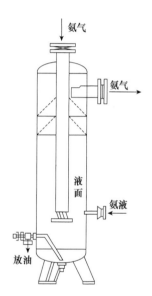

图5-12 立管中氨的循环路线
（马海乐，2004）
1. 上总管；2. 液面；3. 直立细管；
4. 导液管；5. 直立粗管；6. 下总管

图5-13 洗涤式油氨分离器
（黄亚东，2006）

通常在压缩机和油氨分离器之间的管路内，氨气流速为12～20m/s，而进入油氨分离器后的速度为0.8～1.0m/s。一般油氨分离器的直径比高压进气管径大4～5倍。这种分离器有YF-40、YF-50、YF-70、YF-80、YF-100、YF-125、YF-150、YF-200等。型号数字表示氨气进口管径。为了提高分离效果，在油氨分离器内设有伞形挡板，并保持一定的氨液液位，压缩后的氨气通入油氨分离器的氨液内，进行洗涤降温，分离效率可达95%。

5. 贮氨罐 贮氨罐的作用是贮存和供应制冷系统的液氨，使系统各设备内有均衡的氨液量，以保证压缩机的正常运转。高压贮氨罐与冷凝器的排液管、均压管连接，常用的卧式贮氨罐是一个由圆柱形钢板壳体及封头焊接而成的容器，装有液氨出口管、放空气管、安全阀、放油阀、排污阀、液位镜、压力表等。容器的容纳量一般为每小时制冷循环量的1/3～1/2，氨液装入量不应超过容量的80%。

6. 气液分离器 气液分离器的作用是维持压缩机的干冲程，同时将送入冷却排管（蒸发器）液体内的气体分出，以提高制冷效率。一般气液分离器安装在较高位置，高出冷却排管0.5～2m，最好高出1～2m，这样液体的压力可以克服管路阻力而流入冷却管内，气体在冷却排管至气液分离器的运动速度为 8～12m/s，而在气液分离器内的运动速度为 0.5～0.8m/s。气液分离器有立式和卧式两种（图 5-14 和图 5-15），高径比 $H/D=3\sim4$。

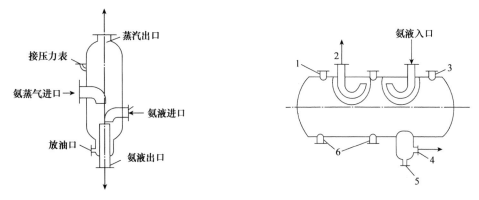

图 5-14　立式气液分离器（马晓建，1996）　　　图 5-15　卧式气液分离器（马晓建，1996）

1，6. 均压管；2. 排液回汽管；3. 接压力表；4. 放油管；5. 排液管

7. 中间冷却器　　中间冷却器在双级制冷系统中的主要作用是冷却低压级压缩机所排出的过热蒸汽，使过热蒸汽冷却到中压下的饱和气体状态，此外，还可借中间冷却器内氨液与盘管的热交换，使去往冷却设备的氨液在膨胀阀之前得到过冷。

中间冷却器用于双级压缩制冷装置，它的结构随循环的形式而有所不同。双级压缩氨制冷装置采用中间完全冷却，因此其中间冷却器用来同时冷却高压氨液及低压压缩机排出的氨气。氨中间冷却器的结构如图 5-16 所示。低压级压缩机排气经顶部的进口管直接通入氨液中，冷却后所蒸发的氨气由上侧接管流出，进入高压级压缩机的吸气侧。用于冷却高压氨液的盘管置于中间冷却器的氨液中，其进、出口一般经过下封头伸到壳外。进气管上部开有一个平衡孔，以防止中间冷却器内氨液在停机后压力升高时进入低压级压缩机出口管。氨中间冷却器中蒸气流速一般取 0.5m/s，盘管内的高压氨液流速取 0.4～0.7m/s，端部温差取 3～5℃，此时，传热系数为 600～700W/（m^2·℃）。

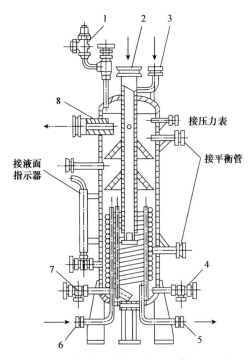

图 5-16　氨中间冷却器（方赵嵩，2022）

1. 安全阀；2. 低压级排气进口管；3. 中间压力氨液进口管；4. 排液阀；

5. 高压氨液出口管；6. 高压氨液进口管；7. 放油阀；8. 氨气出口管

8. 水冷却装置　　水冷却装置的作用是冷却由氨冷凝器排出的循环水。水冷却装置有三种类型：喷水池、自然通风冷却塔、机械通风冷却塔。其中较为典型的是点波式机械通风填料冷却塔。塔体中部放置填料，上部安装旋转式布水器。塔顶有轴流风机，风机的轴、尾部和接线盒用环氧树脂密封，避免电机受潮。

（三）耗冷计算

以啤酒厂发酵间耗冷量计算为例，每小时冷耗总量为

$$Q_T = \sum Q_1 + \sum Q_2 + \sum Q_3 + \sum Q_4 + \sum Q_5 \qquad (5\text{-}7)$$

式中：Q_T 为冷耗总量（kJ/h）；$\sum Q_1$ 为发酵间外部围护结构散失的冷量（kJ/h）；$\sum Q_2$ 为冷却发酵液所消耗的冷量（kJ/h）；$\sum Q_3$ 为排走发酵热所消耗的冷量（kJ/h）；$\sum Q_4$ 为因室门打开、室内照明、工作人员、冲洗等所引起的耗冷量（kJ/h）；$\sum Q_5$ 为发酵间通风换气所消耗的冷量（kJ/h）。

各项分别计算如下。

1. 发酵间外部围护结构散失的冷量

$$\sum Q_1 = \sum AK(T_o - T_i) + Q_t \qquad (5\text{-}8)$$

式中：$\sum A$ 为发酵间的四周墙壁、天花板、地面的面积（m^2）；K 为发酵间的四周墙壁、天花板、地面的传热系数［kJ/（$m^2 \cdot h \cdot \mathbb{C}$）］，$K = 1.05 \sim 2.50$ kg/（$m^2 \cdot h \cdot \mathbb{C}$）；$T_o - T_i$ 为墙壁、天花板、地面在夏季时室内外的最大温差（$\mathbb{C}$）；Q_t 为由太阳辐射引起的冷损失（kJ/h）。

2. 冷却发酵液所消耗的冷量

$$\sum Q_2 = \sum (m_1 C_1 + m_2 C_2)(T_1 - T_2) \qquad (5\text{-}9)$$

式中：m_1 为发酵罐的质量（kg）；C_1 为发酵罐材料比热容［kJ/（$kg \cdot \mathbb{C}$）］；m_2 为发酵液质量（kg）；C_2 为发酵液的比热容［kJ/（$kg \cdot \mathbb{C}$）］；T_1 为发酵液的初温度（$\mathbb{C}$）；T_2 为发酵液冷却结束后的温度（$\mathbb{C}$）。

3. 排走发酵热所消耗的冷量

$$\sum Q_3 = 745G \qquad (5\text{-}10)$$

式中：G 为发酵时的降糖量（kg/h）；1kg 糖发酵放热为 745kJ。

4. 因室门打开、室内照明、工作人员、冲洗等引起的耗冷量　　可按发酵液的多少进行估算，如取 0.837kJ/（$100kg \cdot h$），则

$$\sum Q_4 = \frac{0.837}{100} m_2 \qquad (5\text{-}11)$$

5. 发酵间通风换气所消耗的冷量　　可按发酵液的多少进行估算，可取 40kJ/（$100kg \cdot h$），则

$$\sum Q_5 = \frac{40}{100} m_2 \qquad (5\text{-}12)$$

制冷能力为

$$Q = \frac{\sum Q_{总}}{y} \qquad (5\text{-}13)$$

式中：$\sum Q_{总}$ 为需要的总能量（kJ/h）；y 为制冷机安全系数，可取 0.7。

本 章 小 结

生物制品的生产过程从原料的清洗、浸渍、调湿、溶解、蒸煮、糖化、发酵、分离到杀菌、冷却等都需要大量用水。水质的好坏对产品质量有很大影响，因此生物工业用水必须进行严格的水质管理及必需的水处理。另外，某些生物制品的培养及处理过程还应在低温下进行，制冷则成为生产过程中不可缺少的组成部分。生物工业的水处理系统按目的可分为三个阶段：一是除去水中的固体悬浮物、沉降物和各种大分

子有机物等，常采用过滤、沉淀等方法；二是除去水中各种金属离子或其他离子，即水的软化或除盐；三是水的杀菌处理，利用氯、臭氧、紫外线等杀灭水中的微生物，制得无菌的纯水。生物工业中所用的制冷温度多在−100℃以上，可采用单级压缩或双级压缩制冷系统。

思考题

1. 工业生产用水分级几个级别？分别用在哪些方面？
2. 生物工业用水的质量有什么要求？
3. 简述生物工业的水处理系统有几个阶段。
4. 举例说明常用的水处理设备及用途。
5. 良好的水过滤介质应满足哪些要求？
6. 简述水的杀菌方法。
7. 制冷系统的设备有哪些？

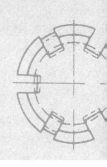

第三篇
生物反应器

第六章　生物反应器设计基础

第一节　生物反应器概述

　　生物反应器（bioreactor）是利用酶或生物体（如微生物）所具有的生物功能，在体外进行生化反应的装置系统，是一种生物功能模拟机，已广泛用于发酵食品、药品、环保等方面。生物反应器包括很多种类，如发酵罐、固定化酶反应器、动物细胞生物反应器、植物细胞生物反应器、微藻细胞生物反应器等。生物反应器中的物质、能量和热量转换与反应器的结构和内部装置密切相关，换句话说，生物反应器的结构对生物反应的产品质量、收率（转化率）和能耗起到关键作用。因此，生物反应器的设计必须以生物体为中心，除了考虑反应器的传质、传热等性能以外，还需要选择适宜的生物催化剂，这包括了解产物在生物反应的哪一阶段大量生成、适宜的pH和温度、是否好氧和易受杂菌污染等；生物体是活体，生长过程可能受到剪切力影响，也可能发生凝聚成为颗粒，或因自身产气或受通气影响而漂浮于液面；选择材料确保无菌操作的设计；检验与控制装置的可靠性、安全性、经济性等。总之，生物反应器的设计原理是基于强化传质、传热等操作，将生物体活性控制在最佳条件，降低总的操作成本。

　　生物反应器的设计也因反应目的的不同而有所区别。生物反应的目的可归纳为几种：一是生产细胞；二是收集细胞的代谢产物；三是直接用酶催化得到所需产物。最初的生物反应器主要是用于微生物的培养或发酵，随着生物技术的不断深入和发展，它已被广泛用于动植物细胞培养、组织培养、酶反应等场合，如表6-1所示。

表6-1　生物反应器类型

反应器类型	具体内容	反应器类型	具体内容
机械反应式生物反应器	发酵罐的结构	微藻光生物反应器	填充床式生物反应器
	发酵罐容积及搅拌功率的计算		流化床式生物反应器
自吸式发酵罐	机械搅拌自吸式发酵罐		转鼓式生物反应器
	喷射自吸式发酵罐		搅拌式生物反应器
	溢流喷射自吸式发酵罐	固态发酵生物反应器	压力脉动固态发酵生物反应器
气升式发酵罐	气升环流发酵罐的结构及操作参数		地窖和发酵池
	气升环流发酵罐的特点		固态发酵生物反应器性能的分析及选择
	典型的气升环流发酵罐简介	植物细胞（组织）培养反应器	植物细胞培养特性及培养方式
厌氧发酵生物反应器	酒精发酵罐		大规模植物细胞培养反应器
	啤酒发酵罐		植物组织培养及反应器
微藻光生物反应器	微藻光生物反应器概述	动物细胞培养反应器	动物细胞培养的特点和方法
	开放式培养系统		动物细胞培养的操作方式
	封闭式培养系统		动物细胞大规模培养反应器
	浅盘式生物反应器		

生物工程产业中使用的生物反应器有不同的分类方式。

（1）按几何形状或结构特征可以分成釜（罐）式、管式、膜式、塔式等类型。它们之间的差别主要反映在外形和内部结构上。釜式生物反应器如一般的反应釜或发酵罐，是最常见的生物反应器。管式生物反应器和膜式生物反应器一般用于连续操作。相对直径较大、纵向较短的管式反应器也称为塔式生物反应器。

（2）按生物催化剂类型的不同，可分为有酶催化反应器和细胞生物反应器。细胞生物反应器包括微生物培养生物反应器、植物细胞生物反应器、动物细胞生物反应器、微藻细胞生物反应器等。

（3）按供氧需求分，微生物细胞反应器（发酵罐）有厌氧与好氧之别。某些溶剂（如乙醇、丙酮、丁醇、丙二醇等）和乳酸、沼气等少数产品，采用厌氧或兼性厌氧培养方式。大多数发酵产品都是通过微生物好氧培养得到的。

（4）根据反应器所需的混合与能量输入方式，可分为机械搅拌式、气升式和喷射环流式生物反应器等。

（5）根据反应器的操作方式，可分为间歇式生物反应器、连续式生物反应器和半连续式生物反应器。

（6）根据生物催化剂在反应器中的分布方式，可以分为生物团块反应器和膜生物反应器。生物团块反应器按催化剂的运动状态又可分为填充床、流化床、生物转盘等。

（7）根据反应物系在反应器内的流动和混合状态进行分类，又可分为活塞流型生物反应器和全混流型生物反应器。活塞流型是指反应液在反应器内径向呈均一的速度分布，流动如同活塞运动，反应速度仅随空间位置不同而变化。全混流型是指反应器内混合足够强烈，因而反应器内浓度分布均匀，且不随时间变化。

（8）根据发酵培养基质的物料状态可分为液态发酵和固态发酵，同样生物反应器也分为液态发酵生物反应器与固态发酵生物反应器。

随着生物科技的发展和产品类型的扩大，生物反应器的开发应用越来越重要，其未来的发展方向主要体现在以下几个方面：①生物反应器的性能极大地受到热质传递能力的限制，必须改进生物反应器中热质传递方法和构件。②生物反应器正向大型化和自动化方向发展。③一些特殊用途和具有特殊性能的生物反应器得到了较快的应用和开发。④为了适应生物产业的发展和满足市场对产品的需要，对连续过程更加重视。⑤生物过程中的单元操作是相互联系的，利用自动化和信息化，将上游过程和下游过程进行集成化控制。

综上所述，生物反应器的前期设计中应该体现连续化、智能化、网络化和低消耗的发展趋势。此外，生物反应器的设计必须以生物体为中心，设计时除了考虑反应器的传热、传质性能以外，还需要了解生物体的生长特性和要求。

第二节　生物反应器的化学计量基础

生物反应器发生的反应过程符合质量守恒定律和能量守恒定律，因此化学计量是反应器设计的关键之一。

生物反应过程的化学计量比通常的化学反应过程复杂，原因如下。

（1）生物反应中存在活细胞，可以看作催化剂，并且细胞活性也会发生阶段性变化。

（2）细胞生长对营养有一定要求，而培养基营养成分复杂，参与反应的成分很多，因此只能跟踪部分成分计算。

（3）反应途径通常不单一，反应过程伴随代谢产物的反应，并受众多因素的影响。

根据质量守恒定律可以计算出基质的消耗和产物的得率。产物得率的大小直接关系到工厂的经济效益。

下面是个单一碳源、单一产物的化学平衡方程式：

$$CH_mO_l + aNH_3 + bO_2 \longrightarrow Y_bCH_pO_nN_q（生物量）+ Y_pCH_rO_sN_t（产物）+ cH_2O + dCO_2$$

式中，Y_b、Y_p分别为生物量（biomass）和产物（product）相对单位碳源量的产率。

碳：$1 = Y_b + Y_p + d$。

氮：$a = qY_b + tY_p$。

氧：$l + 2b = nY_b + sY_p + c + 2d$。

氢：$m + 3a = pY_b + rY_p + 2c$。

大量的证据显示：生物量Y_b和产物Y_p相对基质的得率取决于比生长速率μ。

这种现象可用维持来分析解释。维持是变性蛋白的变换、保持最佳胞内pH、抗衡通过细胞膜泄漏的主动运输、无用的循环及运动所需要的能量；是在保持细胞一个有序状态、补偿系统中熵的产生、避免造成细胞死亡的平衡状态中消耗的能量。维持分两部分，部分生成能量的基质与生长相关（所消耗的基质用于生物量的产生），部分与生长无关，而是取决于当前系统中存在的生物量的大小（基质提供维持的能量）。

维持的定义公式为

$$\frac{1}{Y_{xs}}=\frac{1}{Y_{xs}^{max}}+\frac{m_s}{\mu} \tag{6-1}$$

式中：Y_{xs} 为生物量对基质的得率；Y_{xs}^{max} 为得率的最大值；m_s 为维持系数；μ 为比生长速率。

若方程两项乘以 μ，得到基质消耗的线性方程：

$$\sigma=\frac{\mu}{Y_{xs}^{max}}+m_s \tag{6-2}$$

式中：σ 为合成单位生物量的基质消耗速率。

当有产物产生时：

$$\sigma=\frac{\mu}{Y_{xs}^{max}}+\frac{\pi}{Y_{xs}^{max}}+m_s \tag{6-3}$$

式中：π 为单位生物量的产物生成率。

基质和氧的消耗线性方程是反应器设计的重要工具。速率可以被预测，而培养过程得率系数的改变就可以用比生长速率的函数建立模型。

第三节 生物反应器的生物学基础

生物反应过程与化学过程的本质区别在于有生化催化剂参与反应。生物反应器的设计除与化工传递过程因素有关外，还与生物的生化反应机制、生理特性等因素有关。在进行生物反应器的设计和优化时，必须首先确定生物量、基质及产物浓度的变化速率、细胞生长、细胞分布、产物合成和基质消耗等数据对运行情况的预报、控制及系统优化等。同时，了解环境参数（如pH、温度、化学成分等）如何影响系统动力学也是必需的。有些时候为了克服生产中的代谢瓶颈，往往需要根据反馈来的参数信息建立合理的数学模型，这就需要从细胞动力学、生长动力学、产物形成动力学、高浓度基质及产物的抑制动力学，以及环境对生长及代谢的影响等多方面来分析。某些情况下，利用简单模型就足以进行系统设计，但多数情况下，采用结构模型和隔离模型将更具优势。建立详细的代谢途径模型可用于克服代谢的瓶颈，建立重组细胞的模型可解释质粒稳定性，建立哺乳动物细胞的模型可区分细胞总数中的活细胞数，甚至可以建立细胞分布模型来解释培养过程中的产物分布，建立植物细胞培养模型报告细胞存活率及其对二次代谢物产生的影响。

一、细胞数动力学

由于细胞反应器内整个过程是由细胞驱动的，因此反应器的选型、设计与操作自然离不开生物反应动力学，如细胞的生长速率与所有其他速率的关系等问题。下面主要讨论建立细胞生长动力学模型的方法。

在分批培养中，发酵液中的细胞浓度、基质浓度和产物浓度均随发酵时间而不断变化。细胞浓度在分批培养中经历四个阶段，即接种后的停滞期、对数生长期（细胞数及生物量对特定的基质的比生长速率为最大值）、稳定期和衰亡期。图6-1为典型的细菌生长曲线，分批培养过程中各个生长阶段的细胞特征见表6-2。

二、细胞生长动力学

现代细胞生长动力学的奠基人Monod早在1942年提出非结构模型，在培养基中无抑制剂存在的情况下，如果是由于基质消耗殆尽而出现减速生长，细胞的比生长速率与限制性基质浓度的关系可用式（6-4）表示：

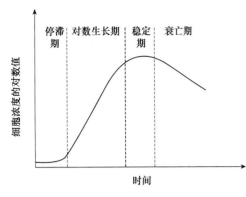

图6-1 典型的细菌生长曲线（韩德权，2008）

表6-2 分批培养过程中各个生长阶段的细胞特征（韩德权，2008）

生长阶段	细胞特征
停滞期	适应新环境的过程，细胞个体增大，合成新的酶及细胞物质，细胞数量增加很少，微生物对不良环境的抵抗能力降低
对数生长期	细胞活力很强，生长速率达到最大值，且保持稳定，生长速率大小取决于培养基的环境和营养
稳定期	随着营养物质的消耗和产物的积累，微生物生长速率下降，等于死亡速率，细胞数目基本稳定
衰亡期	在稳定期以后的不同时期内出现，主要由于自溶酶的作用或者有害代谢物质的影响，细胞破裂死亡，活细胞数目减少

$$\mu = \mu_{max} \frac{S}{K_s + S} \tag{6-4}$$

式中：μ为比生长速率；μ_{max}为在特定基质下最大比生长速率；S为底物浓度；K_s为底物饱和常数（g/L），其值为比生长速率达到最大值一半时的基质浓度。

Monod方程的基本假设条件如下：①细胞的生长不受到任何抑制作用。②细胞的生长为均衡生长的非结构模型，即细胞内各组分以相同的比例增加，且细胞之间无差异，可以用菌体浓度的增加描述细胞生长速率。③培养基中只有一种基质是生长限制性基质，而其他基质为过量，且不影响细胞生长。④细胞的生长视为单一反应，细胞得率系数恒定。

Monod方程在形式上与酶催化动力学的米式方程相似，此式可反映某一微生物在限制性基质浓度变化时的比生长速率的变化规律。由Monod方程可推衍出以下结论。

（1）$S < K_s$时，$\mu = (\mu_{max}/K_s) S$。

当限制性底物浓度很低（$S < K_s$）时，若提高限制性底物浓度，可以明显提高细胞的比生长速率，此时细胞比生长速率与底物浓度为一级动力学关系。

（2）$S = K_s$时，$\mu = \mu_{max}/2$。

说明半饱和常数K_s数值上等于比生长速率达到最大比生长速率一半时的营养物质浓度，它的大小表示了该微生物对营养物质的偏爱程度，数值越大，该微生物对这种营养物质越不偏爱，反之亦然。

（3）当基质浓度$S > K_s$时，$\mu = \mu_{max}$。

当限制性底物浓度很高（$S > K_s$）时，若继续提高底物浓度，细胞比生长速率基本不变。此时细胞比生长速率与底物浓度为零级动力学关系。因此，最大比生长速率实际上是当营养物质十分充足，底物浓度不再限制细胞生长的比生长速率。

最大比生长速率μ_{max}和底物饱和常数K_s是两个重要的动力学常数，表征了某种微生物的生长受某种营养物质影响的规律。通常情况下，某种微生物在某种基质条件下μ_{max}和K_s为一定值；同一种微生物在不同基质情况下有不同的μ_{max}和K_s值，K_s大小反映了菌体对基质的亲和力强弱，K_s越大，亲和力越小，K_s越小，亲和力越大。

微生物不同、培养基不同，则K_s和μ_{max}也不同，见表6-3。

表6-3 几种常见微生物对限制性底物的K_s和μ_{max}（韩德权，2008）

微生物	限制性底物	μ_{max}/h^{-1}	K_s/（mg/L）
大肠杆菌（37℃）	葡萄糖	0.8~1.4	2~4
大肠杆菌（37℃）	甘油	0.87	2
大肠杆菌（37℃）	乳糖	0.8	20
酿酒酵母（30℃）	葡萄糖	0.5~0.6	25
热带假丝酵母（30℃）	葡萄糖	0.5	25~75
产气克雷伯菌（37℃）	甘油	0.85	9
产气气杆菌（30℃）	葡萄糖	1.22	1~10

基质抑制现象可以在纯质量传递过程中看到。如果 k_L 是细胞消耗基质时的质量传递系数，限制基质从液体体积流向细胞的流速 N_s 如下：

$$N_s = k_L(S - S_c) \tag{6-5}$$

式中：k_L 为细胞消耗基质时的质量传递系数（m/h）；S 为液体主流中基质浓度（kg/m³）；S_c 为细胞表面的基质浓度（kg/m³）。

假设细胞是球形，则细胞的面积/体积比为（$6/d_c$），单位反应体积的细胞面积（A_c/V）可表示为

$$A_c/V = 6X/\rho_c d_c \tag{6-6}$$

式中：A_c 为细胞的总面积（m²）；d_c 为细胞的特征直径（m）；X 为生物量浓度（kg/m³）；V 为培养体积（m³）；ρ_c 为细胞密度（kg/m³）。

根据形成球体的细胞的不同，面积/体积比将发生改变。方程（6-5）可转化成依赖于 S 的基质限制条件下的 S 摄取速率 $(-r_s)_{lim}$：

$$(-r_s)_{lim} = N_s(A_c/V) = (6k_L/\rho_c d_c)(S - S_c) \tag{6-7}$$

根据生物量对基质得率的定义，完全由这个变迁控制的过程发生率为

$$\mu_{lim} = (6Y_{xs}k_L/\rho_c d_c)(S - S_c) \tag{6-8}$$

式中：μ_{lim} 为在基质限制控制条件下的比生长速率；Y_{xs} 为基质浓度为 S 时的生物量得率。

当高基质浓度时，该速率将比在给定条件（温度、pH、基质性质等）下的最大潜在比生长速率 μ_{max} 大得多，此时，在细胞内连续的质量传递及生物反应中，μ_{lim} 对整个反应速率的影响可以忽略，得到 $\mu = \mu_{max}$。当基质浓度减小，μ_{lim} 随之减小，直到变成速率控制。

一般情况下，总速率的倒数可用前后两步的阻力之和求得

$$1/\mu = 1/\mu_{max} + 1/\mu_{lim} \tag{6-9}$$

在方程（6-9）中代入方程（6-8）可得

$$\mu = \frac{\mu_{max}(6Y_{xs}k_L/\rho_c d_c)(S - S_c)}{\mu_{max} + (6Y_{xs}k_L/\rho_c d_c)(S - S_c)} \tag{6-10}$$

细胞壁上的基质浓度是未知的，如果假设它远小于液体主流的速度，即 $S \gg S_c$，则式（6-10）相当于 Monod 方程，即

$$K_s = \frac{\mu_{max}}{(6Y_{xs}k_L/\rho_c d_c)} \tag{6-11}$$

在基质限制的范围内，μ_{lim} 变得远小于 μ_{max}，导致这种情况的基质浓度是

$$S - S_c \ll K_s = \frac{\mu_{max}}{(6Y_{xs}k_L/\rho_c d_c)} \tag{6-12}$$

方程（6-11）的典型值：$\mu_{max} = 1h^{-1}$，$d_c = 2 \times 10^{-6}m$，$\rho_c = 10^3 kg/m^3$，$Y_{xs} = 0.5$，$k_L = 1m/h$，则 $K_s = 0.66 \times 10^3 g/L$，这一数值正在关于该参数报道值的范围内。

方程（6-10）和方程（6-11）相当于 Monod 方程，但在 Monod 方程中 K_s 完全是经验常数，而前者的优点是 k_L 具有明确的含义。通过方程（6-11），可以预示 K_s 的近似值、物理特性改变的影响及操作变量。这明显简化了得到一个动力学表达式的工作，因为它只需要得到一个经验 μ_{max} 值即可。

此外，还有新的细胞生长动力学方程被提出，常见的包括 Tessier 方程、Moser 方程、Contois 方程和 Blackman 方程等。

Tessier 方程：

$$\mu = \mu_{max}(1 - e^{-K_s}) \tag{6-13}$$

Moser 方程：

$$\mu = \frac{\mu_{max}S^n}{K_s + S^n} \tag{6-14}$$

Contois 方程：

$$\mu = \frac{\mu_{max}S}{K_s X + S} \tag{6-15}$$

Blackman 方程：

$$当 S \geqslant 2K_s 时, \quad \mu = \mu_{max};$$

$$当 S < 2K_s 时, \quad \mu = \mu_{max} S/2K_s \tag{6-16}$$

当底物浓度很高时，可能导致培养液中渗透压增大，细胞的生长反而会受到基质的抑制作用。非竞争性基质抑制，细胞生长的底物动力学可表述为

$$\mu = \mu_{max} \frac{S}{K_s + S + \dfrac{S^2}{K_{SI}}} = \mu_{max} \frac{S}{S\left(1 + \dfrac{S}{K_{SI}}\right)} \tag{6-17}$$

式中：μ 为比生长速率；μ_{max} 为最大比生长速率；S 为底物浓度；K_s 为底物饱和常数；K_{SI} 为底物抑制常数。

微生物的自然生长经常受到营养成分的限制，因此在漫长的进化过程中，细菌形成了灵活的适应机制。好氧条件下，能量限制时细菌可将碳源全部转化为 CO_2，但当能量过剩时，代谢分布会发生变化，许多不完全氧化的末端产物被分泌到胞外。当代谢产物浓度较高时，会抑制细胞的生长、底物的摄入及其代谢能力。例如，大肠杆菌利用葡萄糖合成乙酸、乳酸、丁二酸等，有机酸会造成细胞通透性变化，破坏跨膜质子电势，造成细胞生产停止。可采用一些近似的经验表达式表示产物抑制动力学：

$$\mu = \frac{\mu_{max} S}{K_s + S} \cdot \frac{K_{PI}}{K_{PI} + P} \tag{6-18}$$

式中：μ 为比生长速率；μ_{max} 为最大比生长速率；S 为底物浓度；K_s 为底物饱和常数；K_{PI} 为产物抑制常数；P 为产物浓度。

三、产物形成动力学方程

代谢产物和蛋白质释放到生长培养基中或在细胞内积累，产物的生成可分为 4 种形式。

（1）主要产物是能量代谢的结果，如在酵母厌氧生长过程中的酒精合成（Gaden 分类 Ⅰ 型）。

（2）主要产物是能量代谢的间接结果，如霉菌好气生长过程中柠檬酸的合成和细胞中聚 β-羟基丁酸酯（PHB）的胞内积累（Gaden 分类 Ⅱ 型）。

（3）产物是二次代谢产物，如霉菌好气发酵中青霉素的生产（Gaden 分类 Ⅱ 型）。

（4）产物是胞内或胞外蛋白，这属于蛋白质合成领域，可以受到诱导和分解代谢抑制调节，如酶合成。

这 4 种细胞产物合成动力学可以简单分为两类。第一类是产物合成在生长过程中出现，称为生长偶联型。如图 6-2A 及方程（6-19）或方程（6-20）所示。

$$dP/dt = \alpha dX/dt \tag{6-19}$$

$$\pi = \alpha\mu \tag{6-20}$$

式中：α 为系数；μ 为比生长速率；π 为产物形成比率。

即

$$\pi = (dP/dt)/X \tag{6-21}$$

这主要符合 Gaden 分类 Ⅰ 型和第 4 种合成方式。

第二类是产物合成通常出现在细胞生长完成以后，称为非生长偶联型，如图 6-2B 及方程（6-22）或方程（6-23）所示。

$$dP/dt = \beta X \tag{6-22}$$

$$\pi = \beta \tag{6-23}$$

或

$$dP/dt = \beta X [K_N/(K_N + N)] \tag{6-24}$$

式中：N 为基质中的控制因子浓度；X 为生物量浓度；K_N 为以 N 为限制性基质的平衡常数；P 为产物浓度。

细胞产物合成动力学可简单分为两类。

方程为

$$dP/dt = \alpha dX/dt \text{ 或 } \pi = \alpha\mu \tag{6-25}$$

式中：P 为产物浓度；α 为系数；π 为产物形成比率；μ 为比生长速率。

方程为

$$dP/dt = \beta X \text{ 或 } \pi = \beta \qquad (6\text{-}26)$$

式中：β 为系数。

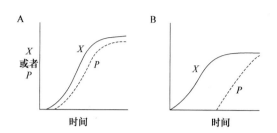

图6-2 分批发酵中细胞生长及产物形成的
动力学形式（梁世中，2011）

$X.$ 生物量浓度；$P.$ 产物浓度

但是，实际上这些方程未能反映产物合成既不是在生长过程出现，也不是在生长后出现的情况，如以上第二组（Gaden 分类 II 型）的柠檬酸和 PHB 的合成，或在很多情况下青霉素的合成，即以上第三组（Gaden 分类 III 型）。

如图6-2所示，如果方程（6-22）有效，某些产物将在 t 结束之间合成，它与现存的细胞浓度成比例。为了克服这种模型的限制，在式中加入一项，表达通过基质 [通常是氮（N）] 控制生长而实现产物合成抑制，结果产生方程（6-27）：

$$\frac{dP}{dt} = \beta X \left(\frac{K_N}{K_N + c_N} \right) \qquad (6\text{-}27)$$

式中：c_N 为基质中的氮浓度；K_N 为以 N 为限制性基质的平衡常数。

这个方程很好地模拟了小甲基胞囊菌（*Methylocystis parvus*）采用甲烷作为碳源及真养产碱杆菌（*Alcaligenes eutrophus*）用 CO_2 作碳源时的 PHB 积累情况。

在某些场合下，将方程（6-19）和方程（6-22）组合可以很好地模拟实际数据，这就是所谓的混合生长偶联型，如方程（6-28）和方程（6-29）所示：

$$\frac{dP}{dt} = \frac{\alpha dX}{dt} + \beta X \qquad (6\text{-}28)$$

$$q_p = \alpha \mu + \beta \qquad (6\text{-}29)$$

对于胞内聚合物（如PHB）合成的情况，生物量包括了非产物生物量和产物生物量，因此总的生长必须分成两项，如方程（6-30），第一项（dR/dt）相当于细胞部分，它与蛋白质含量成比例，受培养基中限制蛋白质合成的营养物质（如N）水平控制，R 表示余数。第二项相当于胞内产物积累（dP/dt）：

$$\frac{dX}{dt} = \frac{dR}{dt} + \frac{dP}{dt} \qquad (6\text{-}30)$$

$$\frac{dR}{dt} = \mu_{max} R \left[\frac{N}{(K_s + N)} \right] \qquad (6\text{-}31)$$

而 dP/dt 由方程（6-22）给出。

四、高浓度基质及产物的抑制动力学

非常高的基质浓度可以抑制生长及产物合成，通常通过流加发酵的方式获得较高的生物量或产物浓度，假如以葡萄糖作为碳源，则通常发酵开始的浓度不大于150g/L，若大于150g/L，则使大部分微生物不生长，这是由于渗透性作用导致细胞脱水，这种现象称为基质抑制。描述这种现象有很多方程，最重要的是两个非竞争性抑制方程：

$$\mu = \frac{\mu_{max} S}{K_s + S + S^2/K_I} \qquad (6\text{-}32)$$

$$\mu = \frac{\mu_{max} S}{K_s + S} e^{(-S/K_I)} \qquad (6\text{-}33)$$

式中：μ_{max} 为在基质限制条件下的最大比生长速率；S 为液体主流中基质浓度（kg/m^3）；K_s 和 K_I 为基质和抑制剂的平衡常数。

代谢最终产物在高浓度下产生抑制是非常普遍的，这些抑制既会影响生长率，又会影响产物代谢的比率。

五、环境因素对细胞生长速率的影响

微生物生长及产物形成动力学受环境条件的影响，主要是温度和pH。细胞内存在一系列酶促反应，温度对细胞内生化反应和生长速率都有很大影响。在一定的温度范围内，温度升高，反应速度加快。但由于酶是蛋白质，温度过高会使酶变性失活。在蛋白酶变性温度以下，细胞最大比生长速率随温度变化方式与一般的化学反应速率变化方式一致：

$$\mu_{\max}=A\exp\left(-\frac{E_{g}}{RT}\right) \tag{6-34}$$

式中：$\mu_{\max}$ 为最大比生长速率；A 为指前因子；E_{g} 为生长过程的活化能；R 为气体常数；T 为温度。

假设胞内蛋白变性是可逆反应，变性蛋白失去活性，可以用 Hougen-Watson 模型描述 $\mu_{\max}$：

$$\mu_{\max}=\frac{A\exp\left(-\dfrac{E_{g}}{RT}\right)}{1+B\exp\left(-\dfrac{\Delta G_{d}}{RT}\right)} \tag{6-35}$$

式中：$\mu_{\max}$ 为最大比生长速率；A、B 为指前因子；E_{g} 为生长过程的活化能；ΔG_{d} 为蛋白质变性自由能变化；R 为气体常数；T 为温度。

图6-3是大肠杆菌最大比生长速率随温度变化的阿伦尼乌斯曲线，圆点为富葡萄糖培养，方形为贫葡萄糖培养。21~37.5℃的线性部分采用式（6-34）拟合，39℃以上弯曲和下降部分采用式（6-35）拟合。

微生物的最适生长温度是指最有利于细胞生长的温度条件。不同生物，最适生长温度不同。生物反应器中所采用的大部分微生物是中温菌（20℃<T<50℃），有些也可能是嗜冷菌（T<20℃）或嗜热菌（T>50℃）。

pH也是影响细胞生长的一个重要因素。微生物具有调整胞内pH的能力，当环境pH变化较大时，细胞可以利用吉布斯自由能保持跨膜质子电势。有机酸是电子传递链的解偶联剂，胞外pH较低时，有机酸通过被动扩散进入细胞，并解离质子，要保持跨膜电势，需要消耗ATP，这势必影响细胞生长。对于细胞能够进行生长的pH范围为3~4个pH单位，而最适宜的pH范围为1~2个pH单位。pH的变化不仅影响酶的稳定性，还影响酶活性中心重要基团的解离状态及底物的解离状态。不同微生物的最适pH不同，图6-4是pH对细菌生产速率的影响，为典型的钟形曲线。

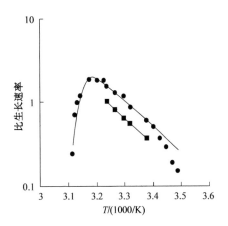

图6-3　大肠杆菌最大比生长速率随温度
变化的阿伦尼乌斯曲线（陆强等，2013）

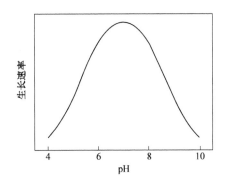

图6-4　pH对细胞生长速率的影响
（陆强等，2013）

第四节　生物反应器的质量与能量的传递

质量传递在选择反应器形式（搅拌式、鼓泡式、气升式等）、生物催化剂状态（悬浮或固定化细胞）和操作参数（通气率、搅拌速度、温度）中起决定性的作用，并将直接或间接影响过程各步骤及系统周期性单元设计的很多方面。生物反应器的质量传递类型如表6-4所示。

表6-4　生物反应器的质量传递类型

类型	特点	实例
气—液	气、液接触混合	液相好氧发酵，如味精、抗生素等发酵
液—固	固相颗粒在液相中悬浮	固定化生物催化剂的应用、絮凝酵母生产酒精等
固—固	固相间混合	固态发酵生产前的拌料
液—液	互溶液体	发酵或提取操作
液—液	不互溶液体	双液相发酵与萃取过程

　　反应器中微生物的生命活动最终使生物量增加或形成所需的产品，基质在发酵液内扩散和代谢产物的扩散率，必须满足以反应器为整体的化学计量和质量衡算，对于好氧的生物反应过程，氧的供给是关键，供氧速率通常被认为是生物反应器选择和设计的主要问题之一。过程的"宏观动力学"是指实际上所测到的物质化学反应的总速率。在特定的生化过程中，每一个单一反应的宏观动力学不但难于观察和跟踪，而且对复杂的活细胞来说也只是粗略地近似。

一、气液质量传递

（一）气液传质的基本理论

　　对通气搅拌的深层培养，培养液中必须有适当的溶解氧浓度，以使溶解氧不会成为限制因素。在实际的生物反应系统中，溶解氧浓度是细胞的好氧速率和氧传递的溶氧速率的函数。根据传统的双膜理论，氧从气泡传递到细胞的途径如图6-5所示，具体步骤如下。

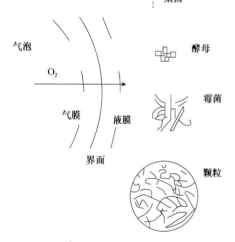

　　（1）气泡中的氧通过气相边界层传递到气-液界面上。
　　（2）氧分子由气相侧通过扩散穿过界面。
　　（3）在界面液相侧通过液相滞留层传递到液相主体。
　　（4）在液相主体中进行传递。
　　（5）通过生物细胞表面的液相滞留层传递进入生物细胞内。
　　（6）微生物细胞内氧的传递。
　　经过以上步骤后在细胞内部发生酶反应。通常（3）和（5）的传递阻力是最大的，是整个过程的控制步骤。
　　常见的描述氧传递的模型有三种，即双膜理论、渗透扩散理论和表面更新理论。
　　1. 双膜理论
　　（1）相互接触的气、液两相存在着稳定的相界面，界面两侧各有一个很薄的滞流膜层，在气相的一侧称为气膜，液相的一侧叫作液膜。氧气以扩散的形式通过这两个膜层。

图6-5　氧从气泡传递到细胞的途径
（张元兴和许学书，2001）

　　（2）在相界面处，气、液两相达到平衡。
　　（3）在膜层以外的气、液两相中，氧气的浓度基本相等，全部浓度变化集中在两个膜层内。
　　2. 渗透扩散理论　　渗透扩散理论对双膜理论进行了修正，认为层流或静止液体中气体的吸收是非定态过程，液膜内氧边扩散边被吸收，氧浓度分布随时间变化。
　　3. 表面更新理论　　表面更新理论又对渗透扩散理论进行了修正，认为液相各微元中气液接触时间也是不等的，而液面上的各微元被其他微元置换的概率是相等的。
　　虽然后两种理论比双膜理论考虑得更为全面，从瞬间和微观的角度分析了传质的机理，但由于双膜理论较简单，所用的参数少，因此根据双膜理论发展起来的应用更为广泛。

（二）体积传质系数 $k_L A$

　　体积质量传递系数（体积传质系数）$k_L A$ 是决定反应器结构的最相关的参数，它是质量传递的比速率，是指在单位浓度差下，单位时间、单位界面面积所吸收的气体。它取决于系统的物理特性和流体动力学。体积质量传递系数由两项产生：一是质量传递系数 k_L，它取决于系统的物理特性和靠近流体表面的流体动力学；二是气液比表面积 A。现在已清楚 k_L 对动力输入的依赖是相当弱的，而界面面积是一个重要的物理特性。另外，质量传递系数实际上是基质（或其他被传递的化合物）的质量通量 N_s 与推动这一现象的梯度（浓度差）之间的比例因子：

$$N_s = k_L (S_1 - S_2) \tag{6-36}$$

式中：S_1、S_2 为1和2两个质量传递之间的基质浓度值。

在实际反应器中，有可能同时共存较宽范围的梯度值，因此，必须选择代表整个反应器的值。由此可见，质量传递系数的值取决于方程（6-36）的定义采用的浓度。这就意味着确定它是代表反应器的流体动力学模型。

显然，生化系统对氧的需求越大，液体吸氧速率就变得越重要。但即使系统对氧的需求相对较小，如动物细胞培养，氧传递问题也会对其造成影响，试验结果表明增大氧的传递速率导致鼠杂交瘤细胞株最终浓度及单克隆抗体产量的增加。

$k_L A$ 数据可从已发表的相关文献中得到，但必须记住这些 $k_L A$ 数据是基于有限实验数据的概括。所设计的设备与原来实验系统的几何结构及物理参数越接近，设计就越安全。

二、机械搅拌生物反应器

通常质量传递的比速率取决于输入系统中的能量，这些能量消耗在剪切作用、循环及液体混合上。剪切力能将大气泡打碎，产生小气泡，从而产生大的界面面积。

由于能量可通过搅拌叶做轴功及采用通气方式做气体的膨胀功进入系统，因此建议采用以下的总方程式：

$$k_L A = A_1 (P_i/V_L)^\alpha (J_G)^\beta \tag{6-37}$$

式中：A_1 为系数；P_i 为输入功率（W）；V_L 为液体体积（m^3）；J_G 为气体的空塔速度（m/s）；常数 α 和 β 取决于系统的几何尺寸和液体的流变学特性。

Robinson 等提出了一个考虑流体特性影响的修正方程：

$$k_L A = A_1 (P_i/V_L)^\alpha (J_G)^\beta \xi \tag{6-38}$$

其中：

$$\xi = (\rho_L)^{0.533} (D_L)^{2/3} (\sigma)^{-0.6} (\mu)^{-0.33} \tag{6-39}$$

式中：ρ_L 为液体密度（kg/m^3）；D_L 为液体扩散系数；σ 为表面张力（N/m）；μ 为黏度（Pa·s）。

由于 ξ 中没有包括粒子强度的影响，Robinson 给出了几套不同的 A_1、α 和 β 值，分别对应于水和盐溶液。这在低黏度下是正确的。Van't Riet 概述了在搅拌容器中相同范围黏度的质量传递速率，并推荐一个考虑搅拌器高度处静压力的修正方程：

$$k_L A = A_1 (P_i/V_L)^\alpha (J_G p_a/p_s)^\beta \tag{6-40}$$

式中：p_a、p_s 为大气中及搅拌叶高度处静压力（Pa）。

Robinson 等和 Van't Riet 给出了对应聚结及非聚结流体的不同常数值。这种分别考虑聚结及非聚结流体来表示结果的方法在文献中是相当普遍的，因为我们缺乏有关控制这种复杂现象的变量的知识。

黏度对质量传递速率的影响对搅拌罐可以是很重要的，尤其在高黏度下。图6-6显示，当黏度在 5×10^{-2} Pa·s 以下时，搅拌罐中质量传递系数几乎与液体黏度无关，但之后相关性则很大。

Cooke 等采用纸纤维模拟丝状菌发酵培养的流变学，研究了在实验室及中试规模发酵罐的混合及气-液体速度传递比率。高黏度流体的适当通气是非常困难的，在这些情况下，就需要多叶片搅拌器及特殊设计的搅拌叶。

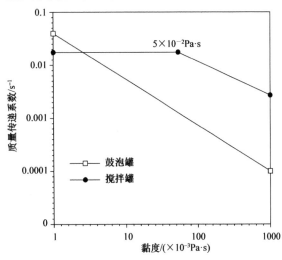

图6-6 搅拌罐和鼓泡罐中液体黏度对质量传递系数的影响（朱明军和梁世中，2019）

三、气体搅拌生物反应器

（一）鼓泡塔

从结构及操作来看，鼓泡塔是最简单的一种反应器，属于气体搅拌反应器的种类。它们是简单的容器，容器内气体喷入液体中，没有运动部件，容器内物料搅拌所需要的所有能量及培养所需要的氧均由喷入容器中的气体（通常为洁净空气）提供。

由于剪切损伤，鼓泡系统一直被认为是对动物细胞及其他敏感培养物有害。为此，有人建议采用避免气体与含有细胞的培养基直接接触的系统。这在实验室规模是可行的，但在大规模设备中，鼓泡反应器仍然是对生长最有利的。另外，在大规模生产中，鼓泡反应器的结构及操作简单等实际优点都给人留下了深刻印象。因此，鼓泡塔在化学及生化工业中都得到了良好的应用。

鼓泡塔的质量传递在技术文献中一直是一个受关注的主题。Akita 和 Yoshida 关系式已被普遍接受，当考虑质量传递系数时成为一控制点：

$$k_L A D_c / D_L = (Sh)(AD_c) = Sc^{0.5}Bo^{0.62}Ga^{0.31} = \psi^{1.1} \tag{6-41}$$

其中，ψ 由式（6-42）给出：

$$\psi/(1-\psi)^4 = c_1 Bo^{1/8}Ga^{1/12}Fr^{1.0} \tag{6-42}$$

式中：D_c 为塔直径（m）；D_L 为液体扩散系数；Sh 为舍伍德数；Sc 为施密特数 $[\mu(\rho_L D_L)^{-1}]$；Bo 为博登施泰数 $[gD_c^2\rho_L/\sigma]$；Ga 为伽利略数 $(gD_c^3\rho_L^2/\mu^{-2})$；Fr 为弗劳德数 $[J_G(D_c^{-0.5})]$。

（二）气升式反应器

气升式反应器给大规模生化过程提供了一些好处，尤其对动植物细胞培养。原因是气升式反应器与传统生物反应器在流体动力学方面存在差别。在传统的搅拌及鼓泡反应器中，液体运动所需要的能量是通过搅拌器或气体分布器在反应器散点集中输入。气升式反应器中不存在这种高能耗散率的点，因此剪切力场均匀得多。一个在生物反应器中运动的细胞或凝聚细胞在环境动力学中不必忍受强烈的改变，反应器的运行性能中，流体流动具有主导作用，所以设备的几何设计尤其重要。特别是底部间隙（它代表反应器底部的流动阻力）及气体分布器的设计对质量传递速率具有很大的影响。考虑内循环情况下各种因素的关系式如下：

$$Sh = 6.82 \times 10^4 Fr^{0.9} M^{-3.4} Ga^{0.13} X_{dr}^{-0.07} Y^{-0.18}(1+A_d/A_r)^{-1} \tag{6-43}$$

除了已知的 Sh、Fr 和 Ga 以外，这里介绍几何比 M，它是气泡分离组数 $[D_s(4D_c)^{-1}]$，反映气体分离区的作用，D_s 为气体分离区的直径。X_{dr} 为底部间隙比，解释底部设计；Y 为顶部间隙比，解释底部空隙设计；A_d/A_r 为导流筒与反应器的横截面积之比。

对于外循环气升式反应器，Popovic 和 Robinson 提出了下面的关系式：

$$k_L A = 1.911 \times 10^{-4}(J_G)_r^{0.525}(1+A_d/A_r)^{-0.853}\mu^{-0.89} \tag{6-44}$$

式中：$(J_G)_r$ 为反应器的气体空塔速度（m/s）；μ 为液体黏度（Pa·s）。

这是基于用 CMC（羧甲基纤维素）溶液和水的实验数据所得到的结果。

应该强调的是，Popovic 和 Robinson 的式子没有考虑气体分布器的形状及间隙，只考虑横截面积比 (A_d/A_r) 作为变量，与式（6-43）相反，与定义的几何学有关。

四、基本方法

虽然大部分有关文献报道了经验公式，但通常只是对一定范围内的变量有效，所以人们试图从基本原理的角度公式化表达设计方法。

首先将组成是 $k_L A$ 的两项分开。

（1）质量传递系数 k_L，它取决于液体的物理特性和靠近液体表面的流体动力学，用于描述液体表面的质量传递速率。

（2）气液比表面积 A，它反映整个反应器的整体属性或区域属性。由于 A 是一个集总变量，因此不能涉及一小区域（如在鼓泡反应器中小于一个气泡的区域）。

Kawase等给出了一个较好预示质量传递系数的模型，它可应用于牛顿流体和符合动力法则的流体，它以Higbie模型为基础，取决于扩散性能及液体在气体中的暴露时间。Kawase等给出的模型是采用传统的子层模型得到的。他们假设自由界面的紊流约束机制与固体表面附近的相同，但具有高达4倍的速度波动，最终给出式（6-45）：

$$k_{\mathrm{L}} = 2^{2/n}\pi^{-0.5}T^{-1}D^{0.5}(k\psi^{1}/\rho_{\mathrm{L}})^{-0.5(1+n)} \tag{6-45}$$

式中：k为传热系数 $[\mathrm{W/(m^2 \cdot ℃)}]$；$D$为扩散系数。

这里无量纲暴露周期T由式（6-46）给出：

$$t_{\mathrm{e}} = T^2(k/\rho_{\mathrm{L}})^{1/n}/v_{\mathrm{o}}^{2/n} \tag{6-46}$$

式中：t_{e}为液体单元的暴露时间（s）；v_{o}为液体运动黏度 $[\mathrm{kg/(m^2 \cdot s)}]$。

以上的表达式与鼓泡塔及搅拌反应器所得到的结果比较令人满意。但根据它进行大规模设备的设计还有很远的距离。众所周知，k_{L}对能量输入的依赖是相当弱的，而界面面积则是一个强的物理特性、几何设计及流体动力学函数。

可以用基本接近法研究，它适用于任何自由气-液表面，与所考虑的反应器类型无关，因为它只与该点的流体动力学有关。比表面积A的情况则不一样，它是系统的整体参数，必须依赖于系统的类型及几何结构。此外，A对能量输入的依赖远大于k_{L}。因此，反应器的设计目前还必须依靠界面面积或体积质量传递系数的经验知识。

五、液体-微生物之间的质量传递

细胞所需的基质通过扩散穿过环绕它的边界层，然后进入细胞进行反应。最重要的问题之一是必须弄清控制质量传递的关键步骤是在细胞内还是在细胞周围。弄清这一点使我们能预测流体的物理特性可能对过程速率所造成影响。

Rotem等研究了黏度对单细胞紫球藻（*Porphyridium* sp.）生长速率的影响。将藻放在含有本身细胞壁多糖的可溶性成分培养基中培养，随着培养基中多糖浓度的增加，藻生长速率和最大细胞数相应减少。增加多糖浓度也抑制细胞的碳源消耗速率，从而抑制光合成。试管培养试验结果显示，硝酸盐、碳酸氢盐、磷酸盐和钠的质量传递系数随着多糖浓度的增大而减小。可得出如下结论：生长速率的减小是由于营养传递受到高黏度多糖阻碍所致。

六、微生物活性对吸收率的增强作用

当气体被液体吸收并发生反应，这些化学反应使所吸收的气体浓度改变，吸收率会被增强。这种增强作用可推广至大部分的湍流系统质量传递模型。这些推论的一个有趣特性是所有不同模型所预示的增强作用实际上是相等的，因此可以采用一个简单的模型——膜模型（the film model）。

氧被吸收到发酵液中，类似于气体被吸收到液体中，它与悬浮的小颗粒发生反应。由于氧在气-液界面扩散时被消耗，因此氧的吸收速率被增强。实验表明，在表面通气搅拌罐中氧的吸收速率高于物理吸收的预期值。这种现象可以用所观察到的气-液界面附近微生物的积聚进行解释。另外，有报道指出微生物的活性并不影响氧的质量传递速率，该结果是在通气搅拌罐内进行试验所得到的。

在表面通气搅拌罐中，当质量传递系数k_{L}较小时，氧的吸收速率将被微生物的活性所增强。微生物的分布也是一个影响因素，尤其是当表面的浓度远大于主体内的浓度时。另外，在传统的通气罐、搅拌罐或鼓泡塔中，质量传递系数相对较高，则微生物所消耗的氧对氧的质量传递速率不会产生增强效果。

虽然对大部分通气生化过程都是如此，而通常在发酵罐设计都没有考虑增强作用，但是在非常黏的发酵液中情况将发生改变。在这种情况下，k_{L}将下降至很低，忽略增强因素的影响将由于氧传递的观点而导致发酵罐的过度设计。

七、粒子间的质量传递

有些情况下，微生物不是悬浮于液体中，而是凝结成絮状、小丸状或固定于一固体支持物上（固定化酶的形式也是如此），这时质量传递过程就需要增加一个步骤。除了要穿越环绕粒子周围的液体边界层以外，扩散基质必须从外表面传送到生物转化实际发生的地方，这就意味着基质必须经过长而曲折的路程才能到达位于粒子中心的细胞处发生作用。

这种现象受到长时间的观察和分析，扩散限制对所需要的生物催化剂量的影响已众所周知。然而，扩散限制也可以被"过程设计者"用作人工控制的手段。作为固定化的结果，酶的操作稳定性可以补偿甚至超过粒子间扩散的有害方面。在受到保护的絮团、颗粒或酶的支持物内部，pH和温度的波动也将变缓。而且在其他方面扩散限制可能对溶液成分的消耗有利，正如大家所知的废水反硝化处理过程，在通气罐内产生一个厌氧的环境。这可认为是由质量传递限制造成的，因为生物凝聚物的内部氧的消耗而提供了一个厌氧的微环境。因此，与传统催化剂相反，对于生物催化剂，有时可将粒子内扩散而引起的附加限制视为有利因素。尽管如此，大部分情况下，设计者均是以消除粒子间扩散的有害影响为目标。

八、生物反应器中的传热

细胞的生命活动伴随着能量的转换。通过生物氧化，培养基中的能源释放出能量，用于维持细胞的生命活动并进行生物合成反应。其中未能用于生物反应的部分则以热的形式放出而使培养液温度上升。使培养液温度上升的另一原因是机械搅拌，生物反应器中机械搅拌所消耗的能量最终转化成热。此外，在好气培养时的通气操作可以带走部分显热，通气造成水分的蒸发则带走蒸发热，生物反应器与周围的环境也会发生热量交换。要在生物反应器内维持一定的温度，就要根据热量产生和散失的情况，除去或补充热量。生物反应器中的热量平衡可表示为

$$Q_{met} + Q_{ag} + Q_{gas} = Q_{acc} + Q_{gxch} + Q_{evap} + Q_{sen} \tag{6-47}$$

式中：Q_{met} 为微生物代谢或酶活力造成的单位体积产热速率；Q_{ag} 为搅拌造成的单位体积产热速率；Q_{gas} 为通风造成的单位体积产热速率；Q_{acc} 为体系中单位体积的积累产热速率；Q_{gxch} 为单位体积反应液向周围环境或冷却器转移热的速率；Q_{evap} 为蒸发造成的单位体积热损失速率；Q_{sen} 为热流（流出-流入）造成的单位体积敏感焓上升的速率。

实际生物反应过程中的热量计算，可采用如下4种方法。

1. 通过培养过程中冷却水带走的热量进行计算 根据经验，每立方米培养液每小时传给冷却器最大的热量：青霉素发酵约为25 000kJ/（m³·h），链霉素发酵约为19 000kJ/（m³·h），四环素发酵约为20 000kJ/（m³·h），肌苷发酵约为18 000kJ/（m³·h），谷氨酸发酵约为31 000kJ/（m³·h），赖氨酸发酵约为33 000kJ/（m³·h），柠檬酸发酵约为11 700kJ/（m³·h），酶制剂发酵为15 000～19 000kJ/（m³·h）。

2. 通过培养液的温升进行计算 根据培养液在单位时间内（如0.5h）上升的温度而求出单位体积反应液放出热量的近似值。例如，某味精生产厂，在夏天不开冷却水时，25m³生物反应器每小时内最大升温约为12℃。

3. 通过生物合成进行计算 当 Q_{sen}、Q_{acc} 和 Q_{gas} 可忽略不计时，由式（6-47）可知，

$$Q_{all} = Q_{gxch} = Q_{met} + Q_{ag} - Q_{evap} \tag{6-48}$$

式中：Q_{all} 为生物反应器的单位体积产热速率。

4. 通过燃烧热进行计算

$$Q_{all} = \sum Q_{基质燃烧} - \sum Q_{产物燃烧} \tag{6-49}$$

式中：$Q_{基质燃烧}$ 为基质的燃烧热 [kJ/（m³·h）]；$Q_{产物燃烧}$ 为产物的燃烧热 [kJ/（m³·h）]。

生物反应器中的换热装置的设计，首先是传热面积的计算。换热装置的传热面积可由式（6-50）确定：

$$A = \frac{Q_{all}}{K\Delta t_m} \tag{6-50}$$

式中：A 为换热装置的传热面积（m²）；Q_{all} 为由上述方法获得的反应热或反应中每小时放出的最大热量

（kJ/h）；K为换热装置的传热系数［kJ/（m^2·h·℃）］；Δt_m为对数温度差（℃），由冷水进出口温度与醪液温度确定。

根据经验：夹套的K为400～700kJ/（m^2·h·℃），蛇管的K为1200～1900kJ/（m^2·h·℃），如管壁较薄，对冷却水进行强制循环时，K为3300～4200kJ/（m^2·h·℃）。气温高的地区，冷却水温高，传热效果差，冷却面积较大，1m^{3}培养液的冷却面积超过2m^2。在气温较低的地区，采用地下水冷却，冷却面积较小，1m^{3}培养液的冷却面积为1m^2。生物产品不同，冷却面积也有差异。

第五节　生物反应器的剪切力问题

化学过程中反应器的放大基本上是集中于如何使在大规模容器中的平均产率与小型实验室规模反应器中的相同。要达到这一目的并不是一件简单的任务，这是因为大容器的流体力学经常很复杂而且难以建立模型。大容器中质量和热量的传递遵从对流机制，并通常与湍动涡流有关，可见流体动力学很重要。因此，剪切流在反应器中经常存在。习惯上认为过度剪切会损伤悬浮细胞，导致活力损失，对于易碎细胞甚至会出现破裂。但是，在某些情况下，可发现在一定限制范围内的剪切具有很多正面影响。这些正面影响可能是由于热和质量传递速率的增强而引起。有人提出，剪切本身有时对培养生长速率及代谢物产率具有有益的影响。在这种情况下，剪切将成为过程动力学的一个参数。对于给定的一个反应器设计，黏度和动力输入将决定流动方式，它将影响反应器在微观规模及宏观规模下的性能。剪切的出现作为前者的证据之一，它直接影响热及质量传递。所有的传递现象最终都与过程动力学结合，得到生物量的生长及产物形成。

一、剪切力的概念

剪切力τ（shear stress）是指单位面积流体上的切向力，剪切力的单位为N/m^{2}或Pa。对于牛顿流体有

$$\tau=\frac{F}{A}=\mu\frac{\mathrm{d}u}{\mathrm{d}y}=\mu\gamma \tag{6-51}$$

式中：F为切向力（N）；A为流体面积（m^2）；μ为流体黏度（Pa·s）；γ为du/dy，剪切速率（shear rate）或称切变率或速度梯度（s^{-1}）；u为流体速度（m/s）；y为切向距离（m）。

对于非牛顿流体可用平均剪切速率代替剪切速率。

剪切力是设计和放大反应器的重要参数。严格地讲，对细胞的剪切作用仅指作用于细胞表面且与细胞表面平行的力，但由于发酵罐中水力学情况非常复杂，一般剪切力是影响细胞的各种机械力的总称。

为表示反应器内存在的剪切力人们提出了很多度量方法，通常有如下几种。

（1）叶尖速度：

$$\mu_t=\pi ND_i \tag{6-52}$$

式中：N为搅拌桨转速（r/s）；D_i为搅拌桨直径（m）。

（2）平均剪切速率：

$$\gamma_{av}=KN \tag{6-53}$$

式中：K为常数，其值因搅拌桨尺寸及液体性质而变，一般为10～13。

式（6-53）主要应用于层流及过渡流，但在湍流中也可成功应用。

$$\gamma_{av}=\frac{112.8NR_i^{1.8}\left[(D_t/2)^{0.2}-R_i^{0.2}\right](R_c/R_i)^{1.8}}{(D_t/2)^2-R_i^2} \tag{6-54}$$

式中：R_i为叶轮半径（m）；D_t为罐直径（m）；R_c为参数（m），与雷诺数有关；N为搅拌桨转速（r/s）。

$$\frac{R_c}{R_i}=\mathrm{Re}(1000+1.6\mathrm{Re}) \tag{6-55}$$

式中：Re为雷诺数。

（3）积分剪切因子ISF（integrated shear factor）：

$$\text{ISF} = \frac{2\pi N D_{\text{i}}}{D_{\text{R}} - D_{\text{i}}} \qquad (6\text{-}56)$$

（4）表观气速：

$$\gamma = k\mu_{\text{G}} \qquad (6\text{-}57)$$

式（6-57）表明，剪切速率与表观气速成正比。该方程在鼓泡塔中被广泛应用。

（5）湍流旋涡长度。为促进传质与混合，一般反应都在湍流下操作。湍流由大小不同的旋涡及能量状态构成，大旋涡之间通过内部作用产生小旋涡并向其传递能量，小旋涡之间又通过内部作用产生更小的旋涡并向其传递能量，就这样能量逐级传递给小旋涡。湍流中流体-颗粒间相互作用，取决于旋涡及颗粒的相对大小。如果旋涡比颗粒大，颗粒将被旋涡夹带随旋涡一起运动，旋涡将不对颗粒造成影响。但当旋涡比颗粒小时，颗粒将受到旋涡剪切应力的作用。对于细胞而言，当旋涡比细胞小时，细胞可能受到剪切应力作用而损伤；当旋涡比细胞大时，细胞将随旋涡一起运动，不会受到剪切应力作用。旋涡大小可由Kolmogorov各向同性湍流理论计算。

Kolmogorov理论认为，在足够高的雷诺数下，湍流处于统计平衡状态，在各向同性下，旋涡长度λ（eddy length）可由式（6-58）计算：

$$\lambda = (v^3/\varepsilon)^{0.25} \qquad (6\text{-}58)$$

式中：v为动力黏度（Pa·s）；ε为该处平均能量耗散速率，即单位质量流体消耗的功率（J/m³）。

二、剪切力对微生物的影响

（一）细菌

一般认为，细菌对剪切力是不敏感的。细菌大小一般为1~2μm，这比发酵罐中常见的湍流旋涡长度要小。另外，细菌具有坚硬的细胞壁，受剪切力影响较小。但也有细菌受剪切力影响的报道。

（二）酵母

酵母比细菌大，一般为5μm，也比发酵罐中常见的湍流旋涡长度要小。酵母细胞壁较厚，具有一定剪切抗性，但是酵母通过出芽繁殖或裂殖会产生疤点，其出芽点及疤点是细胞壁的易受损处。有报道证明酵母出芽繁殖受到机械搅拌的影响。

（三）丝状微生物

丝状微生物包括霉菌和放线菌，在工业上，特别是抗生素生产中应用广泛。霉菌是一种丝状真菌，包括毛霉、根霉、曲霉、青霉等。放线菌属于原核生物，包括链霉菌、诺卡氏菌、小单胞菌等。霉菌和放线菌都形成分枝状菌丝，菌丝可长达几百个微米。在深层浸没培养中，丝状微生物可形成两种特别的颗粒，即自由丝状颗粒和球状颗粒。在自由丝状形式下，菌丝的缠绕导致发酵液的高黏度及拟塑性，这样就导致发酵液中混合和传质（包括氧传递）非常困难。为增强混合和传质，需要强烈的搅拌，但高速搅拌产生的剪切力会打断菌丝，造成机械损伤。如果菌丝形成球状，则发酵液中黏度较低，混合和传质比较容易，但菌球中心的菌可能因为供氧困难而缺氧死亡。

三、剪切力对动物细胞的影响

大规模的动物细胞培养应用越来越广泛，可生产许多有价值的药物，如疫苗、激素、干扰素等。但是，动物细胞对剪切作用非常敏感。因为它们尺寸相对较大，一般为10~100μm，并且没有坚固的细胞壁而只有一层脆弱的细胞膜。因此，对剪切力敏感成为动物细胞大规模培养的一个重要问题。

四、剪切力对植物细胞的影响

植物细胞培养可用来生产一些高价值的植物细胞代谢产物，如奎宁、吗啡、紫杉醇等。植物细胞个体相对大一些，一般为20～150μm。内含较大液泡，细胞壁较脆，无柔软性，这些特征表明植物细胞比动物细胞耐剪切能力稍好一些，但与微生物相比，对剪切作用仍很敏感，在高剪切力环境下将损伤、死亡，具体表现为细胞膜整体性的丧失，生长活性下降，有丝分裂活性降低，结团尺寸减小，形态发生变化，胞内物质如蛋白质丢失，生长和次级代谢产物生成速率发生变化。近来研究胡萝卜细胞表明，细胞的各种生理活性受到剪切水平的影响，如导致细胞分解及破坏膜完整性的能量要比阻止生长及影响有丝分裂的能量高。

五、剪切力对酶反应的影响

酶作为一种具有生物活性的蛋白质，剪切力会在一定程度上破坏酶蛋白质分子精巧的空间结构，引起酶的部分失活。一般认为酶活力随剪切强度和时间的增加而减小。

本 章 小 结

最初的生物反应器主要是用于微生物的培养或发酵，随着生物技术的不断深入和发展，它已被广泛用于动植物细胞培养、组织培养和酶反应等场合。生物反应器发生的反应过程符合质量守恒定律和能量守恒定律，因此化学计量是反应器设计的关键之一。生物反应器的设计除与化工传递过程因素有关外，还与生物的生化反应机制、生理特性等因素有关。在进行生物反应器的设计和优化时，必须首先确定生物量、基质及产物浓度的变化速率、细胞生长、细胞分布、产物合成和基质消耗等数据对运行情况的预报、控制及系统优化等。

思考题

1. 生物反应器的作用是什么？如何分类？
2. 请列出生物量对基质的得率与比生长速率的关系式，并予以说明。
3. 生长曲线对生物反应器的设计有何指导意义？
4. 影响溶氧传质的主要因素有哪些？指出增加供氧能力的途径。
5. 微生物活性是如何起到对质量传递的增强作用的？生物反应器的设计应如何考虑？
6. 葡萄糖完全燃烧释放的能量为2871kJ/mol，此值是否等于单位葡萄糖被菌体分解产生的发酵热，为什么？请举例说明。
7. 剪切力对有些生物反应过程有利，但对有些生物反应过程不利，在反应器选型与设计时应如何考虑？请分类说明。

第七章　生物反应器的检测与控制

第一节　概　　述

生物反应器的检测是利用各种传感器及其他检测手段对反应器系统中各种参变量进行测量，并通过光电转换等技术用二次仪表显示或通过计算机处理打印出来。当然，除了用仪器检测外，最古老的方法是通过人工取样进行化验分析获得反应系统的有关参变量的信息。生物反应系统参数的特征是多样性的，不仅随时间而变化，且变化规律也不是一成不变的，是属于非线性系统。随着各类传感器的开发和计算机技术的广泛应用，检测和控制技术越来越趋向智能化和自动化，检测技术向快速、多样性发展。目前，国内已研制出具有温度、转速、pH、罐压、空气流量、消泡等多项参数的自动控制、检测、记录和显示等功能的发酵罐控制系统，如上海国强生化工程装备有限公司FUS-A系列新概念发酵罐同时具备14个参数在线检测或控制能力，以及异地通信和远程发酵过程诊断的能力。国际上如美国NBS公司生产的台式及中式发酵罐采用微处理机控制，可控制温度、压力、pH、溶解氧、液位、消泡、空气流量等13个参数。

生物反应过程及反应器的检测控制中应考虑如下问题：①检测的目的；②有多少必须检测的状态参数，参变量能否检测；③参数能否在线检测，其响应滞后是否太长；④利用检测结果如何判断生物反应器及生物细胞的状态；⑤需控制的主要参变量是哪些，以及这些需控制的参变量与生物反应效能如何对应。

一、生物反应过程中检测与控制参数的分类

根据目前人们对生物反应过程的理解，生物反应器的检测和控制对象主要包括三个部分的参数。

（1）生物反应进程中的物理参数，如温度、压力、搅拌速度等。

（2）生物反应器进程中的化学参数，如液相pH、氧气和二氧化碳的浓度等。

（3）生物反应器进程中的生物参数，如生物体量、生物体营养和代谢产物浓度等。

表7-1～表7-3列出了需要检测的物理、化学和生物参数。

表7-1　发酵过程中需要检测的物理参数（陈代杰和朱宝泉，1995）

参数名称	单位	测定方法	意义及主要作用
温度	℃	传感器	维持生长、产物合成
罐压	Pa	压力表	维持正压、增加溶氧
空气流量	m³/h	传感器	供氧、排出废气
搅拌速度	r/min	传感器	物料混合
搅拌功率	kW	传感器	反映搅拌情况
黏度	Pa·s	黏度	反映菌体生长
密度	g/cm³	传感器	反映发酵液性质
装量	m³/L	传感器	反映发酵液数量
浊度	透光度%	传感器	反映菌体生长情况
泡沫	—	传感器	反映发酵代谢情况
传质系数	1/h	间接计算或在线检测	反映供氧情况
加糖速度	kg/h	传感器	反映好氧情况

续表

参数名称	单位	测定方法	意义及主要作用
加消泡剂速率	kg/h	传感器	反映泡沫情况
加中间体或前体速率	kg/h	传感器	反映前体和基质利用情况
加其他基质速率	kg/h	传感器	反映基质利用情况

表7-2　发酵过程中需要检测的化学参数（陈代杰和朱宝泉，1995）

参数名称	单位	测定方法	意义及主要作用
酸碱度	pH	传感器	反映菌的代谢情况
溶解氧	mg/kg	传感器	反映氧的供给和消耗情况
排气氧浓度	%	传感器	了解好氧情况
氧化还原电位	mV	传感器	反映菌的代谢情况
溶解CO_2浓度	%饱和度	传感器	了解CO_2对发酵的影响
排气CO_2浓度	%	传感器	了解菌的呼吸情况
总糖、葡萄糖、蔗糖、淀粉	kg/m³	取样	了解在发酵过程中的变化
前体或中间体浓度	mg/mL	取样	产物合成情况
氨基酸浓度	mg/mL	取样	了解氨基酸等含量变化情况
矿物盐浓度	mol，%	取样	了解这些离子含量对发酵的影响

表7-3　发酵过程中需要检测的生物参数（李学如和涂俊铭，2014）

参数名称	单位	测定方法	意义及主要作用
菌体浓度	g（DCW）/L	取样	了解生长情况
菌体中RNA、DNA含量	mg（DCW）/g	取样	了解生长情况
菌体中ATP、ADP、AMP量	mg（DCW）/g	取样	了解菌的能量代谢情况
菌体中NADH量	mg（DCW）/g	在线荧光法	了解菌的合成能力
菌体中蛋白质质量	mg（DCW）/g	取样	了解生长和产物情况
效价或产物浓度	g/mL	取样（传感器）	产物合成情况
细胞形态	—	取样、离线	了解生长情况

注：DCW表示细胞干重（dry cell weight）

根据在生物反应过程中各参数是否可以实现在线检测和控制，可将生物过程参数分为在线测量参数（如温度、压力、搅拌速度、pH、溶解氧等）和离线测量参数（如生物量、代谢产物浓度、营养物浓度等）。

根据在生物反应过程中各参数获得方式的不同，又可以分为直接测量参数（如温度、压力、搅拌速度、通气量、细胞浓度、细胞存活率、细胞成分、底物浓度和代谢产物浓度等）和间接测量参数（如比生长速率、比得率、呼吸熵、k_1A等）。表7-4列出了部分间接测量参数及其计算方法。

表7-4　部分间接测量参数及其计算方法（梁世中和朱明军，2011）

检测对象	所需基本参数	换算公式
摄氧率OUR[①]	空气流量V，发酵液体积W，$[O_2]_{in}$、$[O_2]_{out}$[⑤]	$OUR=V\{[O_2]_{in}-[O_2]_{out}\}/W=Q_{O_2}X$
呼吸强度Q_{O_2}[②]	OUR，菌体量X，比生长速率μ	$Q_{O_2}=OUR/X$ $Q_{O_2}=Q_{O_2in}+\mu/Y_{X/O}$
细胞对氧得率系数$Y_{X/O}$[③]	细胞对基质得率系数Y_s[⑥]，基质相对分子质量M，反应器横截面积A_r	$1/Y_{X/O}=16[24_r(C)+A_r(H)/2-A_r(O)/Y_sM+A_r(O)/1600+A_r(C)/600-A_r(N)/933-A_r(H)/200]$
CO_2释放率CER	空气流量V，发酵液体积W，菌体量X，$[CO_2]_{in}$、$[CO_2]_{out}$[⑦]	$CER=V([CO_2]_{out}-[CO_2]_{in})/W=Q_{CO_2}X$

续表

检测对象	所需基本参数	换算公式
比生长速率 μ [④]	Q_{O_2}, $Y_{X/O}$, Q	$\mu = (Q_{O_2} - Q_{O_m}) Y_{X/O}$
菌体浓度 X_t	Q_{O_2}, Q_{O_m} [⑧], 初始菌体浓度 X_0	$X_t = [e^Y (Q_{O_2} - Q_{O_m}) t] X_0$
呼吸商 RQ	进气和尾气 O_2 和 CO_2 含量	$RQ = CER/OUR$
体积传质系数 $k_L A$	OUR, c_L, c^* [⑨]	$k_L A = OUR/(c^* - c_L)$

① OUR 为单位体积发酵液单位时间的耗氧量〔(mmol/L)/h〕;

② Q_{O_2} 为单位质量的干菌体单位时间的耗氧量(摄氧率)〔(mmol/g)/h〕;

③ $Y_{X/O}$ 为耗氧量所得菌体量,$Y_{X/O} = \Delta X/\Delta c$,$\Delta X$ 为菌体量;Δc 为消耗氧气的浓度;

④ μ 为每克菌体单位时间增长量,$\mu = \dfrac{1}{X} \cdot \dfrac{dX}{dt}$;

⑤ $[O_2]_{in}$、$[O_2]_{out}$ 分别为进、出口 O_2 浓度;

⑥ Y_s 为消耗的基质量所得的菌体量,$Y_s = \Delta X/\Delta S$,ΔX 为菌体量;ΔS 为消耗的基质量;

⑦ $[CO_2]_{in}$、$[CO_2]_{out}$ 分别为进、出口 CO_2 浓度;

⑧ Q_{O_m} 为 $\mu = 0$ 时的呼吸强度;

⑨ c_L,c^* 分别为液体中的实际溶解氧浓度和相对于空气氧分压的饱和溶解氧浓度。

二、生物反应过程对参数检测的要求

(一)准确度

准确度是指真实数据和测量数据之间的差别。由于很难获得绝对意义上的真实数据,因此也就很难获得绝对的准确度。准确度高低依赖于精确的标定过程和一些外部条件,如传感器在反应器内的放置位置等。当传感器从一个反应器移到另一个反应器,或者反应器内情况发生改变,或者传感器改变了放置位置,都需要重新标定,否则将产生测量误差。

(二)精确度

精确度(precision)和对同一个参数在同样条件下测量值的重复性有关,能够重复的数据越多,精确度越高。在实际测量中,测量值分布在一个平均值周围,测量的精确度可以用测量值的标准差(standard deviation)表示。

(三)分辨率

分辨率指传感器区分非常相近的参数变化值的能力。传感器灵敏度越高,分辨率越高。传感器输出的信号比和零点漂移也影响分辨率。将传感器放在生物反应器上的适当位置并加以屏蔽可以改善传感器的分辨率。

(四)响应时间

响应时间代表了传感器对测量参数变化响应的快慢,可以简单地用时间常数 τ 表示。时间常数 τ 是方程(7-1)中的常数。

$$y = y_0 [1 - e - t/\tau] \tag{7-1}$$

式中:e 指自然常数。

这个方程表示了当传感器从被测参数为 0 的系统中快速转移到被测参数为 y_0 的体系,测量显示值 y 和时间 t 的变化关系。其中的 τ 就是时间常数。显然,时间常数越大,传感器的响应越慢;反之越快。

三、生物反应过程对传感器的要求

生物反应过程对传感器的要求如下。

（1）传感器及其二次仪表具有长期稳定性，可连续测定。

（2）耐温耐压，发酵生产要求纯种培养，发酵设备和培养基都需高温蒸汽灭菌，同时发酵液有一定压力，因此传感器必须耐温、耐压。

（3）解决探头敏感部位被物料（反应液）粘住、堵塞的问题。

（4）具有较高的专一性，发酵液的成分相当复杂，影响的因素多，传感器的测定必须具有高度的专一性。

（5）最好能在过程中随时校正。

（6）材料不易老化，使用寿命长。

（7）安装、使用、维修方便。

（8）价格合理，便于推广应用。

第二节　生物反应过程常用检测方法及设备

一、温度、压力、流量和液位测量

大多数生物反应过程都涉及温度、压力、流量和液位测量。温度作为反应过程中的重要参数，贯穿整个生化过程，以维持微生物及其产物合成所需的生长与转化条件。压力测量大多用于设备的压力控制，而对于那些需要适当的压力环境才能生存的生物（如深海、油井微生物等），压力测量与控制具有更加重要的意义。在反应过程中所有营养物、底物和气体等都要进行流量测定。液位或累计量测量用于连续反应过程中容器液位的控制及间歇反应过程中的物料衡算。

（一）温度测量

1. 温度测量的目的　微生物按其生长温度不同，可以分为低温微生物、中温微生物和高温微生物三类。对每一种微生物而言，是在一个温度范围之内进行生长代谢的，在这个范围内存在着三种温度界限。

（1）最低生长温度，就是微生物生长与繁殖的最低温度，低于这个温度，微生物就不能生长。

（2）最适生长温度，在这个温度时微生物生长最快。

（3）最高生长温度，微生物能够生长繁殖的最高温度，高于这个温度，微生物的生命活动就要停止，甚至死亡。

温度对细胞的影响表现在两个方面：一方面是随着温度的上升，细胞中的生物化学反应速率加快，生长速率加快，同时机体的重要组成，如蛋白质、核酸等对温度较敏感，随着温度的再增高它们可能遭受不可逆的破坏；另一方面在低温时，虽然生化反应速度较慢，但机体并没有被破坏。因此，生长速率随着温度上升而加快，但当环境温度超过最适温度以后，细胞不可逆破坏迅速增加，并在很小的温度范围内生长速率急剧下降以至细胞死亡。

2. 热电偶传感器　由于热电偶将温度转化成电量进行检测，使温度的测量、控制及对温度信号的放大变换都很方便，适用于远距离测量和自动控制。在接触式测温法中，热电偶是工业测温中最广泛使用的温度传感器之一，与铂热电阻一起，约占整个温度传感器总量的60%，热电偶通常和显示仪表等配套使用，直接测量各种生产过程中−40～1800℃的液体、蒸气和气体介质及固体的表面温度。

（1）热电偶工作原理。两种不同成分的导体（称为热电偶丝材或热电极）两端接合成回路，当接合点的温度不同时，在回路中就会产生电动势，这种现象称为热电效应，而这种电动势称为热电势。热电偶就是利用这种原理进行温度测量的，其中，直接用作测量介质温度的一端叫作工作端（也称为测量端），另一端叫作冷端（也称为补偿端）；冷端与显示仪表或配套仪表连接，显示仪表会指出热电偶所产生的热电势。热电偶工作系统原理和结构见图7-1和图7-2。

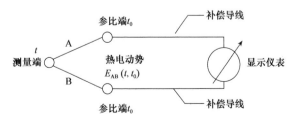

图7-1　热电偶温度计系统原理（蔡剑明，2013）

A和B表示两种导体。t表示测量端的温度；

t_0表示参比端的温度

（2）有关热电偶测温的基本原则：①均质导体定则。由一种均质导体组成的闭合回路，无论导体的横截面积、长度及温度分布如何，均不产生热电动势。如果热电偶的两根热电极由两种均质导体组成，那么热电偶的热电动势仅与两接点的温度有关，与热电偶的温度分布无关。如果热电极为非均质电极，并处于具有温度梯度的温场，将产生附加电势，如果仅从热电偶的热电动势大小来判断温度的高低就会引起误差。②中间导体定则。在热电偶回路中接入第三种材料的导体，只要两端的温度相等，该导体接入就不会影响热电偶回路的总热电动势。根据这一定则，可以将热电偶的一个接点断开接入第三种导体，也可以将热电偶的一种导体断开接入第三种导体，只要每一种导体的两端温度相同，均不影响回路的总热电动势。在实际测温电路中，必须有连接导线和显示仪器，若把连接导线和显示仪器看成第三种导体，只要它们的两端温度相同，就不影响总热电动势。③参考电极定则。两种导体A、B分别与参考电极C（或称标准电极）组成热电偶，如果它们所产生的热电动势为已知A和B两极配对后的热电动势，可用式（7-2）求得。

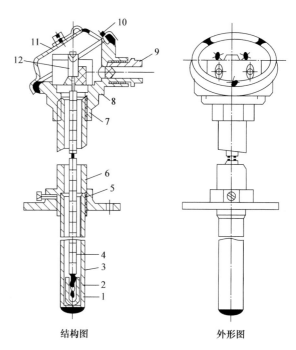

结构图　　　　　　　外形图

图7-2　热电偶结构（管雪梅，2020）

1. 热电偶热端；2. 绝缘套；3. 下保护套管；4. 绝缘珠管；
5. 固定法兰；6. 上保护套管；7. 接线盒底座；8. 接线绝缘座；
9. 引出线套管；10. 固定螺钉；11. 接线盒外接；12. 接线柱

$$
\begin{aligned}
E_{AB}(t, t_0) &= E_{AC}(t, t_0) - E_{BC}(t, t_0) \\
&= E_{AC}(t, t_0) + E_{CB}(t, t_0)
\end{aligned}
\tag{7-2}
$$

由此可见，只要知道两种导体分别与参考电极组成热电偶时的热电动势，就可以依据参考电极定则计算出两导体组成热电偶时的热电动势，从而简化了热电偶的选配工作。由于铂的物理化学性质稳定、熔点高、易提纯，所以人们多采用高纯铂作为参考电极。

（3）热电偶优点。热电偶是工业上最常用的温度检测元件之一，其优点是：①测量精度高。因热电偶直接与被测对象接触，不受中间介质的影响。②测量范围广。常用的热电偶在−50～1600℃均可连续测量，某些特殊热电偶最低可测到−269℃（如金铁镍铬），最高可达2800℃（如钨-铼）。③构造简单，使用方便。热电偶通常是由两种不同的金属丝组成，而且不受大小和开头的限制，外有保护套管，用起来非常方便。

（4）热电偶如何正确选型。选择热电偶要根据使用温度范围、所需精度、使用气氛、测定对象的性能、响应时间和经济效益等综合考虑。①测量精度和温度测量范围的选择。250℃下及负温测量一般用T型电偶，在低温时T型热电偶稳定而且精度高。②使用气氛的选择。S型、B型、K型热电偶适合于强的氧化和弱的还原气氛，J型和T型热电偶适合于弱氧化和还原气氛，若使用气密性比较好的保护管，对气氛的要求就不太严格。③耐久性及热响应性的选择。线径大的热电偶耐久性好，但响应较慢，对于热容量大的热电偶，响应就慢，测量梯度大的温度时，在温度控制的情况下，控温就差。要求响应时间快又要求有一定的耐久性，选择铠装热电偶比较合适。④测量对象的性质和状态对热电偶的选择。运动物体、振动物体、高压容器的测温要求机械强度高，有化学污染的气氛要求有保护管，有电气干扰的情况下要求绝缘比较高。

选型流程：型号—分度号—防爆等级—精度等级—安装固定形式—保护管材质—长度或插入深度。

（二）压力测量

对通气生物发酵反应，必须向反应器中通入无菌的洁净空气，一是供应生物细胞呼吸代谢所必需的氧；二是强化培养液的混合与传质；三是维持反应器有适宜的表压，以防止外界杂菌进入生物发酵系统。对气升式反应器，通气压强的适度控制是高效溶氧传质及能量消耗的关键因素之一。对嫌气发酵，如废水的生物厌氧处理，对反应体系内压强的监控也十分必要。

压力传感器是工业实践、仪器仪表控制中最为常用的一种传感器，并广泛应用于各种工业自控环境，涉及水利水电、铁路交通、生产自控、航空航天、军工、石化、油井、电力、船舶、机床、管道等众多行业。

力学传感器的种类繁多，如电阻应变片压力传感器、半导体应变片压力传感器、压阻式压力传感器、电感式压力传感器、电容式压力传感器、谐振式压力传感器及电容式加速度传感器等。但应用最为广泛的是压阻式压力传感器，它具有极低的价格和较高的精度及较好的线性特性。

传感器的结构和外形因被测压力性质（绝压、差压等）的不同或被测介质的不同而异。同时，当量程、精度与频率要求不同时，传感器的结构和外形也将发生很大的变化。目前，压阻式压力传感器的最小直径可达0.5mm，为测量微元的局部压力创造了良好的条件。随着技术的进步，压阻式压力传感器的价格日趋低廉。

（三）流量测量

在生物反应过程中，为满足菌体代谢需要，达到过程控制目的，需要不断加入各种流体。例如，好氧发酵时，需要向生物反应器内通入大量的无菌空气；在流加培养过程中，需要在培养过程中补加特定的物质，如葡萄糖、谷氨酰胺等；当需要控制pH时，需要流加酸、碱；控制泡沫时，加入消泡剂等。

生物反应器的流量测量系统通常必须是无菌的在线系统，表7-5列出了目前大多数可用的在线检测方法及其响应时间常数和量程。需强调的是，表中的精度在实验室条件下是容易达到的，而在工业实际应用中，由于过程条件和环境条件的限制，其实际精度将降低10%~50%。

表7-5　典型的流量测量方式（伊平和李禄，1996）

流量测量方式	流体	精度/%	量程比	时间常数/s
孔板流量计	气体	1.00	15：1	2.5
涡轮流量计	液或气	0.50	10：1	0.2
漩涡流量计	液体	1.00	15：1	2.5
AC电磁流量计	液体	0.25	50：1	0.1
DC电磁流量计	液体	0.25	100：1	1.5
离心流量计	液体	2.50	50：1	0.1
超声流量计	液体	1.00	20：1	2.0
热量流量计	液体	1.00	50：1	1.0

1. 涡轮流量计　涡轮流量计是一种比较精确的流量检测装置。当液体流过涡轮时，涡轮就产生转动。把涡轮的转速转换成电信号的方法有光电、同位素、电磁和霍尔效应等多种形式。但是，采用电磁式方法简单可靠，因此被广泛采用。实际上，涡轮流量计是借助于流体的动能产生旋转的。

2. 转子流量计　转子流量计又称为浮子流量计，是变面积式流量计的一种。它是由一根自下而上扩大的锥形管和一个置于锥形管内可以上下自由移动的转子（也称浮子）构成的。转子流量计本体可以用两端法兰、螺纹或软管与测量管道连接，垂直安装在测量管道上。常用转子流量计结构示意图如图7-3所示。

流量计垂直安装时，转子重心与锥管管轴相重合，流体自下而上流经锥管时，作用在浮子上的力都平行于管轴，流体动能在浮子上产生的升力S和流体的浮力A使浮子上升，当升力S与浮力A之和等于浮子自身重力G时，浮子处于平衡，稳定在某一高度位置上，如图7-4所示。对于给定的转子流量计，转子大小和形状已经确定，因此它在流体中的浮力和自身重力都是已知常量，唯有流体对浮子的动压力是随流体流速的大小而变化的。因此，当流速变大或变小时，转子将做向上或向下的移动，相应位置的流动截面积也发生变化，直到流速变成平衡时对应的速度，转子就在新的位置上稳定。对于一台给定的转子流量计，转子在锥管中的位置与流体流经锥管流量的大小成一一对应关系。由于浮子的外形结构不同，其读数的位置也有所变化，图7-5为不同浮子读数位置示意图。

型号	A	B	C	D	E
LZB-4	170	208	238	$\phi 9$	37.5×33（正面）
LZB-6	170	208	238	$\phi 9$	37.5×33（正面）
LZB-10	170	208	238	$\phi 9$	37.5×33（正面）
LZB-15	$\phi 95$	$\phi 85$	470±2.5	$\phi 15$	4-$\phi 14$
LZB-25	$\phi 115$	$\phi 85$	470±2.5	$\phi 25$	4-$\phi 14$
LZB-40	$\phi 145$	$\phi 110$	570±3	$\phi 40$	4-$\phi 18$
LZB-50	$\phi 160$	$\phi 125$	570±3	$\phi 50$	4-$\phi 18$
LZB-80	$\phi 185$	$\phi 150$	660±3.5	$\phi 80$	4-$\phi 18$
LZB-100	$\phi 205$	$\phi 170$	660±3.5	$\phi 100$	4-$\phi 18$

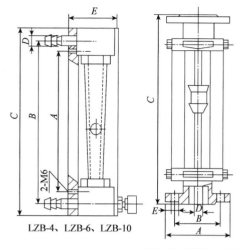

LZB-4、LZB-6、LZB-10

LZB-15、LZB-25、LZB-40、
LZB-50、LZB-80、LZB-100

图7-3　常用转子流量计结构示意图（梁世中和朱明军，2011）

单位为mm

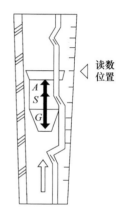

图7-4　转子流量计原理示意图
（梁世中和朱明军，2011）
A为浮力；S为升力；G为重力

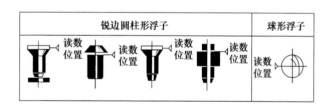

图7-5　不同浮子读数位置示意图
（梁世中和朱明军，2011）

（四）液位测量

　　测量发酵罐液位时，由于培养液中气含率的变化会导致介电常数和电阻率的随机变化，因此不能采用电容或电导探针；又由于泡沫液位是变化的，因此也不能用超声波探头；还不能使用核放射线传感器，因为射线将对生物细胞造成伤害；因为发酵罐内物系压力是动态变化的，所以更不宜使用没有压力补偿装置的差压传感器。最精确可靠的方法是使用称重传感器，但要考虑搅拌振动、地震及风载荷等随机因素的影响，安装也应正确。另一种办法是在发酵罐的裙座或支柱上粘贴电阻应变片，以发酵罐未装物料时的空重为零点，通过已知负荷的标定，根据应变电阻值与负荷的关系曲线，测知罐内的物料量。应变片的最佳安装方法是在特征位置上安装三个或三个以上，使各种干扰因素的影响降低到最小。称重传感器和应变片均起到载荷传感器的作用。载荷传感器所测物系的液量为质量，而实际流体液位取决于发酵液组成的各相含量及表观密度的大小。

　　较为实用的另一种测量方法是差压计算法。图7-6为反吹气式差压液位测量原理图，在发酵罐内插入三根吹气管，其中两根插入发酵罐内，但插入深度不同，两者间距为ΔH，另一根则与罐顶相通。工作时，将同一

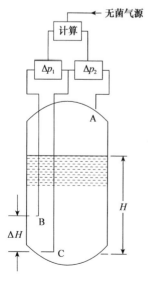

图7-6　反吹气式差压液位测量
原理（伊平和李禄，1996）

气源的无菌空气导入三根吹气管中，由于吹气管的位置和所接触的流体不同，吹气管顶端的压力也不同，如设B、C二点间的压差为Δp_1，B、C间距固定为ΔH，培养液的视密度为ρ，则

$$\rho = \frac{\Delta p_1}{\Delta H} \tag{7-3}$$

设A、B间压差为Δp_2，则计算得液位高度

$$H = \frac{\Delta p_2}{\Delta p_1}\Delta H \tag{7-4}$$

由式（7-4）可见，只要测量得Δp_1和Δp_2，就可得到培养液视密度和真实液位。

在需氧发酵过程中，假设气泡均匀分布在培养液中，由于通气情况的变化，培养液的视密度也就发生相应变化，即测量值Δp_1变化，所以按计算得到的液位随着通气情况的变化而变化。

在发酵过程中，发酵液的真密度ρ'（未通气情况下的发酵液密度）变化是很小的，假设在相当长时间内为恒定，代入式（7-4）得

$$H = \frac{\Delta p_2}{\Delta \rho'} = K\Delta p_2 \tag{7-5}$$

这时所测得的液位就相当于没有气泡时的发酵液液位，无论通气程度如何，测得值Δp_2不变，计算值也不变，即真实液位。

在实际测量过程中，由于搅拌激烈，罐内液流处于湍流状态，测量点的动压头部分转变为静压头，因此测量值与流体静压所计算的值有一定差值。可以通过选择合适的测压点来改善测量精度，并通过实验数据校正。

差压计算法中的差压可用差压变送器实现，变送器所获的差压信号可直接传送到计算机系统中进行处理，根据上述公式计算并显示出结果，或根据该结果进行与该参数有关的控制，也可据此计算出单位体积功耗和k_1A等间接参数。

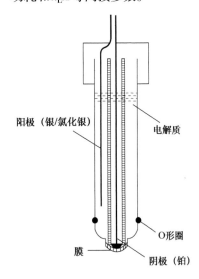

图7-7 极谱电极的构造示意图
（邓毛程，2014）

阳极（银/氯化银）
电解质
O形圈
膜
阴极（铂）

二、溶解氧浓度的检测

生物培养液中溶解氧浓度是另一个重要的培养参数，直接影响细胞的生长和产物的生成，原因在于生物培养一般使用水基培养液，由于氧气在水中溶解度很小，如果不及时提供的话，培养液中的氧很快被消耗殆尽（厌氧培养除外），造成生物停止生长甚至死亡。因此，溶解氧浓度的及时检测就变得相当重要。

溶解氧的检测一般使用电化学电极检测方法。工业上使用的溶氧电极有两种，一种是电流电极，另一种是极谱电极，它们具有基本相同的结构，区别在于测量原理及电解液和电极组成不同，极谱电极的构造如图7-7所示。

溶解氧测控系统的关键部件是溶氧电极，其作为一次元件将溶解氧浓度转换成电信号，如果重现性差的话，将直接影响溶氧调节品质。由于在发酵过程中要经受高温灭菌，电极发送信号的可靠性会受到严重影响。此外，由于长时间运行，膜性能不可避免地发生变化，电极的长时间稳定性也会受到影响。在电极装配过程中，如果操作不严格，会出现本底电流高、膜内有气泡、漏电等，均使电极性能不稳定。

此外，溶氧电极在发酵罐内安装的位置不当，也会造成严重的测量误差。例如，若将电极安装在罐内死角或滞流区内，则不仅由于氧扩散的液膜控制作用增加，也易引起菌体在电极表面的生长污染或其他污物覆盖于电极表面，使显示值偏离实际测量值。

三、pH的测量

生物在反应器中生长时要消耗培养液的营养成分，代谢一些酸或碱类的物质，使培养液的pH发生改

变。这时，如果不及时调节培养液的pH，生物的生长环境就会因此恶化，生物会停止生长，严重的还可能导致生物死亡。因此，及时检测培养液中的pH对生物培养过程至关重要。

玻璃电极是生物反应器上使用的标准pH检测装备，它的结构原理如图7-8所示。由图可以看出，玻璃电极由两部分组成，一部分由一个玻璃球连接一个柱状玻璃管组成的容器，里面装满了缓冲溶液，另一部分在玻璃球的上方围绕柱状玻璃管形成另一个环状空间，里面充满了电解液，环状空间底部靠近玻璃球的地方有一个隔膜小窗口，隔膜的作用是既将电解液与外部隔开又允许电解液与外部环境进行离子交换以保持内外联系，实际上电解液可以透过隔膜渗出而外部液体无法进入。

玻璃电极能够测量pH的关键在于玻璃球的底部有一层非常薄的特殊玻璃膜，厚度在0.2～0.5mm。这层玻璃膜与水溶液接触时能够与水作用，在其表面上形成厚达50～5000Å的水化凝胶层，在这层凝胶层里存在可以活动的氢离子。在玻璃膜的内部，也存在同样的一层凝胶层，但由于缓冲溶液的存在，该凝胶层氢离子的浓度基本保持不变。这样玻璃膜外面氢离子浓度发生改变时，玻璃膜内外电位差就发生改变。

图7-9是玻璃电极结构示意图，由商业上使用的pH电极的外观和各部分组成。这种电极将测量极和参比极做到一起，又称玻璃pH复合电极。安装在生物反应器上的pH复合电极都带有不锈钢保护套，以免培养液内固体伤害电极头部。

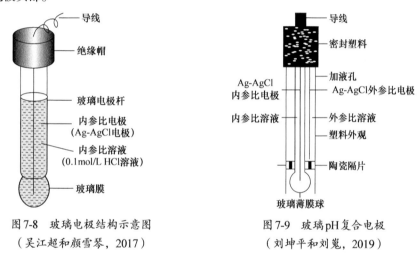

图7-8 玻璃电极结构示意图　　　　图7-9 玻璃pH复合电极
（吴江超和颜雪琴，2017）　　　　（刘坤平和刘觅，2019）

像溶氧电极一样，pH电极也需要进行原位标定，在蒸汽灭菌前进行。玻璃pH电极在使用前先要浸泡在水溶液中一段时间使玻璃膜充分润湿，保存时要将探头浸泡在和参比电解质相同的缓冲溶液中以免玻璃膜过于干燥影响日后使用。

四、氧化还原电位（redox potential）测定

生物在培养液中生长过程中，伴随着很多物质的氧化还原反应，有些物质被氧化得到电子，有些被还原失去电子，形成如下的平衡：

物质的还原形态 ⇌ 物质的氧化形态＋电子

培养液的氧化还原电位可以认为是对培养液中电子活性的一种度量。培养液氧化还原电位可定义为一个电压值，当这个电压施加在培养液里的阳极和阴极时，在阴极上开始发生氧化反应，在阳极上开始发生还原反应。氧化还原电位为氧化-还原反应提供了测量的度。同时，氧化还原电位测量可以看作对电子活度的测量。

氧化还原电位取决于还原物活度和氧化物活度之比，受所有参与氧化还原反应物的影响；而且，如果反应含有氢离子，每变化一个pH单位，氧化还原电位就改变能斯特电位的8/5，在25℃时，每变化一个pH单位，氧化还原电位改变94.7mV，即94.7mV/pH。因此，这将很难预测氧化还原电位随着操作条件变化的规律。实际操作中，必须在各种操作条件下对过程样品进行测试，以建立所要求的氧化还原电位设定值。

目前，氧化还原电位测量主要用于记录发酵罐的每一次操作，而不是用于回馈控制。也就是说，氧化还原电位分布图用于记录本次和下一次操作间的区别，这样做的主要目的是对操作变化更加了解而不是明了其中的机理。有时，氧化还原的变化与操作条件有关。和pH电位一样，氧化还原电位也能用斯特方程式来定义，只是其中的对数式为氧化物和还原物活度之比，而不是pH式中的氢离子活度。

培养液氧化还原电位的测定也是使用复合电极进行，结构和原理与溶氧电极类似，不同的是氧化还原电极的探头顶端没有透氧膜，作为阳极的铂直接暴露在培养液中，任何物质都可能在阳极上失去电子被氧化。

氧化还原电极也需要在使用前进行标定，标定方法与pH电极的标定方法类似，使用已知氧化还原电位的缓冲溶液。氧化还原电极的标定值很稳定，但是响应较慢，需要等待较长的一段时间才能读数。

如果过程溶液的电位高于Pt-Pt_0电极氧化系统的电位，氧就会吸附在Pt电极表面，形成一层很薄的氧化膜。因为氧化膜能传导电子，所以它并不影响氧化还原测量的灵敏性，但它对响应速度有影响。氧化膜还起氧化储存的作用：当过程溶液电位降低到电极表面Pt-Pt_0系统电位时，能延缓被测量电位的下降；当过程溶液电位增长，到超过Pt-Pt_0系统电位时，能影响被测量电位的增长，直到氧化膜形成平衡。因此，Pt-Pt_0电极用于高电位的过程溶液测量时，必须进行预氧化处理；同样当Pt-Pt_0电极用于低电位的过程溶液系统时必须进行预还原处理。电位高低的标准主要取决于pH的大小。大多数生物反应过程都需要对膜电极进行预还原处理，即把电极浸入$0.1 mol/L$ $Fe_2(SO_4)_3$溶液中几秒即可。由于表面粗糙的Pt电极比表面光滑的Pt电极能吸收更多的氧，同时，铂电极中的裂缝及铅黑可能会影响生物反应过程，因此应使用经过抛光的Pt电极。

五、泡沫的检测

在大多数的生物培养过程中需要不断地向培养液通入气体，由于培养液中含有蛋白质和生物体等物质，如果条件控制不好，非常容易在培养液表面产生大量泡沫。这些泡沫一旦出现常常急速膨胀，在很短的时间内充满整个反应器并堵塞出气口，浸湿出气过滤纸，并有可能造成染菌，使生物培养过程无法进行下去。此外，大量泡沫溢出也造成培养液的损失。因此，当泡沫刚一出现时就及时采取措施消除对生物培养过程的顺利完成至关重要。

检测泡沫的装置主要有5种，分述如下。

1. 电容探头 电容探头由两个电极组成，分别安装在反应器内液面上方有可能出现泡沫的空间两端，在这两个电极上加上一个适当的交流电压。当泡沫出现时，两个电极之间的部分空间被泡沫占据，从而改变两个电极之间的电容，引起通过该电容的交流电流产生变化，将气泡的出现转变成电信号，达到检测气泡的目的。

2. 电阻探头 电阻探头其实就是一根导线，这根导线的其他部分都由绝缘材料包裹，只剩头部裸露。它安装在反应器内可能出现泡沫的地方，并施加一定的电压。当泡沫产生时，泡沫浸没导线的头部形成回路产生电流，泡沫消失时回路断开，电流消失。这种探头的缺点是只能检测泡沫的生成和消失，无法测定泡沫生成速度及泡沫量。这种检测方法需要有一定的电流通过泡沫，可能对有些生物培养不利。

3. 电热探头 电热探头是一个有恒定电流流过的电热元件，当有泡沫接触它时，其温度会突然降低，从而感知是否有泡沫产生。电热探头也存在结垢和培养液外溅引起误判问题。

4. 泡沫检测转盘 这是安装在一些生物反应器内泡沫可能出现地方的一个转盘装置，正常情况下转盘不停地转动，当有泡沫出现时，转盘转动的阻力加大，转速减小或者耗能增加，从而检测到泡沫存在。转盘在起检测作用的同时，也可以起消除泡沫的作用。

5. 超声探头 超声探头有一个超声波发射端和一个接收端，分别安装在反应器内泡沫可能出现的空间两端相对位置。使用时，发射端不断发出频率为$25 \sim 40 Hz$的超声波，在没有泡沫的情况下，大部分超声波被接收端接收。当有泡沫出现时，由于泡沫能够吸收$25 \sim 40 Hz$的超声波，抵达接收端的超声波相应减少，从而能够检测泡沫的出现。

六、溶解二氧化碳的检测

二氧化碳是生物在培养过程中的代谢产物之一，它在培养液中的浓度是操作者关心的重要指标之一。工业上测量二氧化碳在培养液中的浓度一般使用二氧化碳测量电极，它的结构如图7-10所示。溶解二氧化碳测量电极的核心是一个pH电极，它的头部浸泡在一个充满碳酸盐水溶液的电解液室内，电解液室与外界由一个气体通透膜（gas-permeable membrane）隔开。

显然，在这种电极中，气体通透膜起着关键作用，因此需要对其进行保护。商业上出售的电极一般用一层硅脂膜（silicone membrane）罩在气体通透膜的外面以加强对该膜的保护。

这种电极也可以进行原位标定。图7-10右侧是二氧化碳电极标定时的情况。在进行原位标定时，将pH电极稍微抽出一点，使电极探头与气体通透膜离开一定的距离，然后将使用注射器将电解液抽走，并将具有一定pH的缓冲溶液注入电解液室以代替抽走的电解液，然后进行标定。

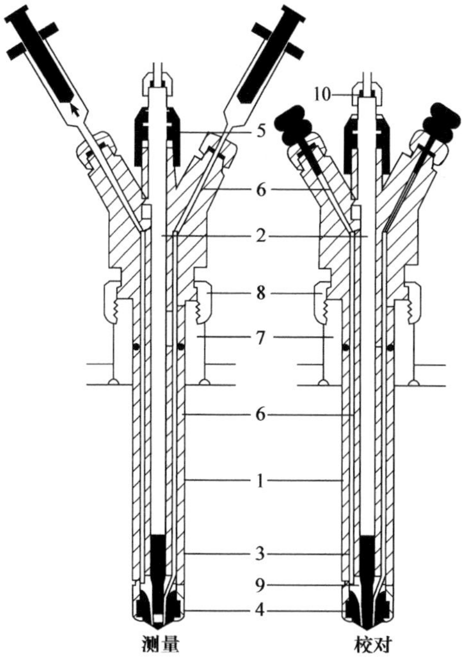

七、培养液尾气分析

在生物培养过程中，由于生物的碳源代谢造成氧的消耗和二氧化碳的生成，尾气中氧的含量下降，二氧化碳的含量上升。对这两种气体在培养尾气中含量的在线分析，可以为掌握生物的代谢活动提供重要信息。此外，由于生物培养中很多生化指标不能在线检测，尾气分析为间接估计这些参数提供数据。工业上进行分析的参数一般有尾气总流量、尾气中二氧化碳含量和尾气中氧气含量等。

（一）尾气总流量检测

工业上常用转子流量计测量尾气的总流量，在一定的流量下转子在测量管中的悬浮高度不同，读出相

图7-10　二氧化碳电极结构（白秀峰，2003）

1. 保护管；2. 内管；3. pH电极；4. 强化硅橡胶膜；
5. 紧固螺帽；6. 给液管；7. 发酵罐探头孔法兰；
8. 盖螺帽；9. 电解液槽；10. 电缆接头螺帽

应的刻度即可得到流量值。转子流量计结构简单、测量可靠，因此广泛应用于工业生产中。但是，转子流量计的读数值随压力和尾气中的水汽含量而变，而一般从生物反应器中出来的气体的压力和水汽含量都有一定的波动，因此在转子流量计的后面安装一个稳压阀，在前面安装一个冷凝器将湿气冷凝下来以消除以上影响。

实验室一般采用质量流量计对尾气流量进行精确的测量。质量流量计的结构原理如图7-11所示，在气体的流通方向上缠绕线圈，中间的线圈以恒定的功率加热，两边的热电偶测量温度。显然，流过管道的流量不同，两个热电偶之间的温度差不同，当流量改变时这个温度差也随之改变，因此可以用来测量流过的质量流量。

（二）尾气中二氧化碳含量的测定

图7-12是一种常用的非色散红外气体分析仪。图中两条相同的入射红外光束分别通过分析室和参比室。在分析室内，由于二氧化碳吸收红外线发生衰减，通过与参比室的红外线比较得出衰减程度，从而确

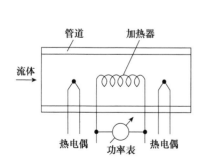

图7-11　质量流量计（韩东太，2016）

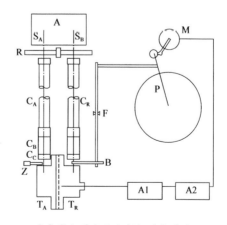

图7-12　非色散红外气体分析仪（白秀峰，2003）

A. 光源；S_A. 分析光束；S_B. 参比光束；R. 旋转遮光片；C_A、C_B、C_C. 分析室；
C_R. 参比室；T_A. 分析检测室；T_R. 参比检测室；Z. 调零遮光片；B. 平衡遮光片；
F. 平衡遮光片操纵支撑点；M. 伺服电极；A1、A2. 放大器；P. 记录笔

定气样室中的二氧化碳含量。

这种红外分析仪由于所用入射红外光的谱带较宽而落入其他成分，特别是水的吸收区，因此需要对气流预先进行除湿处理，这一处理延长了响应时间。

（三）尾气中氧气含量的分析

测量尾气中氧气含量一般使用如图7-13所示的哑铃形顺磁氧分析仪。顺磁氧分析根据氧气分子具有很强的顺磁性，容易被磁场吸引，而其他气体分子的顺磁性弱，或者具有抗磁性的原理测量气体中的氧含量。顺磁氧分析仪里有两个抗磁性玻璃球组成的哑铃状物体，其用石英线悬挂在一个恒定的磁场中，由于玻璃球的抗磁性，它受到磁场的排斥力发生扭转，排斥力的大小取决于磁场强度和周围气体的磁效应。

（四）尾气中的其他气体分析

工业生产中一般使用工业质谱仪对发酵尾气的多种成分进行在线检测。常用的工业质谱仪有扫描质谱和非扫描质谱两种，它们都由高真空取样口、分子离子化装置、高真空下的封闭磁场和检测器四部分组成。图7-14示意了一种非扫描多捕集器磁扇形工业质谱仪的结构原理，气体通过毛细管和分子漏进入离子化区，由发射灯丝发出的20eV电子束将进来的气体分子离子化，离子化的分子在永久磁场的作用下加速进入扇形分析器，在分析器里，这些离子化分子按照质量/电荷的大小分离，进入一排环形法拉第收集器并产生电信号。

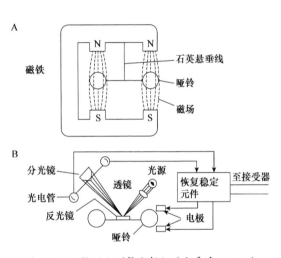

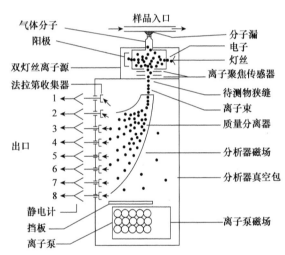

图7-13　哑铃形顺磁氧分析仪（白秀峰，2003）
A. 侧视图；B. 俯视图

图7-14　非扫描多捕集器磁扇形工业质谱仪（白秀峰，2003）

质谱仪虽然价格较贵，但具备以下优点。

（1）响应速度快，测量时间只有12s，比红外气体分析仪快10倍；灵敏度强，可测二氧化碳的最低浓度为10^{-5}L/L尾气。

（2）稳定性好。一般正常情况下6个月不需要调整。

（3）可测多种气体浓度，如氮气含量和氨气含量等。

第三节　生物传感器的研究开发与应用

生物传感器是以固定化的生物材料作为敏感元件，与适当的转换元件结合所构成的一类传感器。生物传感器是一个非常活跃的研究和工程技术领域，它与生物信息学、生物芯片、生物控制论、仿生学、生物计算机等学科一起，处在生命科学和信息科学的交叉区域。生物传感器技术的研究重点是：广泛地应用各种生物活性材料与传感器结合，研究和开发具有识别功能的换能器，并成为制造新型的分析仪器和分析方法的原创技术，研究和开发它们的应用。生物传感器中应用的生物活性材料对象范围包括生物大分子、细胞、细胞器、组织、器官等，以及人工合成的分子印迹聚合物（molecularly imprinted polymer，MIP）。

一、生物传感器的基本原理

生物传感器的传感原理如图7-15所示，其构成包括两部分：生物敏感膜和换能器。被分析物扩散进入固定化生物敏感膜层，经分子识别，发生生物学反应，产生的信息继而被相应的化学换能器或物理换能器转变成可定量加工的电信号，再经检测放大器放大并输出，便可知道待测物浓度。

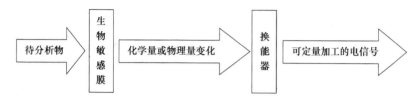

待分析物　→　生物敏感膜　化学量或物理量变化　→　换能器　可定量加工的电信号　→

图7-15　生物传感器的传感原理（颜鑫和张霞，2019）

生物敏感膜又称为分子识别元件，它们是生物传感器的关键元件（表7-6），直接决定传感器的功能与质量。依生物敏感膜所选材料不同，其组成可以是酶、核酸、免疫物质、全细胞、组织、细胞器或它们的不同组合，近年来还引入了高分子聚合物模拟酶，使分子识别元件的概念进一步延伸。

表7-6　生物传感器的分子识别元件（刘迎春和叶湘滨，2015）

分子识别元件（生物敏感膜）	生物活性材料	分子识别元件（生物敏感膜）	生物活性材料
酶	各种酶类	免疫物质	抗体、抗原、酶标抗原等
全细胞	细菌、真菌、动物、植物的细胞	具有生物亲和能力的物质	配体、受体
组织	动物、植物的组织切片	核酸	寡聚核苷酸
细胞器	线粒体、叶绿体	模拟酶	高分子聚合物

换能器的作用是将各种生物的、化学的和物理的信息转换成电信号。生物学反应过程产生的信息是多元化的，微电子学和传感器技术的现代成果为检测这些信息提供了丰富的手段，使得研究者在设计生物传感器时换能器的选择有足够的回旋余地。

二、生物传感器的分类

生物传感器具有选择性好、灵敏度高、分析速度快、成本低等特点，目前在国民经济的各个部门，如食品、制药、化工、临床检验、生物医学、环境监测等方面有广泛的应用前景。生物传感器主要有下面三种分类命名方式。

（1）根据生物传感器中分子识别元件，即生物敏感膜可分为5类：酶传感器、微生物传感器、细胞传感器、组织传感器和免疫传感器等。显而易见，所应用的敏感材料依次为酶、微生物个体、细胞器、动植物组织、抗原和抗体。

（2）根据生物传感器的换能器，即信号转换器分类有生物电极传感器、半导体生物传感器、光生物传感器、热生物传感器和压电晶体生物传感器等，换能器依次为电化学电极、半导体、光电转换器、热敏电阻和压电晶体等。

（3）以被测目标与分子识别元件的相互作用方式进行分类有生物亲和型生物传感器、代谢型或催化型生物传感器等。

三、生物传感器在发酵工业中的应用

随着社会的进一步信息化，作为一门在生命科学和信息科学之间发展起来的交叉学科，生物传感器因具有选择性好、灵敏度高、分析速度快、成本低、在复杂的体系中进行在线连续监测，特别是它的高度自动化、微型化与集成化的特点，在发酵工艺、环境监测、食品工程、临床医学、军事及军事医学等方面得到了高度重视和广泛应用。

在各种生物传感器中，微生物传感器具有成本低、设备简单、不受发酵液混浊程度的限制和可能消除发酵过程中干扰物质的干扰等特点。因此，在发酵工业中广泛地采用微生物传感器作为一种有效的测量工具。

（1）原材料及代谢产物的测定。微生物传感器可用于测量发酵工业中的原材料（如糖蜜、乙酸等）和代谢产物（如头孢霉素、谷氨酸、甲酸、醇类、乳酸等）。测量的装置基本上都是由适合的微生物电极与氧电极组成，原理是利用微生物的同化作用耗氧，通过测量氧电极电流的变化量来测量氧气的减少量，从而达到测量底物浓度的目的。例如，一种以铁氰化物为媒介的葡萄糖氧化酶细胞生物传感器用于测量发酵工业中的乙醇含量，13s内可以完成测量，具有灵敏度高和稳定性能好等优点。

（2）微生物细胞数目的测定。发酵液中细胞数的测定是重要的。细胞数（菌体浓度）即单位发酵液中的细胞数量。一般情况下，需取一定的发酵液样品，采用显微计数方法测定，这种测定方法耗时较多，不适于连续测定。在发酵控制方面迫切需要直接测定细胞数目的简单而连续的方法。人们发现，在阳极（Pt）表面上，菌体可以直接被氧化并产生电流。这种电化学系统可以应用于细胞目的测定，测定结果与常规的细胞计数法测定的数值相近。利用这种电化学微生物细胞数传感器可以实现菌体浓度连续、在线测定。

第四节　生物反应过程主要参数的控制

为了使生物反应处于最佳的反应条件，生物反应器检测对生物反应控制提供了有效手段，一定程度上就是以最少的消耗产生优质、量大的合格产品。在实际运行过程中，生物反应器的主要控制参数包括温度、溶解氧浓度、pH、泡沫、菌体浓度和基质、CO_2和呼吸商等。

一、温度的控制

（一）温度对发酵的影响

1. 温度对微生物细胞生长的影响　微生物发酵所用的菌种绝大多数是中温菌，如霉菌、放线菌和一般细菌。它们的最适生长温度一般在20～40℃。在发酵过程中，需要维持适当的温度，才能使菌体生长和代谢产物的合成顺利进行。

不同生长阶段的微生物对温度的反应不同。处于停滞期的微生物对温度的影响十分敏感；而对数生长期的微生物，最适范围内提高培养温度，有利于菌体生长；处于生长后期的微生物，其生长速度一般主要取决于溶解氧，而不是温度。

2. 温度对发酵代谢产物的影响　温度会影响各种酶反应的速率，改变菌体代谢产物的合成方向，影响微生物的代谢调控机制。温度也会影响发酵液的理化性质（对氧的溶解），进而影响发酵的动力学特性和产物的生物合成。例如，在四环素发酵中，当温度小于30℃时金色链霉菌产生金霉素，而当温度大于35℃时，金色链霉菌产生四环素。因此温度的控制不仅影响微生物的生长，还与产物的合成有密切联系。

温度对发酵代谢产物的影响主要包括以下方面：①温度影响产物合成的速率及产量。②温度能够改变菌体代谢产物的合成方向。③温度对多组分次级代谢产物的组分比例产生影响。④温度可以通过改变发酵液的物理性质，间接影响菌的生物合成。

（二）影响发酵温度变化的因素

发酵热（$Q_{发酵}$）是发酵温度变化的主要因素，即发酵过程中释放出来的净热量，以$J/（m^3 \cdot h）$为单位。发酵过程中产热因素主要有生物热（$Q_{生物}$）、搅拌热（$Q_{搅拌}$）；散热因素主要有蒸发热（$Q_{蒸发}$）、辐射热（$Q_{辐射}$）。

生物热是指微生物在生长繁殖过程中，本身产生的大量热；搅拌热指机械搅拌（增加溶解氧）的动能以摩擦放热的方式，使热量散发在发酵液中；蒸发热指通气时，进入发酵罐的空气与发酵液可以进行热交换，使温度下降，并且空气带走了一部分水蒸气，这些水蒸气由发酵液中蒸发时，带走发酵液中的热量，也使温度下降，被排出的水蒸气和空气夹带着部分显热（$Q_显$）散失到罐外的热量称为蒸发热；辐射热是因发酵罐温度与罐外温度不同，即存在着温差，发酵液中有部分热量通过罐壁向外辐射，这些热量称为辐射热。

$$Q_{发酵} = Q_{生物} + Q_{搅拌} - Q_{蒸发} - Q_{辐射} \tag{7-6}$$

由于 $Q_{生物}$ 和 $Q_{蒸发}$，特别是 $Q_{生物}$ 在发酵过程中随时间变化，因此发酵热在整个发酵过程中也随时间变化，引起发酵温度发生波动。为了使发酵能在一定温度下进行，要对其进行控制。

（三）温度的调控

在微生物生长阶段，应选择最适生长温度；在产物分泌阶段，应选择最适生产温度。工业生产上，所用的大发酵罐在发酵过程中一般不需要加热，因发酵中释放了大量的发酵热，需要冷却的情况较多。

将冷却水通入发酵罐的夹层或蛇管中，通过热交换来降温，保持恒温发酵。如果气温较高（特别是我国南方的夏季气温），冷却水的温度又高，就可采用冷冻盐水进行循环式降温，以迅速降到最适温度。因此，大工厂需要建立冷冻站，提高冷却能力，以保证在正常温度下进行发酵。

温度是影响发酵过程的一个重要参数，不仅因为生物本身对温度敏感，而且，生物生长和产物合成的所必需的酶在一定的温度下才能发挥较高的活性。图7-16是发酵罐温度单回路控制系统，该系统通过改变冷却剂的流量来稳定反应温度。根据调节阀选择原则，带入系统能量选气开阀，带走系统能量选气关阀。

在比较大的生物反应器中，使用内置换热器，包括内置蛇管换热器和空心隔板，或者夹套换热器，来调节反应器内的温度。

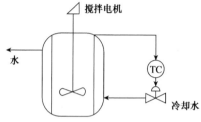

图7-16 发酵罐温度单回路控制系统（金杰，2009）

二、溶解氧浓度的控制

（一）溶解氧对发酵的影响

不同的生物反应对氧的需求不同，反应溶液中溶解氧浓度对细胞生长和产物生成有重要影响，有时甚至起主导作用。例如，在谷氨酸发酵过程中，每消耗 1kg 葡萄糖，需耗用 414g 氧，如果在谷氨酸发酵过程中供氧不足，则会生成大量的琥珀酸和乳酸，氨基酸产率就降低。相反，在亮氨酸发酵生产时，供氧充足情况下，产量受到抑制，但是限氧可增加亮氨酸产量。这与氨基酸的生物合成途径有关，亮氨酸类合成并不经过三羧酸循环，因而供氧过量，反而起到抑制作用。

（二）溶解氧的控制

溶解氧浓度取决于氧气进入培养液的速度和生物消耗氧气的速度，如果前者大于后者，氧气浓度增加，否则降低，而在这两者中，我们能够控制的只有氧气进入培养液的速度。氧气进入培养液的速度取决于4个因素：搅拌速度、鼓入空气的速度、鼓入气体中氧气的含量和反应器内氧气的分压。增加氧气浓度和增加反应器内氧气分压具有类似的效果，都能够提高氧气进入液相的推动力。图7-17给出了改变搅拌速度的溶氧串级控制系统示意图。通入的气泡被充分破碎，增大有效接触面积，而且液体形成涡流，可以减少气泡周围液膜厚度和菌丝表面液膜厚度，并延长气泡在液体中停留时间，从而提高供氧能力。

在实际操作中，溶解氧浓度的控制有一定的难度，原因在于溶氧探头在经过高温消毒后其重现性和持续性都有所下降，再加上反应器内各处不均匀导致局部溶解氧浓度过低而其他部分却正常。

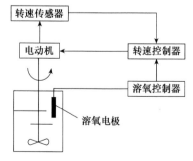

图7-17 改变搅拌速度的溶氧串级控制系统示意图（金杰，2009）

三、pH 的控制

（一）pH 对发酵的影响

微生物生长和生物合成都有其最适和能够耐受的 pH 范围，大多数细菌生长的最适 pH 在 6.3～7.5，霉菌和酵母生长的最适 pH 在 3～6，放线菌生长的最适 pH 在 7～8。有的微生物生长繁殖阶段的最适 pH 与产物形成阶段的最适 pH 是一致的，但也有许多是不一致的。pH 不仅影响微生物的生长，还会影响菌体的形态。例如，产黄青霉细胞壁的厚度随 pH 的增加而减小；pH<6 时，菌丝的长度缩短。

除此之外，pH 对某些生物合成途径有显著影响。例如，丙酮丁醇发酵中，细菌增殖的适宜 pH 为 5.5～7.0，发酵后期 pH 为 4.3～5.3 时积累丙酮丁醇，pH 升高则丙酮丁醇产量减少，而丁酸、乙酸含量增加。又如，黑曲霉在 pH 为 2～3 时产生柠檬酸，pH 近中性时，积累草酸和葡萄糖酸。谷氨酸发酵中，pH 为 7 或略大于 7 时形成谷氨酸，pH 小于 7 时产生 N-乙酰谷酰胺。从以上看出，要更有效地控制生产过程，必须充分了解微生物生长和产物形成的最适 pH。

pH 对发酵的影响主要表现为：①影响酶的活性，当 pH 抑制菌体中某些酶的活性时，会阻碍菌体的新陈代谢。②影响微生物细胞膜所带电荷的状态，改变细胞膜的通透性，影响微生物对营养物的吸收和代谢产物的排泄。③pH 影响培养基中某些组分的解离，进而影响微生物对这些成分的吸收、利用。④pH 不同，往往引起菌体代谢过程的不同，使代谢产物的质量和比例发生改变。

（二）发酵过程中 pH 的变化

发酵过程中 pH 的变化是微生物在发酵过程中代谢活动的综合反映，其变化的根源取决于培养基的成分和微生物的代谢特性。有研究表明，培养开始时发酵液 pH 的影响是不大的，因为微生物在代谢过程中，迅速改变培养基 pH 的能力十分惊人。例如，以花生饼粉为培养基进行土霉素发酵，最初将 pH 分别调到 5.0、6.0 和 7.0，发酵 24h 后，这三种培养基的 pH 已经不相上下，都在 6.5～7.0。但是，当外界条件发生较大变化时，菌体就失去了调节能力，发酵液的 pH 将会不断波动。

引起这种波动的原因除了取决于微生物自身的代谢外，还与培养基的成分有极大的关系。一般来说，有机氮源和某些无机氮源的代谢起到提高 pH 的作用，如氨基酸的氧化和硝酸钠的还原，玉米浆中的乳酸被氧化等，这类物质被微生物利用后，可使 pH 上升，这些物质称为生理碱性物质（如有机氮源、硝酸盐、有机酸等）。而碳源的代谢则往往起到降低 pH 的作用。例如，糖类氧化不完全时产生的有机酸、脂肪不完全氧化产生的脂肪酸、铵盐氧化后产生的硫酸等，这些物质称为生理酸性物质。

此外，通气条件的变化、菌体自溶或杂菌污染都可能引起发酵液 pH 的改变，所以确定最适 pH 及采取最有效的控制措施，是使菌种发挥最大生产能力的保证。

一般情况下，引起 pH 下降（凡是导致酸性物质生成或释放及碱性物质消耗的发酵，其 pH 都会下降）的因素主要有：①培养基中碳氮比例不当，碳源过多，特别是葡萄糖过量，或者中间补糖过多加之溶解氧不足，致使有机酸大量积累而 pH 下降；②消泡油加得过多；③生理酸性物质的存在，氨被利用，pH 下降。而引起 pH 上升（凡是导致碱性物质生成或释放，酸性物质消耗的发酵，其 pH 都会上升）的因素主要有：①培养基中碳氮比例不当，氮源过多，氨基氮释放，使 pH 上升；②生理碱性物质存在；③中间补料中氨水或尿素等碱性物质的加入过多使 pH 上升。

（三）最适 pH 的选择和调控

1. 最适 pH 的选择　　选择最适 pH 的原则是既有利于菌体的生长繁殖，又可以最大限度地获得高的产量。一般最适 pH 是根据实验结果来确定的，通常将发酵培养基调节成不同的起始 pH，在发酵过程中定时测定，并不断调节 pH，以维持其起始 pH，或者利用缓冲剂来维持发酵液的 pH。同时观察菌体的生长情况，菌体生长达到最大值的 pH 即菌体生长的最适 pH。产物形成的最适 pH 也可以如此测得。

微生物生长最适 pH 与产物形成最适 pH 相互关系的 4 种情况：第一种，菌体的比生长速率（μ）和产物的比生产速率（Q_p）都有一个相似的并且较宽的最适 pH 范围；第二种，Q_p（或 μ）的最适 pH 范围很窄，

而 μ（或 Q_p）的范围较宽；第三种，μ 和 Q_p 有相同的最适 pH 范围，但范围很窄，即对 pH 的变化敏感；第四种，μ 和 Q_p 都有各自的最适 pH 范围。属于第一种情况的发酵过程比较易于控制，第二、三模式的发酵 pH 要严格控制，最后一种情况应该分别严格控制各自的最适 pH。

2. pH 的调控

（1）首先，考虑和试验发酵培养基的基础配方，使它们有适当的配比，使发酵过程中的 pH 变化在合适的范围内。

（2）其次，通过在发酵过程中直接补加酸或碱，以及通过补料的方式来控制，如补充生理酸性物质 $(NH_4)_2SO_4$ 和生理碱性物质（氨水）来控制。

生物反应器中 pH 的控制依靠向反应器内滴加酸或碱溶液完成。在发酵过程中为控制 pH 而加入的酸碱性物料，往往就是工艺要求所需的补料基质，所以在 pH 控制系统中还需对所加酸碱物料进行计量，以便进行有关离线参数的计算。图 7-18A 是采用连续流加酸碱物料方式控制 pH；图 7-18B 是目前应用较为广泛的采用脉冲式流添加方式控制 pH，在这种控制方式中，控制器将 PID（proportional integral and derivative，比例、积分和微分控制）运算的输出转换成在一定周期内开关信号，控制隔膜阀（或计量杯）。

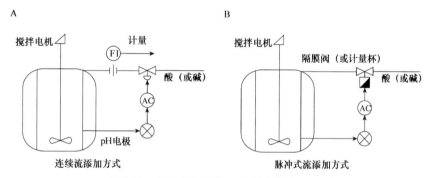

图 7-18　生物反应器的 pH 控制（金杰，2009）

四、泡沫对发酵的影响及其控制

（一）泡沫的形成及其对发酵的影响

在大多数微生物发酵过程中，由于培养基中有蛋白质类表面活性剂存在，在通气条件下，培养液中就形成了泡沫。泡沫是气体被分解在少量液体中的胶体体系，气液之间被一层液膜隔开，彼此不相通。形成的泡沫有两种类型：一种是发酵液液面上的泡沫，气相所占的比例特别大，与液体有较明显的界限，如发酵前期的泡沫；另一种是发酵液中的泡沫，又称为流态泡沫（fluidfoam），分散在发酵液中，比较稳定，与液体之间无明显的界限。

发酵过程产生少量的泡沫是正常的。泡沫的多少一方面与搅拌、通风有关；另一方面与培养基性质有关。蛋白质原料，如蛋白胨、玉米浆、黄豆粉和酵母粉等是主要的发泡剂。糊精含量多也引起泡沫的形成。发酵过程中，泡沫的形成有一定的规律性。发酵时起泡的方式被认为有 5 种：①整个发酵过程中，泡沫保持恒定的水平；②发酵早期，起泡后稳定地下降，以后保持恒定；③发酵前期，泡沫稍微降低后又开始回升；④发酵开始起泡能力低，以后上升；⑤以上类型的综合方式。这些方式的出现是与基质的种类、通气搅拌强度和灭菌条件等因素有关，其中基质中的有机氮源（如黄豆饼粉等）是起泡的主要因素。当发酵感染杂菌和噬菌体时，泡沫异常多。

起泡会带来许多不利因素，如发酵罐的装料系数减少、氧传递系统异常等。泡沫过多时，影响更为严重，造成大量逃液，发酵液从排气管路或轴封逃出而增加染菌机会等，严重时通气搅拌也无法进行，菌体呼吸受到阻碍，导致代谢异常或菌体自溶，消泡剂的加入有时会影响发酵产量或给下游分离纯化带来麻烦。所以，控制泡沫是保证正常发酵的基本条件。

（二）泡沫的消除

泡沫的控制可以采用两种途径：①通过调整培养基中的成分（如少加或缓加易起泡的原材料）或改变某些物理化学参数（如pH、温度、通气和搅拌）或改变发酵工艺（如采用分次投料）来控制，以减少泡沫形成的机会，但这些方法的效果有一定的限度；②采用机械消泡或消泡剂消泡这两种方法来消除已形成的泡沫。还可以采用菌种选育的方法，筛选不产生流态泡沫的菌种，来消除起泡的内在因素，如用杂交方法选出来不产生泡沫的土霉素生产菌株。对于已形成的泡沫，工业上可以采用机械消泡和化学消泡剂消泡或两者同时使用。

1. 机械消泡   这是一种物理消泡的方法，利用机械强烈振动或压力变化而使泡沫破裂。有罐内消泡和罐外消泡两种方法。前者是靠罐内消泡浆转动打碎泡沫；后者是将泡沫引出罐外，通过喷嘴的加速作用或利用离心力来消除泡沫。

该法的优点是：节省原料，减少染菌机会。但消泡效果不理想，仅可作为消泡的辅助方法。

2. 消泡剂消泡   这是利用外界加入消泡剂，使泡沫破裂的方法。当泡沫的表层存在着由极性的表面活性物质形成的双电层时，可以加入另一种具有相反电荷的表面活性剂，以降低泡沫的机械强度或加入某些具有强极性的物质与发泡剂争夺液膜上的空间，降低液膜强度，使泡沫破裂。当泡沫的液膜具有较大的表面黏度时，可以加入某些分子内聚力较小的物质，以降低液膜的表面黏度，使液膜的液体流失，导致泡沫破裂。消泡剂的作用，或者是降低泡沫液膜的机械强度，或者是降低液膜的表面黏度，或者两种作用兼有。消泡剂都是表面活性剂，具有较低的表面张力，如聚氧丙烯氧化乙烯甘油醚（GPE）的表面张力仅为33×10^{-3}N/m，而青霉素发酵液的表面张力为（$60 \sim 68$）$\times 10^{-3}$N/m。

作为生物工业理想的消泡剂，应具备下列条件：①应该在气-液界面上具有足够大的铺展系数，只有这样才能迅速发挥消泡作用。这就要求消泡剂有一定的亲水性。②应该在低浓度时具有消泡活性。③应该具有持久的消泡或抑泡性能，以防止形成新的泡沫。④应该对微生物、人类和动物无毒性。⑤应该对产物的提取不产生任何影响。⑥不会在使用、运输过程中引起任何危害。⑦来源方便，成本低。⑧应该对氧传递不产生影响。⑨能耐高温灭菌。

常用的消泡剂主要有天然油脂类、脂肪酸和脂肪酸酯类、聚醚类及硅酮类四大类，其中以天然油脂类和聚醚类在生物发酵中最为常用。

在生产过程中，消泡的效果除了与消泡剂种类、性质、分子质量大小、消泡剂亲油亲水基团等密切相关外，还与消泡剂加入方法、使用浓度和温度等有很大的关系。消泡剂的选择和实际使用还有许多问题，应结合生产实际加以注意和解决。

五、菌体浓度和基质对发酵的影响及其控制

（一）菌体浓度对发酵的影响及其控制

菌体（细胞）浓度是指单位体积培养液中菌体的含量。无论在科学研究上，还是在工业发酵控制上，它都是一个重要的参数。菌体浓度的高低，在一定条件下，不仅反映菌体细胞的多少，还反映菌体细胞生理特性不完全相同的分化阶段。在发酵动力学研究中，需要利用菌体浓度参数来算出菌体的比生长速率和产物的比生成速率等有关动力学参数，以研究它们之间的相互关系，探明其动力学规律，所以菌体浓度仍是一个基本参数。

菌体浓度的大小与菌体生长速率有密切关系。比生长速率μ大的菌体，菌体浓度增长也迅速，反之就缓慢。而菌体的生长速率与微生物的种类和自身的遗传特性有关，不同种类微生物的生长速率是不一样的。它的大小取决于细胞结构的复杂性和生长机制，细胞结构越复杂，分裂所需的时间就越长。典型的细菌、酵母、霉菌和原生动物的倍增时间分别为45min、90min、3h和6h左右，这说明各类微生物增殖速率的差异。菌体的增长还与营养物质和环境条件有密切关系。营养物质包括各种碳源和氮源等成分和它们的浓度。按照Monod方程式来看，生长速率取决于基质的浓度（各种碳源的基质饱和常数K_s在$1 \sim 10$mg/L），当基质浓度$c > 10K_s$时，比生长速率就接近最大值。所以营养物质均存在一个上限浓度，在此限度以内，

菌体比生长速率随基质浓度增加而增加，但超过此上限，基质浓度继续增加，反而会引起生长速率下降。这种效应通常称为基质抑制作用。这可能是由于高浓度基质形成高渗透压，引起细胞脱水而抑制生长。这种作用还包括某些化合物（如甲醇、苯酚等）对一些关键酶的抑制，或使细胞结构成分发生变化。一些营养物质的上限浓度如下：葡萄糖，100g/L；NH_4^+，5g/L；PO_4^{3-}，10g/L。在实际生产中，常用丰富培养基，促使菌体迅速繁殖，菌体浓度增大，引起溶解氧下降。所以，在微生物发酵的研究和控制中，营养条件（含溶解氧）的控制至关重要。影响菌体生长的环境条件有温度、pH、渗透压和水分活度等因素。

菌体浓度的大小，对发酵产物的得率有着重要的影响。在适当的比生长速率下，发酵产物的产率与菌体浓度呈正比关系，即

$$P = Q_{Pm}c(X) \tag{7-7}$$

式中：P为发酵产物的产率（产物最大生成速率或生产率）[g/（L·h）]；Q_{Pm}为产物最大比生成速率（h^{-1}）；$c(X)$为菌体浓度（g/L）。

菌体浓度越大，产物的产量也越大，如氨基酸、维生素这类初级代谢产物的发酵就是如此。而对抗生素这类次级代谢产物来说，控制菌体的比生长速率μ比$\mu_{临}$略高一点的水平，达到最适菌体浓度$[c(X)_{临}]$，菌体的生产率最高。但是菌体浓度过高，则会产生其他的影响，如营养物质消耗过快、培养液的营养成分发生明显的改变、有毒物质的积累，这些可能改变菌体的代谢途径，特别是对培养液中的溶解氧影响尤为明显。菌体浓度增加而引起的溶解氧下降，会对发酵产生各种影响。早期酵母发酵，会出现代谢途径改变、酵母生长停滞、产生乙醇的现象；抗生素发酵，也受溶解氧限制，使产量降低。如图7-19所示，为了获得最高的生产率，需要采用摄氧速率与供氧速率相平衡时的菌体浓度，也就是供氧速率随菌体浓度变化的曲线和摄氧速率随菌体浓度变化的曲线的交点所对应的菌体浓度，即临界菌体浓度$c(X)_{临}$。菌体超过此浓度，抗生素的比生成速率和体积产率都会迅速下降。

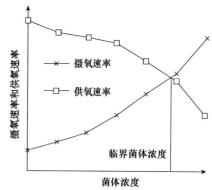

图7-19 发酵液供氧速率和摄氧速率与菌体浓度间的关系（刘冬，2008）

发酵过程中，除要有合适的菌体浓度外，还需要设法控制营养基质浓度在合适的范围内。菌体的生长速率，在一定的培养条件下，主要受营养基质浓度的影响，所以要依靠调节培养基的浓度来控制菌体浓度。首先要确定基础培养基配方中有适当的配比，避免产生过浓（或过稀）的菌体量。然后通过中间补料来控制，如当菌体生长缓慢、菌体浓度太小时，可补加一部分磷酸盐，促进生长，提高菌体浓度；但补加过多，则会使菌体过分生长，超过$c(X)_{临}$，对产物合成产生抑制作用。在生产上，还可利用菌体代谢产生的CO_2量来控制生产过程的补糖量，以控制菌体的生长和浓度。总之，可根据不同的菌种和产品，采用不同的方法来达到最适的菌体浓度。

（二）基质对发酵的影响及其控制

基质即培养微生物的营养物质。对于发酵控制来说，基质是生产菌代谢的物质基础，既涉及菌体的生长繁殖，又涉及代谢产物的形成。因此基质的种类和浓度与发酵代谢有着密切的关系。所以选择适当的基质和控制适当的浓度，是提高代谢产物产量的重要方法。

据Monod方程，在分批发酵中菌体比生长速率是基质浓度的函数。在$c(S) \ll K_s$的情况下，菌体比生长速率与基质浓度呈线性关系。在正常的情况下，可达到菌体最大比生长速率，然而，代谢产物及其基质过浓导致抑制作用，出现菌体比生长速率下降的趋势。当葡萄糖浓度低于150g/L时，不出现抑制作用；当葡萄糖浓度高于350g/L时，多数微生物不能生长，细胞出现脱水现象。

就产物的形成来说，培养基过于丰富，有时会使菌体生长过旺，黏度增大，传质差，菌体不得不花费较多的能量来维持其生存环境，即用于非生产的能量大量增加。所以，在分批发酵中，控制合适的基质浓度不但对菌体的生长有利，对产物的形成也有益处。这里要着重说明碳源、氮源和磷酸盐等对发酵的影响及其控制。

1. 碳源对发酵的影响及其控制 碳源按菌体利用快慢而言，分为迅速利用的碳源和缓慢利用的碳

源。前者（如葡萄糖）能较迅速地参与代谢、合成菌体和产生能量，并产生分解代谢产物（如丙酮酸等），因此有利于菌体生长，但有的分解代谢产物对产物的合成可能产生阻遏作用；后者多数为聚合物（也有例外），为菌体缓慢利用，有利于延长代谢产物的合成，特别有利于延长抗生素的生产期，也为许多微生物药物的发酵所采用。例如，乳糖、蔗糖、麦芽糖、玉米油及半乳糖分别是青霉素、头孢菌素C、盐霉素、核黄素及生物碱发酵的最适碳源。因此，选择最适碳源对提高代谢产物产量是很重要的。

控制碳源的浓度，可采用经验法和动力学法，即在发酵过程中采用中间补料的方法来控制。这要根据不同代谢类型来确定补糖时间、补糖量和补糖方式。动力学法是要根据菌体的比生长速率、糖比消耗速率及产物的比生成速率等动力学参数来控制。

2. 氮源对发酵的影响及其控制　氮源有无机氮源和有机氮源两类。它们对菌体代谢都能产生明显的影响，不同的种类和不同的浓度都能影响产物合成的方向和产量。例如，谷氨酸发酵，当NH_4^+供应不足时，就促使形成α-酮戊二酸；过量的NH_4^+，反而促使谷氨酸转变成谷氨酰胺。控制适量的NH_4^+浓度，才能使谷氨酸产量达到最大。又如，在研究螺旋霉素的生物合成中，发现无机铵盐不利于螺旋霉素的合成，而有机氮源（如鱼粉）则有利于其形成。

氮源像碳源一样，也有迅速利用的氮源和缓慢利用的氮源。前者如氨基（或铵）态氮的氨基酸（或硫酸铵等）和玉米浆等；后者如黄豆饼粉、花生饼粉、棉籽饼粉等蛋白质。它们各有自己的作用，迅速利用的氮源容易被菌体所利用，促进菌体生长，但对某些代谢产物的合成，特别是某些抗生素的合成产生调节作用，影响产量。例如，链霉菌的竹桃霉素发酵中，采用促进菌体生长的铵盐浓度，能刺激菌丝生长，但抗生素产量下降。铵盐还对柱晶白霉素、螺旋霉素等的合成产生调节作用。缓慢利用的氮源对延长次级代谢产物的生产期、提高产物的产量是有好处的。但一次投入全量，也容易促进菌体生长和养分过早耗尽，以致菌体过早衰老而自溶，从而缩短产物的生产期。综上所述，对微生物发酵来说，也要选择适当的氮源和浓度。

发酵培养基一般是选用含有迅速利用和缓慢利用的混合氮源，如氨基酸发酵用铵盐（硫酸铵或乙酸铵）和麸皮水解液、玉米浆；链霉素发酵采用硫酸铵和黄豆饼粉。但也有使用单一的铵盐或有机氮源（如黄豆饼粉）。它们被利用的情况与迅速利用和缓慢利用的碳源情况相似。为了调节菌体生长和防止菌体衰老自溶，除了基础培养基中的氮源外，还要在发酵过程中补加氮源来控制其浓度。生产上采用的方法有如下几种。

（1）补加有机氮源。根据产生菌的代谢情况，可在发酵过程中添加某些具有调节生长代谢作用的有机氮源，如酵母粉、玉米浆、尿素等。例如，土霉素发酵中，补加酵母粉，可提高发酵单位；青霉素发酵中，后期出现糖利用缓慢、菌体浓度变稀、pH下降的现象，补加生理碱性物质的尿素就可改善这种状况并提高发酵单位；氨基酸发酵中，也可补加作为氮源及pH调节剂的尿素。

（2）补加无机氮源。补加氨水或硫酸铵是工业上的常用方法。氨水既可作为无机氮源，又可调节pH。在抗生素发酵工业中，通氨是提高发酵产量的有效措施，如与其他条件相配合，有的抗生素的发酵单位可提高50%左右。但当pH偏高而又需补氮时，就可补加生理酸性物质的硫酸铵，以达到提高氮含量和调节pH的双重目的。还可补充其他无机氮源，但需根据发酵控制的要求来选择。

3. 磷酸盐对发酵的影响及其控制　磷是微生物菌体生长繁殖所必需的成分，也是合成代谢产物所必需的。微生物生长良好所允许的磷酸盐浓度为0.32～300mmol/L，但对次级代谢产物合成良好所允许的最高平均浓度仅为1.0mmol/L，提高到10mmol/L，就明显地抑制其合成。相比之下，菌体生长所允许的浓度比次级代谢产物合成所允许的浓度就大得多，两者平均相差几十倍至几百倍。因此，控制磷酸盐浓度对微生物次级代谢产物发酵来说是非常重要的，磷酸盐浓度调节代谢产物合成机制，对于初级代谢产物合成的影响，往往是通过促进菌体生长而间接产生的，对于次级代谢产物来说，机制就比较复杂。

除上述主要基质外，还有其他培养基成分影响发酵。例如，Cu^{2+}在以乙酸为碳源的培养基中，能促进谷氨酸产量的提高；Mn^{2+}对芽孢杆菌合成杆菌肽等次级代谢产物具有特殊的作用，必须保证其足够的浓度才能促进杆菌肽的合成等。

总之，发酵过程中，控制基质的种类及其用量是非常重要的，是发酵能否成功的关键，只有根据产生菌的特性和各个产物合成的要求，进行深入细致的研究，才能取得良好的结果。

六、CO_2和呼吸商

二氧化碳（CO_2）是微生物的代谢产物，同时，它也是合成产物所需的一种基质。对微生物生长和发酵具有刺激作用，它是细胞代谢的可贵指标。有人把细胞量与累积尾气CO_2生成关联，把CO_2生成作为一种手段，通过碳质量平衡来估算菌体生长速率和细胞量。溶解在发酵液中的CO_2对氨基酸、抗生素等微生物发酵具有抑制和刺激作用，对许多产物的生产菌也有影响。

（一）CO_2对菌体生长和产物形成的影响

CO_2对菌体的生长有直接作用，引起碳水化合物的代谢及微生物的呼吸速率下降。大量实验表明，CO_2对生产过程具有抑制作用。当CO_2分压为0.008MPa时，青霉素合成速度降低40%；发酵液中溶解CO_2浓度为$1.6×10^{-2}$mol/L时，会严重抑制酵母生长。当进气口CO_2含量占混合气体体积的80%时，酵母活力只达到对照组的80%。一般以1L/（L·min）的空气流量通气发酵，发酵液中溶解CO_2只达到抑制水平的10%。

微生物生长受到抑制后，会阻碍基质的异化（或分解代谢）和ATP的生成量，由此影响产物的合成。在氨基糖苷类抗生素紫苏霉素（sisomicin）生产中，在300L发酵罐于空气进口通以1% CO_2，发现微生物对基质的代谢极慢，菌丝增长速度降低，紫苏霉素的产量比对照组降低33%；通入2% CO_2，紫苏霉素的产量比对照组降低85%；CO_2的含量超过3%，则不产生紫苏霉素。

CO_2会影响产黄青霉的形态。研究者将产黄青霉接种到溶解不同CO_2浓度的培养基中，发现菌丝形态发生变化。CO_2分压为0~8%时，菌丝主要是丝状；CO_2分压为15%~22%时，则膨胀、粗短的菌丝占优势；CO_2为0.008MPa时，则出现球状或酵母状细胞，致使青霉素合成受阻，其比生成速率降低40%左右。

CO_2及HCO_3^-都会影响细胞膜结构，它们分别作用于细胞膜的不同位点。CO_2主要作用在细胞膜的脂肪核心部位。HCO_3^-则影响磷脂，以及亲水头部带电荷表面及细胞膜表面的蛋白质。当细胞膜的脂质相中CO_2浓度达临界值时，膜的流动性及表面电荷密度发生变化，这将导致许多基质的膜运输受阻，影响细胞膜的运输效率，使细胞处于"麻醉"状态，细胞生长受到抑制，形态发生改变。

CO_2对发酵的影响很难进行估算和优化，估计在大规模发酵中CO_2的作用将成为突出的问题。因发酵罐中CO_2的分压是液体深度的函数，10m深的发酵罐在0.101MPa气压下操作，底部CO_2分压是顶部CO_2分压的2倍。为了排除CO_2的影响，必须考虑CO_2在培养液中的溶解度、温度及通气情况。CO_2溶解度大对菌生长不利。

（二）CO_2的释放率

分析尾气中CO_2的含量、记录培养基体积及通气量的变化、用计算机计算CO_2的积累量、与培养基培养菌体的干重比较，得出对数期菌体生长速率与CO_2释放率呈正比关系（一般空气进口O_2占20.85%、CO_2占0.03%、惰性气体占79.12%）。如果连续测得排气氧和CO_2浓度，可计算出整个发酵过程中CO_2的释放率（carbon dioxide release ratio，CRR）。

$$CRR = Q_{CO_2} \cdot c(X) \tag{7-8}$$

式中：Q_{CO_2}为二氧化碳比释放率[mmol/（g·h）]；$c(X)$为发酵液中菌体的浓度（g/L）。

（三）呼吸商与发酵的关系

发酵过程中菌的耗氧速率OUR可通过计算热磁氧分析仪或质谱仪测量进气和排气中的氧含量而得，并最终计算出呼吸商RQ。

$$RQ = \frac{CRR}{OUR} \tag{7-9}$$

RQ可以反映菌的代谢情况，酵母发酵，RQ=1，糖有氧代谢，仅生成菌体，无产物形成；RQ>1.1，糖经糖酵解途径（EMP）生成乙醇。不同基质中菌的RQ不同。大肠杆菌以延胡索酸为基质，RQ=1.44；以丙酮酸为基质，RQ=1.26；以琥珀酸为基质，RQ=1.12；以乳酸、葡萄糖为基质，RQ分别为1.02和1.00。

在抗生素发酵中，菌体生长、维持及产物形成的不同阶段，其RQ也不一样。青霉素发酵的理论呼吸熵：菌体生长0.909，菌体维持1，青霉素合成4。从上述情况看，发酵早期，主要是菌生长，RQ<1；过渡

期菌体维持其生命活动，产物逐渐形成，基质葡萄糖的代谢不仅仅用于菌体生长，RQ比生长期略有增加。产物形成对RQ的影响较为明显，如产物还原性比基质大，RQ增加；产物氧化性比基质大，RQ就减少。其偏离程度取决于每单位菌体利用基质所形成的产物量。

表7-7　一些碳-能源基质的理论呼吸商
（夏焕章，2019）

碳-能源	呼吸商（RQ）
葡萄糖	1.0
蔗糖	1.0
甲烷	0.5
甲醇	0.67
乳酸	1.0
甘油	0.86
植物油	0.7

实际生产中测定的RQ明显低于理论值，说明发酵过程中存在着不完全氧化的中间代谢物和除葡萄糖以外的其他碳源。例如，发酵过程中加入消泡剂，由于它具有不饱和性和还原性，RQ低于葡萄糖为唯一碳源时的RQ。试验结果表明，青霉素发酵中，RQ为0.5～0.7，且随葡萄糖与消泡剂加入量之比而波动。

RQ是碳-能源代谢情况的指示值。在碳-能源限制及供氧充分的情况下，碳-能源趋向于完全氧化，RQ应达到完全氧化的理论值，见表7-7。如果碳-能源过量及供氧不足，可能出现碳-能源不完全氧化的情况，从而造成RQ异常。

（四）CO_2浓度的控制

CO_2在发酵液中的浓度变化不像溶解氧那样，没有一定的规律。它的大小受到许多因素的影响，如菌体的呼吸强度、发酵液流变学特性、通气搅拌程度和外界压力大小等因素。设备规模也有影响，由于CO_2的溶解度随压力增加而增大，大发酵罐中的发酵液静压可达0.1MPa以上，又由于处在正压发酵，罐底部压强可达0.15MPa。因此CO_2浓度增大，如不提高搅拌转数，CO_2就不易排出，在罐底形成碳酸，进而影响菌体的呼吸和产物的合成。为了控制CO_2的不良影响，必须考虑CO_2在培养液中的溶解度、温度和通气情况。在发酵过程中，如遇到泡沫上升而引起"逃液"，可采用增加罐压的方法来消泡。但这样会增加CO_2的溶解度，对菌体生长是不利的。

CO_2浓度的控制应随它对发酵的影响而定。如果CO_2对产物合成有抑制作用，则应设法降低其浓度；若有促进作用，则应提高其浓度。通气和搅拌速率的大小，不但能调节发酵液中的溶解氧，还能调节CO_2的溶解度，在发酵罐中不断通入空气，既可保持溶解氧在临界点以上，又可随废气排出所产生的CO_2，使之低于能产生抑制作用的浓度。因而通气搅拌也是控制CO_2浓度的一种方法，降低通气量和搅拌速率，有利于增加CO_2在发酵液中的浓度；反之就会减小CO_2浓度。在3m³发酵罐中进行四环素发酵试验，发酵40h以前，通气量减小到75m³/h，搅拌速率为80r/min，以此来提高CO_2的浓度；40h以后，通气量和搅拌速率分别提高到110m³/h和140r/min，以降低CO_2浓度，使四环素产量提高25%～30%。CO_2形成的碳酸，还可用碱来中和，但不能用$CaCO_3$。罐压的调节也影响CO_2的浓度，对菌体代谢和其他参数也产生影响。

CO_2的产生与补料工艺控制密切相关，如在青霉素发酵中，补糖会增加CO_2的浓度和降低培养液的pH。因为补加的糖用于菌体生长、菌体维持和青霉素合成三方面，它们都产生CO_2，使CO_2量增加。溶解的CO_2和代谢产生的有机酸，又使培养液pH下降。因此，补糖、CO_2、pH三者具有相关性，被用于青霉素补料工艺的控制参数，其中排气中的CO_2量的变化比pH变化更为敏感，所以，采用测定CRR作为控制补糖速率参数。

七、补料的控制

补料分批培养（fed-batch culture，FBC）又称为半连续培养或半连续发酵，是指在分批发酵过程中，间歇或连续地补加一种或多种成分的新鲜培养基的培养方法，是分批发酵和连续发酵之间的一种过渡培养方式，也是一种控制发酵的好方法，现已广泛用于发酵工业。同传统的分批发酵相比，FBC具有以下优点：①可以解除底物抑制、产物反馈抑制和分解代谢产物的阻遏；②可以避免在分批发酵中因一次投料过多造成细胞大量生长所引起的一切影响，改善发酵液流变学的性质；③可用作控制细胞质量的手段，以提高发芽孢子的比例；④可作为理论研究的手段，为自动控制和最优控制提供实验基础。同连续发酵相比，FBC不需要严格的无菌条件，产生菌也不会产生老化和变异等问题，适用范围也比连续发酵广泛。

由于FBC有这些优点，现已被广泛地用于微生物发酵生产和研究中，如已应用于酶类、抗生素类、激素药物类、氨基酸和维生素等十余类几十种工业产品中。

八、发酵染菌及其防治

发酵染菌是指在发酵过程中生产菌以外的其他微生物侵入发酵系统，从而使发酵过程失去真正意义上的纯种培养。在工业生产中，发酵生产过程大多为纯种培养过程，需要在没有杂菌污染的条件下进行。而发酵生产的环节又比较多，因此在发酵生产中要完全杜绝染菌就有很大的困难。一旦发生染菌，就应该尽快找出污染的原因，并采取相应的有效措施，把发酵染菌造成的损失降低到最小。

（一）染菌对发酵的影响

1. 染菌对不同发酵过程的影响

1）青霉素发酵过程　　由于许多杂菌都能产生青霉素酶，因此，不管染菌是发生在发酵前期、中期或后期，都会使青霉素迅速分解破坏，使目的产物得率降低，危害十分严重。

2）核苷或核苷酸发酵过程　　核苷或核苷酸发酵由于所用的生产菌种是多种营养缺陷型微生物，其生长能力差，所需的培养基营养丰富，因此容易受到杂菌的污染，且染菌后，培养基中的营养成分迅速被消耗，严重抑制了生产菌的生长和代谢产物的生成。

3）柠檬酸等有机酸发酵过程　　一般在产酸后发酵液的pH比较低，杂菌生长十分困难，在发酵中、后期不太会发生染菌，主要是要预防发酵前期染菌。

4）谷氨酸发酵　　由于周期短，生产菌繁殖快，培养基不太丰富，一般较少污染杂菌，但噬菌体污染对谷氨酸发酵的影响较大。

2. 染菌发生的不同时间对发酵的影响

1）种子培养期染菌　　种子培养的目的主要是使微生物细胞生长与繁殖，增加微生物的数目，为发酵做准备。一般种子罐中的微生物菌体浓度较低，而其培养基的营养又十分丰富，容易发生染菌。若将污染的种子带入发酵罐，则会造成更大的危害，因此应严格控制种子染菌的情况发生。一旦发现种子受到杂菌的污染，应经灭菌后弃去，并对种子罐、管道等进行仔细检查和彻底灭菌。

2）发酵前期染菌　　在发酵前期，微生物菌体主要处于生长、繁殖阶段，这段时期代谢产物很少，相对而言这个时期也容易发生染菌。染菌后的杂菌迅速繁殖，与生产菌争夺培养基中的营养物质，严重干扰生产菌的正常生长、繁殖及产物的生成，甚至会抑制或杀灭生产菌。

3）发酵中期染菌　　发酵中期染菌将会导致培养基中的营养物质大量消耗，并严重干扰生产菌的代谢，影响产物的生成。有的染菌后杂菌大量繁殖，产生酸性物质，使pH下降，糖、氮等的消耗加速；菌体自溶，致使发酵液发黏，产生大量泡沫，代谢产物的积累减少或停止；有的染菌后会使已生成的产物被利用或破坏。从目前的情况来看，发酵中期染菌一般较难挽救，危害性较大，在生产过程中应尽力做到早发现、快处理。

4）发酵后期染菌　　由于发酵后期培养基中的糖等营养物质已接近耗尽，且发酵的产物也已积累较多，如果染菌量不太多，对发酵影响相对来说就要小一些，可继续进行发酵。对发酵产物来说，发酵后期染菌对不同产物的影响也是不同的，如抗生素、柠檬酸的发酵，染菌对产物的影响不大；肌苷酸、谷氨酸等的发酵，后期染菌也会影响产物的产量、提取和产品的质量。

（二）发酵异常现象及原因分析

发酵异常现象是指发酵过程中某些物理参数、化学参数或生物参数发生与原有规律不同的改变，这些改变必然影响发酵水平，使生产蒙受损失。对此应及时查明原因，加以解决。

1. 种子培养和发酵的异常现象

1）种子培养异常（表现为培养的种子质量不合格）　　①菌体生长缓慢，培养基原料质量下降，菌体老化，灭菌操作失误，供氧不足，培养温度偏高或偏低，酸碱度调节不当，接种物冷藏时间长或接种量过低，或接种物本身质量较差；②菌丝结团，菌丝团中央结实，内部菌丝的营养吸收和呼吸受到影响，不能正常生长，原因多而且复杂；③代谢不正常，与接种物质量和培养基质量不佳、培养环境差、接种量小、杂菌污染等有关。

2）发酵异常 ①菌体生长差，种子质量差或种子低温放置时间长，导致代谢缓慢；②pH过高或过低，培养基原料质量差，灭菌效果差，加糖、加油过多或过于集中等影响，是所有代谢反应的综合反映；③溶解氧水平异常。

2. 染菌的检查和判断

发酵过程是否染菌应以无菌试验的结果为依据进行判断。在发酵过程中，及早发现杂菌的污染并及时采取措施加以处理，是避免染菌造成严重经济损失的重要手段。因此，生产上要求能准确、迅速地检查出杂菌的污染。目前，常用于检查是否染菌的无菌试验方法主要有：显微镜检查法、肉汤培养法、平板划线培养或斜面培养检查法、发酵过程的异常观察法（如溶解氧量）等。必要时还可进行芽孢染色或鞭毛染色。

1）显微镜检查法（镜检法） 用革兰氏染色法对样品进行涂片、染色，然后在显微镜下观察微生物的形态特征，根据生产菌与杂菌的特征进行区别，判断是否染菌。如果发现有与生产菌形态特征不一样的其他微生物的存在，就可判断为发生了染菌。

2）肉汤培养法（用于检查培养基和无菌空气是否带菌，同时此法也可用于噬菌体的检查） 通常用葡萄糖酚红肉汤培养基，将待测样品直接接入已经完全灭菌后的肉汤培养基中，分别于37℃、27℃进行培养，随时观察微生物的生长情况，并取样进行镜检，判断是否有杂菌。葡萄糖酚红肉汤培养基配方：0.3%牛肉膏、0.5%葡萄糖、0.5% NaCl、0.8%蛋白胨、0.4%酚红溶液，pH 7.2。

3）平板划线培养或斜面培养检查法 将待测样品在无菌平板上划线，分别于37℃、27℃进行培养，一般24h后即可进行镜检观察，检查是否有杂菌。有时为了提高平板划线培养的灵敏度，也可将需要检查的样品先置于37℃培养6h，使杂菌迅速增殖后再划线培养。

无菌试验时，如果肉汤连续三次发生变色反应（红色→黄色）或产生混浊，或平板划线培养连续三次发现有异常菌落的出现，即可判断为染菌；有时肉汤培养的阳性反应不够明显，而发酵样品的各项参数确有可疑染菌，并经镜检等其他方法确认连续三次样品有相同类型的异常菌存在，也应该判断为染菌；一般来说，无菌试验的肉汤或培养平板应保存并观察至本批（罐）放罐后12h，确认无杂菌后才能弃去；无菌试验期间应每6h观察一次无菌试验样品，以便能及早发现染菌。

（三）发酵染菌原因分析

总结发酵染菌的经验教训，积极采取必要的措施，防止生产过程中再次染菌，把发酵染菌控制在生产前。防患于未然是发酵生产过程中控制染菌污染的最重要措施。由于不同厂家的生产工艺、技术管理水平不同，各种染菌原因的百分率有所不同，其中尤以设备渗漏和空气带菌而染菌较为普遍且严重。值得注意的是，不明原因的染菌分别达20.0%和35.13%。这表明，目前分析染菌原因的水平还有待于进一步提高。

1. 染菌的杂菌种类及原因分析 具体见表7-8。

表7-8 染菌的杂菌种类及原因分析（姚汝华和周世水，2013）

杂菌种类	染菌原因分析
耐热的芽孢杆菌	培养基或设备灭菌不彻底、设备存在死角等
球菌、无芽孢杆菌等	种子带菌、空气过滤效率低、除菌不彻底、设备渗漏、操作问题等
浅绿色菌落的杂菌	设备或冷却盘管的渗漏
霉菌	无菌室灭菌不彻底或无菌操作不当
酵母菌	糖液灭菌不彻底或糖液放置时间过长

2. 设备渗漏方面原因 由于发酵罐需要经受温度的升降变化，使用久了难免会出现夹层盘管的细微腐蚀而出现渗漏，导致染菌的发生。当设备渗漏时，往往每批染菌发生的时间逐渐提前。

3. 空气过滤系统方面原因 杂菌污染可能通过进风口、生产环境、空气过滤器（滤芯的灭菌要彻底，过滤介质要定期检查更换）。空气过滤系统带菌会使发酵罐批批染菌、罐罐染菌，此时就要对空气过滤系统进行无菌样检测。

4. 发酵染菌的规模分析 大批量发酵罐染菌原因分析见表7-9，部分发酵罐染菌原因分析见表7-10。

表7-9 大批量发酵罐染菌原因分析
（姚汝华和周世水，2013）

染菌时期	原因
发酵前期	种子液染菌、连续灭菌设备染菌
发酵中、后期	如果杂菌类型相同，一般是空气净化系统存在空气系统结构不合理、空气过滤介质失效等问题

表7-10 部分发酵罐染菌原因分析
（姚汝华和周世水，2013）

染菌时期	原因
发酵前期	种子带菌、连续灭菌系统灭菌不彻底
发酵后期	中间补料染菌，如补料液带菌、补料管渗漏

个别发酵罐连续染菌（如果采用间歇灭菌工艺，一般不会发生）：大多由于设备渗漏造成，应仔细检查阀门、罐体或罐器是否清洁等。

5. 不同污染时间分析

（1）染菌发生在种子培养阶段，或称种子培养期染菌。通常是由种子带菌、培养基或设备灭菌不彻底，以及接种操作不当或设备因素等原因而引起染菌。

（2）在发酵过程的初始阶段发生染菌，或称发酵前期染菌。大部分也是由种子带菌、培养基或设备灭菌不彻底，以及接种操作不当或设备因素、无菌空气等原因而引起。

（3）发酵后期染菌大部分是由空气过滤不彻底、中间补料染菌、设备渗漏、泡沫顶盖及操作问题而引起。

（四）杂菌污染的预防

1. 种子带菌及其防治 种子带菌可能的途径有保藏斜面试管菌种染菌、培养基和器具灭菌不彻底、种子转移和接种过程染菌、种子培养所涉及的设备和装置染菌。

要严格控制无菌室的污染，根据生产工艺的要求和特点，建立相应的无菌室，交替使用各种灭菌手段对无菌室进行处理；在制备种子时对砂土管、斜面、锥形瓶和摇瓶等均进行严格管理，防止杂菌的进入而受到污染。为了防止染菌，种子保存管的棉花塞应有一定的紧密度，且有一定的长度，保存温度尽量保持相对稳定，不宜有太大变化；对每一级种子的培养物均应进行严格的无菌检查，确保任何一级种子均未受杂菌污染后才能使用；对菌种培养基或器具进行严格的灭菌处理，保证在利用灭菌锅进行灭菌前，先完全排除锅内的空气，以免造成假压，使灭菌的温度达不到预定值，造成灭菌不彻底而使种子染菌。

2. 空气带菌及其防治 要杜绝无菌空气带菌，就必须从空气的净化工艺和设备的设计、过滤介质的选用和装填、过滤介质的灭菌和管理等方面完善空气净化系统。

（1）加强生产环境的卫生管理，减少生产环境中空气的含菌量，正确选择采气口，如提高采气口的位置或前置粗过滤器，加强空气压缩前的预处理，如提高空压机进口空气的洁净度。

（2）设计合理的空气预处理工艺，尽可能减少生产环境中空气带油、水量，提高进入过滤器的空气温度，降低空气的相对湿度，保持过滤介质的干燥状态，防止空气冷却器漏水，防止冷却水进入空气系统等。

（3）设计和安装合理的空气过滤器，防止过滤器失效。选用除菌效率高的过滤介质，在过滤器灭菌时要防止过滤介质被冲翻而造成短路，避免过滤介质烤焦或着火，防止过滤介质的装填不均而使空气过滤效果不佳，保证一定的介质充填密度。当突然停止进空气时，要防止发酵液倒流入空气过滤器，在操作中要防止空气压力的剧变和流速的急增。

3. 操作失误导致染菌及其防治

（1）通常对于淀粉质培养基的灭菌一般采用实罐灭菌较好，在升温前先通过搅拌混合均匀，并加入一定量的淀粉酶进行液化；有大颗粒存在时应先经过筛除去，再行灭菌；对于麸皮、黄豆饼一类的固形物含量较多的培养基，采用罐外预先配料，再转至发酵罐内进行实罐灭菌较为有效。

（2）在灭菌升温时，要打开排气阀门，使蒸汽能通过并驱除罐内冷空气，一般可避免"假压"造成染菌。

（3）要严防泡沫升顶，尽可能添加消泡剂防止泡沫的大量产生。

（4）避免蒸汽压力的波动过大，应严格控制灭菌温度，过程最好采用自动控温。

（5）发酵过程越来越多地采用自动控制，一些控制仪器逐渐被应用。一般常采用化学试剂浸泡等方法来灭菌。

4. 设备渗漏或"死角"造成的染菌及其防治 设备渗漏主要是指发酵罐、补糖罐、冷却盘管、管道阀门等，由于化学腐蚀（发酵代谢所产生的有机酸等发生腐蚀作用）、电化学腐蚀、磨蚀和加工制作不良等原因形成微小漏孔后发生渗漏染菌。

（五）染菌的挽救和处理

1. 种子培养期染菌的处理

（1）一旦发现种子受到杂菌污染，该种子不能再接入发酵罐中进行发酵，应经灭菌后弃之，并对种子罐、管道等进行仔细检查和彻底灭菌。

（2）采用备用种子，选择无染菌的种子接入发酵罐，继续进行发酵生产。

（3）如无备用种子，则可选择一个适当菌龄的发酵罐内的发酵液作为种子，进行"倒种"处理，接入新鲜的培养基中进行发酵，从而保证发酵生产的正常进行。

2. 发酵前期染菌的处理

（1）当发酵前期发生染菌后，如果培养基中碳、氮源的含量还比较高，应终止发酵，将培养基加热至规定温度，重新进行灭菌处理后，再接入种子进行发酵。

（2）如果此时染菌已造成较大的危害，培养基中的碳、氮源的消耗量已比较多，则可放掉部分料液，补充新鲜的培养基，重新进行灭菌处理后，再接种进行发酵。

（3）也可采取降温培养、调节 pH、调整补料量、补加培养基等措施进行处理。

3. 发酵中、后期染菌处理

（1）发酵中、后期染菌或发酵前期轻微染菌而发现较晚时，可以加入适当的杀菌剂或抗生素及正常的发酵液，以抑制杂菌的生长速度，也可采取降低培养温度、降低通风量、停止搅拌、少量补糖等其他措施，进行处理。

（2）如果发酵过程的产物代谢已达到一定水平，此时产品的含量若达一定值，只要明确是染菌也可放罐。

（3）对于没有提取价值的发酵液，废弃前应加热至 120℃以上、保持 30min 后才能排放。

4. 染菌后对设备的处理 染菌后的发酵罐在重新使用前，必须在放罐后进行彻底清洗，空罐加热灭菌至 120℃以上、保持 30min 后才能使用。也可用甲醛熏蒸或甲醛溶液浸泡 12h 以上等方法进行处理。

（六）噬菌体污染及其防治

引起发酵生产噬菌体污染的原因，大都是由于生产过程中，人们不加注意地把大量活菌体随意排放，这些活菌体栖息于周围环境，同少量与其有关的其他溶原性菌株接触，经过变异和杂交，最终产生使生产菌株溶菌的烈性噬菌体，并在环境中逐渐增殖，随空气流动，污染种子和发酵罐，被噬菌体污染的发酵罐又大量排气，造成更大的发源点。

防治噬菌体污染应做好以下几点：①认真保藏好生产菌株，确保其不受污染；②严禁活菌体排放；③强化设备管理；④加强环境卫生工作；⑤加强对无菌空气、空间杂菌及噬菌体的监测工作。

九、发酵终点的判断

微生物发酵终点的判断，对提高产物的生产能力和经济效益是非常重要的。生产能力（或称生产率、产率）是指单位时间内单位罐体积发酵液的产物积累量。

$$生产率 = \frac{产物浓度}{发酵时间} \tag{7-10}$$

式中：生产率单位一般为 g/（L·h）或 kg/（m³·h）；产物浓度单位为 g/L 或 kg/m³；发酵时间单位为 h。

生产过程不能只单纯追求高生产率，而不顾及产品的成本，必须把二者结合起来，既要有高产量，又要降低成本。

发酵过程中的产物形成，有的是随菌体的生长而生产，如初级代谢产物氨基酸等；有的代谢产物的产生与菌体生长无明显的关系，生长阶段不产生产物，直到稳定期才进入产物生产期，如抗生素的合成就是如此。但是无论是初级代谢产物还是次级代谢产物发酵，到了衰亡期，菌体的产物分泌能力都要下降，产物的生产率相应下降或停止。有的产生菌在衰亡期营养耗尽，菌体衰老而进入自溶，释放出体内的分解酶会破坏已形成的产物。

要确定一个合理的放罐时间，需要考虑下列几个因素。

1. 经济因素 发酵时间需要考虑经济因素，也就是要以最低的成本来获得最大生产率的时间为最适发酵时间。在实际生产中，发酵周期缩短，设备的利用率提高。但在生产率较小（或停止）的情况下，单位体积发酵液的产物产量增长就有限，如果继续延长时间，使平均生产率下降，而动力消耗、管理费用支出、设备消耗等费用仍在增加，因而产物成本增加。所以，需要从经济学观点确定一个合理时间。

2. 产品质量因素 发酵时间长短对后续工艺和产品质量有很大的影响。如果发酵时间太短，势必有过多的尚未代谢的营养物质（如可溶性蛋白、脂肪等）残留在发酵液中。这些物质对下游提取、分离等工序都不利。如果发酵时间太长，菌体会自溶，释放出菌体蛋白或体内的酶，又会显著改变发酵液的性质，增加过滤工序的难度，这不仅使过滤时间延长，甚至使一些不稳定的产物遭到破坏。所有这些影响，都可能使产物的质量下降，产物中杂质含量增加，故要考虑发酵周期长短对提取工序的影响。

3. 特殊因素 在个别特殊发酵情况下，还要考虑个别因素。对老品种的发酵来说，放罐时间都已掌握，在正常情况下，可根据作业计划，按时放罐。但在异常情况下，如染菌、代谢异常（糖耗缓慢等），就应根据不同情况，进行适当处理。为了能够得到尽量多的产物，应该及时采取措施（如改变温度或补充营养等），并适当提前或拖后放罐时间。合理的放罐时间是由实验来确定的，即根据不同的发酵时间所得的产物产量计算出发酵罐的生产率和产品成本，采用生产率高而成本又低的时间作为放罐时间。

不同的发酵类型，要求达到的目的不同，因而对发酵终点的判断标准也应有所不同。一般对发酵和原材料成本占整个生产成本主要部分的发酵产品，主要追求提高生产率、得率（kg产物/kg基质）和发酵系数［kg产物/（罐容m^3·发酵周期h）］。下游技术成本占的比重较大、产品价格较贵，除了高的生产率和发酵系数外，还要求高的产物浓度。因此，考虑放罐时间时，还应考虑总生产率（放罐时产物浓度除以总发酵生产时间）。这里总发酵生产时间包括发酵周期和辅助操作时间，因此要提高总生产率，则有必要缩短发酵周期，这就要在产物生成速率较低时放罐。延长发酵虽然略能提高产物浓度，但生产率下降，且耗电量大，成本提高，每吨冷却水所得到的产物产量下跌。

另外，放罐时间对下游工序有很大影响。放罐过早，会残留过多的养分（如糖、脂肪、可溶性蛋白）对提取不利（这些物质能增加乳化作用，干扰树脂的交换）；放罐过晚，菌体自溶，会延长过滤时间，还会使产物产量降低（有些抗生素单位下跌），扰乱提取作业计划。放罐临近时，加糖、补料或消泡剂都要慎重，因残留物对提取有影响。补料可根据糖耗速率计算到放罐时允许的残留量来控制。一般判断放罐的主要指标有：产物浓度、氨基氮浓度、菌体形态、pH、培养液的外观、黏度等。染菌罐一般过滤速度较慢。放罐时间可根据作业计划进行，但在异常发酵时，就应当机立断，以免倒罐。新品种发酵，更需摸索合理的放罐时间。不同的发酵产品，发酵终点的判断指标略有出入。总之，发酵终点的判断需综合多方面的因素统筹考虑。

本 章 小 结

生物反应器的检测是利用各种传感器及其他检测手段对反应器系统中各种参变量进行测量，并通过光电转换等技术用二次仪表显示或通过计算机处理打印出来。随着各类传感器的开发和计算机技术的广泛应用，检测和控制技术越来越趋向智能化和自动化，检测技术向快速、多样性发展。目前，国内已研制出具有温度、转速、pH、罐压、空气流量、消泡等多项参数的自动控制、检测、记录和显示等功能的发酵罐控制系统。

思考题

1. 生化工程中的主要检测参变量有哪些？
2. 参变量的主要检测方式分为哪几类？各有何特点？
3. 简述生化过程各主要参数检测原理及仪器。
4. 什么是生物传感器？可分为哪几类？简述其结构原理和在生化过程检测中的应用。
5. 生化过程中应主要控制哪些参数？如何控制？

第八章 生物反应器的比拟放大

第一节 生物反应器的放大目的及方法

一、生物反应器的放大目的

一种生物制品的生产在实验室内小的生物反应器中取得了好成绩，如何将这种效果在大型反应器中实现，这就是生物反应器放大要解决的问题。生物反应器的放大就是依据小的生物反应器的结构、操作条件和生物反应特征，来确定大型生物反应器的结构和操作条件，以使在大型生物反应器中进行的生物反应能接近、达到或超过在小的生物反应器中的效果。小型和大型生物反应器设计的不同点见表8-1。

表8-1 小型和大型生物反应器设计的不同点

项目	实验用小型生物反应器	生产用生物反应器
功率消耗	不必考虑	需认真对待
反应器内空间	因大量的控制、检测装置占去一定空间	无此影响
混合特性	可不必考虑	需认真对待
换热系统	较易解决	较难解决

生物反应器是生物技术开发中的关键性设备，每一种通过生物反应获得的产品都离不开它。一种生物工业过程的成功，很大程度上依赖于所用反应器的效率，如塔式反应器在较低能耗下具有较高的溶氧传质速率，因此在单细胞蛋白生产中被采用。

在生物反应器的反应系统中，存在三个重要过程，即热力学过程、微观动力学过程和传递过程。从理论上来说前两者与放大无关，但实际上随着反应器规模的改变，系统内的动量传递发生变化，尤其是搅拌器对生物细胞的搅拌剪切作用随反应器规模的增大而增强，不仅影响细胞的分散状态，如絮凝、悬浮、结成团块等，而且严重时还会使细胞本身产生剪切损伤作用。

传递过程受系统规模的影响最大，可以说它是反应器放大的核心问题。传递过程在生物反应器中主要依赖两个因素，即对流与扩散。与此有关的次生现象，即流体的混合、剪切、传质、传热及宏观反应速率等，在放大过程中都可能是重要的因素。研究生物反应系统的内在规律及影响因素，重点解决有关质量传递、动量传递和热量传递的问题，以便在反应器的放大过程中尽可能维持生物细胞的生长速率、代谢产物的生成速率，这便是生物反应器的放大目的。

二、生物反应器放大过程的影响因素

（一）传质

传质是生物反应器设计所需考虑的最重要的影响因素之一，特别是对于那些伴随反应而传质是控制步骤的过程。对于细胞培养来说，氧、营养物和代谢产物的传质及分布情况十分重要。溶氧传质速率（oxygen transmission rate，OTR）可用式（8-1）表示：

$$OTR = k_{L}A(C^{*} - C) \tag{8-1}$$

式中：$k_{L}A$ 为体积质量传递系数（体积传质系数）（s^{-1}）；C^{*} 为饱和溶液中氧的浓度（mol/m^{3}）；C 为溶液中氧的浓度（mol/m^{3}）。

由式（8-1）可以看出，影响传质快慢的主要因素之一是体积质量传递系数k_LA。但由于生物反应器内流场及多相流动的复杂性，反应器内的传质过程变得更为复杂，至今还不能完全用理论分析的方法来预测k_LA。现在所用的方法仍是以实验为主，通过实验数据的拟合来获得经验公式，最常用的k_LA的经验关联式的形式为

$$k_L A = K \left[\frac{P_g}{V_L}\right]^a \cdot v_s^b \cdot \mu^c \tag{8-2}$$

式中：P_g为通气搅拌功率（kW）；V_L为液体体积（m^3）；v_s为表观气流速度（m/s）；μ为发酵液黏度（$Pa \cdot s$）；K、a、b、c为经验常数。

（二）传热

20世纪60年代中期，在反应器大型化思想下，设计的最大发酵罐达到100～500m^3。随之引起的不是溶氧传质问题，而是发酵冷却系统成为发酵罐大型化的限制因素。这是因为冷却效率正比于反应器表面积，而随着反应器体积增大，单位体积的表面积迅速减小，这就使传热问题成为发酵罐大型化的限制因素，如表8-2所示。

表8-2　不同规模反应器的表面积/体积值（银建中等，2009）

反应器体积/L	表面积/体积/cm^{-1}	特性	反应器体积/L	表面积/体积/cm^{-1}	特性
250 000	0.008	反应器规模增大，	200	0.089	
100 000	0.011	所需换热量增加，	30	0.17	
50 000	0.014	表面冷却效率下降	3	0.36	
3 000	0.036				

（三）混合

大规模发酵罐的另一个限制性因素就是混合效率问题。混合是主体对流扩散、涡流扩散和分子扩散这三种扩散机理的综合作用。主体对流扩散和涡流扩散只能进行"宏观混合"，只有分子扩散才能实现"微观混合"。应用计算流体力学（CFD）方法，通过商业软件Fluent对大型发酵罐的模拟可以明显看出，在发酵罐的顶部附近混合处于停滞状态，溶氧传质速率明显下降。

Enfors和Jahic研究发现，发酵产率受混合影响很大。通过大量研究表明，使用轴流搅拌桨（如Lightnin A315桨和Prochem Maxflo桨）或组合桨，而不是单独使用Rushton桨，可以大大改善混合效果和溶氧传质，并且可以降低搅拌功率。这是因为在湍流状态下，轴流搅拌桨的搅拌功率准数N_P要比Rushton桨低许多，如图8-1所示。如今，许多工业规模发酵罐都采用轴向流桨叶或轴向与径向的组合桨叶形式。

（四）剪切

Kelly研究发现，在许多情况下，在无法解释为何放大失败时，往往是剪切对细胞的破坏作用导致。这是因为随着反应器规模的增大，反应器内部的剪切特性也发生改变，这种改变可以用图8-2表示。

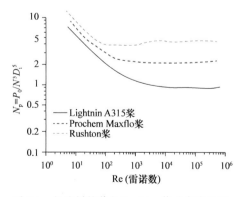

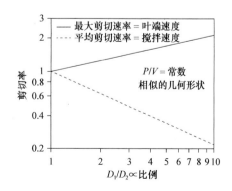

图8-1　轴流搅拌桨与Rushton桨功率准数的
比较（银建中等，2009）

图8-2　剪切随反应器规模的变化（银建中等，2009）
P. 功率；V. 体积；D_1. 大规模反应器直径；D_2. 小型反应器直径

从图8-2可以看出，按单位体积功率P/V相等、几何相似的原则进行放大时，由小型反应器放大到大规模反应器时，如放大10倍，最大剪切速率将会增大至2倍，而平均剪切速率则迅速降至1/5左右。因此，大规模反应器中的剪切速率变化的幅度要远超过小型反应器。这一差别往往是反应器性能不同的根本原因。

实际放大过程中，往往要维持或限制最大剪切速率，这样平均剪切速率和搅拌速度就会降低很多，如表8-3所示。这样为了增强混合效果，就需要加大混合时间。

表8-3 放大对剪切的影响（银建中等，2009）

反应器体积/L	反应器直径/m	搅拌速度/（r/min）	叶端速度/（m/min）	反应器体积/L	反应器直径/m	搅拌速度/（r/min）	叶端速度/（m/min）
10	0.185	600	111	10 000	1.9	75	142
100	0.4	300	120	100 000	4.0	45	180
1 000	0.85	150	127				

（五）表观气速

反应器放大过程中还要考虑的一个问题就是液泛现象。如果表观气流速度v_s过大，会造成太多的气泡产生甚至跑料，而且消耗的通气功率也将太高。大规模发酵罐容易产生液泛现象，如液体高度H_L与反应器直径D比为2:1，通气流速为1.0VVM（通气比，是指每分钟通气量与罐体实际料液体积的比值，即每立方米每分钟通入的空气量），则$v_s=2D$（VVM），随着反应器规模的增加，v_s的变化如表8-4所示。

表8-4 表观气流速度v_s随反应器规模的变化（银建中等，2009）

反应器体积/L	直径/m	v_s/（cm/s）	反应器体积/L	直径/m	v_s/（cm/s）
10	0.185	0.6	10 000	1.9	6.3
100	0.40	1.3	100 000	4.0	13.3
1 000	0.85	2.8			

注：通气流速=1VVM；培养液黏度=1×10^{-3}Pa·s

从表8-4可以看出，在通气流速不变的情况下，随着反应器规模的增大，表观气流速度不断增大，当其达到气泡上升流速时，就会产生液泛。而实际研究表明，当表观气流速度达到25%～50%的气泡上升流速时，就会产生液泛。气泡在水中的上升速率大约为22cm/s，因此产生液泛时的表观气流速度通常在5～10cm/s。假设培养液为水，则为避免液泛，对于不同规模的反应器，通气流速上限就如表8-5所示。

表8-5 防止液泛的通气流速上限（银建中等，2009）

反应器体积/L	直径/m	通气流速/VVM	反应器体积/L	直径/m	通气流速/VVM
10	0.185	16	10 000	1.9	1.58
100	0.40	7.5	100 000	4.0	0.75
1 000	0.85	3.5			

注：培养液黏度=1×10^{-3}Pa·s；v_s=10cm/s

另外，研究表明随着培养液黏度的增加，液泛问题也愈加明显。因为气泡上升速率反比于液体黏度：

$$V_t=\frac{g_c D_p^2(\rho_1-\rho_{air})}{18\mu} \tag{8-3}$$

式中：D_p为气泡直径（mm）；ρ_1为培养液密度（g/mm³）；ρ_{air}为气体密度（g/mm³）；μ为液体黏度（Pa·s）。

这样，对于抗生素发酵，在发酵后期培养液黏度可以最大达到0.1Pa·s。此时为防止液泛，气体表观流速就应限制在0.1cm/s。这就意味着大规模发酵罐的通气流速将变得很低，如表8-6所示。

表8-6　防止液泛的通气流速上限（银建中等，2009）

反应器体积/L	直径/m	通气流速/VVM	反应器体积/L	直径/m	通气流速/VVM
10	0.185	0.16	10 000	1.9	0.015 8
100	0.40	0.075	100 000	4.0	0.007 5
1 000	0.85	0.035			

注：培养液黏度＝0.1Pa·s；v_s＝0.1cm/s

通常，使用轴流搅拌桨能降低液泛现象的产生，而另一种方法是增加Rushton桨的桨叶数量。图8-3表示不同桨叶数量的Rushton桨的P_g/P_0与通气准数N_v之间的关联。由于通气后，桨叶处流体的密度显著减小，桨叶所消耗的功率降低。

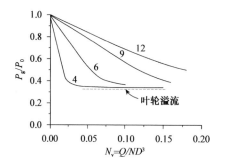

图8-3　桨叶数量对液泛的影响
（银建中等，2009）

P_g. 通气搅拌功率；P_0. 不通气搅拌功率；
Q. 通气流量；N. 搅拌转速；D. 搅拌叶轮直径

三、生物反应器的放大原则

生物反应器设计不是一件容易的事情，同一过程可能提出不同的设计方案，但在生物反应器的设计与操作中，至少有两点必须明确：①目的反应是如何进行的，即所期望的生化反应是通过何种路径完成；②生物化学反应中哪些反应的反应速度快，哪些反应的反应速度慢。

一般放大依据有下述几项：①氧传递速度相等；②比较搅拌桨叶叶端速度；③在通气培养时，比较单位液量所需的搅拌功率；④混合时间相同；⑤雷诺数相等；⑥通过反馈控制尽可能使重要环境因子一致。前五项都是以化学工程学为基础的物理方法，第六项是以控制环境条件调节所培养的微生物的生理变化（细胞内代谢活性变化），以达到重复所需产物生成过程的方法。掌握环境因子与细胞内生理活性的相互关系是一个较难的课题；同时，环境因子如何测定，使用什么反馈控制系统等有待解决的培养技术问题还很多。若沿用化学工程中的放大方法，即使从工程观点上放大问题得到了解决，也不能认为大小罐中微生物状态完全相同。

（一）几何尺寸的放大

罐尺寸、搅拌器及罐内各部位置等，一般是根据几何相似原则放大的。大设备的装料体积V_2与小设备的装料体积V_1之比，称为体积放大倍数。在放大过程中，一般采用大、小反应器直径比D_2/D_1，并定义为放大比。在机械搅拌式反应器中，若放大时几何相似，则放大比还可用搅拌器直径之比D_{i2}/D_{i1}来代替。

$$D_2/D_1 = D_{i2}/D_{i1} = (V_2/V_1)^{1/3} \qquad (8\text{-}4)$$

（二）空气流量的放大

发酵过程中的空气流量一般用两种表示方法：一种是以单位培养液体积在单位时间内通入的空气量（以标准状态计）来表示，即$Q_0/V_L = VVM/(m^3 \cdot min)$；另一种是以操作状态下的空气直线速度$\omega_g$来表示，$\omega_g$的单位是m/h，两者的换算关系为

$$\omega_g = \frac{Q_0(60)(273+T)(1.0133 \times 10^5)}{\frac{\pi}{4}D^2(273)p} = \frac{28369.9 Q_0(273+T)}{pD^2} = \frac{28369.9(VVM)(V_L)(273+T)}{pD^2}(m/h) \qquad (8\text{-}5)$$

$$Q_0 = \frac{\omega_g pD^2}{28369.9(273+T)}(m^3/min) \qquad (8\text{-}6)$$

$$VVM = \frac{\omega_g pD^2}{28369.9(V_L)(273+T)}[m^3/(m^3 \cdot min)] \qquad (8\text{-}7)$$

式中：D为罐径（m）；T为罐温（℃）；V_L为发酵液体积（m^3）；p为液柱平均绝对压力（Pa）。

$$p=(p_t+1.0133\times10^5)+\frac{9.81}{2}H_L\rho \tag{8-8}$$

式中：p_t为液面上承受的空气压强，即罐顶压力表所指示的读数（Pa）；H_L为发酵罐液柱高度（m）；ρ为发酵培养液密度（kg/m³）。

空气流量的放大方法主要有以下三种。

1. 以单位培养液体积中空气流量相同的原则放大　采用此法时，$(VVM)_2=(VVM)_1$，根据式（8-7）和式（8-8）：

$$\omega_g\propto\frac{(VVM)V_L}{pD^2}\propto\frac{(VVM)D}{p} \tag{8-9}$$

因此

$$\frac{(\omega_g)_2}{(\omega_g)_1}=\frac{D_2}{D_1}=\frac{p_1}{p_2} \tag{8-10}$$

2. 以空气直线流速相同的原则放大　此时$(\omega_g)_2=(\omega_g)_1$，根据式（8-7）：

$$\frac{(VVM)_2}{(VVM)_1}=\left(\frac{p_2}{p_1}\right)\left(\frac{D_2}{D_1}\right)^2\left(\frac{V_{L1}}{V_{L2}}\right)=\frac{p_2}{p_1}\times\frac{D_1}{D_2} \tag{8-11}$$

3. 以k_LA值相同的原则放大　根据文献报道，$k_LA\propto(Q_g/V_L)H_L^{2/3}$，则

$$\frac{[k_LA]_2}{[k_LA]_1}=\frac{(Q_g/V_L)_2(H_L)_2^{2/3}}{(Q_g/V_L)_1(H_L)_1^{2/3}}=1 \tag{8-12}$$

式中：Q_g为操作状况下的通气流量（m³/min）；H_L为液柱高度（m）；V_L为发酵液体积（m³）。

故

$$\frac{(Q_g/V_L)_2}{(Q_g/V_L)_1}=\frac{(H_L)_1^{2/3}}{(H_L)_2^{2/3}} \tag{8-13}$$

因$Q_g\propto\omega_gD^2$，$V\propto D^3$，故

$$\frac{(\omega_g)_2}{(\omega_g)_1}=\left(\frac{D_2}{D_1}\right)^{1/3} \tag{8-14}$$

又因$\omega_g\propto(VVM)V_L/pD^2\propto(VVM)D/p$，故

$$\frac{(VVM)_2}{(VVM)_1}=\left(\frac{D_2}{D_1}\right)^{2/3}\left(\frac{p_2}{p_1}\right) \tag{8-15}$$

若$V_2/V_1=125$，$D_2=5D_1$，$p_2=1.5p_1$，则用上述三种不同放大方法计算出来的空气量结果如表8-7所示。

表8-7　放大125倍情况下用不同方法计算出来的VVM和ω_g（宫锡坤，2005）

放大方法	VVM		ω_g	
	放大前	放大后	放大前	放大后
VVM相同	1	1	1	3.33
ω_g相同	1	0.3	1	1
k_LA相同	1	0.513	1	1.71

从表8-7看，若以VVM等于常数的方法计算，在放大125倍后，ω_g增加了3.33倍，此值常常被认为过大，而使搅拌器处于被空气流所包围的状态，则VVM在放大后仅为放大前的30%，似乎又嫌小了一些。一般认为空气流量的放大以k_LA等于常数的原则进行放大较为合适。

（三）搅拌功率及转速的放大

搅拌功率及转速放大的方法较多，而常用于发酵罐的有下列4种方法。

1. 以单位培养液体积所消耗的功率相同的原则放大　　此时 $P/V=$ 常数，由于 $P \propto n^3 d^5$ [n 为搅拌速度（r/min 或 r/s）；d 为搅拌叶轮直径（m）]，$V \propto D^3 \propto d^3$，因此，$P/V \propto n^3 d^2$ 或

$$n_2 = n_1 \left(\frac{d_1}{d_2} \right)^{2/3} \tag{8-16}$$

$$P_2 = P_1 \left(\frac{d_2}{d_1} \right)^3 \tag{8-17}$$

2. 以单位培养液体积所消耗的通气功率相同的原则放大　　此时 $(P_g/V)_2 = (P_g/V)_1$，若 $P = Kn^3 d^5 \rho \propto n^3 d^5$、$Q_g = 0.785 D^2 \omega_g / 3600 \propto d^2 \omega_g$，则

$$P_g \propto \left[\frac{(n^3 d^5)^2 n d^3}{(d^2 \omega_g)^{0.56}} \right]^{0.45} \propto \frac{n^{3.15} d^{5.346}}{\omega_g^{0.252}} \tag{8-18}$$

$$\frac{P_g}{V} \propto \frac{n^{3.15} d^{2.346}}{\omega_g^{0.252}} \tag{8-19}$$

故

$$n_2 = n_1 \left(\frac{d_1}{d_2} \right)^{0.745} \left[\frac{(\omega_g)_2}{(\omega_g)_1} \right]^{0.08} \tag{8-20}$$

$$P_2 = P \left(\frac{n_2}{n_1} \right)^3 \left(\frac{d_2}{d_1} \right)^5 = P_1 \left(\frac{d_1}{d_2} \right)^{2.765} \left[\frac{(\omega_g)_2}{(\omega_g)_1} \right]^{0.24} \tag{8-21}$$

3. 以气-液接触中体积传质系数 $k_L A$ 相同的原则放大　　由于气-液接触过程中传质系数的关联式较多，本节以式（8-22）作为放大基准：

$$k_L A = 1.86 (2 + 2.8m)(P_g/V)^{0.56} \omega_g^{0.7} n^{0.7} \tag{8-22}$$

上式关联式是以水为介质，采用亚硫酸钠氧化法测定而推导出来的，所用的发酵罐容积为 100～42 000L，罐内装有 1～3 层弯叶涡轮搅拌器。式中 m 代表搅拌器层数。由式（8-22）可得

$$k_L A \propto (P_g/V)^{0.56} \omega_g^{0.7} n^{0.7} \tag{8-23}$$

若以 $P_g/V \propto \dfrac{n^{3.15} d^{2.346}}{\omega_g^{0.252}}$ 代入，整理后可得

$$k_L A \propto n^{2.45} d^{1.32} \omega_g^{0.56} \tag{8-24}$$

按 $[k_L A]_2 = [k_L A]_1$ 相等原则放大，则

$$n_2 = n_1 \left[\frac{(\omega_g)_1}{(\omega_g)_2} \right]^{0.23} \left(\frac{d_1}{d_2} \right)^{0.533} \tag{8-25}$$

$$P_2 = P_1 \left[\frac{(\omega_g)_1}{(\omega_g)_2} \right]^{0.681} \left(\frac{d_2}{d_1} \right)^{3.40} \tag{8-26}$$

$$(P_g)_2 = (P_g)_1 \left[\frac{(\omega_g)_2}{(\omega_g)_1} \right]^{0.967} \left(\frac{d_2}{d_1} \right)^{3.667} \tag{8-27}$$

4. 以搅拌器叶端速度相等的原则放大　　以搅拌器叶端速度相等的原则放大也有成功的例子。当大型生物反应器与小型反应器中搅拌器叶端速度相等时，则有

$$\frac{n_2}{n_1} = \frac{d_1}{d_2} \tag{8-28}$$

$$\frac{P_2}{P_1} = \left(\frac{d_2}{d_1} \right)^2 \tag{8-29}$$

四、生物反应器的放大方法

生物反应器的传递现象与过程受两个机理控制：对流和扩散。

对于对流传递过程，其时间常数为

$$t_f = L/v \tag{8-30}$$

式中：L 为反应器特征尺寸（m）；v 为反应溶液对流运动速度（m/s）。

对于扩散传递过程，其时间常数为

$$t_D = L^2/K \tag{8-31}$$

式中：K 为扩散系数。

对于生物反应过程，其反应转化常数为

$$t_c = C_A/r_A \tag{8-32}$$

式中：C_A 为基质浓度（mol/m³）；r_A 为反应速率 [mol/（m³·s）]。

从式（8-30）~式（8-32）可以看出，反应器经放大后，时间常数 t_f 和 t_D 明显增大，而反应转化常数 t_c 大致维持不变。显然，传递过程对反应后的反应器性能有重大影响。事实上，小型生物反应器往往表现为反应动力学模式即反应速率控制，而大型生物反应系统则受传递现象控制，其原因是小型生物反应器的 $t_c > t_f$（或 t_D），而大型生物反应器的 $t_c < t_f$（或 t_D）。

在生物反应器中，直接与流动和扩散有关的过程为：搅拌剪切、混合、溶氧传质、热量传递和表观动力学（如固定化生物反应器由于微观动力学和扩散作用相结合表现的表观动力学）。对于微生物反应系统，由于生物细胞的生长、适应、延滞、退化、变异及对剪切敏感等特性，生物反应器比普通的化学反应器更复杂，其放大过程难度更高。

理论上，生物反应过程和生物反应器的开发和设计过程应由下述三个步骤构成：①在较宽的培养条件下对所使用的生物细胞进行试验，以掌握细胞生长动力学及产物生成动力学等特性；②根据上述系列试验，确定该生物反应优化的培养基配方和培养条件；③对有关的质量传递、热量传递、动量传递等微观衡算方程进行求解，导出能表达反应器内的环境条件和主要操作变量（搅拌速度 n、通气量 Q、通气搅拌功率 P_g、基质流加速率 V 等）之间的关系模型。然后应用此数学模型，计算优化条件下主要变量的取值。

但由于生物反应过程的复杂性，能充分描述生物反应过程的动力学方程异常复杂，故要求解某些微分衡算方程仍十分困难，致使很难完全遵循上述理想过程来完成生物反应器的设计和放大。

生物反应器的放大除上述理论放大方法外，常用方法还有半理论放大方法、因次分析法及经验放大法等。

（一）理论放大方法

所谓理论放大方法就是建立及求解反应系统的动量、质量和能量平衡方程。如前所述，这种放大方法是十分复杂的，目前很难在实际中应用，但此方法最具系统性又有科学理论为依据。

从理论上来说，生物反应速率与反应容器的大小及形状无关。但实际上，其反应速率受质量传递、动量传递及热量传递等物理过程的影响，故生物反应不可避免地受反应器类型及三维结构的影响。放大的基本理论基础是相似理论，而相似理论的基本特点是：两个反应系统可用同一微分方程描述，在其系统中同步存在动力、热量及质量传递和生物化学反应。

对于游离生物细胞的液体悬浮培养的放大过程，假定小罐和大罐几何相似，培养液的物理性质，如培养基成分、温度、pH 和溶解氧浓度等都相同，微生物细胞在反应器中充分分散。对充分湍流的反应系统而言，搅拌功率：

$$P \propto n^3 D_i^5 \tag{8-33}$$

泵送速度：

$$v \propto n D_i^3 \tag{8-34}$$

式中：n 为搅拌速度（r/min）；D_i 为搅拌叶轮直径（m）。

而生物反应器体积：$V \propto D^3 \propto D_i^3$，故液体循环速率和单位体积功耗分别为

$$v/V \propto n \tag{8-35}$$

$$P/V \propto n^3 D_i^2 \tag{8-36}$$

搅拌器叶尖线速度为 v_{tip}，它反映出液体的剪切速度：

$$v_{tip} \propto n D_i \tag{8-37}$$

　　显然，如果反应器放大是采用单位体积液体搅拌功率相等的原则进行，则搅拌器叶尖线速度显然要上升而流体泵速度 v_{tip}/V（即搅拌剪切速度）就要下降，相应的系统内液体的混合时间就必然增大。可以预期，若某一生物反应能用单位体积液体搅拌功率相等的原则成功进行放大，则此生物反应对搅拌叶轮速度的升高所带来的剪切影响并不敏感，且混合时间的增大所产生的影响也并不那么重要。

　　对于许多通气发酵生产，其产物的相对浓度受单位体积发酵液的搅拌功率或体积传质系数的影响，无论是细菌、霉菌还是酵母，其目的产物与单位体积搅拌功率 P/V 或体积传质系数 k_1A 的关系如图8-4所示。

　　从图8-4可见，当单位体积搅拌功率 P/V 或体积传质系数 k_1A 较低时，发酵目的产物浓度随 P/V 或 k_1A 增大而升高；但增大到某一值（范围）后，发酵目的产物浓度就几乎不变，甚至当 P/V 或 k_1A 进一步升高时，产物生成会减少。通常，反应器放大应选用曲线近乎水平的范围，但在选择高产物浓度的同时，还需考虑能耗高低、设备投资及操作运转等。

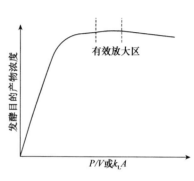

图8-4　P/V 或 k_1A 对通气发酵的影响
（银建中等，2009）

（二）半理论放大方法

　　理论放大方法难以求解动量衡算方程。为解决此矛盾，可对动量方程进行简化，对搅拌槽反应器已有不少流动模型的研究进展，其共同点是只考虑液流主体的流动，而忽略局部，如搅拌叶轮或反应器壁附近的复杂流动。其流型有三类，即活塞流、带液体微元分散的活塞流和完全混合流动。

　　对于带液体微元分散的活塞流（一维流动），在稳态条件下，质量衡算方程为

$$-v\frac{dc}{dx} + D_e\frac{d^2c}{dx^2} - r = 0 \tag{8-38}$$

式中：v 为液流流速（m/s）；c 为反应基质浓度（mol/m³）；D_e 为基质在培养液中的扩散系数（m²/s）；r 为生物反应速率 [kg/（m³·s）]；x 为生物量浓度（kg/m³）。

　　对于多级串联的完全混合流动反应系统，第（$n+1$）级反应器的物料质量衡算方程为

$$q_v(c_n - c_{n+1}) = V_{n+1} \cdot rn + 1 \tag{8-39}$$

式中：q_v 为体积流量（m³/s）；V 为反应溶液体积（m³）。

　　可以看出，对给定的生物反应速率 r，可容易求出这两个方程的解析解或数值解。

　　此外，生物反应系统的停留时间分布函数（RTD）的测定对掌握反应液流主体的流动特性的研究是十分重要的手段。RTD可应用示踪剂（如染料、酸、放射性指示剂等）在不同时间的输出信号对输入信号的响应结果确定。

　　半理论放大方法是生物反应器设计与放大最普遍的实验研究方法。但是，液流主体模型通常只能在小型实验规模生物反应器（5～10L）中获得的，并非利用大规模的生产系统所得到的真实结果，故使用此方法进行放大有一定的风险，必须通过实际生物反应过程进行检验校正。

（三）因次分析法

　　所谓因次分析法就是在放大过程中，维持生物反应系统参数构成的无因次数群（又称准数）恒定不变。尽管因次分析法的应用有严格的限制，但此方法还是十分有用的。

　　若把反应系统的动量、质量、热量衡算及有关的边界条件、初始条件以无因次形式写出用于放大过程，这就是因次分析法。

对于因次分析法，准数的合理构建是关键，而相关参数的确定是首要步骤。在进行生物反应器放大时，必须先根据具体情况进行系统的模式分析，找出控制该反应系统的关键机理，然后进行放大，切勿生搬硬套。

生物反应器常用的参变量可分为四大类：①几何参数 D、H、d_p；②物理化学参数 ρ、μ、σ；③过程变量 N、P_0、V_L；④常数 g、R（气体常数）。

对于生物反应器，由动量、质量和热量衡算导出的最重要的准数如表8-8所示。

表8-8　生物反应过程常用的准数（梁世中，2002）

类型	准数名称	物理含义	准数表达式
动量传递	Reynolds	惯性力/黏性力	$Re=\dfrac{ND_i^2}{\mu}$
	Froude	惯性力/重力	$Fr=\dfrac{N^2D_i}{g}$
	Weber	惯性力/表面张力	$We=\dfrac{\rho N^2 D_i^2 d}{\sigma}$
	功率准数	流体流动状态	$NP=\dfrac{P_0}{\rho N^3 D^3}$
质量传递	Sheiwood	总传质/扩散传质	$Sh=\dfrac{kD}{D_i}$
	Scbmidt	$\left[\dfrac{水力边界层}{传质边界层}\right]^3$	$Sc=\dfrac{v}{D_i}$
	Peclet	对流传质/扩散传质	$Pe=\dfrac{vL}{D_i}$
	Fourier	过程时间/扩散时间	$Fo=\dfrac{D_i t}{D^2}$
	Biot	外部传质/内部传质	$Bi=\dfrac{kd_p}{D_i}$
热量传递	Nussel	总传热/导热	$Nu=\dfrac{\alpha D}{\lambda}$
	Prandtl	$\left[\dfrac{水力边界层}{传热边界层}\right]^3$	$Pr=\dfrac{V}{\alpha}$
化学反应	Thiele	$\left[\dfrac{微粒内反应速度}{微粒内扩散速率}\right]^{V_2}$	$\phi=R\sqrt{\dfrac{r}{D_i c}}$

表8-8中所列的 We 和 Bi 两准数是用于描述两相系统的。而某些准数，如 Pe 和 Fo 既可用于传质过程，也可用于传热过程。所有这些准数均可视作时间常数的比值。但在实际上，要在过程分析得到有一定物理意义的准数并非易事，有时衡算方程也无法建立。

（四）经验放大法

目前应用最多的还是凭经验设计，如根据 $k_l A$、P/V、Re、N、τ 或 v_{tip} 相等的原则。根据经验放大，一般只能保证个别判断依据在放大后相等，为此必须考虑其他判断依据的变化是否会导致流型的变化或对微生物造成损害，并据此做出修改。表8-9列出一些判断依据在放大中的变化。

通常雷诺数 Re 如发生 1～2 个数量级的变化，若放大前后均处于湍流则不会对传递过程有太大的影响。但若 P/V 变化过大，如变化 100 倍，则显然是不现实的，为此需按主次原则进行调整。从表8-9数据可以看出，保持 P/V 或 v_{tip} 不变可以使其判断依据保持较小的变化。此外，在反应器模拟与放大设计中还要综合运用化工设备优化设计、CAD技术及人工智能方法等，需要认真研究。

表8-9 反应器由10L放大到10m³后的结果（银建中等，2009）

放大判据	P	P/V	N	D	Re	N/D
P/V	10^3	1.0	0.22	2.15	21.5	0.022
N	10^5	10^2	1.0	10	10^2	0.1
v_{tip}	10^2	0.1	0.1	1.0	10	10^{-2}
Re	0.1	10^{-4}	10^{-2}	0.1	1.0	10^{-3}

搅拌式生物反应器作为最重要的一类生物反应器，其放大过程是富有吸引力和挑战性的。虽然工程上已有许多成功放大的实例，但由于具体反应系统的不同及多相流的复杂性，很难将一个系统的放大复制于另一个系统。因此，对于具体的放大过程，必须加强以下几个方面的研究：①通过小试，深入研究生化反应动力学过程，确定最佳环境条件；②通过中试，研究放大的影响因素及关键的控制因素，确定最佳操作条件；③结合计算流体力学（CFD）、粒子图像测速（PIV）技术等手段，深入探索生物反应器的基础理论；④开发新型搅拌桨，以适合不同反应系统，扩大搅拌式生物反应器的应用范围。

第二节 通气发酵罐的放大设计

随着生化技术的提高和生化产品的需求量不断增加，对发酵罐的大型化、节能和高效提出了越来越高的要求。目前国际抗生素发酵罐的容积以80~200m³为主，而轻工的氨基酸、柠檬酸的发酵罐较普遍使用150~300m³。根据微生物特性和生产特点，发酵是一个无菌的通气（或厌氧）的复杂生化过程，需要无菌的空气和培养基的纯种浸没培养，因而发酵罐的设计，不仅仅是单体设备的设计，还涉及培养基灭菌、无菌空气的制备、发酵过程的控制和工艺管道配置等，是一个系统工程。

一、发酵罐的设计

（一）发酵罐的型式

发酵过程可以通过固体培养和深层浸没培养来完成，从生产工艺来说可分为间歇分批、半连续和连续发酵等，但是工业化大规模的发酵过程，则以通气纯种培养为主。通过纯种培养的发酵罐有自吸式发酵罐、塔式发酵罐、气升式发酵罐、喷射式叶轮发酵罐、外循环发酵罐和标准式发酵罐等。自吸式发酵罐是通过发酵罐内叶轮的高速转动，形成真空将空气吸入罐内，由于叶轮转动产生的真空，其吸入压头和空气流量有一定限制，因而仅适用对通气量要求不高的发酵品种；塔式发酵罐是将发酵液置于多层多孔塔板的细长罐体内，在罐底部通入无菌空气，通过气体分散进行氧的传递，但其供氧量也受到一定限制；气升式发酵罐、喷射式叶轮发酵罐、外循环发酵罐均是通过无菌空气在罐内中央管或通过旋转的喷射管和罐外喷射泵将发酵液进行一定规律的运动，从而达到气液传质，目前气升式发酵罐在培养基较稀薄、供氧量要求不过分高的条件下得到了较为广泛使用，其他喷射式叶轮发酵罐、外循环发酵罐也有一定的用途；但在发酵工业中，仍数兼具通气又带搅拌的标准式发酵罐用途最为普遍，标准式发酵罐被广泛用于抗生素、氨基酸的柠檬酸等的发酵领域。

（二）标准式发酵罐

随着发酵产品需求量的增加、发酵过程控制和检测水平的提高、发酵机理的了解和优化机理认识水平的提高及空气无菌处理技术水平的提高等，发酵罐的容积增大已成为抗生素工业的趋势。

1. 罐的几何尺寸 主要是关心发酵罐的高度（H）/直径（D），一般随着罐体高度和液层增高，氧气的利用率将随之增加，体积传质系数k_LA随之提高，但其增长关系不是线性关系，随着罐体增高，k_LA的数值增长速率随之减慢，而随着罐体容积增大，液柱增高，进罐的空气压力随之提高，伴随空压机的出口压力提高和能耗的增加，而且压力过大后，特别是在罐底气泡受压后体积缩小，气-液界面的面积可能受到影响，过高的液柱高度，虽增加了溶解氧的分压，但同样增加了溶解二氧化碳分压，增加了二氧化碳浓度，对某些发酵品种又可能抑制其生长，而且罐体的高度，同厂房高度密切相关。因而发酵罐的H/D，既有工艺的要求，也应考虑经济和工程问题，必须综合考虑后予以确定。对于细菌发酵罐来说，H/D宜为$2\sim2.5$，对于放线菌的发酵罐H/D一般为$1.8\sim2.2$。

2. 通气和搅拌 好氧发酵是一个复杂的气、液、固三相传质和传热过程，良好的供氧条件和培养基的混合是保证发酵过程传热和传质的必要条件。好氧发酵需要通入足够的空气，以满足微生物的需氧要求，因而空气通入量越大，微生物获得氧的可能性就越大；其次培养液层高的话，空气在培养基停留时间就有可能增加，有益于微生物利用空气中的氧；但是空气中氧是通过培养基传递给微生物的，传递速率很大程度上取决于气液相的传质面积，也就是说取决于气泡的大小和气泡的停留时间，气泡越小和越分散，微生物越可以充分获得氧气，但是强化气泡的粉碎单靠气体分布器的形式和结构是不够的，或者说效果是不明显的，只有通过发酵罐内的叶轮转动将气泡粉碎，才可获得最佳的发酵供氧条件。通过搅拌器的搅拌作用，培养基在发酵罐内得以充分混合，以使微生物尽可能在罐内每一处均能得到充足氧气和培养基中的营养物质，此外，良好的搅拌有利于将微生物发酵过程产生的热量传递给冷却管和发酵罐的冷却内表面。这就是具有通气和搅拌的标准式发酵罐在生化工程普遍使用的原因。

3. 搅拌器 发酵罐内安装搅拌器首先用来分散气泡以得到尽可能高的体积传质系数k_1A。此外还要使被搅拌的发酵液循环起来以增加气泡的平均停留时间，并在整个系统中均匀分布，阻止其聚集。以前，机械搅拌发酵罐通常装有数个径向圆盘涡轮搅拌器，但容易使被搅拌的介质分层而形成几个区，因而在罐下部和上部之间形成氧分压梯度，导致罐内上、下部之间的k_1A值的差异。近年来，发酵罐的搅拌系统多采用在罐底部安装一个用来分散空气的涡轮搅拌器，其上再安装一组轴流搅拌器，用来循环培养介质，均匀分布气泡，加强热量传递和消除罐内上、下部之间含氧量梯度差。

1）搅拌叶型式 ①带圆盘敞式涡轮搅拌叶——高湍流，径流；②倾斜叶片（pitched blade）涡轮（p-4）——45°四叶片，轴流；③反向倾斜（reversing pitch）搅拌叶——两个向上，两个向下，径流；④高效轴流搅拌叶——A3.0，轴流；⑤混合流搅拌叶——A3.5，轴流，少量径流；⑥凹叶径流（concave blade radial）搅拌叶——CD-6，径流。

2）叶轮选型 为了在气体分散系统中，加强速度梯度或剪切率，形成高湍流以减少气相和液相之间的传质阻力，并保持整个混合物的均匀，将径流涡轮搅拌叶与高效轴流搅拌叶组合起来是较佳选择。

在分散气体作业的罐内，搅拌叶的数目取决于通气的液面高度和罐直径之比。而搅拌叶之间的距离不得小于最小搅拌叶的直径。轴流搅拌叶的直径约为径流搅拌叶直径的1.3倍。径流搅拌叶直径为罐直径的$0.13\sim0.14$，高效轴流搅拌叶直径为罐直径的$0.14\sim0.165$。空气分配器位于最底部的搅拌叶之下。气-液反应器的流动型式决定分散的均匀度，并且影响持气率（gas hold up）、传质速率和局部溶解氧浓度。当气体流量一定时，罐内流型取决于搅拌叶的速度。搅拌叶转速低时，搅拌叶的作用被上升气流吞没，增加搅拌速度，气体就在整个罐内形成循环，此时出现完全分散的搅拌速度，以Ncd表示，以后再加大搅拌叶转速，罐内整体流型保持不变，增加搅拌强度也就增加了气体截留率和传质速率。

在整体流型变化的同时，围绕着搅拌叶叶片的流动也在变化。在气体流速低时，气体在叶片后部形成涡流。随着气体流量的增加，空穴（cavity）逐渐加大，直到空穴依附到叶片后缘。气流速度更高时就形成一系列大的空穴。搅拌叶所需功率的多少与空穴生成的过程和相应通气的流型密切相关。空穴增大则搅拌叶功率减小，相对功率需求（即通气搅拌功率P_g与不通气搅拌功率P_0之比）是在弗劳德（Froude）数不变时的通气准数的函数。进行搅拌器设计时，需同时计算出P_g和P_0。体积传质系数k_1A数值的求取，文献报道有很多，最成功的是将其与气体表面线速度和单位体积输入功率相关联：

$$k_t A = C (P_g V) \alpha\eta\beta \tag{8-40}$$

式中：C为液体性质的影响程度，此外还包括表面活性剂、不溶性油等；P_g为通气搅拌功率（kW）；V为发酵液体积（m³）；η为空气线速度（m/s）；α、β为指数。

3）轴流和径流相结合的叶轮 对于泵或者搅拌器而言，功率就是流量和压头的乘积，即$P \propto Q_H$。"压头"一项不但包括了流体净排出压头，而且包括由于涡流损失、内部再循环和摩擦等形成的内部压头损失。如果搅拌叶的直径和转速已定，增加其功率准数（如采用更多、更宽的叶片，更陡的投入角等），压头的增加要大于流量的增加。在多数发酵过程中流量往往显得更为重要。如果为了分散气体而加大压头，则可在罐底部用一个径流涡轮搅拌叶来分散气体。罐内其余的搅拌叶则采用低功率、高流量的轴流搅拌叶。后者增加了向罐底部的涡轮搅拌叶供给的流体量，也有助于分散作用。并可减少气泡的聚集（coalescence），改善传质。

（三）传热

发酵过程中微生物的生化反应要产生大量热量，这些热量必须及时被带出罐体，否则培养基温度升高，就会影响发酵最佳条件，引起微生物发酵中断。一般抗生素在发酵过程中会产生16～25MJ/（m³·h）的热量。另外，培养基经实罐灭菌（又称实消）和连续灭菌（又称连消）后温度较高，需要将其冷却至培养温度，这就需要发酵罐具有足够的传热面积和合适的冷却介质，将热量及时带出罐体。冷却介质一般应采用低温水和循环水。发酵罐的冷却，主要是考虑微生物发酵过程的发酵热和机械搅拌消耗的功率移送给培养基的热量。此外，还要考虑发酵罐消毒的冷却或实消后的冷却时间。目前一般发酵罐的冷却传热面的型式，小型罐（5m³）为夹套，大型发酵罐为几组立式蛇管。立式蛇管虽具有传热系数高的优点，但它占据了发酵罐容积，据计算罐内立式蛇管体积约占发酵罐容积的1.5%，罐内的蛇管一旦发生泄漏，将造成整个罐批的发酵液染菌，此外，罐内蛇管也给罐体清洗带来了不便。

近年来，有新型发酵罐的冷却面移至罐外，采用半圆形外蛇管，该蛇管传热系数高、罐体容易清洗、可增强罐体强度，因而可大大降低罐体壁厚，使整个发酵罐造价降低，且可提高发酵罐的容积、增大放罐体积，因而是值得推广的新技术，国内已经建立专业的制造厂，解决了蛇管加工技术难关，为发酵罐设计开创一个新的罐型。

（四）变速搅拌

由于发酵过程中，微生物的培养要求是不同的，往往在发酵中期，微生物处于旺盛生长时期，对氧的需要量较高，而在发酵初期和发酵后期微生物的需氧量较低，特别是发酵后期，菌丝体已处于老化阶段，培养基的黏度也较高，剧烈的搅拌会加速菌丝体的自溶，影响发酵水平的提高。如果能设计一个变速搅拌，按照微生物需氧量来调节搅拌速度，这样不仅能创造最佳的培养条件，还能节约发酵过程的能量消耗，因而不少生物工程设备人员试图在大型发酵罐上采用变速搅拌。

由于抗生素品种的不同，微生物在发酵全过程对氧需求变化的程度不一，在中小型罐内的变速搅拌获得了成功，据文献介绍，可提高发酵单位10%～20%，降低搅拌能耗10%～30%，但是在大型罐内，变速装置的复杂性和投资增加限制了它的推广使用。在大型发酵罐，如果培养基采用实罐灭菌时，为了使灭菌时培养基的传热较为理想，需要开动搅拌，但此时往往不通入空气，因而使搅拌功率上升，如果操作不当，就有可能损坏电机。目前发酵罐设计时，推荐使用多极电机，可以在实消时低速搅拌，在正常发酵时搅拌全速运行，目前这种双速马达已应用于发酵过程中满足不同需氧量的搅拌操作。

（五）发酵罐的能量消耗

发酵罐的能量消耗主要由以下三部分组成：搅拌器电机耗能、通入无菌空气的制备能量及培养基消毒和冷却能量。培养基消毒和冷却能量主要取决于工艺过程和菌种特性，而搅拌功率和无菌空气消耗能量的目的相同，主要是为了供应微生物足够的氧气。

例如，一个50m³抗生素发酵罐，搅拌功率为75～95kW，通气量为35m³/min，要制备35m³/min无菌空气，空压站大约需要消耗175kW电能，即该50m³发酵罐消耗270kW电能，从上述数字可以获知发酵罐60%～70%的能量用于无菌空气的制备，为了剖析搅拌功率和无菌空气消耗能量的关系，我们采用体积传质系数$k_l A$来分析：

$$k_l A = \alpha \left(P_g V \right) \alpha \eta \beta \tag{8-41}$$

式中：P_g为通气功率（kW）；V为发酵液体积（m³）；η为空气在罐内线速度（m/s）；α、β为指数。

根据实验测定α的数值要远大于β数值，也就是说适当降低通气量或适当增加搅拌功率，可以获得同样的供氧速率。但是无菌空气的制备需要投资较大的空压站，而且空气量的增大，降低了发酵罐装料系数，增加了发酵液在尾气中的夹带，而且也增加了无菌过滤系统的费用，相对而言，增加搅拌功率花费的投资较少。因而国外抗生素发酵的一条经验为：适当增加电机功率和降低通气量，对发酵的总能耗降低是非常有利的。

二、测量仪表和控制

发酵过程的自动化依赖于对发酵过程中工艺参数的检测，测量的物理参数为温度、压力、流量、泡沫（液位）、搅拌速度、功率、浊度、黏度。化学参数为pH、氧化还原电位、溶解O_2、溶解CO_2、排气成分、糖、氮、磷及效价分析。

目前使用得比较普遍的是对罐温、罐压、pH、补糖、补水和加油消沫等的测量及自动控制，以及对空气流量、发酵液体积、溶解氧、电机电流和功率等进行检测。由于生化工程的要求，这些检测元件必须能满足蒸汽灭菌和不能对发酵液产生污染的条件。

在生物合成中必须对生长环境中各个控制变量进行综合、进行过程的监控和得到新的状态变量，如呼吸商、碳平衡等，利用计算机的在线控制和离线控制，获得最佳的控制效果。

目前，我国国内发酵车间使用计算机来控制发酵生产，有些工厂已经实现全厂计算机管理，取得了良好效果。

控制系统采用集散型微机，它是一种中小规模集散型控制系统（DCS），由操作工作站现场控制（或监视）单元、信号转换单元、通信总站组成，系统可靠性高，具有良好的人机接口界面。生化反应过程中，补料和调节pH是一个较为复杂的过程系统，一般采用流量计测量加之调节阀补料，也有使用计量泵定量控制流量或采用定量小罐脉冲定数补料。

为了保证计算机控制顺利完成操作，稳定和优质的仪表是关键，仪表测量点应根据罐内发酵液的流型进行合理布点，以避免测得的参数仅表示局部的指标，此外仪表使用一段时间后的纠偏也十分重要。为了更好地发挥计算机控制的优势，尽可能完美的工艺目标数据确定和开展对发酵生化机理的研究越来越显得重要。

本 章 小 结

生物产品的研究开发通常需要经历三个阶段，即实验室阶段、中试阶段和工业化规模阶段。生物反应器的放大是指在反应器的设计与操作上，将小型生物反应器中的最优反应结果转移至工业规模生物反应器中重现的过程。生物反应器放大过程的影响因素有传质、传热、混合、剪切和表观气速等。其放大的方法有理论放大方法、半理论放大方法、因次分析法及经验放大法等。

思考题

1. 对于面包酵母的培养，要提高最终菌体浓度可以采取哪些措施？试说明之。
2. 一个工业发酵过程，发酵罐体积（装料量）为30m³，搅拌速度为200r/min。由于打算使用一种更廉价的氮源，需要先在实验室的100L（装料量）发酵罐上对培养基进行优化研究。假设大罐和小罐的几何形状相似，如果按照单位反应器体积输入功率相同的原则初步确定100L发酵罐的操作条件，试问100L发酵罐上应该采用多大的搅拌速度？在该转速下，100L发酵罐的剪切力与生产用的30m³发酵罐的剪切力之比是多少？
3. 若将一机械搅拌发酵罐放大10倍，若按以下两种放大准则之一相等放大，其他参数将如何变化：①单位体积培养液的搅拌功率（P_g/V_L）相等；②搅拌叶尖线速度v相等。
4. 一机械搅拌中试发酵罐装料800L，罐直径D为0.8m，$H_L/D=2$，装料系数为0.68，搅拌器直径为0.27m，转速为300r/min，通气流速为1.2VVM，发酵温度为28℃，罐顶压力为0.0294MPa（表压），发酵液密度为$\rho=1000kg/m^3$，不通气时功率为3kW/m³，通气时为1.6kW/m³，若要求分别用恒定k_LA法对空气流量放大，用恒定P_g/V_L法对搅拌速度和功率进行放大，计算反应器放大150倍的生产发酵罐主要尺寸和操作条件。

第九章　通风发酵设备

第一节　机械搅拌通风发酵罐

机械搅拌
通风发酵罐视频

机械搅拌通风发酵罐又称为标准式和通用式通风发酵罐（已形成标准化产品系列），占发酵罐总数的70%～80%。它是利用机械搅拌器的作用，使空气和发酵液充分混合，提高发酵液的溶解氧，供给微生物生长和代谢过程中所需的氧气，同时强化热量传递。

机械搅拌通风发酵罐靠通入的压缩空气和搅拌叶轮实现发酵液的混合、溶氧传质，效率高，同时强化热量传递。常用于抗生素、酵母、氨基酸、有机酸和酶的生产，具有高生产效率和高经济效益的优点。

一、机械搅拌通风发酵罐的结构

机械搅拌通风发酵罐的工作原理是利用机械搅拌器的作用，使空气和发酵液充分混合，促使氧在发酵液中溶解，以保证供给微生物生长繁殖、发酵所需要的氧气。其应满足以下基本条件：①发酵罐应具有适宜的径高比；②发酵罐能承受一定的压力；③发酵罐的搅拌通风装置能使气泡分散细碎，气液充分混合，保证发酵液必需的溶解氧，提高氧的利用率；④发酵罐应具有足够的冷却面积；⑤罐内应抛光，尽量减少死角，避免藏垢积污，使灭菌彻底，避免染菌；⑥搅拌器的轴封应严密，尽量减少泄漏。

基于以上条件，通用的机械搅拌通风发酵罐主要部件有罐体、搅拌器、挡板、轴封、空气分布器、传动装置、冷却管（或夹套）、消泡器、人孔和视镜等，大型机械搅拌通风发酵罐结构示意图如图9-1所示。

（一）罐体

罐体由圆柱体和椭圆形或碟形封头焊接而成，材料以304或316L等不锈钢为宜。为满足工艺要求，罐体必须能承受一定的压力和温度，通常要求耐受130℃和0.25Pa（绝压），罐壁厚度取决于罐径、材料及耐受压强。

当受内压时，其壁厚计算：

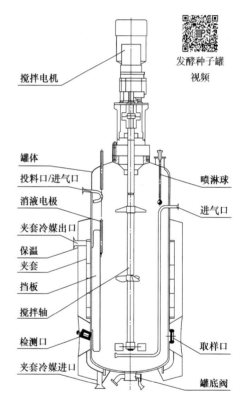

发酵种子罐
视频

搅拌电机
罐体
投料口/进气口
消液电极
夹套冷媒出口
保温
夹套
挡板
搅拌轴
检测口
夹套冷媒进口
喷淋球
进气口
取样口
罐底阀

图9-1　机械搅拌通风发酵罐结构
（高贤申，2020）

$$\delta_1 = \frac{pD}{230[\sigma]\varphi - p} + C \tag{9-1}$$

式中：p为耐受压强（MPa），表压；D为罐径（mm）；φ为焊缝系数，双面焊$\varphi=0.8$，无焊缝$\varphi=1.0$；C为腐蚀裕量，$\delta-C<10$mm时，$C=3$mm；$[\sigma]$为许用应力（MPa），$[\sigma]=\sigma/n$，其中σ为钢板抗拉强度：35kg/mm²，$n=4$[温度（t）<250℃时]。

封头壁厚按碟形封头计算：

$$\delta_2 = \frac{pDy}{200[\sigma]\varphi} + C \tag{9-2}$$

式中：δ_2 为封头壁厚（mm）；y 为开孔系数，对发酵罐可取 2.3。

1m³ 以下的小型发酵罐罐顶和罐身用法兰连接，上设手孔以方便清洗和配料。中型和大型发酵罐则设快开人孔，罐顶装设视镜及光照灯孔，还装设进料管、排气管、接种管和压力表等，排气管应尽可能靠近罐顶中心位置。在罐身上设有冷却水进出管、进空气管，以及温度、pH、溶解氧等检测仪表接口。取样管可设在罐顶或罐侧，视操作要求而定。罐体上的管路越少越好，如进料、补料和接种可共用一个接口，放料可以利用通风管压出。

（二）挡板

挡板的作用是防止液面中央产生漩涡，促使液体激烈翻动，提高溶解氧。挡板宽度一般为 $(0.1\sim0.12)D$（D 为发酵罐直径），一般装设 4~6 块挡板，可满足全挡板条件。所谓全挡板条件是指在一定转速下，在发酵罐中再增加挡板或其他附件时，搅拌器轴功率保持不变。

要达到全挡板条件应满足公式要求：

$$\left(\frac{B}{D}\right)n=\frac{(0.1\sim0.12)D}{D}n=0.5 \tag{9-3}$$

式中：D 为发酵罐直径（mm）；B 为挡板宽度（mm）；n 为挡板数。

挡板的高度自罐底起至设计的液面高度为止，同时挡板与管壁留有一定的空隙，其间隙为 $(1/8\sim1/5)D$。据经验表明，发酵罐热交换用的竖立的列管、排管和蛇管也可起相应的挡板作用。

（三）搅拌器

搅拌器的主要作用是混合和传质，使通入的空气分散成气泡并与发酵液充分混合，使气泡细碎以增大气-液界面，促进溶氧，同时使菌体分散于发酵体系中，维持空气、发酵液、菌体三相混匀，并强化传热。为实现这些目的，搅拌器的设计应使发酵液有足够的径向流动和适度的轴向运动。

搅拌器形式多样，大多采用涡轮搅拌器，且以圆盘涡轮搅拌器为主，这样可以避免气泡在阻力较小的搅拌器中心部位沿着搅拌轴周边快速上升逸出。涡轮搅拌器的叶片有平叶式、弯叶式和箭叶式三种（图9-2），数量一般为6个。此外，还有推进式和Lightnin A315式搅拌叶轮（图9-3）。涡轮搅拌器具有结构简单、传递能量高、溶氧传质速率高等优点，但其不足之处是轴向混合较差，而且对搅拌叶轮直接扫过的区域以外，搅拌强度随着与搅拌轴距离增大而减弱，故当培养液较黏稠时搅拌与混合效果大大下降。Lightnin A315搅拌器特别适合于气-液传质过程，在直径大于1m的实验装置中，同样的输入功率下，Lightnin A315搅拌器浆的持气量比涡轮式高80%，剪切力仅为涡轮式的25%，产量提高 10%~50%。

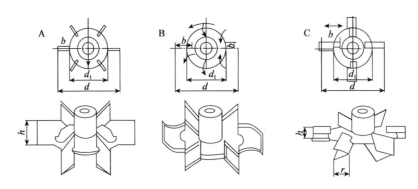

图9-2　发酵罐搅拌叶轮结构类型（何佳等，2008）
A. 平叶式；B. 弯叶式；C. 箭叶式。b. 挡板宽度；d. 发酵罐直径；d_1. 搅拌器圆盘直径；h 和 r 分别表示图中对应部位的高度、宽度等

涡轮搅拌器的气体分散能力强，但是功率消耗大，作用范围小；而螺旋桨式搅拌器的轴向混合性能好，功率消耗低，作用范围大，但对气体的控制能力弱，对气泡的分散效果差。所以，在生物反应器中，常将涡轮搅拌器和螺旋桨式搅拌器组合使用。为了强化轴向混合，可采用涡轮式和推进式叶轮共用的搅拌系统，

两种搅拌器在剪切循环上的优势可取长补短，采用多级多种组合方式是目前及今后发酵罐搅拌设计的方向。

搅拌器的层数可根据高径比的要求确定，通常为3～4层，其中底层搅拌最重要，占轴功率的40%以上。为了方便拆装，大型搅拌器可制作成两半型，用螺栓联成整体。搅拌器一般用不锈钢板制成。在实际生产中，为了防止染菌，搅拌器尽量设计为整体，以减少过多的连接；必须采用螺栓连接的，可采用对开式设计，或者安装孔采用铰制孔，以尽量减少积料空间。

另外，随着中国生物技术行业的蓬勃发展，发酵罐日趋大型化，搅拌轴也不断加长，使该类轴的共振问题更为明显，为解决共振现象的发生，工程实践中一般采用加大轴径或增加支承点的方法，但这样处理会带来一

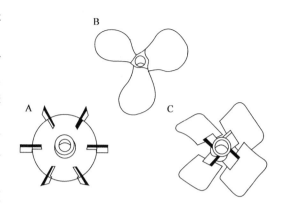

图9-3 发酵罐搅拌叶轮结构类型（梁世中，2011）
A. 六直叶平叶涡轮；B. 推进式；C. Lightnin A315式

些不利影响：过分加大轴径（实心轴）不仅增大了轴质量，而且效果也不明显，因为实心轴承受弯、扭曲时，中间部分的材料并没有得到充分利用；过多增加支撑点会增加生物发酵罐的染菌机会。因此，搅拌轴的优化设计具有重要意义。采用空心轴代替实心轴是减轻轴重量的一个有效途径。

（四）联轴器、轴承及轴封

1. 联轴器　　大型发酵罐搅拌轴较长，常分为2～3段，用联轴器使上下搅拌轴成牢固的刚性连接。常用的联轴器有鼓形及夹壳形两种，小型发酵罐可采用法兰将搅拌轴连接。

2. 轴承　　中型发酵罐一般在罐内装有底轴承，大型发酵罐装有中间轴承。罐内轴承不能加润滑油，应采用液体润滑的塑料轴瓦，如石棉酚醛塑料、聚四氟乙烯等。

3. 轴封　　轴封的作用是将罐底或罐顶与轴之间的缝隙密封，防止泄漏和污染杂菌，通常有填料函式轴封（图9-4）和端面轴封（机械密封），其中端面轴封又分为单端面轴封（图9-5）和双端面轴封（图9-6）。

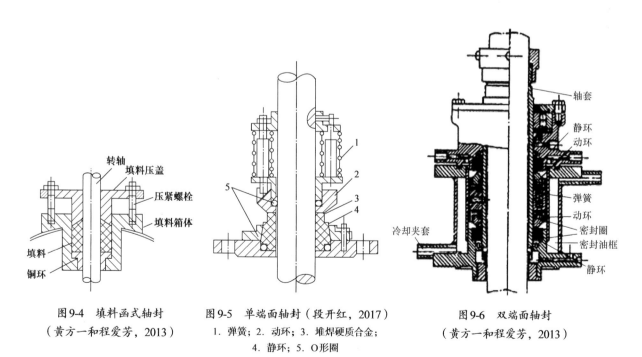

图9-4 填料函式轴封
（黄方一和程爱芳，2013）

图9-5 单端面轴封（段开红，2017）
1. 弹簧；2. 动环；3. 堆焊硬质合金；
4. 静环；5. O形圈

图9-6 双端面轴封
（黄方一和程爱芳，2013）

填料函式轴封结构简单，但缺点较多，如死角多、难以彻底灭菌、易渗漏及染菌；轴的磨损严重；填料压紧后摩擦功率消耗大；寿命短、维修多等，因此在发酵罐中的使用越来越少。端面轴封靠弹性元件

（弹簧）的压力使垂直于轴线的动环和静环光滑表面紧紧地相互贴合，并做相对转动而达到封密效果。其优点主要为：①清洁方便；②密封可靠，使用时间长，不会泄漏；③寿命长，质量好的2～5年不用修理；④摩擦功率消耗小，为填料函式轴封的10%～50%；⑤轴、轴套不受磨损；⑥对轴的振动敏感性小。目前大型发酵罐常用的轴封为双端面机械轴封。

双端面机械轴封装置主要由三部分构成。

1）动环和静环　　应使此摩擦装置（即动环和静环）在给定的条件下，负荷最轻、密封效果最好、使用寿命最长。因此，动静环材料均要有良好的耐磨性，摩擦因数小，导热性能好，结构紧密，且动环的硬度比静环大。通常，动环可用碳化钨钢，静环多用聚四氟乙烯。

2）弹簧加荷装置　　此装置的作用是产生压紧力，使动静环端面密切接触，以确保密封。弹簧座靠旋紧的螺钉固定在轴上，用以支撑弹簧，传递扭矩。而弹簧压板用以承受压紧力，压紧静密封元件，传动扭矩带动动环。当工作压力为0.3～0.5MPa时，采用2～2.5mm直径的弹簧，自由长度为20～30mm，工作长度为10～15mm。

3）轴助密封元件　　辅助密封元件有动环和静环的密封圈，用来密封动环和轴及静环与静环座之间的缝隙。动环密封圈随轴一起旋转，故与轴及动环是相对静止的。静环密封圈是完全静止的。常用的动环密封圈为"O"形环，静环密封圈为平橡胶垫片。

端面轴封动环和静环设计选择时应考虑以下几个方面：①材料要求为耐磨、导热。动环由硬质合金制成，一般为高硅铸铁、不锈钢、青铜、金属碳化钨等；静环则需由软质耐磨性材料制成，如不透性石墨、聚四氟乙烯等。②表面直径和宽度，摩擦端面直径应尽可能小，以减少摩擦升温。端面大，则冷却、润滑效果低、端面平直度和表面光洁度难以保证，容易产生泄漏。通常静环直径为3～6mm，动环为6～9mm。③端面比压是指弹簧作用力与密封面积之比，通常选用所允许的最小端面比压，以提高使用寿命，外置式为1kgf/cm²（1kgf/cm²=9.806 65×10⁴Pa），内置式为0.5～2.5kgf/cm²。④动环和静环保持一定的浮动性，使摩擦损耗后仍能保证摩擦面的紧密结合，动环与轴有一定的间隙，便于动环移动。尽可能减少轴的振动，以减少静环的磨损。

（五）空气分布器

空气分布器的作用是吹入无菌空气使空气分布均匀，有单管式和环形管式两种。小型罐多用单管式空气分布管，通常管口对准罐底中央，与罐中央距40mm左右。环形空气分布管（图9-7）则要求环管上的空气喷孔应在搅拌叶轮叶片内边之下，同时喷气孔应向下以尽可能减少培养液在环形分布管上滞留。喷孔直径一般取2～5mm，喷孔总面积等于空气分布管截面积。对机械搅拌通风发酵罐，分布管内空气流速为20m/s左右。大直径发酵罐的分布器如图9-8所示。

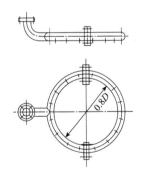

图9-7　多孔环形空气分布管（陈必链，2013）
D. 发酵罐的直径

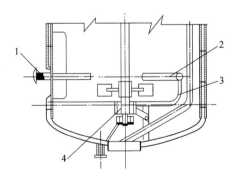

图9-8　大直径发酵罐的分布器（张裕中，2000）
1. 直进气管；2. 气环管；3. 管支管；4. 管挡圈

（六）消泡装置

发酵液中通入空气以后，气体会在培养基中迅速上升形成气泡，这些气泡分散在发酵液表面即形成泡沫。微生物在代谢过程中，会分泌一些蛋白质和多糖等大分子物质，这些物质在通风搅拌的情况下很容易形成泡沫,如不及时除去会充满整个发酵罐,形成"溢罐",影响通风效果并造成染菌。消泡器的作用是破碎气泡,改善供氧和防止杂菌污染。

在通风发酵生产中有两种消泡方法,一是加入化学消泡剂;二是使用机械消泡装置。化学消泡剂可以降低泡沫的机械强度,同时降低液膜表面黏度,两方面的作用再加上其他的一些相对较小作用因素的相互作用,能起到消除泡沫的效果。常用的化学消泡剂有吐温、豆油、泡敌等。机械消泡装置没有化学消泡剂的有毒成分,不会影响生物发酵进程和下游的产品分离,且成本低,在发酵行业中优势突出。常用的机械消泡装置有耙式消泡器(图9-9)、偏心刮板式消泡器(图9-10)、封闭式涡轮消泡器(图9-11)、脉冲射流消泡器(图9-12)、碟式消泡器(图9-13)等。其中,最简单实用的消泡装置为耙式消泡器,可直接安装在搅拌轴上(消泡耙齿底部应高于发酵液面一定程度),当少量泡沫上升时可将泡沫打碎,但当泡沫过多时由于搅拌轴转速太低而效果不佳。工业生产中,常将化学消泡法和机械消泡法联合使用。

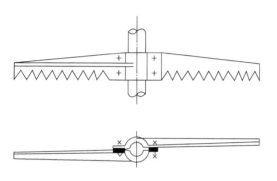

图9-9 耙式消泡器(段开红,2017)

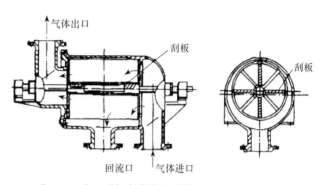

图9-10 偏心刮板式消泡器(黄方一和叶斌,2006)

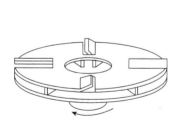

图9-11 封闭式涡轮消泡器
(凌沛学,2007)

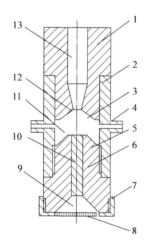

图9-12 脉冲射流消泡器
(王劲松等,2013)

1. 轴向引流短节;2. 振荡本体;3. 振荡腔;4. 径向引流通道;5. 出流短节;6. 轴向出流通道;7. 收集器;8. 缝隙;9. 出流扩散口;10. 导引槽;11. 出流短节入口端;12. 引流扩散口;13. 轴向引流通道

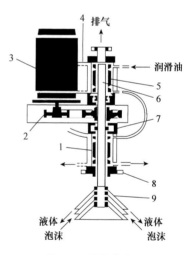

图9-13 碟式消泡器
(段开红,2017)

1. 夹套;2. 皮带轮传动;3. 电动机;4. 冷却水;5. 轴封;6. 空心轴;7. 滚动轴承;8. 固定法兰;9. 碟片

(七)冷却管

常用的冷却管主要包括多组螺旋列管、大螺旋管及集束管。

1. 多组螺旋列管 单组螺旋列管如图9-14所示。制作工艺很成熟,换热面积在一定程度上可以满足发酵过程的需要(换热比一般在1:1.5左右)。冷却盘管里面的冷却水无法排放干净,在发酵罐实消过程中,发酵罐体振动很大。对发酵罐相关的管道、仪表有较大的影响。

2. 大螺旋管 大螺旋管如图9-15所示。螺旋管制作比较简便，支撑一般在下封头，所以发酵罐内壁很少有支撑点，罐壁比较整洁、容易清洗。换热管里面的循环水能够彻底排放干净。螺旋管制作必须在发酵罐上封头未加盖前完成，因施工困难，无法增加换热面积。该换热型式换热比较低（单层换热比仅为1：1左右）。

3. 集束管 集束管如图9-16所示。换热比能够做到1：1.7左右，换热管里面的循环水能够彻底排放干净。实消时，基本上能够做到没有汽振情况。由于换热管均为并联运行，其横截面积从进水口以后剧增，循环水流速急剧下降，若要达到发酵罐的发酵热换热平衡，循环水泵流量理论要求较大。

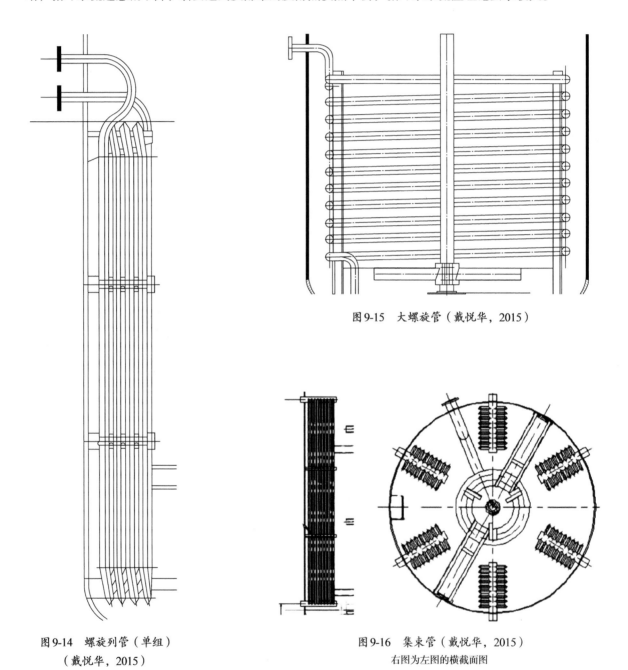

图9-15 大螺旋管（戴悦华，2015）

图9-14 螺旋列管（单组）
（戴悦华，2015）

图9-16 集束管（戴悦华，2015）
右图为左图的横截面图

针对以上现象，对冷却管进行了改进，采用多组小直径螺旋管可提高换热比，且发酵液翻动顺畅。原因是多组小螺旋管相当于多个导流筒，发酵液的运动轨迹一般是发酵罐中心部位在上、中两档下压式搅拌桨的推动下往下流，碰到椭圆形下封头后，顺着下封头内壁向四周上翻，发酵罐筒体内壁一周的发酵液往上翻，上翻的发酵液在螺旋管内、外上升，与螺旋管能够很好地接触换热，且各组螺旋管里面的循环水同样能够彻底排放干净。

将集束管结构进行改型设计，将全并联运行改为串并联混合运行，也可有效改善集束管横截面积急剧增大的缺陷。另外，还有新开发的鼠笼型换热管，但尚未投入生产应用。

二、发酵罐溶氧系数

好氧生物反应需一定的溶氧传质速率，但氧是水难溶气体，在常压和 25℃时，空气中的氧在纯水中的饱和溶解度仅为 $0.25mol/m^3$，在培养基中的溶解度则更小。研究结果显示，工业发酵常用的微生物的比呼吸速率为 $0.1\sim0.4kg\ O_2/(h\cdot kg$ 干细胞)，而由糖等底物转化成细胞，则需氧量为 $1kg\ O_2/kg$ 增殖细胞左右。故发酵罐的通气供氧是十分重要的。根据传质理论，发酵液的溶氧传质速率（OTR）为

$$OTR=k_LA\ (C^*-C) \tag{9-4}$$

式中：k_LA 为体积传质系数（h^{-1} 或 s^{-1}）；C 为发酵液中溶解氧浓度（mol/m^3）；C^* 为相应温度、压强条件下饱和溶解氧浓度（mol/m^3）。

根据研究与生产经验，式（9-4）中的溶解氧浓度 C 一般应控制在 $5\%\ C^*$ 以上，否则就会影响生物细胞的生长与产物代谢，故最高的溶氧传质速率也只能是 $0.95k_LA\cdot C^*$。一般的通气发酵生产使用普通空气，发酵罐压只比大气压略高，故相应的 C^* 在 $0.25\sim0.30mol\ O_2/m^3$；而机械搅拌通风发酵罐的 k_LA 为 $100\sim1000h^{-1}$，所以由式（9-4）可计算出此类发酵罐的供氧能力为 $0.8\sim9.0kg\ O_2/(m^3\cdot h)$。这里要说明的是，上述供氧能力是在相应的通气和机械搅拌功率输入的条件下实现的。对于高细胞密度发酵和非牛顿培养基发酵，在相同的发酵罐和通气搅拌条件下，相应的溶氧传质速率会大大降低。

（一）体积传质系数 k_LA 的测定

对通风发酵系统的氧溶解过程，式（9-4）中的 k_L 和 A 是两个参变数，但在检测中，很难对它们分别进行测定，而总是把它们合在一起看成一个参变量即 k_LA，称为体积传质系数，在实验研究中较易测量。

体积传质系数的测定方法有亚硫酸盐氧化法、溶氧电极法、极谱法和物料衡算法等。下面介绍亚硫酸盐氧化法的原理和方法，其余的测定方法可参考其他资料。

1. 亚硫酸盐氧化法的原理　用铜离子或钴离子作为催化剂，溶解在水中的氧气能立即将其中的亚硫酸根离子氧化，使之成为硫酸根离子，其氧化反应速度在较大范围内与亚硫酸根离子的浓度无关。实际上是氧分子一经溶入液相，立即就被还原掉。这种理想的反应特性排除了氧化反应速度成为溶氧阻力的可能。

有关的反应式如下：

$$2Na_2SO_3+O_2\longrightarrow 2Na_2SO_4 \tag{9-5}$$

剩余的 Na_2SO_3 与过量的碘作用：

$$Na_2SO_3+I_2+H_2O\longrightarrow Na_2SO_4+2HI \tag{9-6}$$

再用标准的 $Na_2S_2O_3$ 滴定剩余的碘：

$$2Na_2S_2O_3+I_2\longrightarrow Na_2S_4O_6（连四硫酸钠）+2NaI \tag{9-7}$$

2. 实验测定程序　将一定量的自来水加入试验罐内，开始搅拌，加入纯的亚硫酸钠晶体，使 SO_3^{2-} 浓度约为 $0.5mol/L$，再加分析纯的硫酸铜晶体，使 Cu^{2+} 浓度为 $1\times10^{-3}mol/L$；待完全溶解后，开阀通气，空气阀一开就接近预定的流量，并在几秒钟内调整至所需要的空气流量，立即取样并计时，为氧化作用的开始。氧化时间可以持续 $3\sim15min$（溶氧传质速率高时取低值，反之取高值），到时停止通气和搅拌，用计时器准确记录氧化时间。

试验前后各用吸管取 $5\sim20mL$ 样液（根据罐的大小而定，但前后取样体积相等），立即移入新吸取的过量的标准碘液之中，吸管的下端离开碘液液面不超过 $1cm$，防止进一步氧化。然后，用标准的硫代硫酸钠溶液，以淀粉为指示剂滴定至终点。

若操作时罐压 $p=0.1MPa$（绝对），则

$$OTR = \frac{(V - V_{空白}) \cdot M \cdot 60}{m \cdot t \cdot 4} \tag{9-8}$$

式中：OTR 为溶氧传质速率 [mol O_2/($m^3 \cdot h$)]；$V_{空白}$ 为空白样消耗 $Na_2S_2O_3$ 的体积（L）；V 为氧化后样品消耗 $Na_2S_2O_3$ 的体积（L）；M 为标准的 $Na_2S_2O_3$ 的摩尔浓度，常用 0.05mol/L；m 为样品的取样体积（mL）；t 为两次取样的间隔，即氧化时间（min）；

3. 体积传质系数 k_LA 的计算   在亚硫酸盐氧化法中，由于水中的 SO_3^{2-} 在 Cu^{2+} 的催化下很快被溶解氧所氧化，成为 SO_4^{2-}，所以在整个氧化过程中，溶液中溶解氧的浓度为零，即 $C = 0$。另外，在 25℃，1 个大气压下，空气中氧的分压为 0.21 个大气压，与之相平衡的纯水中溶解氧浓度 $C^* = 0.24$mmol O_2/L。但在亚硫酸盐氧化法的具体条件下，规定 $C^* = 0.21$mmol O_2/L。

根据式（9-4），其中水中的溶解氧取 $C = 0$，将公式变换后得

$$k_LA = \frac{(V - V_{空白}) \cdot M \cdot 60}{m \cdot t \cdot 4 \cdot 0.21} \tag{9-9}$$

（二）影响溶氧的因素

通入无菌空气进入反应器中使培养液获得溶解氧，同时起搅拌混合作用是通气发酵的共同要求。溶氧传质过程必须通入空气，使培养液有一定的通气速率，发酵液的体积传质系数的大小与反应器的空截面气流速度 v_S 或单位体积溶液通气量（V_g/V_L）呈一定的比例关系。通风发酵罐影响溶氧的因素主要如下。

1. 持气率（gas hold up）   持气率是气液传质系统的重要参数，其定义为

$$h = (V_{LG} - V_L)/V_L \tag{9-10}$$

式中：V_{LG} 为通气搅拌时气液混合物的体积（m^3）；V_L 为不通气时溶液体积（m^3）。

对大多数的通风发酵牛顿型培养液，持气率的经验表达式为

$$h = 1.8(P_g/V_L)^{0.14} v_S^{0.75} \tag{9-11}$$

式中：P_g 为通气搅拌功率（kW）；v_S 为空截面气流速度（m/s）。

因为通风发酵系统存在持气与起泡问题，故在发酵罐实际装料量设计时，必须考虑装液系数，即必须充入培养液后留下一定空间。根据经验，通风发酵罐的装料系数在 0.6～0.85。

2. 搅拌功率   搅拌功率消耗的原因是克服流体的阻力。搅拌器所输出的轴功率 P_0（W）与下述因素有关：反应器直径 D（m）、搅拌器直径 D_i（m）、液柱高度 H_L（m）、搅拌速度 n（r/min）、液体黏度 μ（Pa·s）、液体密度 ρ（kg/m^3）、重力加速度 g（m/s^2）及搅拌器的形式和反应器结构等。由于反应器直径 D 和液柱高度 H_L 均与搅拌器直径 D_i 之间有一定的比例关系，于是：

$$P_0 = f(n, D_i, \rho, \mu, g) \tag{9-12}$$

对牛顿型液体，通过因次分析和实验研究，可得到如下的关联式：

$$N_p = K \cdot Re^x \cdot Fr^y \tag{9-13}$$

式中：N_p 为功率准数；Re 为雷诺数；Fr 为弗劳德数；K 为与搅拌器的形式和反应器几何尺寸有关的常数。

当雷诺数 Re 较大或流动性较好时，搅拌功率较低。弗劳德数表示重力的影响，当液面有涡流时由于气体被吸入液体，液体密度下降，功率消耗较低。涡流可以通过挡板的安置消除，但挡板会增加功率消耗。实验证实，在全挡板条件下，液面没有涡流，此时指数 y 为零，$Fr^y = 1$。

3. 通气速率   通气速率常用空截面气流速度 v_S 表示，对气液传质有重要影响，它不仅影响体积传质系数 k_LA，还影响搅拌功率。具体影响叙述如下。

（1）根据研究结果可知，提高 v_S 会使通气搅拌功率下降，具体关系如下：

$$P_g = 2.25\left(\frac{P_0^2 nD_i^3}{V_g^{0.08}}\right)^{0.39} \times 10^{-3} \tag{9-14}$$

式中：P_0、P_g 分别为不通气和通气搅拌功率（kW）；D_i 为搅拌叶轮直径（m）；n 为搅拌速度（r/min）；V_g 为通气量（m^3/min）。

（2）由式（9-14）可以看出，随着通气量 V_g 的增大，通气搅拌功率会降低。故为了提高 v_S 以便强化溶氧传质，必须适当提高搅拌速度或增大搅拌叶轮直径，或两者均提高，以维持通气搅拌功率不变，就能使 k_LA 增大。

（3）持气率和起泡均会随 v_S 的提高而增大。其影响会随发酵类型和搅拌速度而变化，有关研究结果表明，发酵罐中实际空气流速的上限宜取 1.75～2.0m/min，此范围是安全的。

（4）较低的通气速率和泡沫水平也可使敏感的生物细胞受损伤，甚至在低搅拌速率下也是如此。故在此类生物培养中必须注意搅拌叶轮结构的改进，使用低剪切的叶轮。

（5）对固定不变的通气强度，即每立方米液体每分钟通入的空气量（m^3），其空截面气流速度 v_S 随反应器规模的增加而提高，故实际上通气强度应随反应器容积的增大而适当降低。但由于大型反应器的液柱高，故其内的培养液有较高的操作压强，若以标准状况计算，对同样的通气强度，大型罐的单位体积溶液的空气流量总小于小型罐。

4. 通气压强 由式（9-4）可知，提高罐压（气压也相应提高）可使相应的饱和溶解氧浓度 C^* 增大，从而使溶氧传质速率 $OTR=k_L A（C^*-C）$ 提高，这是十分有效且经济的方法。当然，使用此法要求发酵罐的耐压强度升高，所用的空气压缩机的输出压强也相应增大，所需的设备投资增加。对一般的通风发酵罐，设计的加热灭菌压强为 0.15MPa（表压），若发酵运行时维持此罐压，则使溶氧传质推动力提高近 2 倍。但是，提高罐压后，不仅对生物细胞的生长与代谢有影响，而且相应增大的二氧化碳浓度会抑制生物细胞的生长代谢，从而降低发酵速率。因此，操作罐压应适度，罐顶压强可取 0.03～0.12MPa（表压）。

5. 富氧通气 通气发酵罐通常使用的是普通空气，当需要提高相应的饱和溶解氧浓度 C^* 时，除了上述升高罐压操作外，更有效的方法是用富氧空气或直接通入氧气，后者在实验研究中经常使用。但对于工业规模发酵生产，因为通纯氧气或富氧使操作成本大增，故目前仍未广泛使用。

三、机械搅拌通风发酵罐的热量传递

生物反应过程有生物合成热产生，而机械搅拌通气发酵罐除了有生物合成热外，还有机械搅拌热，若不从系统中除去这两种热量，发酵液的温度就会上升，无法维持工艺所规定的最佳温度。发酵生产的产品、原料及工艺不同，其过程放热也会改变。为了保证温度的调控，须按热量生成的高峰时期和一年中气温最高的半个月为基准进行热量衡算，以计算所需的换热面积。

1. 发酵过程热量计算的主要方法

1）生物合成热计算法 发酵过程所产生的净热量称为"发酵热"，相应的通气发酵过程总热量为

$$Q_t=Q_1+Q_2-Q_3-Q_4 \tag{9-15}$$

式中：Q_1 为生物合成热，包括生物细胞呼吸放热和发酵热两部分，以葡萄糖作基质时，呼吸放热为 15 651kJ/kg（糖），发酵热为 4953kJ/kg（糖）；Q_2 为机械搅拌放热（kJ/h）；Q_3 为发酵过程通气带出的水蒸气所需的汽化潜热及气温上升所带出的热量（kJ）；Q_4 为发酵罐壁与环境存在的温差而传递散失的热量（kJ）。
其中：

$$Q_2=3600 P_g \cdot \eta \tag{9-16}$$

式中：P_g 为搅拌功率（kW）；η 为功热转化率，经验值为 $\eta=0.92$。

通常可近似计算 $Q_3+Q_4 \approx 20\% Q_1$。

发酵过程的热量计算除了上述生物合成热计算方法外，还可采用实验测定方法，如用冷却水带出热量计算法或发酵液温升测量计算法。

2）冷却水带出热量计算法 选择主发酵期产生热量最大时刻，测定发酵冷却水进出口的温度及冷却水用量，则最大的发酵过程放热为

$$Q_t=\frac{Wc（T_2-T_1）}{V_L} \tag{9-17}$$

式中：Q_t 为最大的发酵过程放热量 [kJ/（$m^3 \cdot h$）]；W 为冷却水流量（kg/h）；c 为冷却水的比热容 [kJ/（kg·℃）]；T_1 为冷却水进口温度（℃）；T_2 为冷却水出口温度（℃）；V_L 为发酵液体积（m^3）。

3）发酵液温升测量计算法 在主发酵最旺盛期即发酵放热最高时期，先使罐温恒定，关闭冷却水，测定发酵液在 30min 液温的上升值，然后按式（9-18）计算最大发酵热量：

$$Q_t=\frac{2（m_1 C_1+m_2 C_2）\Delta T}{V_L} \tag{9-18}$$

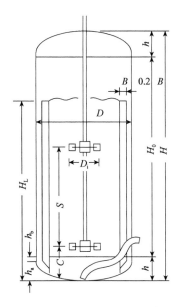

图9-17 机械搅拌通风发酵罐的
几何尺寸（梁世中，2011）

$H.$ 罐总高；$h.$ 液位高；$H_0.$ 罐身高；
$D.$ 罐径；$D_i.$ 搅拌叶轮直径；
$B.$ 挡板宽；$C.$ 小脚板叶轮与罐底距；
$S.$ 相邻搅拌叶轮间距；$h_a.$ 椭圆短半
轴长度；$h_b.$ 椭圆封头的直边高度

式中：m_1、m_2分别为发酵液和发酵罐质量（kg）；C_1、C_2分别为发酵液和
罐体材料比热容 [kJ/（kg·℃）]；ΔT为30min内发酵液的温升（℃）。

2. 发酵罐的换热装置

1）换热夹套　　在小型发酵罐中往往应用夹套换热装置，优点是结
构简单，加工方便，易清洗。但换热系数较低，故只用于5m³以下的小罐。
夹套的换热系数为400～600kJ/（m²·h·℃）。

2）竖式蛇管　　在罐内设4或6组竖式蛇管，优点是管内水的流速
大，传热系数高，为1200～4000kJ/（m²·h·℃）。此类换热器要求冷却水
温较低，否则降温不易。

3）竖式列管（排管）　　以列管式分组装设于罐内，优点是有利于提
高传热推动力的温差，加工方便，但用水量大。

为了提高反应器的传热效能，可在发酵罐的外部装设板式热交换器，
不仅可强化热交换，还便于检修和清洗。

四、机械搅拌通风发酵罐的几何尺寸及体积

常用的机械搅拌通气发酵罐的结构及几何尺寸已规范化设计，视发酵
种类、厂房条件、罐体积规模等在一定范围内变动。其主要几何尺寸比例
如图9-17所示。

常见的机械搅拌通气发酵罐的几何尺寸比例：$H/D=2.0\sim3.5$；$D_i/D=2/5\sim3/10$；$B/D=1/8\sim1/12$；$C/D_i=0.8\sim1.0$；$S/D=2\sim5$；$H_0/D=2$。表9-1
列举了常用的机械搅拌通风发酵罐的系列体积及主要尺寸。

表9-1　常用的机械搅拌通风发酵罐尺寸（梁世中，2011）

公称体积V_N	罐径D/mm	罐身高 H_0/mm	罐总高 H/mm	不计上封头 体积	全体积V_Q	搅拌叶轮 直径D_i/mm	搅拌速度 n/（r/min）	电机功率 N/kW
50L	320	640	850	57.7L	64L	112	470	0.4
100L	400	800	1 050	112L	123.5L	135	400	0.4
200L	500	1 000	1 300	218L	239L	168	360	0.55
500L	700	1 400	1 800	593L	647L	245	265	1.1
1m³	900	1 800	2 300	1.25m³	1.36m³	315	220	1.5
2.5m³	1 200	2 200	2 280	2.75m³	3.0m³	400	210	4
5m³	1 500	3 000	3 800	5.79m³	6.27m³	525	160	7.5
10m³	1 800	3 600	4 580	10m³	10.9m³	640	180	11
50m³	3 100	6 000	7 830	51m³	55.2m³	1050	110	55
75m³	3 200	8 150	9 830	70m³	74.8m³	800	185	90
100m³	3 400	10 000	11 800	96m³	102m³	950	150	132
200m³	4 600	11 500	13 900	204.6m³	218m³	1 100	142	215

通常，对一个发酵罐的大小用"公称体积"表示。所谓"公称体积"，是指罐的筒身（圆柱）体积和
底封头体积之和。其中，底封头容积可根据封头形状、直径及壁厚从有关化工设计手册中查得，椭圆形封
头体积可用式（9-19）计算：

$$V_1=\frac{\pi}{4}D^2h_b+\frac{\pi}{6}D^2h_a=\frac{\pi}{4}D^2\left(h_b+\frac{1}{6}D\right) \tag{9-19}$$

式中：h_b为椭圆封头的直边高度（m）；h_a为椭圆短半轴长度（m），标准椭圆$h_a=\frac{1}{4}D$。

故发酵罐的全体积为

$$V_0=\frac{\pi}{4}D^2\left[H_0+2\left(h_b+\frac{1}{6}D\right)\right]$$ （9-20）

近似计算式为

$$V_0=\frac{\pi}{4}D^2H_0+0.15D^3$$ （9-21）

五、机械搅拌通风发酵罐的操作与控制

（一）发酵罐操作步骤

具体操作步骤为罐检→空消→电极标定→配料→实消→接种→培养→放罐→洗罐→检修。

1. 罐检　快速检查发酵罐，确保发酵罐正常，可以上罐。检查项目如下。

（1）阀门，所有阀门是否处于正确的位置。

（2）压力表，压力表是否归零。

（3）pH和溶氧电极，电极是否拔出并正确保养。

（4）罐体，罐内是否清洗干净。

（5）搅拌电机、电动电机，检查电机运转是否正常。

2. 空消　空消的主要目的是在进罐生产前对设备进行清洁和杀灭其他微生物，防止因设备清洁不彻底或设备停用时间过久，微生物滋生，从而对生产造成影响。

3. 电极标定　为了确保电极准确测量，必须在使用前对电极进行标定。注意事项如下。

（1）新电极或放置很久的电极必须激活后才可以进行标定和使用；pH电极用3mol/L KCl溶液浸泡6h激活，溶氧电极通电6h激活。

（2）pH电极标定的时候需要将接地电极放入盛放标准液的烧杯内。

（3）接种以后设定好发酵参数，然后进行溶氧电极百分百标定。

4. 配料　实消过程中部分蒸汽会冷凝形成冷凝水进入培养基中，从而导致培养基体积变大，变大的部分即增容。不同的地区、不同的气候，增容量也会不同，需要通过多次实消灭菌才能总结出经验值。配料操作流程如下。

（1）领料。正确填写领料单后，从保管处领取原料，领料人签字确认。

（2）溶料。按工艺要求顺序溶解各种原料，至原料全部溶解、无杂质、无硬块。

（3）投料。确保电极已经插上、出料阀已经关闭后，并考虑增容和种子液量，定容到发酵所需体积。

5. 实消　发酵罐实消是对发酵培养基进行彻底的灭菌处理，利用高温过饱和蒸汽的强穿透能力使各种细菌、真菌蛋白质凝固而死亡。实消结束以后罐处于无菌环境，需通入无菌空气进行保压直到培养结束。

6. 接种　接种操作步骤如下。

（1）准备。准备好接种所需材料；关闭门窗、排气扇；接种人员合理分工，一个为"主操作"，一个为"副操作"。

（2）消毒。"副操作"用酒精棉球擦拭接种口进行消毒，消毒后用火焰圈保护好接种口。

（3）接种。"主操作"在火焰保护下拔掉接种针护套，快速插入接种口，双手摁住接种壶，"副操作"调节罐内压力至0.15MPa，进行接种。

（4）消毒。接种完以后，"主操作"快速拔出接种壶，"副操作"用酒精棉球擦拭接种口消毒后迅速盖上接种盖，设置好参数后进行培养。

接种注意事项如下。

（1）环境。关闭车间门窗和排气扇，接种环境周围禁止人员来回走动，降低空气流动性。

（2）无菌。拔接种针护套时需靠在火焰附近，接种壶不可倾斜过度，避免种子液流出；接种操作过程中灌压不能掉零。

（3）安全。拔出接种壶时接种针不可指向人员，避免接种针飞出后造成人员受伤；点燃火焰圈不可随

处乱扔，熄灭以后才可以继续操作。

7. 培养

（1）工艺控制与记录。每间隔1h记录一次参数，主要参数有pH、溶解氧值、温度、发酵罐压力和过滤器压力等。

（2）取样。依据工艺要求按时取样送交化验部检测，并做好镜检工作。

（3）设备巡查。检查搅拌电机，查看电机有无异响和过热等情况；检查酸碱罐、消泡罐和补料罐等的装液量，量少时及时补充；检查管道、阀门，查看有无外漏。

8. 放罐　菌体生长情况符合下罐条件以后即可放罐，放罐操作流程如下。

（1）提前1h通知后提取车间准备放罐。

（2）取样。打开取样阀，开启罐底阀放料。

（3）蒸汽吹洗放罐管道。

（4）检查。检查发酵罐各项情况是否正常。

（5）升压。观察压力表示数，调节进出口阀门使其达到相应压力。

（6）放罐。

（7）填写记录表格。

9. 洗罐　放罐结束以后立即进行洗罐，流程如下。

（1）卸压。打开罐盖前要先卸掉罐压。

（2）电极保养。拔出电极清洗干净以后进行正确保养，pH电极用3mol/L KCl溶液浸泡电极头，溶氧电极直接通电。

（3）冲洗罐壁。用高压水枪冲洗罐壁，如果罐壁培养基冲洗不掉则考虑碱煮（10%的碱液用夹套升温到90℃以后保温30min）。

（4）排污。排掉污水。

10. 检修　目的是确保阀门、法兰、机械密封和试镜灯等不会泄漏，以备下批生产使用。

检修时，罐体通入空气保压在0.15MPa，然后用肥皂水进行试漏，出现泄漏的阀门待压力卸掉以后进行检修，更换相应的垫片。

（二）发酵罐的灭菌技术

常用的灭菌技术一般分为物理灭菌和化学灭菌。物理灭菌又包括湿热灭菌、干热灭菌、射线灭菌和过滤灭菌等。化学灭菌主要是使用化学试剂（如甲醛、苯酚、新洁尔灭、过氧乙酸、高锰酸钾等）进行某些容器或物料及无菌区域的灭菌。在生物发酵方面，常用的设备是机械搅拌式发酵，其杀菌效果的好坏直接影响到发酵是否能正常进行。由于工业操作的特点，发酵罐的灭菌普遍采用湿热灭菌法，因此主要介绍发酵罐的空消操作技术和实消操作技术。

1. 空消操作技术

1）发酵罐的清洗　①打开罐底排污阀，用冷水冲洗罐壁，如罐内壁有沉积物，操作人员必须下罐进行人工铲除，否则这些沉积物易包藏杂菌成为污染源；②进罐清洗必须两人进行，一人进罐冲洗，一人在外监护；③同时与罐体相连的取样管道、进料管道、排污管道及有关阀门都要通水冲洗干净，最好通以沸水，以提高洗涤效率，洗完后盖上人孔盖。

2）发酵罐空消操作　①打开罐顶各排气阀，开三路进气（罐底、风管、取样管）；②开始时，蒸汽以下进上出为主，蒸汽由罐底和风管进入，由罐顶所有排气阀排出冷空气，在蒸汽排出时，即关闭各阀门，稍开排气阀，罐压上升到1.5~2.5kg/cm²时，开罐顶各排气阀，排气历时15~20min，蒸汽改为上进下出为主，即关闭底部蒸汽阀，关小进风管气阀，蒸汽主要从取样管进，连消进料管进入，空消过程中应将两只大罐间倒种管道、压料进风管道、接种管道及各排气阀打开排气消毒（两个冲视镜阀开启短暂时间即可）；③待蒸汽压力上升到1kg/cm²以后，保持温度115℃，调节进气和排气阀大小，维持罐压1kg/cm²，60min；1.2~1.5kg/cm²，45min；1.5~2.0kg/cm²，30min；④保压时间到，关蒸汽，排气到罐压为0，待进料；⑤分过滤器开启使用时，用从空压站出来的常温空气对分过滤器吹风，检查无菌，即可使用。以后如果不使用，也必须保持分过滤器通常温空气，以免染菌。

2. 实消操作技术

1）进料　　空消操作完毕，开始进料，进料约2/3体积时，开搅拌。由于加热时物料糊化膨胀，故先不定容。当温度达到70℃时，再定容。

2）液化　　底路直接进蒸汽加热至75℃左右，关蒸汽，加入用50℃水调匀的α-淀粉酶，严防酶结块，根据生产需要调整加入量，从进风管通入少量空气，翻腾10~15min，关闭进气。

3）实消　　用水冲洗人孔盖，盖好盖子进行实消，先将蒸汽管道内的残存水放完，然后通三路蒸汽，一路罐底，一路进风管，一路取样管，同时打开罐顶所有排气阀门、小旋塞及压力表下的排气旋塞，先大后小，让蒸汽排出，待罐压上升到1.2kg/cm²，温度121℃时，逐步关小各排气阀门，保温保压25~30min。

保压时间到，关蒸汽，此时应从分过滤器进无菌空气，开排气阀，关闭罐顶所有阀门，开冷却水对发酵罐进行降温，待温度冷至35℃左右进行接种。

（三）发酵罐使用注意事项

（1）必须确保发酵罐的所有单件设备能正常运行时使用本系统。

（2）在消毒过滤器时，流经空气过滤器的蒸汽压力不得超过0.17MPa，否则过滤器滤芯会被损坏，失去过滤能力。

（3）在发酵过程中，应确保罐压不超过0.17MPa。

（4）在实消过程中，夹套通蒸汽预热时，必须控制进气压力在设备的工作压力范围内（不应超过0.2MPa），否则会引起发酵罐损坏。

（5）在空消及实消时，一定要排尽发酵罐夹套内的余水。否则可能会导致发酵罐内筒体压扁，造成设备损坏；在实消时，还会造成冷凝水过多导致培养液被稀释，从而无法达到工艺要求。

（6）在空消、实消结束后的冷却过程中，严禁发酵罐内产生负压，以免造成污染，甚至损坏设备。

（7）在发酵过程中，发酵罐的罐压应维持在0.03~0.05MPa，以免引起污染。

（8）在各操作过程中，必须保持空气管道中的压力大于发酵罐的罐压，否则会引起发酵罐中的液体倒流进入过滤器中，堵塞过滤器滤芯或使过滤器失效。

（9）如果遇到自己解决不了的问题，应与发酵罐的售后服务部门联系，切记勿强行拆卸或维修发酵罐。

（四）发酵罐的维护

（1）发酵罐精密过滤器，一般使用期限为半年。如果过滤阻力太大或失去过滤能力导致影响正常生产，则需清洗或更换（建议直接更换，不做清洗，因清洗操作后不能可靠保证过滤器的性能）。

（2）清洗发酵罐时，用软毛刷进行刷洗，不要用硬器刮擦，以免损伤发酵罐表面。

（3）发酵罐配套仪表应每年校验一次，以确保正常使用。

（4）发酵罐的电器、仪表、传感器等电气设备严禁直接与水、汽接触，防止受潮。

（5）发酵罐停止使用时，应及时清洗干净，排尽发酵罐及各管道中的余水；松开发酵罐罐盖及手孔螺丝，防止密封圈产生永久变形。

（6）发酵罐的操作平台、恒温水箱等碳钢设备应定期（一年一次）刷油漆，防止锈蚀。

（7）经常检查减速器油位，如润滑油不够，需及时增加。

（8）定期更换减速器润滑油，以延长其使用寿命。

（9）如果发酵罐暂时不用，则需对发酵罐进行空消，并排尽罐内及各管道内的余水。

（五）发酵罐常见的故障及处理方法

1. 关闭阀门，罐压不能保持

原因：①罐盖法兰的紧固螺钉没有拧紧或螺钉的松紧度不一样；②密封圈损坏或接口处有缝隙；③管道接头或阀门漏气；④机械密封磨损。

排除的方法：①拧紧螺钉，保持松紧度一致；②检查发酵罐密封圈或更换；③拧紧螺母或更换；④更换密封装置。

2. 蒸汽灭菌时，升温太慢

原因：发酵罐蒸汽压力低，供气量不足。

排除的方法：检查发酵罐电加热管是否烧坏。

3. 发酵液从空气管路中倒流

原因：误操作所致。

排除的方法：注意操作。

4. 温控失灵

原因：①传感器或引线损坏；②仪表损坏。

排除的方法：①检查传感器；②检查仪表或更换。

5. 溶解氧太低

原因：①供气量不足；②过滤器堵塞；③管道阀门漏气。

排除的方法：①开大阀门或提高供气压力；②检查发酵罐过滤器，更换滤芯；③检查管道阀门。

6. pH显示失灵

原因：pH电极损坏，pH电极堵塞。

排除的方法：检查pH电极或更换清洗电极。

7. 发酵罐溶解氧显示失灵

原因：溶氧电极膜损坏。

排除的方法：更换膜。

六、防止机械搅拌通风发酵过程中杂菌污染的方法

在发酵工业中，谷氨酸、柠檬酸、液体曲、酶制剂、抗生素和酵母扩培等都属于机械搅拌通风发酵，其发酵要求纯种培养。微生物在繁殖及耗氧发酵过程中，常常发生不同程度的杂菌污染现象。所谓杂菌，是指培养液或发酵液中侵入了有碍生产的其他微生物。杂菌的污染将消耗大量的营养物质及各种代谢产物。轻则破坏预定发酵的正常进行，使发酵产品的效价降低，产量下降；重则使发酵彻底失败，造成倒罐，甚至停产等严重事故，直接影响产量、质量和企业的经济效益，影响企业的生存和发展。

（一）杂菌污染的症状及主要原因

1. 根据染菌的时间判断　　早期染菌（接种后12h或24h内）可能是由于种子带菌、接种操作不当、培养基或设备灭菌不彻底；中、后期染菌，多数是由于空气过滤不严或泡沫顶盖、设备渗漏、中间补料操作不当等。

2. 根据杂菌的种类判断　　染有耐热性芽孢杆菌，多数是由于培养基灭菌不彻底或设备存在死角。染有无芽孢杆菌、球菌等不耐热菌，主要是由于空气过滤系统不严、阀门渗漏、蒸汽冷凝水进入等。若染有浅绿色菌落（革兰氏阴性杆菌、球菌等），可能是由于设备渗漏或冷却器穿孔，使培养液中渗入冷却水。染有霉菌，多数是由于灭菌不彻底或无菌操作不严。

3. 根据染菌的范围判断

（1）大批发酵罐同时发生染菌。若发生在早期，可能是由种子带菌或连消设备问题所引起；若发生在中、后期，且污染的是同一种菌，很可能是由空气净化系统除菌不严、过滤效率低、空气带菌所致。

（2）部分发酵罐（或罐组）同时出现染菌。若发生在早期，可能是由于种子有杂菌；若发生在中、后期，可能是由于补料系统染有杂菌或空气带菌。

（3）个别发酵罐连续发生染菌。多数是由设备问题造成的，如阀门的渗漏、罐体的破损、罐内冷却管穿孔或法兰橡胶垫圈老化。一般情况下，由设备破损引起的染菌，常会出现每批染菌时间前移的现象。

（二）杂菌污染的检查方法

1. 显微镜检查

（1）取样。关闭窗户及排风扇，以减少空气对流；取样口事先采用蒸汽充分灭菌；取样动作要快速、

敏捷；取样时要防止发酵液溅到棉塞上；取样后，迅速塞上棉塞。

（2）染色。按革兰氏染色法涂片。

（3）观察。观察生产菌的形态特征，若发现有红色阴性菌、长杆菌、芽孢菌或菌体碎片等，说明已污染杂菌。

2. 平板划线培养检查

（1）培养基灭菌。先将培养基用121℃的蒸汽灭菌，然后将灭菌后的培养基倒入培养皿内，冷却后置于37℃恒温箱内无菌培养24h，挑选出无菌落出现的平板备用。

（2）接种培养。将要检查的样品划线接种，然后置于37℃恒温箱内培养24h。

（3）镜检。

3. 肉汤培养检查　　主要用于检查空气及培养基是否带菌。

（1）培养基灭菌。将培养液装入抽滤瓶内，严格灭菌。

（2）培养。将抽滤瓶置于37℃，无菌培养24h。若无浑浊，即可用于空气无菌检查。

（3）无菌检查。在无菌条件下，将空气引入，也可连续通气，然后保温培养。观察有无浑浊现象发生，若出现浑浊，则说明空气带菌。

一般情况下，斜面种子、一级种子、二级种子、培养基、发酵液常用平板划线配合镜检；对于无菌空气，常采用肉汤培养检查。

（三）杂菌污染的防治措施

1. 防止菌种带菌　　在菌种扩培过程中，应对砂土管、斜面、锥形瓶及摇瓶等卫生条件严格加以控制，确保无杂菌污染。分离选育强壮、性能优良、抗药性强的菌种，从根本上增强抵抗杂菌侵染的能力。

2. 防止空气带菌　　选择合理的无菌空气制备流程及相应的工艺条件，以保证除菌效率和过滤介质的使用寿命。对总过滤器要定期检查，确保介质铺设均匀、松紧适度，防止操作过程中出现"介质变位"现象。应定期打开空气净化系统中所有设备的排污阀，及时排出水、油等污物，以免影响空气除菌效果。切勿让发酵罐（或种子罐）内压力高于过滤器内压力，以防培养液倒流入过滤介质中。合理选择压力、时间等灭菌操作工艺条件，对无菌空气制备系统进行彻底灭菌。防止过滤器蒸汽阀渗漏。防止因过滤器内壁腐蚀而形成氧化铁层。在发酵罐或种子罐旁安装精密过滤器，进一步增强除菌效果。

3. 防止培养基灭菌不透　　防止形成"假压"，保证罐内压力与温度相一致，注意放乏气。灭菌开始时，将罐内冷空气及温度较低的二次蒸汽排除干净。进排气量要平衡。在灭菌过程中，进排气量切忌忽大忽小，以保持灭菌温度稳定。

加热要均匀。确保罐内各部位受热程度一致，便于控制灭菌工艺条件。采用多路进气，并合理调整各路的进气阀门，确保各路进气口的蒸汽有足够的压力使罐内各部分料液充分混合，均匀受热，充分灭菌。利用搅拌装置或循环泵强制性地促进传热和传质。

控制泡沫形成，防止泡沫顶罐。合理调节进排气速度，以控制泡沫的形成。不宜选择起泡性强的组分制备培养基。注意消泡，根据实际情况决定采用机械消泡或化学消泡，也可两者结合使用。切忌使用受潮结块，甚至发霉的物料制作培养基。

避免罐内壁或附件上形成堆积物。投料时，切勿将培养液中豆饼粉等固形物溅到罐内壁或罐内各种支架上，形成堆积物；控制好进气量，注意消泡，避免因液位忽高忽低而使固形物附着到罐内壁上。

对仪器、探头等进行严格灭菌，最好采用化学药物灭菌。常用的化学灭菌方法有浸泡、添加、擦拭、喷洒、气态熏蒸等。

加强车间卫生管理，严格无菌操作，防止因环境污染导致染菌。对已染菌的发酵罐，下一次投料前利用清洗系统先用热碱液浸泡、清洗，再用甲醛溶液消毒（或甲醛蒸气熏蒸），然后用无菌水清洗，最后用水蒸气保温灭菌。

防止因罐内水蒸气冷凝形成负压而吸气染菌。于灭菌结束后，立即关闭所有阀门，并通入无菌压缩空气保压，以免外界含菌气体进入。

4. 防止噬菌体侵染　　利用化学药物处理，向车间周围环境喷洒甲醛溶液或往下水口倾倒甲醛溶液。选育抗噬菌体菌体。使用抗生素防止染菌。加强车间环境中噬菌体、噬菌斑的监测，改善环境卫生条件。

5. 消灭死角 死角即微生物隐藏而蒸汽难以消毒的位置，死角是杂菌污染的主要部位。

消灭管路死角。管路连接有绞牙连接、法兰连接、焊接等。若采用绞牙（螺纹）连接，缝隙是微生物隐藏的死角；若采用法兰连接，橡胶垫圈和接管不等径或橡胶垫圈老化都会产生死角；若采用焊接，焊缝粗糙也会产生死角。消除管路死角的方法是尽量采用焊缝连接法，但焊缝必须光滑，转弯处应保持一定的弧度。

消灭阀门死角。阀门死角往往出现于球心阀门座两面的端角。可以在各种管道与发酵罐连接的阀门两面均装上小排气阀以利消毒；在满足供气量的条件下，尽量选用较小型号的阀门可以消灭死角。

消灭罐体死角。设法使罐内的焊缝光滑，法兰的垫片不宜过大或过小，尽量减少罐内的管路及附件，定期清除罐内的积垢。若采用球形锅底，其形状设计要合理，确保料液、污水排放干净。

消灭空气分配管形成的死角。改进空气分配管的结构，使各部位均匀排气，防止部分排气孔因压力较低而被固形物堵塞。

消除衬里死角。建议采用复合钢板或不锈钢制造发酵罐。防止发酵罐底污垢积聚形成死角。除注意加强发酵罐的清洗外，还应适当降低搅拌桨叶的安装高度，避免罐底积垢。

消除罐内部件及支撑件形成死角，每次放罐后要有针对性地加强清洗。

消除法兰连接死角。法兰与管道焊接要光滑，不得有砂眼或毛刺；橡胶垫圈直径要适当，安装要对中；温度计插座焊接要光滑，不得存在死角。

6. 消灭渗漏 渗漏现象有罐体穿孔渗漏、冷却蛇管渗漏、垫圈渗漏、轴封渗漏、绞牙填料渗漏、管路焊接渗漏、阀杆填料渗漏、法兰阀盘与阀座间隙渗漏等。

防止盘管渗漏。放罐后，应仔细清洗盘管外壁的污垢，并定期检查、试漏；降低冷却水中氯离子的含量。

防止空气分配管渗漏。在靠近搅拌叶的部位，由于受搅拌和通气的影响，易磨损穿孔，应及时检修。环形分配管内易藏污积垢，应及时清除分配管中的堆积物。

防止罐体渗漏。尽量采用不锈钢制造。若采用碳钢制造，内侧应设有表面覆盖层，增强耐腐蚀性。尽量选用端面轴封。端面轴封具有清洁、密封性能好、无死角，摩擦损失小等特点。

消除管件渗漏。对靠近发酵罐的管道，如移种管、补料管、空气管、油管等均采用弯管、焊管，并以法兰连接取代弯头、活接头、管接头、三通、四通、大小头等化工管件常用的连接方法。用不锈钢阀门代替铜阀。

7. 合理设计管路 发酵设备流程及管路应力求简单，尽量缩短输送距离，不得有任何多余的管子和阀门，并注意每只发酵罐应设有独立的排气、下水管路，避免相互影响；罐体和有关管路应有利于蒸汽进行灭菌；可在难以消毒的阀门腔的一边或两边安装小阀；对于接种、取样、补料、加油等操作管路要配置单独的灭菌系统，以便在发酵罐灭菌后或发酵过程中单独进行灭菌。

（四）发酵醪染菌后的补救措施

1. 前期出现轻度染菌 降温培养；降低pH；补加适量的菌种培养液或加入分割的主发酵醪，确立生产菌的生长优势，从而抑制杂菌的生长繁殖，使发酵转入正常；补加培养液，并进行实罐灭菌，于100℃维持15min，待醪液的温度降至发酵温度时重新接种（或分割主发酵醪）发酵。

2. 发酵前期出现严重染菌，且醪液中糖分较高 若醪液中糖分较高，先进行实罐灭菌，于100℃维持15min，待醪液的温度降至发酵温度时重新接种（或分割主发酵醪）发酵；若醪液中糖分较低，补加培养液，进行实罐灭菌，重新接种（或分割主发酵醪）发酵；若醪液中糖分很低，无法补救，则倒罐。

3. 中期染菌 降低发酵温度；适当降低通风量；停止搅拌；少量补糖；提前放罐。

4. 发酵后期轻度染菌 加强发酵管理，让其发酵完毕，适当提前放罐；向已染菌的发酵醪中补充一定量的菌种扩培液，增强发酵作用，增强生产菌的生长优势，抑制杂菌繁殖，以争取较好的发酵效果。

5. 发酵后期严重染菌 若醪液中残余糖分已经不多，则应立即放罐，以免进一步恶化，造成更大的损失，并对空罐进行彻底的清洗、灭菌；倒罐应将发酵液于120℃灭菌30min方可放弃。

总之，导致杂菌污染的原因很多，主要有种子带菌、空气带菌、灭菌不透、设备渗漏操作不当等方面。杂菌污染对发酵生产影响很大，轻则影响产量和质量，重则倒罐，甚至停产。因此，防治杂菌污染是通风发酵生产中的一项长期而十分复杂的工作，作为生产技术人员应引起高度重视。在发酵生产过程中，应从发酵生产的每一环节严格加以控制，切实做好常规检查及防治工作，设法防止和杜绝染菌现象发生。一旦发现，应认真分析其原因，并及时采取相应的措施加以解决。

七、机械搅拌通风发酵罐的节能设计

随着我国生物技术行业的蓬勃发展，发酵罐日趋大型化。对于抗生素、谷氨酸、柠檬酸和酵母等发酵工业生产用的大型通风发酵罐来说，氧溶解速度往往成为好氧发酵过程的限制因素。目前，我国普遍采用的标准式机械搅拌通风发酵罐通常是采用加大通风量、加强搅拌的方法来达到提高溶氧系数的目的，但实际生产中获得的效果并不很理想，表现为氧利用率较低、能耗高。据数据统计表明，用于机械搅拌所消耗的能源占发酵全过程的50%左右。随着高产菌株的不断使用，标准式机械搅拌通风发酵罐的构造已难以满足对溶氧传质速率越来越高的要求和节能要求。因此，如何保证在有良好的气液接触和液固混合性能等发酵要求的前提下，尽量减少机械搅拌及通气过程所消耗的动力，更有效、更合理地设计发酵罐，无疑对改造老发酵罐、设计新发酵罐具有重大的意义。

（一）国内外发酵罐的溶氧和节能方法

近年来，国内外研究者为了解决通风发酵过程的溶氧和节能问题提出的通风发酵罐种类很多，据报道，近几十年来已开发气升式、自吸式、喷射式和筛板塔式等若干新型发酵罐，有的已标准化，并用于工业生产，有的还未标准化，更有一些仍在研究和开发阶段，发展的主要趋势之一是从机械搅拌过渡到气流搅拌，而改进的核心是提高体积传质系数和节约能量，如按气泡分散所需能量的输入方式的不同可将发酵罐分为以下三大类。

1. 利用机械搅拌输入能量　这类发酵罐是目前使用最广泛的发酵罐，其典型代表是通用式机械搅拌发酵罐和自吸式发酵罐。在这类罐内气体在液相中受到两次分散。一次分散由气体分布管粗略完成；二次分散由机械搅拌器的涡流剪切来完成。据生产实际统计，这种罐气体分散的能量利用率较低。

2. 利用气体输入能量　这类发酵罐主要通过喷嘴和内外环流管配合或筛板来分散气体，无机械转动部件，自20世纪80年代开始有较多机构对其进行研究，其典型代表是气升式发酵罐。

3. 采用泵送液体输入能量　这类罐的典型代表是采用两相射流混合器的射流气泡塔。两相射流混合器是该类罐的气体分散装置，射流混合器的最大优点是具有很高的氧传质系数和传质面积。目前存在的问题是液体射流需要的能量由泵提供，而泵入的液体含气量多，易造成泵气蚀，必须采用特殊的泵，并且泵易损伤细胞和易造成污染，迄今在发酵实际生产中仍应用不多。

国内外研究结果表明上述3类发酵罐的溶氧传质速率和能耗各不相同，比较情况如下。

（1）在通常操作条件下的体积传质系数 $k_L A$：气升式发酵罐的 $k_L A$（$0.02 \sim 0.1 s^{-1}$）<机械搅拌罐的 $k_L A$（$0.02 \sim 0.3 s^{-1}$）<射流气泡塔的 $k_L A$（$0.06 \sim 0.4 s^{-1}$）。

（2）若就单位体积能耗而言：机械搅拌罐 P_g/V>射流气泡塔 P_g/V>气升式发酵罐 P_g/V。

通过比较可以看出两相射流混合器是最好的气体分散装置，比其他分散方式具有最大的气液接触面积，又不致增加太多能耗。

（二）机械搅拌通风发酵罐节能结构

1. 射流混合器与机械搅拌器结合使用　通过分析比较各种发酵罐的生产效果可看出，各种罐都有其自身优缺点。机械搅拌通风发酵罐是目前通风发酵最广泛使用的发酵罐类型。具有使用经验丰富、放大规律可靠、容易实现最优化操作和可通过灵活调节搅拌转数或通气量来满足不同发酵阶段对氧的需要量的优势，并可获得远比气升式发酵罐高的 $k_L A$ 值，但能耗大，发酵操作成本高。射流气泡塔在相同能耗下比其他罐型具有较大的 $k_L A$ 值，但是它的外部泵送和循环系统易使发酵液受到杂菌污染和使细胞损伤，此外由于罐内没有二次气体分散装置，在通风发酵罐容积不断增大、罐身直径随之增大和气泡聚合严重（如在加有消泡剂时）的情况下，很难仍然保持较高的 $k_L A$ 值。通过深入研究，可以发现通过技术改造可将射流气泡塔的射流混合器应用到机械搅拌发酵罐中，与机械搅拌器协同作用，优势互补，是获得溶解氧提高、

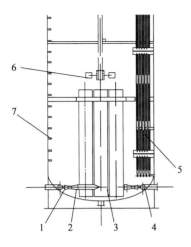

图9-18 机械搅拌通风发酵罐的节能
结构（徐清华等，2009）

1. 喷嘴；2. 混合管；3. 循环管；4. 环
形无菌空气总管；5. 冷却装置；6. 搅拌
器；7. 发酵罐罐体

能耗下降的有效途径。具体做法是采用气体作引射介质的气体射流混合器来取代机械搅拌罐传统的气体分布管，利用射流混合器以强化搅拌通风发酵罐的第1次气体分散，既可以增大 k_LA 值，又可以减小第2次搅拌分散的负担从而提高溶解氧、降低能耗，如图9-18所示。

2. 气体射流混合器 气体射流混合器由喷嘴、混合管和循环管组成，喷嘴采用缩放喷嘴，直径为20～30mm，混合管为渐放管，入口直径为60～70mm，锥角为80°左右。安装在发酵罐底部，安装角度与水平倾角40°～80°。混合管出口和循环管底部切线对接。

3. 机械搅拌器 机械搅拌器安装在循环管出口正上方，由多层搅拌器组成。第一层搅拌器（最底层）采用以进一步粉碎气泡为主的涡轮搅拌器，直径要大于 $D/3$（D 为发酵罐直径）。其余各层采用以强化发酵液的湍动和混合为主的搅拌器，其直径可比第一层搅拌器直径略小，为其直径的0.85～0.95。

（三）工作与节能原理

发酵罐工作时，具有一定压力的无菌空气（表压一般大于0.2MPa）引入罐内从喷嘴高速喷射出，进入混合管，同时也将混合管入口处的发酵液卷吸入混合管，高速的空气喷射流和被吸入的发酵液在混合管内强烈混合，空气得到有效分散。空气和发酵液在混合管内充分混合后从混合管流出，切线进入循环上升管底端并在管内进一步混合溶氧。由于循环上升管内的气液混合体的密度比管外的发酵液密度低，形成循环推动力，推动发酵罐底部的发酵液循环混合。从循环管出来的气液混合体在出口处受到机械搅拌器的第一层搅拌器的进一步粉碎混合，气泡的直径被粉碎得更小，形成气液单相区。气液混合单相体离开第一层搅拌器混合区域上升时受到其余各层搅拌器进一步搅拌混合，强化发酵液中气液之间的湍动和混合。发酵罐工作时，气体射流混合器充分利用了压缩空气能量形成了良好的第一次分散，使机械搅拌通风发酵罐罐底的搅拌器可以取消，减少了搅拌器层数。在相同转速下，各层搅拌器间距适当时，多层搅拌器消耗的总功率约是单层搅拌器的倍数，如搅拌器层数为4层，则减少一层就可降低能耗约25%。此外，合理设计各层搅拌器直径，也可起到节能效果。让循环管出口正上方的搅拌器采用较大直径，可充分发挥其迅速粉碎气泡、形成气液单相区的作用；其余各层搅拌器对细化气泡的直径并不起很大作用，只起到保持气液之间的湍动和混合，可采用较小直径。机械搅拌器的功率可表征为（湍流工况）

$$P = K \cdot n^3 \cdot d^5 \cdot \rho \qquad (9\text{-}22)$$

式中：n 为搅拌器的转速（r/s）；d 为搅拌器直径（m）；ρ 为发酵液密度（kg/m³）；K 为与搅拌器形式、结构比例尺寸和物性参数有关的功率准数。

从式（9-22）可计算出，搅拌器直径减少10%，可降低能耗40%左右；反之，搅拌器直径增加10%，能耗就增加60%左右。例如，搅拌器层数为3层，底层直径增加10%，上面两层直径各减少10%，总搅拌能耗仍可降低能耗20%左右。因此，合理安排各层搅拌器直径既可保证气液之间的湍动和混合，又可节约能源。如果配合转速降低，所节约的能耗就会更多。

第二节　气升式发酵罐

气升式发酵罐属于非机械搅拌发酵罐，是除了机械搅拌通风发酵罐外应用最广泛的生物反应器。该发酵罐内分为上升管和下降管，含气量高的发酵液密度小向上升，而含气量低的发酵液密度高向下降；由于管内外发酵液密度不同，产生压力差，推动发酵液在罐内循环。装在罐内的上升管和下降管，称为内循环；装在罐外的上升管和下降管，称为外循环。与机械搅拌发酵罐相比较，气升式发酵罐采用空气搅拌代替机械搅拌，具有结构简单、节省动力、操作方便、杂菌污染机会少、装料系数（80%～90%）高、溶氧传质速率高、可用于高密度培养等诸多优点。另外，该发酵罐依靠空气流动带动发酵液循环流动，既能使发酵液均匀混合，又能使气体充分分散，而且没有动力剪切力，也适合动植物细胞的培养。但不适合固形物含量高、黏度大的发酵液或培养液。其工作原理：在上升管的下部设空气喷嘴，空气以250～300m/s的高速喷入上升管，使气泡分散在上升管中的发酵液中，发酵液因密度下降而上升，罐内发酵液由于密度较大而下降进入上升管，从而形成了发酵液的循环。

已在生物工业大量应用的有气升内环流发酵罐、气液双喷射气升环流发酵罐、隔板气升式环流发酵罐，其结构分别如图9-19～图9-21所示。气升式发酵罐与鼓泡发酵罐相似，所不同的是气升式发酵罐含有导流筒，而鼓泡发酵罐没有，不能控制液体的主体定向流动。刘建明等（2011）结合了射流曝气、机械搅拌与气升式发酵罐的优点，开发出射流内循环搅拌发酵罐（图9-22），可加大氧的传递，起到很好的节能效果。

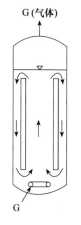

图9-19 气升内环流发酵罐
（刘远，2007）

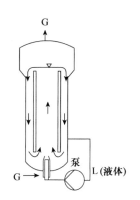

图9-20 气液双喷射气升环流
发酵罐（刘远，2007）

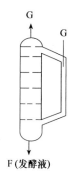

图9-21 隔板气升式环流
发酵罐（刘远，2007）

一、气升式发酵罐的特点

因气升式发酵罐内没有搅拌器，且有定向循环流动，其优点如下。

1. 反应溶液分布均匀 气升式发酵罐能很好地满足下列要求：①气液固三相的均匀混合与溶液成分的混合分散良好；②保证基质在发酵罐内各处的浓度都在0.1%～1%，溶解氧为10%～30%；③避免发酵罐液面生成稳定的泡沫层，以免生物细胞积聚于上而受损害甚至死亡；④更利于培养基成分，尤其是有淀粉类易沉淀的颗粒物料悬浮分散。

2. 较高的溶氧传质速率和溶氧效率 气升式发酵罐有较高的持气率（gas hold up）和比气液接触界面，因而有高传质速率和溶氧效率，体积传质效率通常比机械搅拌罐高，k_LA可达2000h^{-1}，且溶氧功耗相对低。

3. 剪切力小，对生物细胞损伤小 由于气升式发酵罐没有机械搅拌叶轮，故对细胞的剪切损伤可减至最低，尤其适合植物细胞及组织的培养。

4. 传热良好 发酵过程会产生大量的发酵热，气升式发酵罐因液体综合循环速率高，同时便于在外循环管路上加装换热器以控制适宜的发酵温度，如图9-23所示。

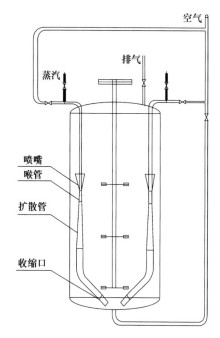

图9-22 射流内循环搅拌发酵罐
（刘建明等，2011）

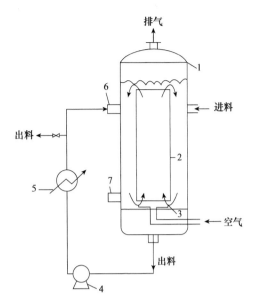

图9-23 具有外循环冷却的气升式发酵罐
（姚日生，2007）

1. 发酵筒；2. 导流筒；3. 发酵液进口；4. 空气分布器；5. 空气进口；6. 循环管；7. 发酵液出口

1. 主要结构参数 如图9-24所示，反应器的结构参数是获得良好气液混合与溶氧传质的关键，需要有一定的几何尺寸比例范围。

（1）反应器高径比H/D。气升式发酵罐与机械搅拌发酵罐一样，高径比是主要的几何参数。H/D的适宜范围是5～9。

（2）导流筒直径与发酵罐直径比D_E/D。确定了发酵罐的D和H后，导流筒直径D_E及其高度L_E对发酵液的循环流动与溶氧有一定的影响。其适宜的比例为$D_E/D=0.6\sim0.8$。

（3）空气喷嘴直径与发酵罐直径比D_I/D及导流筒上下端面到罐底的距离（L_E+H_D和H_D）均对发酵液的混合与流动、溶氧等有重要影响。

2. 气升式发酵罐的操作特性

（1）平均循环时间t_m。气升内环流反应器设导流筒（也称上升管），把其中的培养液分在两个大区域，即导流筒（上升）区和环隙（下降区）中，因导流筒内不断有新气泡补充，且混合剪切较强，故此区内混合与溶氧均较好，而在导流筒外，即环隙中，气含率往往要低于导流筒。若循环速度太低，则气泡变大，溶氧传质速率也随着变小，环隙中的发酵液容易出现缺氧现象。对需氧发酵来说，若供氧不足，则生物细胞活力下降，导致发酵生产效率降低。

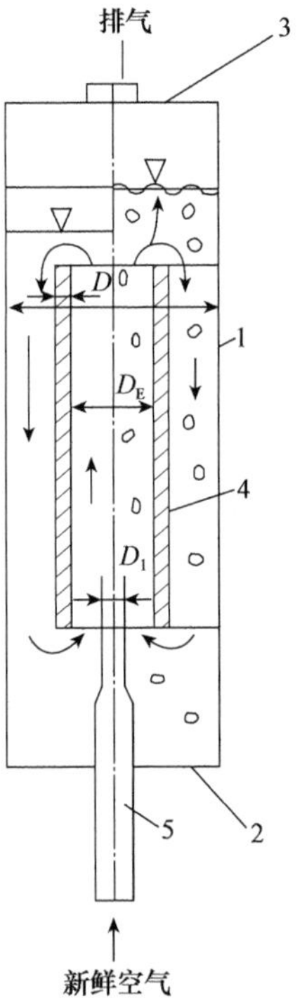

平均循环时间（周期）由式（9-23）确定：

$$t_m=\frac{V_L}{V_c}=\frac{V_L}{\frac{\pi}{4}D_E^2 v_m} \tag{9-23}$$

式中：V_L为发酵罐内培养液量（m^3）；V_c为发酵液循环流量（m^3/s）；D_E为倒流管（上升管）直径（m）；v_m为导流管中液体平均流速（m/s）。

（2）液气比R、空气喷出压力差及循环速度v_m之间的关系。经研究，通气量对气升式发酵罐的混合与溶氧起决定性作用，而通气的压强对发酵液的流动与溶氧也有相当大的影响。液气比是指发酵液的环流量V_c与通风量V_G之比，即

5. 结构简单，易于加工制造 气升式发酵罐内无机械搅拌器，故不需安装结构复杂的搅拌系统，密封也容易保证，因此加工制造方便，设备投资低。同时，已实现放大设计制造大型和超大型发酵反应器，如ICI压力循环发酵罐体积达3000m^3；鼓泡塔式"Bayer AG"反应器体积高达13 000m^3，用于生化废水处理。

6. 操作和维修方便 因气升式发酵罐结构较简单，能耗低，操作方便，特别是不易发生渗漏染菌问题，另外，因无机械搅拌热产生，故发酵总热量较低，便于换热冷却系统的装设。

此外，气升式发酵罐设计技术已成熟，易于放大设计和模拟。

二、气升式发酵罐的主要结构及操作参数

气升式发酵罐的主要结构及操作参数包含高径比、导流筒高度与反应器高度之比、导流筒直径与反应器直径之比、导流筒顶部和底部与罐顶和罐底的距离、通气速率、循环时间、平均循环雷诺数和平均循环速度等。

图9-24 气升式发酵罐结构示意图
（朱明军和梁世中，2019）

1. 罐体；2. 罐底盖；3. 顶盖；4. 导流筒；5. 空气喷嘴

$$R = V_L/V_G \tag{9-24}$$

根据实验研究和生产实践表明，导流管中平均环流速度 v_m 可取 $1.2\sim1.8\text{m/s}$，这有利于混合与气液传质。当然，若采用多段导流管或内设筛板，则 v_m 可降低。

（3）气升式反应器的溶氧传质。气升式反应器的气液传质速率主要取决于发酵液的湍流及气泡的剪切细碎状态，而气液两相流动与混合主要受反应器输入能量的影响。

反应溶液的气含率与空截面气流速度 v_s 的关系如式（9-25）所示：

$$\varepsilon_s = Kv_s^n \tag{9-25}$$

式中：K、n 为经验常数，通过实验确定。在鼓泡式发酵罐中，低通气速率时，$n=0.7\sim1.2$，而在高通气速率时，$n=0.4\sim0.7$。

而体积传质系数是空截面气流速度的函数。对气升环流式发酵罐，当通气输入功率为 $P_g/V_L=1\text{kW/m}^3$ 时，溶氧传质速率 $\text{OTR}=2\sim3\text{kg O}_2/(\text{m}^3\cdot\text{h})$，相应的溶氧效率约为 $2\text{kg O}_2/(\text{kW}\cdot\text{h})$。

第三节　自吸式发酵罐

自吸式发酵罐是一种不需要空气压缩机提供加压空气，而依靠特设的机械搅拌吸气装置或液体喷射吸气装置吸入无菌空气并同时实现混合搅拌与溶氧传质的发酵罐。自20世纪60年代开始，欧洲和美国展开研究开发，最初应用于乙酸的生产，然后在国际和国内的酵母及单细胞蛋白质生产、维生素C和抗生素生产等获得应用。国内，上海医药工业研究院（现中国医药工业研究总院有限公司）朱守一教授、华南理工大学高孔荣教授等进行了深入研究，于1981年便开始在酵母生产厂推广应用，效果很好。奥地利的奥高布殊公司、德国的赛多利斯公司代表了世界上自吸式发酵罐的最先进技术。

一、自吸式发酵罐的特点

与传统的机械搅拌通风发酵罐相比，自吸式发酵罐具有如下的优点与不足。

（1）不必配备空气压缩机及其附属设备，节约设备投资，减少厂房面积。

（2）溶氧传质速率高、溶氧效率高、能耗较低，尤其是溢流自吸式发酵罐的溶氧比能耗可降至 $0.5\text{kW}\cdot\text{h/kg O}_2$ 以下。

（3）用于酵母生产和乙酸发酵，具有生产效率高、经济效益好的优点。

但因一般的自吸式发酵罐生产效率高，故发酵系统不能保持一定的正压，较易产生杂菌污染；同时，必须配备低阻力损失的高效空气过滤系统。为克服上述缺点，可采用自吸式与鼓风相结合的鼓风自吸式发酵系统，即在过滤器前加装一台鼓风机，适当维持无菌空气的正压，这不仅可减少染菌机会，还可增大通风量，提高溶氧系数。

自吸式发酵罐与机械搅拌通风发酵罐、气升式发酵罐相比较，具有以下特点（表9-2）。

表9-2　三种发酵罐设计及使用的特点比较（黄方一和程爱芳，2013）

罐型	优点	缺点
机械搅拌通风式	适用范围广，便于控制温度和pH，醪液混合效果好，罐压高	搅拌功率大，结构复杂，不易清洗，易渗漏，易染菌，剪切力大，菌丝体易受损伤，需庞大的无菌空气制备系统，投资高，能耗高
气升式	罐内结构简单，便于制造、维修和清洗，能自消泡，对菌体无损伤，传质效率高，省动力和钢材，装液量可达80%~90%	循环周期长，不能满足耗氧量大的微生物，浓度大的料液溶氧系数低，无菌空气压力高，通风量大，能耗高，罐压低，易染菌，易沉积固体颗粒，降温困难
自吸式	结构简单，气泡小，气液接触均匀，溶氧系数高，节省空压机及辅助设备，减少占地面积和投资，易自动化、连续化	罐压较低，对某些产品的生产容易染菌，搅拌速度高，功率消耗大，产生泡沫多，装料系数低（70%以下）

二、机械搅拌自吸式发酵罐

（一）机械搅拌自吸式发酵罐吸气原理

此类型自吸式发酵罐的构造如图9-25所示。主要构件是自吸搅拌器及导轮，简称为转子及定子。转子由底轴或上主轴带动，当转子转动时，空气则由导气管吸入。转子的形式有多种，如九叶轮、六叶轮、四叶轮、三叶轮等，叶轮均为空心形，如图9-26所示。

在转子启动前，先用液体将转子浸没，然后启动马达使转子转动，由于转子高速旋转，液体、空气在离心力的作用下，被甩向叶轮外缘，当流体被甩向外缘时，在转子中心处形成负压，转子转速越大，所造成的负压也越大，吸风量也越大，通过导向叶轮而使气液均匀分布甩出，并使空气在循环的发酵液中分裂成细微的气泡，在湍流状态下翻腾、扩散。因此，自吸式充气装置在搅拌的同时完成了充气作用。

机械搅拌自吸式发酵罐是依靠叶轮高速旋转产生真空，将空气吸入罐内进行通风的。为提高吸气能力，空心叶轮与吸气管间用双端面密封，同时采用大面积

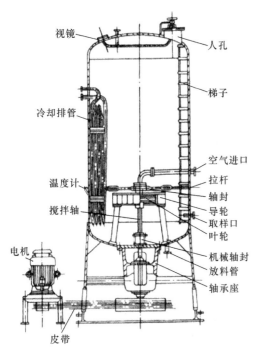

图9-25 机械搅拌自吸式发酵罐（刘冬，2008）

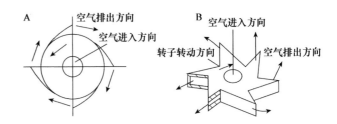

图9-26 自吸式发酵罐转子结构（梁世中，2011）
A. 四叶轮转子；B. 六叶轮转子

低阻力高效空气过滤器，发酵罐的高度也有一定的限制，必要时可在自吸管上安装压力送风管，补充不足的空气。

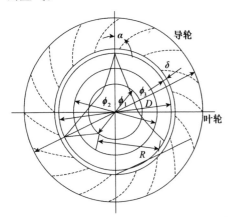

图9-27 三棱叶自吸式叶轮结构
（陈必链，2013）
字母含义见表9-3

（二）机械搅拌自吸式发酵罐的设计要点

1. 发酵罐的高径比 由于自吸式发酵罐是靠转子转动形成的负压而吸气通风的，其吸气装置沉浸于液相中，所以为保证较高的吸气量，发酵罐的高径比 H/D 不宜取大值，且罐容增大时，H/D 应适当减少，以保证搅拌吸气转子与液面的距离为2～3m。对于黏度较高的发酵液，为了保证吸气量，应适当降低罐的高度。

2. 转子与定子的确定 三棱叶自吸式转子的特点是转子直径较大，在较低转速时可获得较大的吸气量，当罐压在一定范围内变化时，其吸气量也比较稳定，吸程（即液面与吸气转子距离）也较大，但所需的搅拌功率较高。转子与定子配合简图如图9-27所示，吸风管的空气流速达到12～15m/s，尺寸比例见表9-3。

表9-3 三棱叶自吸式转子与定子尺寸比例（梁世中，2011）

部件名称	符号	与叶轮尺寸比	部件名称	符号	与叶轮尺寸比
叶轮外径	d	$1D$	翼片曲率	R	$(51/2)D$
桨叶长度	e	$(9/16)D$	翼叶角	α	$45°$
交点圆径	ϕ_1	$(3/8)D$	间隙	δ	$1\sim2.5mm$
叶轮高度	h	$(1/4)D$	叶轮厚度	b	按强度计算
挡水口径	ϕ_2	$(7/10)D$	叶轮外缘高	h_1	$h+2b$
导轮内径	ϕ_3	$(3/2)D$	导轮外缘高	h_2	h_1+2b

三棱叶叶轮直径D一般是发酵罐直径的0.35倍。当然，为提高溶氧，可减小转子直径，适当提高转速。而四弯叶转子的特点是剪切作用较小、阻力小、消耗功率较小、直径小而转速高、吸气量较大和溶氧系数高等。其转子与定子（直叶片）结构如图9-28所示。叶轮外径和罐径比为1/8~1/15，叶轮厚度为叶轮直径的1/4~1/5。有定子的叶轮比无定子的叶轮流量和压头均增大。其余部件的尺寸比例分别为$D/L=5$，$D/r=2.5$，定子厚度$B=(1/5\sim1/4)D$，定子直径$D'=2D$，定子与转子间距为1~2.5mm。

3. 机械自吸式发酵罐吸气量计算 根据实验研究，自吸式发酵罐的吸气量可用准数法进行计算和比拟放大设计。当满足单位体积功率消耗相等的前提下，三棱叶自吸式搅拌器的吸气量可由式（9-26）确定：

$$f(N_a, Fr)=0 \tag{9-26}$$

式中：N_a为吸气准数，且$N_a=V_g/nd^3$，其中V_g为吸气量（m³/s），n为叶轮转速（r/s），d为叶轮直径（m）；Fr为弗劳德数，$Fr=n^2d/g$，g为重力加速度常数，9.81m/s²。

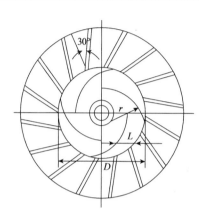

图9-28 四弯叶自吸式叶轮转子与定子结构（陈必链，2013）
D为直径；L为距离；r为半径

利用三棱叶自吸气叶轮装置进行实验研究可得到如图9-29所示的结果。由图可见，当弗劳德数Fr增至一定值时，吸气量V_g趋于恒定，即吸气准数$N_a=V_g/nd^3=0.0628\sim0.0634$。这是由于液体受搅拌器推动，克服重力影响而达到一定程度后，吸气准数就不受Fr的影响。在空化点上，吸气量与搅拌器的泵送能力成正比。对实际发酵系统，由于发酵液有一定的气含率，因而发酵液密度下降，且不同发酵液的黏度等理化性质也不同，故自吸式发酵罐的实际吸气量应比上述计算的值要小，其修正系数为0.5~0.8。

四弯叶转子自吸式发酵罐的吸气量可按式（9-27）计算确定：

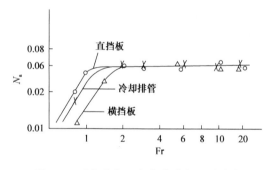

图9-29 吸气准数N_a与弗劳德数Fr的关系（梁世中，2011）

$$V_g=12.56n\,Clb(d-l)K \tag{9-27}$$

式中：n为叶轮转速（r/min）；d为叶轮外径（m）；l为叶轮开口长度（m）；b为叶轮厚度（m）；C为流率比，$C=K/(1+K)$；K为充气系数。

三、喷射自吸式发酵罐

喷射自吸式发酵罐是应用文丘里管喷射吸气装置或溢流喷射吸气装置进行混合通气的，既不用空压机，又不用机械搅拌吸气转子。

1. 文丘里管自吸式发酵罐 文丘里管自吸式发酵罐（图9-30）是喷射自吸式发酵罐中典型的一种，其工作原理是用泵将发酵液压入文丘里管，由于文丘里管（图9-31）收缩段中液体的流速增加，形成负压

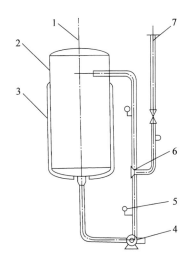

图9-30 文丘里管自吸式发酵罐结构（段开红，2017）
1. 排气管；2. 罐体；3. 换热夹套；4. 循环泵；5. 压力表；
6. 文丘里管；7. 吸气管

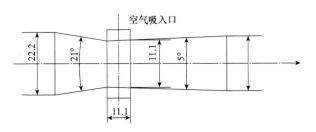

图9-31 文丘里管结构（段开红，2017）
21°和5°表示管道的锥角度数；
11.1和22.2表示该段的直径，单位为cm

将无菌空气吸入，并被高速流动的液体打碎，与液体均匀混合，提高发酵液中的溶解氧，同时由于上升管中发酵液与气体混合后，密度较罐内发酵液轻，再加上泵的提升作用，发酵液在上升管内上升。当发酵液从上升管进入发酵罐后，微生物耗氧，同时将代谢产生的二氧化碳和其他气体不断地从发酵液中分离并排出，发酵液的密度变大向发酵罐底部循环，待发酵液中的溶解氧即将耗竭时，发酵液又从发酵罐底部被泵打入上升管，开始下一个循环。

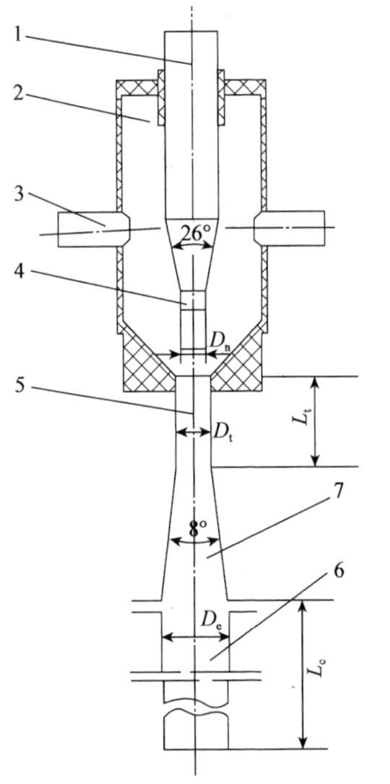

2. 液体喷射自吸式发酵罐 液体喷射吸气装置是这种自吸式发酵罐的关键装置，由梁世中、高孔荣教授研究确定的液体喷射吸气装置结构如图9-32所示。

经实验研究，喷射吸气装置适宜的几何参数为：$D_t/D_n=1.7\sim2.0$，$L_t/D_t=3\sim4$，$D_e/D_t=1.3\sim1.7$，喷射压力 $P_n=(3\sim6)\times10^4$Pa（表压）。

在此尺寸范围内，喷射自吸式发酵罐水-空气系统的体积传质系数的数学表达式为

$$k_LA=1.0(P_L/V_L)^{0.23}v_s^{0.91}(D_e/D)^{-0.46} \tag{9-28}$$

式中：D 和 D_e 为发酵罐和导流尾管内径（m）；P_L 为液体喷射功率（kW）；V_L 为发酵罐溶液体积（m³）；v_s 为空截面气流速度（m/s）。

应用10L喷射自吸式发酵罐培养面包酵母，干细胞浓度高达32kg/m³，比能耗0.47~0.73kW·h/kg干酵母，装料系数高达80%。若把喷射吸气装置水平安装改装成管式喷射自吸反应器，管长与管径之比达320~400。当喷射功率为15kW/m³时，体积传质系数高达4280h⁻¹，用于酵母生产的生产效率最高达6.24kg/（m³·h），酵母浓度达40kg dw/m³。当喷射压力在（5~13）×10⁴Pa时，溶氧比能耗为0.22~0.6kW·h/kg O₂。实验表明，若在上述的螺旋管式自吸反应器的管中装设间隔，可强化溶氧传质，其体积传质系数可表述为

$$k_LA=1.003(P_g/V_L)^{0.71}v_s^{0.28}(L/D)^{-0.32} \tag{9-29}$$

图9-32 液体喷射吸气装置结构
（朱明军和梁世中，2019）
1. 进风管；2. 吸气室；3. 进风管；4. 喷嘴；5. 收缩段；6. 导流管；7. 扩散段。
字母表示图中箭头所指部位的管径或者长度

式中：P_g 为输入功率（kW）；V_L 为管式反应器装液量（m³）；v_s 为空截面气流速度（m/s）；L 为反应器管总长度（m）；D 为管径（m）。

四、溢流喷射自吸式发酵罐

溢流喷射器在液体溢流时形成抛射流，由于液体的表面层与其相邻的气体的动量传递，靠近液体表面

的气体边界层具有一定的速率，从而形成气体的流动和自吸作用。流体处于抛射非淹没溢流状态，溢流尾管略高于液面，当尾管高1～2m时，吸气量较大。单层溢流喷射自吸式发酵罐结构见图9-33。

而Vobu-JZ双层溢流喷射自吸式发酵罐是在上述单层罐的基础上发展研制的，其不同点是发酵罐体在中部分隔成两层，以提高气液传质速率和降低能耗，其溶氧传质速率高达12～14kg O_2/（$m^3 \cdot h$），电耗为0.4～0.5kW $\cdot$ h/kg O_2。

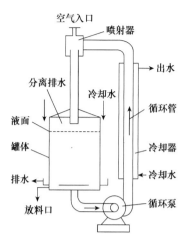

图9-33　单层溢流喷射自吸式发酵罐（邱立友，2007）

第四节　通风固相发酵设备

通风固相发酵工艺具有几千年的历史，最早起源于中国，广泛应用于酱油与酿酒生产，腌菜、茶叶发酵及农副产物生产饲料蛋白等，具有设备简单、投资少等优点。下面以最常用的自然通风固体曲发酵设备和机械通风固体曲发酵设备为代表进行讨论。

一、自然通风固体曲发酵设备

几千年前，中国在世界上率先使用自然通风固体制曲技术生产酱油和酿酒，一直沿用至今，尽管大规模的发酵生产大多已采用液体通风发酵技术。

自然通风制曲要求空气与固体培养基密切接触，以供霉菌繁殖和带走所产生的生物合成热，原始的固体曲制备采用木制的浅盘。大的曲盘没有底板，只有几根衬条，上铺竹帘、苇帘或柳条，或直接将帘子铺在架上，扩大了固体培养基与空气的接触面。

自然通风的曲室设计要求：易于保温、散热、排除湿气及清洁消毒等。曲室四周墙高3～4m，不开窗或开有少量的小窗口。四壁均用夹墙结构，中间填充保温材料。房顶向两边倾斜，使冷凝的汽水沿顶向两边流下，避免滴落在曲上，为方便散热和排除湿气，房顶开有天窗。

二、机械通气固体曲发酵设备

机械通气固体曲发酵设备与自然通风固体曲发酵设备的不同主要是前者使用了机械通风即鼓风机，因而强化了发酵系统的通风，使曲层厚度大大增加，不仅使曲的生产效率大大提高，而且便于控制曲层发酵温度，提高了曲的质量。

机械通气固体曲发酵设备如图9-34所示。曲室多用长方形水泥地，宽约2m，深1m，长度则根据生产场地及产量等选取，但不宜过长，以保持通风均匀；曲室底部应比地面高，以便于排水。池底应有8°～10°的倾斜，以使通风均匀。池底上有一层筛板，发酵固体曲料置于筛板上。料层厚0.3～0.5m，曲池的池底较低端与风道相连，其间设一风量调节闸门。曲池通风常用单向通风操作，为了充分利用冷量或热量，一般把离开曲层的排气部分经循环风道回到空调室，另吸入新鲜空气。

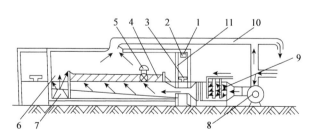

图9-34　机械通气固体曲发酵设备（梁世中，2011）

1. 输送带；2. 高位料斗；3. 送料小车；4. 曲料室；5. 进出料机；6. 料斗；7. 输送带；8. 鼓风机；9. 空调室；10. 循环风道；11. 曲室闸门

本 章 小 结

　　大多数的生化反应都是需氧的，故通风发酵设备是需氧生化反应设备的核心和基础，在发酵过程中需要将无菌空气不断通入发酵罐，以提供微生物代谢所消耗的氧。通风发酵罐的类型多种多样，可以适应不同发酵工艺类型的要求，常用的通风发酵罐有机械搅拌式、气升式和自吸式等，其中机械搅拌通风发酵罐仍占据着主导地位。机械搅拌通风发酵罐主要部件有罐体、搅拌器、挡板、轴封、空气分布器、传动装置、冷却管（或夹套）、消泡器、人孔和视镜等。气升式反应器有多种类型，常见的有气升环流式、鼓泡式、空气喷射式等。自吸式发酵罐是一种不需要空气压缩机提供加压空气，而依靠特设的机械搅拌吸气装置或液体喷射吸气装置吸入无菌空气并同时实现混合搅拌与溶氧传质的发酵罐。

思考题

1. 解释概念：全挡板条件、通气强度、公称体积、平均循环时间、持气率。
2. 请说明通风搅拌发酵罐的结构及其功能。
3. 为什么通风搅拌发酵罐是发酵工业应用最普遍的反应器型式，有哪些优缺点？
4. 说明溶氧系数的影响因素及溶氧系数的主要测定方法。
5. 请简述气升式发酵罐与自吸式发酵罐的工作原理及其区别。
6. 发酵罐的操作步骤及常见故障有哪些？
7. 选2种或3种发酵反应器介绍并简述这些发酵反应器有哪些优缺点。

第十章 厌氧发酵设备

第一节 酒精发酵设备

过去由于酒精发酵罐容积较小，在设备工厂制造完毕才运到酒精厂安装调试。发酵罐大小不但取决于生产规模和发酵能力，还受车辆运载能力、运输沿途道路和桥梁承受能力、装卸能力等方面的限制。

目前，大型酒精发酵罐生产酒精的工艺已成熟。随着对发酵罐功能的深入研究和工艺生产实践经验积累，大型酒精发酵罐已在酒精厂现场制作，制造质量不断提高，不仅罐容已突破4000m³，发酵罐布局也更合理。

一、酒精发酵罐基本要求

在酒精发酵过程中，除满足酵母生长和代谢的必要工艺条件外，还需要一定的生化反应时间，在生化反应过程中将释放出一定数量的生物热。若该热量不及时移走，必将直接影响酵母的生长和代谢产物的转化率。因此，必须能够及时移走酒精发酵罐的热量。除此之外还应当满足：有利于发酵液的排出；便于设备的清洗、维修；有利于回收二氧化碳等条件。

二、酒精发酵罐的结构

发酵罐局部视频

（一）罐体

如图10-1所示，酒精发酵罐筒体为圆柱形，底盖和顶盖均为碟形或锥形的立式金属容器。罐顶装有废气回收管、进料管、接种管、压力表、各种测量仪表接口管及供观察清洗和检修罐体内部的人孔等，罐身上下部装有取样口和温度计接口，罐底装有发酵液及污水排出口。

（二）冷却装置

对于中小型发酵罐，多采用罐顶喷水淋于罐外表面进行膜状冷却；对于大型发酵罐，罐内装有冷却蛇管或罐内蛇管和罐外壁喷洒联合冷却装置，为了避免发酵车间的潮湿和积水，要求在罐体底部沿罐体四周装有集水槽。采用罐外列管式喷淋冷却的方法，具有冷却发酵均匀、冷却效率高等优点。

（三）洗涤装置

1. 水力洗涤器 近年来，酒精发酵罐已逐步采用水力洗涤器，从而改善了劳动强度，提高了劳动效率和操作安全性。水力洗涤器如图10-2所示，由一根两头装有喷嘴的洒水管组成，两头喷水管有一定的弧度（R），喷水管上均匀地钻有一定数量的小孔，喷水管安装时呈水平，喷水管接头与固定供水管相连接，它是借喷水管两头喷嘴以一定喷射初速度而形成的反作用力，使喷水管自动旋转，在旋转过程中，喷水管内的洗涤水由喷水孔均匀喷洒在罐壁、罐顶和罐底上，从而达到水力洗涤的目的。对于120m³的酒精发酵罐，采用$\phi 36mm \times 3mm$的喷水管，管上开有$\phi 4mm \times 30$个小孔，两头喷嘴口径为9mm。发酵罐水力洗涤器的特点：结构简单；操作方便，改善劳动强度，提高工作效率；

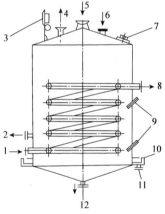

图10-1 酒精发酵罐（刘凤霞，2015）
1. 冷却水入口；2. 取样口；3. 压力表；
4. CO₂气体出口；5. 喷淋水入口；6. 料液及酒母入口；7. 人孔；8. 冷却水出口；
9. 温度计；10. 集水槽；11. 喷淋水出口；
12. 发酵液及污水排出口

在水压不大的情况下，水力喷射强度和均匀度都不够理想，以致洗涤不彻底，大型发酵罐更明显。

2. 水力喷射洗涤装置　水力喷射洗涤装置如图10-3所示。它是一根直立的空心分配管，沿轴向安装于罐的中央，在垂直喷水管上按一定的间距均匀地钻有ϕ4～6mm的小孔，孔与水平呈20°角，水平喷水管接头上端接供水总管，下端和垂直喷水管相连接，洗涤水压为0.6～0.8MPa。水流在较高压力下，由水平出口处喷出，使其以48～56r/min自动旋转，并以极大的速度喷射到罐壁各处。而垂直喷水管也以同样的水流速度喷射到罐体四壁和罐底，因此，约5min就可完成洗涤作业。洗涤水若用沸热水，还可提高洗涤效果。发酵罐水力喷射洗涤装置的特点：在水力洗涤器基础上，增加垂直分配管，加强对罐壁和罐底的洗涤功能，提高洗涤效果。

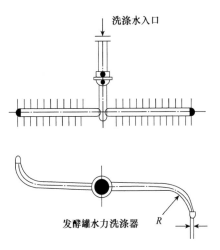

图10-2　发酵罐水力洗涤器
（刘凤霞，2015）

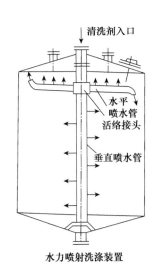

图10-3　水力喷射洗涤
装置（刘凤霞，2015）

3. 酒精发酵罐的操作要点

（1）进料前，先检查罐的阀门是否关闭，压力表是否正常。

（2）用泵将冷却好的糖化液送入发酵罐，并检查膨液温度。

（3）按要求的量接入酒母成熟，一般一次（加满法）接入量为10%。

（4）间歇发酵温度为30～34℃，超过34℃要冷却降温。

（5）发酵过程中要采用酒精捕集器回收酒精，做好CO_2利用工作。

（6）对发酵成熟醪指标进行测定和分析，发酵时间为58～72h，通常60多个小时发酵完毕。

发酵酒精度一般为8%～10%（体积分数），高的可达10%～12%。通过对成熟醪液分析，可发现生产中存在的问题并采取相应的措施。

4. 酒精发酵罐中发酵液循环原理　酒精发酵罐发酵时，罐内不同高度的发酵液CO_2含量不同，形成CO_2含量梯度。罐底CO_2气泡密集程度较高，酸液密度小，罐上部CO_2气泡密集程度低，酸液密度大。于是，底部发酵液具有上浮提升能力。同时，上升CO_2气泡对周围液体也具有拖拽力。拖拽和液体上浮的提升力一起形成气体搅拌作用，使发酵液在罐内循环。因此，酒精发酵罐不配置机械搅拌器。但发酵罐体积大时，可配置侧向搅拌装置。

三、酒精发酵罐的计算

（一）发酵罐结构尺寸的确定

发酵罐全体积可按式（10-1）计算：

$$V = \frac{V_0}{\varphi} \tag{10-1}$$

式中：V 为发酵罐的全体积（m^3）；V_0 为进入发酵罐的发酵液量（m^3）；φ 为装液系数，可取 $0.85 \sim 0.90$。

带有锥形底、盖的圆柱形发酵罐全体积为

$$V = \frac{\pi}{4} D^2 \left(H + \frac{h_1}{3} + \frac{h_2}{3} \right) \tag{10-2}$$

式中：D 为罐的直径（m）；H 为罐的圆柱部分高度（m）；h_1 为罐底高度（m）；h_2 为罐盖高度（m）。

酒精发酵罐的罐体高度、底、盖高度和罐径的尺寸关系可推荐如下：

$$H = 1.1 \sim 1.5 D$$
$$h_1 = 1.1 \sim 1.5 D$$
$$h_2 = 1.1 \sim 1.5 D$$

根据发酵罐的全体积 V 和径高比 H/D 等，即可确定发酵罐的结构和尺寸。

（二）发酵罐罐数的确定

对于间歇发酵，发酵罐罐数可按式（10-3）计算：

$$N = \frac{nt}{24} + 1 \tag{10-3}$$

式中：N 为发酵罐个数（其中一个备用）；n 为每 24h 内进行加料的发酵罐数目（个）；t 为一次发酵周期所需时间（h）。

（三）发酵罐冷却面积计算

发酵罐冷却面积的计算可按传热基本方程式来确定，即

$$A = \frac{Q}{K \Delta T_m} \tag{10-4}$$

式中：Q 为总的发酵热（J/h）；K 为传热总系数 [J/（$m^2 \cdot h \cdot \text{℃}$）]；$\Delta T_m$ 为对数平均温度差（℃）；A 为冷却面积（m^2）。

1. 总的发酵热 Q　　微生物在嫌气发酵过程中总的发酵热，一般由生物合成热 Q_1、蒸发损失热 Q_2、罐壁向周围散失的热损失 Q_3 三部分热量组成。

微生物的生物合成热是由维持微生物生命活动的呼吸热、促进微生物增殖的繁殖热及微生物形成代谢产物的发酵热所组成，由于各种微生物的生理特性和代谢途径不同，故对于微生物的合成热至今难以准确计算。

对于确定酒精、啤酒等嫌气发酵的发酵热，一般按发酵最旺盛时单位时间糖度降低的百分值来计算，通常以消耗 1kg 麦芽糖发酵放出的热量约为 650kJ 为计算基准。但据资料报道，在 100g 麦芽汁中可发酵糖，发酵放热量为 41 860J，因此，消耗 1kg 麦芽糖发酵放出的实际热量为 418.6kJ。如果发酵液不进行冷却，则发酵温度可升高 10℃。

此外，对于小型试验罐，也可在发酵最旺盛时，测定其冷却水的进出口温度和单位时间内的耗水量，从而得出小型试验罐的放热量 Q_1'。

$$Q_1' = W c_p (T_2 - T_1) \tag{10-5}$$

式中：Q_1' 为小型试验罐的放热量（J/h）；W 为冷却水的消耗量（kg/h）；c_p 为冷却水的平均比热容 [J/（$kg \cdot \text{℃}$）]；T_1 为冷却水的进口温度（℃）；T_2 为冷却水的出口温度（℃）。

由所得 Q_1' 的热量，再扩大应用到生产罐上，则生产罐的 Q_1 为

$$Q_1 = \frac{Q_1'}{V_1'} V_1 \tag{10-6}$$

式中：V_1' 为小型试验罐中发酵液的体积（m^3）；V_1 为生产罐中发酵液的体积（m^3）。

代谢气体带走的蒸发损失 Q_2 与糖液浓度、发酵程度好坏有关，除间接测定外，目前还难具体计算，一般计算时可取 Q_1 的 5%～6%。

无论发酵罐置于室内还是室外，均要向周围空间散失热量 Q_3，这部分热量由对流和辐射组成，具体计算可参阅有关资料。所以总的发酵热是

$$Q = Q_1 - (Q_2 + Q_3) \tag{10-7}$$

2. 对数平均温度差 ΔT_m 的计算

$$\Delta T_m=\frac{(T_F-T_1)-(T_F-T_2)}{\ln\dfrac{T_F-T_1}{T_F-T_2}} \tag{10-8}$$

式中：T_F 为主发酵时的发酵温度（℃）；T_1、T_2 分别为冷却水进出口温度（℃）。

3. 传热总系数 K 的确定 传热总系数可由传热系数和热阻组成。发酵液到蛇管壁的传热系数 K_1，由于在罐内发酵温度场的不均匀性，以及代谢气体逸出致使液体的扰动，情况较为复杂。一般计算时，仍依据生产经验数据或以直接测定为准，然而，由于发酵液的组分和浓度等不同，其不同发酵液的 K_1 也有所不同，对酒精发酵而言，其 K_1 可取 2300～2700kJ/（$m^2 \cdot h \cdot ℃$）。从冷却管壁到冷却水的传热分系数 K_2，若采用蛇管冷却，以水作冷却剂，则可采用下列简化式计算：

$$K_2=4.186A\frac{(\rho v)^{0.8}}{D^{0.2}}\left(1+1.77\frac{D}{R}\right) \tag{10-9}$$

式中：K_2 为蛇管的传热分系数 $[kJ/（m^2 \cdot h \cdot ℃）]$；$A$ 为常数，水温20℃时，取6.45；ρ 为水的密度（kg/m^3）；v 为蛇管内水的流速（m/s）；D 为蛇管直径（m）；R 为蛇管圈半径（m）。

若采用罐外壁喷淋冷却，则 K_2 为

$$K_2=167\frac{\rho_1^{0.4}}{D_m^{0.6}} \tag{10-10}$$

式中：ρ_1 为喷淋密度 $[kg/（m^2 \cdot h）]$；D_m 为罐外径（m）。

式（10-10）适用于喷淋密度在 100～1500kg/（$m^2 \cdot h$）。

确定了上述各项计算参数后，即可按式（10-4）算出冷却面积，然后对冷却装置进行结构设计，最后确定实际传热面积。

4. 冷却水耗量的计算 由热平衡方程式得

$$Q_A=Q_B \tag{10-11}$$

式中：Q_A 为酒精或其他发酵产品的总发酵热（J/h）；Q_B 为冷却水带走的热量（J/h）。

因为

$$Q_A=Q_B=Wc_p(T_2-T_1) \tag{10-12}$$

所以

$$W=\frac{Q_B}{c_p(T_2-T_1)} \tag{10-13}$$

式中：W 为冷却水的消耗量（kg/h）；c_p 为冷却水平均温度（T_1+T_2）/2时的比热容 $[J/（kg \cdot ℃）]$；T_1、T_2 分别为冷却水进、出口温度（℃）。

四、酒精捕集器

发酵过程中，随 CO_2 带走酒精的损失量为 0.5%～1.2%。为回收这些酒精，工厂采用在发酵车间设置酒精捕集器的方法。常用捕集器有泡罩塔式、填料式和复合式三种。

酒精捕集器的作用原理是利用酒精易被水吸收溶解的特征，含酒精的 CO_2 混合气与水接触时，所含酒精蒸气被水吸收，为稀酒精溶液，达到回收的目的。

第二节 啤酒发酵设备

近年来，啤酒发酵设备向大型、室外、联合的方向发展。迄今为止，使用的大型发酵罐容量已达 1500m^3。大型化的目的是：使啤酒质量均一化；体积大，啤酒生产的罐数减少，降低了主要设备的投资。目前使用的大型发酵罐主要是立式罐，如奈坦罐、联合罐和朝日罐等。由于发酵罐容量的增大，大多采用 CIP 系统。

一、啤酒前、后发酵设备

（一）前发酵设备

传统的主发酵一般是在发酵池内进行，也有的采用立式或卧式罐。发酵池大多为开放式的方形或圆形发酵容器，国外也有在敞口槽上安装可移动的有机玻璃拱形盖的发酵容器。主发酵池均置于隔热良好、清洁卫生的发酵室内，室内装有通气设备，以降低发酵室内的二氧化碳浓度。主发酵池可为钢板制，常见的采用钢筋混凝土制成，也有用砖砌、外面抹水泥的发酵槽。形式以长方形或正方形为主。尽管发酵池的结构形式和材质各不相同，但为了防止啤酒中有机酸对各种材质的腐蚀，主发酵池内均要涂布一层特殊涂料作为保护层。如果采用沥青石蜡涂料作为防腐层，虽然防腐效果好，但成本高，劳动强度大，且年年要维修，不能适应啤酒生产的发展。因此，采用不饱和聚酯树脂、环氧树脂或其他特殊涂料较为广泛，但还未完全符合啤酒低温发酵的防腐要求。

开放式主发酵池如图10-4所示。

如图10-5所示，传统的前发酵池（槽）均置于发酵室内，大多为开口式，少数为密闭式。最常见的是钢筋混凝土制成的水泥池（槽），形状为长方形和正方形，池（槽）内涂刷不饱和树脂、沥青石蜡或环氧树脂作为防腐层。

池（槽）底略有倾斜，以利排出酒液、酵母和废水。池（槽）一侧设有嫩啤酒出酒阀，高出池（槽）底10～15cm，其高度可调节，以阻挡沉降酵母进入后发酵罐。待嫩啤酒进入后发酵罐后，可拆去出口管头，进行酵母回收。为了维持发酵池（槽）内醪液的低温，在池（槽）中装有冷却蛇管或排管，冷却面积为0.2m²/m³发酵液。蛇管或排管中通0～2℃的冰水。除了在发酵池（槽）内装有冷却蛇管或排

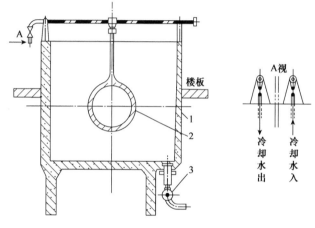

图10-4 主发酵池（池永红和范文斌，2014）
1. 池体；2. 冷却水管；3. 出酒阀
A. 表示A处的视角

管之外，还需在发酵室内配置冷却排管或空调装置，使室内维持工艺要求的温度和湿度。

对于开口式发酵池（槽）的发酵室，室内不能积聚高浓度的CO_2，否则危害人体健康。所以，一般采用供排风系统和空调设备，不断在室内补充10%的新鲜空气，并排出CO_2气体，同时进行冷风循环。既控制了室内CO_2浓度，又保证了室内低温的工艺要求。

对于密闭式发酵池（槽）的发酵室，室内也设置供排风系统和空调设备，除了补充新鲜空气并排出CO_2之外，主要进行冷风循环（图10-6），保证室内低温的工艺要求。发酵室四周墙壁和顶棚应有

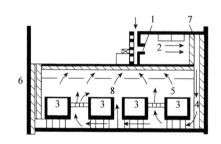

图10-5 前发酵室（置有开口式发酵池的供排风系统）（池永红和范文斌，2014）
1. 风机；2. 空气调节室；3. 开口式发酵池；
4. 冷空气风道；5. 控制气流方向的阀门；
6. 排风口；7. 保温墙；8. 操作台通道

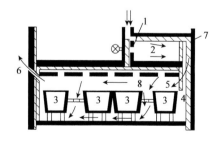

图10-6 前发酵室冷风循环系统（池永红和范文斌，2014）
1. 风机；2. 空气调节室；3. 密闭式发酵池；
4. 空气通道；5. 气流方向控制阀；6. 排风口；
7. 保温墙；8. 操作台通道

较好的绝热结构，绝缘厚度≥5cm。室内四周墙壁及发酵池（槽）外壁铺砌白瓷砖或红缸砖再涂以暗淡的油漆。室内地面通道用防滑瓷砖铺设，并有一定斜度，便于废水排出。顶棚呈倾斜或光滑弧面，避免冷却水滴入发酵池（槽）中。室内空调不宜太高，单位体积发酵池（槽）应尽可能最大，以节省能耗。

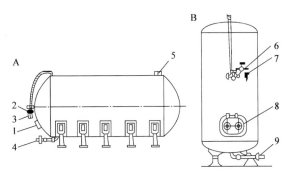

图10-7   后发酵罐（池永红和范文斌，2014）

A. 卧式；B. 立式。1、8. 人孔；2. 连通接头（排二氧化碳等）；
3. 取样旋塞；4. 啤酒放出阀；5. 压力表和安全阀；6. 压力调节
装置；7. 取样口；9. 啤酒放出口

（二）后发酵设备

后发酵罐（图10-7）又称为储酒罐，该设备主要完成嫩啤酒的继续发酵，并饱和CO_2，促进啤酒的稳定、澄清和成熟。后发酵罐一般为采用A碳钢板材料制成的金属圆筒形的密闭罐，内刷防腐涂料。有立式和卧式两种形式，大多采用卧式。由于后发酵的温度由室温控制，因此后发酵罐内无须再安装冷却蛇管。由于发酵过程中需要饱和CO_2，所以后发酵罐应制成耐压0.1~0.2MPa（表压）的容器。罐身装有人孔、取样阀、液位计、进出啤酒接口、CO_2放气阀、压缩空气接口、压力表、安全阀等。根据工艺要求，后发酵室要比前发酵室维持更低的发酵温度，一般为0~2℃，后发酵产生的发酵热借助室内低温将其带走。因此，贮酒室的建筑结构和保温要求均不能低于前发酵室，而且需要安装冷却排管或安装空调进行冷风循环。

后发酵室又称为贮酒室。根据工艺要求，后发酵室要比前发酵室维持更低的发酵温度，一般为0~2℃。因此，贮酒室的建筑结构和保温要求均不能低于前发酵室；而且需要安装冷却排管或安装空调进行冷风循环。目前，先进的啤酒生产企业均将后发酵罐全部放置在隔热的后发酵室内，维持一定的后发酵温度。相邻的后发酵室外建有绝热保温的操作通道，通道内保持常温，开启发酵罐的管道和阀门都接通至通道内，在通道内进行后发酵的调节和操作。后发酵室和通道相隔的墙壁上开有玻璃窥镜窗，以观察后发酵室的情况。

二、啤酒前、后发酵设备的计算

（一）前发酵槽的计算

1. 发酵槽数目的确定   采用小容量的发酵槽，将导致一系列非生产性消耗的增加。体积小，槽数目多，又必然增加投资费用，所以一般不宜采用。

在一个发酵槽内可容纳一次麦芽汁量的前提下，发酵槽数目可按式（10-14）计算：

$$N = nt \tag{10-14}$$

式中：N为发酵槽数目（个）；n为每日糖化次数；t为前发酵时间（d）。

若单个发酵槽可容纳糖化一次麦芽汁量的整数倍，则发酵槽数目可按式（10-15）计算：

$$N = nt/Z \tag{10-15}$$

式中：Z为在一个发酵槽内容纳一次糖化麦芽汁量的整数倍。

由此可见，在一个发酵槽内容纳一次糖化麦芽汁量的前提下，发酵槽的数目仅取决于每日糖化次数和前发酵时间，而与生产量及生产的不平衡性无关。

2. 前发酵槽容积的确定   计算糖化一次麦芽汁盘或其量的整数倍，同时适当考虑泡沫所占的空间，即可确定发酵槽的体积。计算如下：

$$V = \frac{ZV_0}{\varphi} \tag{10-16}$$

式中：V为前发酵槽的全容积（m^3）；V_0为糖化一次麦芽汁量（m^3）；Z为在一个发酵槽中容纳糖化一次麦

芽汁量的整数倍；φ 为装液系数，取 0.8～0.85。

3. 前发酵槽冷却面积的计算 啤酒前发酵槽冷却面积的计算见式（10-4）。由前所知，通常发酵 1kg 麦芽汁放热量为 418 600J，对于每立方米发酵麦芽汁在主发酵期间每小时的放热量应为

$$Q=\frac{\varepsilon\Delta sq\rho}{24t} \tag{10-17}$$

式中：ε 为主发酵期间放热不平衡系数，取 1.3～1.5；Δs 为主发酵期，单位时间内麦芽汁糖度差百分率（%）；q 为发酵 1kg 麦芽糖的放热量（J/kg）；ρ 为麦芽汁平均密度（kg/m³）；t 为主发酵期间麦芽汁实际需要冷却天数，$t=n-2$，n 为主发酵的天数，间歇发酵的头末两天不需要冷却。

在计算从发酵麦芽汁到蛇管壁的传热分系数 α_2 时，可将啤酒发酵液近似作自然对流传热，在具体情况下（$G_rP_r=5\times10^2\sim2\times10^7$），$\alpha_2$ 可用式（10-18）近似计算：

$$\alpha_2=2.5c\cdot\sqrt[4]{T_1-T_2} \tag{10-18}$$

式中：α_2 为传热分系数 [kJ/（m³·h·℃）]；T_1 为啤酒温度（℃）；T_2 为蛇管外表面温度（℃）；c 为比例系数，随液体的平均温度而变化，见表 10-1。

表 10-1 比例系数与液体平均温度的对应关系（梁世中，2002）

$(T_1+T_2)/2$	2	4	6	8	10
c	125	150	170	185	204

（二）后发酵槽的计算

若选定每个后发酵槽的容量后，根据后发酵槽总的有效体积，可按式（10-19）确定后发酵槽的数目：

$$N=\frac{V}{V_s} \tag{10-19}$$

式中：N 为后发酵槽数目（个）；V 为后发酵槽总的有效体积（m³）；V_s 为每个发酵槽的有效体积（m³）。

必须指出，后发酵槽总的有效体积，主要根据啤酒年产量、啤酒的品种、贮酒时间（酒龄）而定。例如，有 10 万 kL 的啤酒厂，其全年计划产品分配如表 10-2 所示。

表 10-2 10万 kL 的啤酒厂全年计划生产品种分配表（梁世中，2011）

季度	占年产量百分比/%	产量/kL		
		熟啤酒	鲜啤酒	合计
第一季度	20	10 000	10 000	20 000
第二季度	30	10 000	20 000	30 000
第三季度	30	10 000	20 000	30 000
第四季度	20	10 000	10 000	20 000

按传统啤酒生产方式，熟啤酒贮酒期为 60d，鲜啤酒贮酒期为 45d。由于全年产量最大负荷在第二、三季度，因此，以第二、三季度为计算基准，所确定的后发酵槽的总体积即可满足该厂全年产量所需贮酒罐罐数的要求。若假定啤酒的密度近似为 1000kg/m³，则鲜啤酒需后发酵槽的总有效体积为

$$20\,000\times45\div90=10\,000\,（\mathrm{m^3}）$$

熟啤酒需后发酵槽的总有效体积为

$$10\,000\times60\div90=6667\,（\mathrm{m^3}）$$

合计后发酵槽的数目为

$$N=16\,667\div300=56\,（个）$$

已知每个后发酵槽的有效体积 V_s 和该槽的装填系数，则可确定后发酵槽的全体积：

$$V_0=\frac{V_s}{\varphi} \tag{10-20}$$

式中：φ 为装液系数，取 0.9～0.95。

确定发酵槽的全体积后,其槽的结构尺寸就不难确定了。贮酒槽结构形式对合理利用生产车间(贮酒室)有很大影响。在1m²生产面积上可以得到贮酒槽的有效体积,对于立式圆筒形为300~500L,卧式圆筒形为500~600L,四角矩形为600~800L。

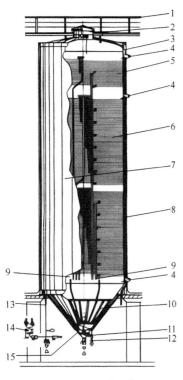

图10-8 锥形罐示意图
(黄芳一等,2019)

1. 操作平台;2罐顶装置;3. 电缆管和排水管;4. 感温探头;5, 6, 8. 冷却夹套;7. 保温层;9. 液氨流入口(左)和流出口(右);10. 锥底冷却夹套;11. 锥底人孔;12. 取样阀;13. 清洗管或排气管;14. 保压装置;15. 内容物容积测量装置、空罐探头

三、新型啤酒发酵设备

圆筒体锥底立式发酵罐(简称锥形罐)已广泛用于发酵啤酒生产。锥形罐可单独用于前发酵或后发酵,还可以将前、后发酵合并在该罐进行(一罐法)。这种设备的优点在于能缩短发酵时间,而且具有生产上的灵活性,故能适合于生产各种类型啤酒的要求。目前,国内外大型啤酒工厂基本上均使用锥形罐,如图10-8所示。

这种设备一般置于室外,罐顶呈圆弧状,中部为圆柱体,罐底为锥形,罐身具有冷却夹套和保温层,并有相当的高度。锥形罐啤酒发酵工艺有单罐法和双罐法两类。单罐法是指前发酵、主发酵、贮酒全部在一个罐中完成;双罐法则指在两个罐中完成上述工艺过程。对于单罐法,一般筒体直径D与筒体高度H之比为1:(1~2);对于双罐法,前发酵罐D:H为1:(3~4);贮酒罐D:H为1:(1~2)。考虑到发酵中要有利于酵母自然沉降,发酵罐的锥底夹角以73°~75°为宜;对于贮酒罐,因沉淀物很少,主要考虑材料利用率,常取锥底夹角为120°~150°。

已灭菌的新鲜麦芽汁与酵母由底部送入罐内,发酵最旺盛时,使用全部冷却夹套,维持适宜的发酵温度。国内多采用低温低压(−3℃,0.03MPa)液态冷媒在半圆管、弧形管的夹套或米勒板式夹套内流动换热。冷却夹套一般分为3段,上段距发酵液面15cm向下排列,中段在筒体的下部距支撑裙座15cm向上排列,锥底段尽可能接近排酵母口,向上排列。冷媒多采用乙二醇或酒精溶液,也可采用液氨(直接蒸发)。罐身和罐盖上均装有人孔,罐顶装有压力表、安全阀和玻璃视镜。在罐底装有净化的CO_2充气管。考虑CO_2的回收,就必须使罐内的CO_2维持一定的压力,所以大罐就成为一个耐压罐,设有安全阀,罐的工作压力根据其不同的发酵工艺而有所不同。若作为前发酵和贮酒两用,就应以贮酒时CO_2含量为依据,所需的耐压程度要稍高于单用于前发酵的罐。

大型发酵罐的设计是一项必须周密考虑的技术工作。应该仔细考虑罐的耐压要求、热交换及内部清洗等方面。

由于大型发酵罐的CO_2产生量很大,所以要考虑CO_2的回收。为了从罐中收集CO_2,就必须使罐内的CO_2维持一定的压力,以克服气体收集系统的摩擦压头。所以大罐就成为一个耐压罐,就有必要设立安全阀。安全阀的规格及调整的范围应根据罐的工作压力来确定。罐的工作压力根据其不同的发酵工艺而有所不同。单作前发酵用的罐,在确定工作压力时仅以发酵时的CO_2含量为依据,所需的耐压程度是很低的,当然如果采用加压发酵工艺就应提高罐的耐压力。若作为前发酵和贮酒两用,就应以贮酒时CO_2含量为依据,所需的耐压程度要稍高于单用于前发酵的罐。根据英国设计法则BS5500(1976)的规定:如大罐的工作压力为x磅/in²(1磅/in²=0.07kg/cm²),则设计时用的罐压力是x(1+10%)磅/in²。当压力达到罐的设计压力时,安全阀应开启。安全阀最大的工作压力是设计压力加10%,此时安全阀应被完全打开。

罐内真空主要是发酵罐在密闭条件下转罐或进行内部清洗造成的。由于大型发酵罐在工作完毕后放料的速度很快,有可能造成一定的负压。另外,即便罐内留存一部分CO_2气体,在进行清洗时,CO_2有被除去的可能。由于清洗溶液中含有碱性物质,能与CO_2起反应而除去CO_2气体,因而也会造成真空。所以,大型发酵罐应设防止真空的装置。真空安全阀的作用是允许空气进入罐内,以建立罐内外压力的平衡。罐内CO_2的去除量可根据进入清洗液的碱含量算出,并进一步计算出需要进入罐内的空气量。

大罐设计时的另一个重要问题是罐内的对流与热交换。发酵罐中发酵液的对流主要依靠其中CO_2的作用。由于容器较大，在不同高度的发酵液中CO_2含量有所不同，在整个锥形罐的发酵液中形成一个CO_2含量的梯度。液体中存在气泡而使其相对密度降低。气泡密集程度高的罐底部液层，其相对密度小于气泡密度低的罐上部液层，于是相对密度较小的发酵液具有上浮的提升力。而且在发酵时上升的二氧化碳气泡对周围的液体具有一种拖曳力。由于拖曳力和提升力结合后所造成的气体搅拌作用，罐的内容物得到循环，促进了发酵液的混合及热交换。此外，冷却操作时啤酒温度的变化也会引起罐内容物的对流循环。

四、CIP系统

啤酒发酵罐的容量不断增大，且大部分安装在室外，传统的清洗方法已不适用，必须采用自动化的CIP系统。

图10-9是两个容量为800m³，安装于室外的发酵罐的CIP系统的联结流程。由于大罐建在室外，所以连接的管道要长而且主管的管径必然要大，一般为150mm。如果在大罐中加澄清剂，会在罐底形成沉渣层，故在罐的出料处设一沉渣阻挡器5，同时为了能放尽罐底的存液，出料处应是一双重出口6。沉于罐底的沉渣固形物具有一定的经济价值，应该回收，所以在洗罐时要尽可能少用水冲出沉渣，以免稀释。这两个罐具有倾斜的平底，双重出口安装于倾斜度的低处，罐顶有喷洗液进口及通气管4的出口。

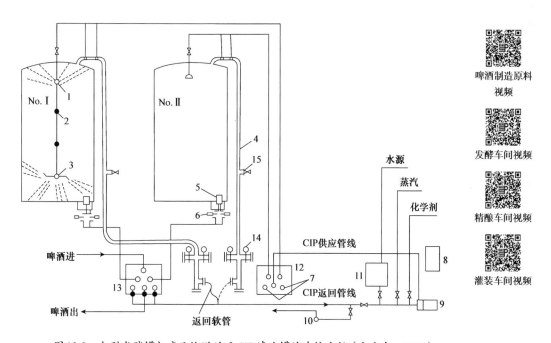

图10-9 大型发酵罐与产品输送站及CIP清洗罐的连接流程（邱立友，2007）

1. 固定喷头；2. 滑动接头；3. 回转喷头；4. 通气管；5. 沉渣阻挡器；6. 双重出口；7. 微型开关；8. 控制盘；
9. CIP供应泵；10. 污水泵；11. 水箱；12. 清洗剂分配站；13. 啤酒进出站；14. 压力调节阀；15. 通气阀

图10-9表示大罐与啤酒进出站13、清洗剂分配站12及CIP循环单位之间的关系。啤酒进出站是供嫩啤酒（麦芽汁）进入管、啤酒输出管及清洗管之间进行任意联结。通气管的出口应在低于罐出口的位置由橡皮管与清洗液返回管线相连接。CIP循环单位设在酒库内，包括微型开关7（控制清洗液的进出）、控制盘8、CIP供应泵9、污水泵10、水箱11。控制盘通过仪表来控制与CIP系统的控制装置是有关系的，所以在可清洗操作开始前先将通气阀开启。清洗液返回管线的位置是在通气管末端之下，这样可以在CIP操作时保证通气管也能得到有效的清洗。通气阀位置应在罐内清洗液的液位之上，可防止清洗后由于罐的冷却而造成真空，因为它可以无阻地补入空气。通气管下部还具有压力调节阀14。CIP工作程序是自动控制进行的，从控制盘上可以通过仪表记录下温度、压力及时间等参数。

整个清洗程序分7个步骤：①预冲洗，在罐底的沉渣放了一半之后进行，每次预冲洗的时间为30s，进行10次，是通过回转喷嘴进行的，每次冲洗之后要有30s的排泄时间，主要排去底部的沉渣。②在罐底被冲干净后，用定量的水充入CIP的供应及返回管线，改变系统进行碱预洗，自动地将清洗剂加入供水中，使清洗剂成为一种氯化了的碱性清洗剂，其总碱度在3000～3300mg/kg，用这种碱液循环16min。在此期间CIP供应泵吸引端注入蒸汽，使清洗液温度维持在32℃左右。③中间清洗，用CIP循环单位的水罐来的清水进行4min冲洗。④从气动器来的空气流入罐顶的固定喷头，然后进行3次清水的喷洗，每次30s，从罐顶沿罐身的四周冲洗下来。⑤进行碱液喷冲，用总碱度为3500～4000mg/kg氯化了的碱液进行喷冲，碱液的温度为32℃左右，喷冲循环15min。⑥用清水冲洗，将残留于罐表面及管线中的碱液冲洗干净。⑦最后用酸性水冲洗循环，以中和残留的碱，放走洗水，使罐内保持弱酸状况。

进行大型罐清洗工作的关键设备是喷嘴（也称喷头）。喷嘴分两种，一种是固定喷嘴，位于罐的上部；另一种是回转喷嘴，位于罐的下部。固定喷嘴位于罐顶下1.2m处，回转喷嘴位于罐底以上约2.4m处。固定喷头是一种低容量低压的球形喷头，在进行基本操作之前用特殊的回转喷嘴除去罐底的固形物残渣。固定喷头位于50mm的清洗液供应管上，也可以控制进入底下回转喷嘴中清洗液的量。通过活管接头（也称滑动接头）用几根50mm的管子来支撑回转喷嘴，它带有推动喷嘴，其位于回转喷嘴的伸长臂上，当喷嘴在聚四氟乙烯轴承上回转喷洗时，产生一种对罐底残渣刮冲的作用。这两种喷嘴都是不锈钢的，能自我清洗。回转喷嘴的转速为15～20r/min。这两种喷嘴清洗液的流量为750L/min。

上述CIP系统为固定式，它可与一至数个发酵罐联结，罐数越多，联结越复杂，使用管线也越多。因此，目前也有使用活动CIP系统的工厂。CIP清洗液供应及返回管线不做固定的联结，CIP循环单位装于手推轮车上，使用时推至要清洗的大罐位置，用橡皮软管使CIP循环单位与大罐洗液进出口临时联结成循环系统。这样，一台CIP循环单位可用于数个发酵罐而不需要使用众多固定的联结管线。但操作劳动强度较大，自动化程度不高。

发酵罐CIP清洗时常用的方法为碱循环清洗、酸循环清洗或二者的结合。近年来，大多数啤酒厂倾向于使用酸循环清洗或者高温碱洗。高温碱洗相对于常温碱洗，可有效缩短清洗时间，且成本较低，清洗一个发酵罐可节约250～450元成本。但清洗工艺要与实际情况相结合，包括发酵罐的材料、CIP清洗泵的流量、发酵罐的位置等，都与碱暴冲和冲水时间、碱循环温度有关。

第三节　厌氧发酵反应器

厌氧生物技术是利用厌氧微生物的代谢特性分解有机污染物，在不需要提供外源能量的条件下，以被还原有机物作为受氢体，同时产生有能源价值的甲烷气体的一种处理技术。厌氧生物处理过程的实质是一系列复杂的生物化学反应，其过程包括水解酸化、产乙酸和产甲烷阶段，各阶段都由特定的生物菌群完成。其中底物、各类中间产物及各种微生物菌群之间的相互作用，形成了一个复杂的微生物生态系统。各类微生物的平稳生长、物质和能量流动的高效顺畅是维持厌氧过程稳定的必要条件。如何培养和协调相关各类微生物的平衡生长，最大程度地发挥其中的微生物代谢活性，并拓宽适用范围，是厌氧反应器开发和发展的基本思想和工作目标。

处理污水的厌氧反应器的发展经历了3个阶段：第1阶段的代表反应器是化粪池，其沉淀过程与厌氧发酵过程同时进行，厌氧菌浓度低，细菌与有机污染物接触差，处理效果差；第2阶段发展了以提高微生物浓度和停留时间、缩短液体停留时间为目的的反应器，如厌氧生物滤池（ABF）、厌氧流化床（AFB）、厌氧折流板反应器（ABR）和上流式厌氧污泥床（UASB）等，其中以UASB的发展最为引人注目，但是它也存在一些问题，当进水有机物浓度低、产气量小时，有机污染物与厌氧菌之间的传质效果不佳；第3阶段发展的厌氧反应器主要是为了解决UASB的传质问题，拓展处理水质，扩大其水力负荷和有机负荷的适用范围而开发的。国外目前研究应用比较多的有膨化颗粒污泥床（EGSB）、厌氧内循环（IC）反应器与厌氧膜生物系统（AMBS）等。

1. 化粪池（septic tank）　1860年法国人Louis Mouras将简易沉淀池改进为污水处理构筑物。1895年英国的Cameron创造了一种类似Mouras自动净化器的构筑物，被命名为化粪池。化粪池是较早发明的厌氧反应器，也是目前最常用的污水原地预处理系统。它可以单独或者与其他工艺组合起来处理污水。

典型的化粪池可以去除污水中可沉性固体、油脂等，去除率可以达到60%～80%，BOD去除率可以达30%～50%。该工艺具有结构简单、建造与运行成本低、耐冲击、负荷能力非常强等优点，但是由于污水在池内的停留时间较短、温度较低（不加温条件下，与气温接近）、污水与厌氧微生物的接触也较差，因而化粪池的主要功能是预处理，即仅对生活污水中的悬浮固体加以截留并消化，而对溶解性和胶态的有机物的去除率则很低，远不能达到城市污水排放的相关标准。

2. 厌氧生物滤池（anaerobic biological filter，ABF）　20世纪60年代末，Young和McCarty发明了基于微生物固定化原理的高效厌氧反应器——厌氧生物滤池。它是采用填料作为微生物载体的一种高速厌氧反应器。填料改善了微生物的生存环境，提高了微生物的浓度，因此反应器的效率比较高。根据水的流向分，厌氧生物滤池有上流式和下流式两种。上流式滤膜形成较快，容积负荷比较高，但是容易堵塞，需要定期反冲洗；而下流式滤膜的形成比较慢，容积负荷也比较低。厌氧生物滤池主要适用于含悬浮物量很少的溶解性有机废水。

3. 厌氧流化床（anaerobic fluidized bed，AFB）　为了解决厌氧生物滤池的堵塞和提高负荷等问题，美国Jeris等于20世纪70年代初期提出了厌氧流化床工艺，用于处理有机废水。厌氧流化床是依靠在惰性填料表面形成的生物膜来保留厌氧污泥。其填料在较高的上流速度下，传质作用比较强，可以在较短的水力停留时间情况下运行。此外，这种反应器可以高效去除悬浮物固体，因为绝大部分的固体在酸化之前都会被填料截留。但是，为了维持较高的上流速度，需要大量的回流水，这些将导致能耗加大、成本上升。

4. 厌氧折流板反应器（anaerobic baffled reactor，ABR）　厌氧折流板反应器是P. L. McCarty教授于1981年提出的一种新型高效厌氧反应器。ABR分为若干隔室，在处理高浓度污水时，前面的隔室以水解菌为主，后面的隔室以甲烷菌为主，各个隔室的条件不同，为不同种的微生物创造了不同的适宜生存环境，因此处理效果比较好。但是，在进水浓度较低（COD为500mg/L）时，发酵菌、产酸菌和产甲烷菌在不同隔室中的选择性积累不会发生，处理效果就会受到影响。而城市生活污水的COD一般在300～500mg/L，浓度比较低，因此ABR并不非常适合城市生活污水的处理，在中温中浓度（1～10g COD/L）或者高浓度（>10g COD/L）的废水处理方面，ABR的处理效果比较好，COD去除率可以达到95%以上。

5. 上流式厌氧污泥床（up-flow anaerobic sludge bed，UASB）　上流式厌氧污泥床反应器是荷兰Wageningen农业大学的Lettinga等于1980年初研制成功的。1989年Barbosa等利用城市污水中悬浮物的沉降积累作为反应器接种污泥，实现了UASB反应器的顺利启动。20世纪90年代开始应用于处理生活污水，并已在巴西、墨西哥和哥伦比亚等热带、亚热带国家建设了多座以UASB为主体的城市污水处理厂，运行效果良好。UASB反应器的废水自下而上通过厌氧污泥床，床底是一层絮凝和沉降性能良好的颗粒污泥层，中部是一层悬浮层，上部设有三相分离器以完成气液固分离的澄清区。相比其他厌氧反应器，它具有操作和结构简单、处理费用低、占地面积小、处理效率高、出水水质好等优点。但是，由于厌氧微生物生长缓慢，生物增长量低，因此在处理低浓度的城市生活污水时出现了颗粒污泥培养困难的问题。在低浓度UASB启动的研究方面，国外的Brito等在研究中应用UASB反应器处理低浓度废水时，没有培养出完整的颗粒污泥，只得到了一些绒毛状的球形污泥。SotoM等在中温（30℃）和低温（20℃）下用低浓度煎糖废水（COD为500mg/L）启动UASB反应器，在1～2月都培养出了颗粒污泥。

6. 膨化颗粒污泥床（expanded granular sludge bed，EGSB）　为了解决UASB的问题，荷兰Wageningen农业大学Lettinga研究小组在开发了UASB后又开发了膨化颗粒污泥床反应器。它的出现使15℃以下的低温污水厌氧处理成为可能。相比UASB反应器，EGSB反应器具有高径比大、上流速度高等特点，颗粒污泥处于悬浮状态，传质效果好，容积负荷大。另外，EGSB在处理含有不溶性物质（如脂肪）的污水时比UASB系统表现出更好的性能。因此，EGSB在处理低浓度、含固量较高城市污水时表现出更好的性能。

EGSB反应器实际上是改进的UASB反应器，其仅仅是在运行方式上与UASB不同，即其运行在高的上升流速下使颗粒污泥处于悬浮状态，从而保持了进水与污泥颗粒的充分接触。在荷兰已采用EGSB反应器对啤酒洗麦废水、酒精废水、牛奶废水和城市废水进行了充分的研究。对上述废水一般的结论是，EGSB反应器可以在1～2h的水力停留时间下取得传统UASB工艺需要8～12h所能得到的效果。以EGSB反应器处理城市废水为例，采用的流程如图10-10所示。

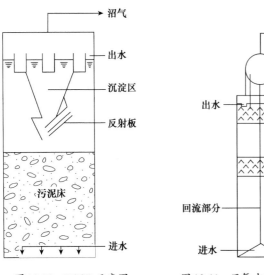

图10-10　EGSB示意图
（盘爱享等，2008）

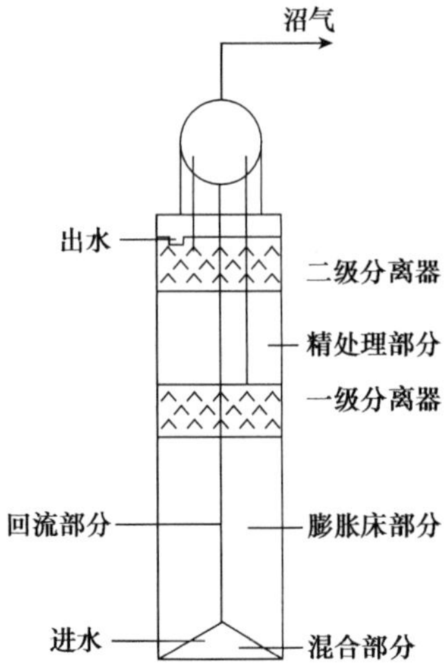

图10-11　厌氧内循环（IC）反应器示意图（盘爱享等，2008）

7. 厌氧内循环（internal circulation，IC）反应器　厌氧内循环（IC）反应器是基于UASB反应器颗粒化和三相分离器的概念而改进的新型反应器。它由两个UASB反应器的单元相互重叠而成。其特点是在高反应器内分为两个部分，底部一个处于极端的高负荷，上部一个处于低负荷。IC反应器由4个不同的功能单元构成，即混合部分、膨胀床部分、精处理部分和回流部分（图10-11）。

荷兰PAQUES公司在1985年初建造了第一个IC中试反应器，采用UASB的颗粒污泥接种，处理高浓度土豆加工废水。1988年建立了第一个生产性规模的IC反应器。目前，在啤酒处理行业IC反应器由于其高效、占地面积小，已被广泛采用。表10-3是IC反应器处理各类工业废水的参数。

表10-3　IC反应器处理各类工业废水的参数（朱明军和梁世中，2019）

废水种类	COD容积负荷 /[kg/(m³·d)]	HRT/h	沼气产量 /(m³/kg)	总COD去除率/%	溶解性COD去除率/%
土豆加工废水	30~40	4~6	0.51	80~85	90~95
啤酒废水	18	2.5	0.32	61	70
中试生产性装置	26	2.3	0.42	80	87

本 章 小 结

酒精、啤酒、丙酮和丁醇等属厌氧发酵产品，所用设备为厌氧发酵设备。厌氧发酵，即在缺氧情况下，利用厌氧菌的代谢生理功能进行发酵的过程，其特点：①在发酵过程中不需要通入氧气或空气；②有时需要通入二氧化碳或氮气等惰性气体使发酵罐内保持正压，防止染菌，以及提高厌氧控制或增加料液循环。厌氧发酵设备从原始的木桶、发酵池（窖）发展到现今的不锈钢材质发酵罐，同时，国内外厌氧发酵设备已向大容量发展。新型啤酒发酵设备有圆筒体锥底立式发酵罐等。

思考题

1. 厌氧发酵设备与通风发酵设备在结构方面有何区别？
2. 试述酒精发酵罐的结构部件与作用。
3. 啤酒圆柱体锥形发酵罐结构特点是什么？压力真空装置有何作用？罐内是如何自然对流的？
4. 啤酒发酵罐的CIP清洗系统由哪些操作程序组成？
5. 试述传统啤酒发酵设备和新型啤酒发酵设备的相同点和不同点。
6. 如何计算啤酒发酵罐的个数和冷却面积？

第十一章 连续发酵设备

第一节 好氧连续发酵设备

连续发酵有许多优点，但是好氧连续发酵要求较严，否则会造成染菌，连续发酵周期短。好氧连续发酵根据发酵产品的不同，有的已进入工业规模生产。根据设备结构及装置不同，好氧连续发酵设备可分为四级逆流塔式连续发酵器和多级连续发酵器。

一、四级逆流塔式连续发酵器

四级逆流塔式连续发酵器为四级塔身立式相连而成，其中部为同心的搅拌器，每段塔体装有挡板、多孔板、下流管，其构造如图11-1所示。液料由塔的上部进入，下部排出，空气由下部进入，上部排出。多孔板的作用是使空气均匀分布，下流管起液封的作用并且可以控制液面。这种装置的特点是结构简单、投资少、污染机会少。

二、多级连续发酵器

多级连续发酵器为具有十层多孔板的立式多级发酵塔，其设备流程如图11-2所示。气体和料液均自塔底进入，靠多孔板使气液均匀接触，氧的利用率比搅拌式发酵罐的高。塔的各层作用与一个单独的搅拌式发酵罐相同。这种设备的构造也较简单，已应用于工业规模生产。

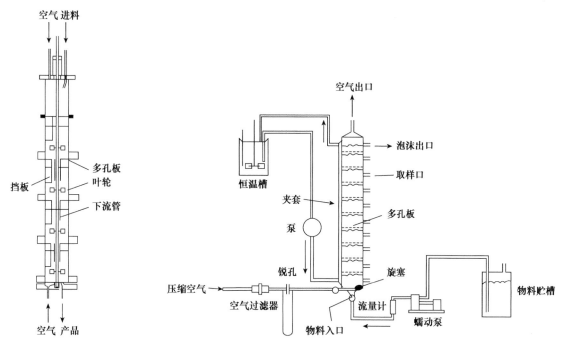

图11-1 四级塔式发酵器结构图
（上海医药工业技术情报站，1971）

图11-2 多级连续发酵器设备流程（上海医药工业技术情报站，1971）

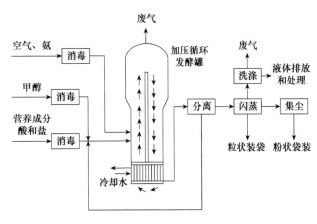

图 11-3 ICI公司的Pruteen工艺（谷小虎等，2011）

1985年，英国的ICI公司开发出最具技术创新的工艺，使用甲基营养型嗜甲基菌生产用于小鸡、猪和小牛的饲料蛋白，商品名称叫作Pruteen。它是由具有内循环管和工作流量1.5×10^6L的3000m³体积的压力气升式发酵罐组成，年生产能力超过50 000t（图11-3）。发酵罐重量超过600t，高60m，从顶部到底部有5atm（1atm＝$1.013\,25 \times 10^5$Pa）的差别。

针对堆肥技术和有机肥生产存在的问题，我国在借鉴国外滚筒反应器的基础上，通过优化抄料板结构和布置型式，研发了转筒式连续好氧发酵装置，并在江苏绿陵化工集团建成了每小时处理1.5~2.0t畜禽粪便的中试示范线，该发酵转筒为钢制，直径为1.50m，长度为35m。

通过转筒转速和加料速度调整，优化了好氧连续发酵装置的工艺参数，物料在发酵筒内的停留时间平均为22h左右，优化的工艺参数为：开始进料速度为8t/h，转筒转速0.9r/min，进料2h后停止进料，等出料口开始出料后，重新进料，进料速度为2~2.5t/h，转筒转速为0.9r/min，物料水分控制在50%左右。结果表明，采用优化的工艺参数，发酵24h后的样品，无害化效果基本达到HJ 1091—2020要求。而且24h发酵后的物料无论是发芽指数还是盆栽实验均证明其对于植物生长没有抑制作用，相反有促进作用，可不经后熟即可施用。

第二节　厌氧连续发酵设备

一、酒精连续发酵

20世纪50年代后期至70年代初，国内外相继实现了糖蜜制酒精的连续发酵生产，利用淀粉质原料连续发酵制酒精工业化生产也已获得成功。

（一）糖蜜酒精连续发酵

1. 多级连续发酵法　把多个发酵罐串联起来，第一罐类似单罐培养，以后下一级罐的进料即前一发酵罐的出料，这样就组成了多级连续发酵系统，在酒母与基本稀糖液连续流加的条件下，有助于解决菌体快速生长和营养物充分利用之间的矛盾，且发酵一开始便达到主发酵期，发酵时间可以大大缩短。多级连续发酵法又称为自流式连续流动发酵法，罐的数量及位置可以不同。它们的位置可以在高度相同的一个平面上，也可以在高度不同的两个平面上，呈梯级式。

图11-4所示为糖蜜原料制备酒精的连续发酵流程。该流程由9个发酵罐组成，其容量视生产能力大小而定。酒母和糖蜜同时连续流加入第一罐内，并依次流经各罐，最后从9号罐排出。除了在酒母槽通入空

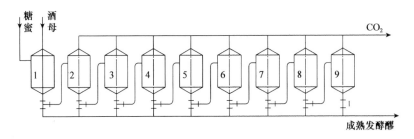

图 11-4　糖蜜原料制备酒精连续发酵流程（高大响，2019）

气之外，在1号罐内也同样通入适量的空气，或增大酒母接种量，维持1号罐内工艺所要求的酵母数。连续发酵周期结束，贮存于每罐的发酵液，先从末罐按逆向顺序依次排出，入蒸馏室蒸馏，而空罐则依次进行清洗灭菌待用。因此，安装管路时，必须注意对各罐的轮换消毒。二氧化碳则由各罐罐顶排入总汇集管，再送往二氧化碳车间，进行综合利用。按流程装置和工艺条件，连续发酵周期可达20d左右，甚至更长。发酵过程中，如发酵液中维持酵母数在（0.6～1.0）×10^9/mL，发酵只需32h，发酵液中酒精含量可达9%～10%，发酵率约为85%。

多级连续发酵法可分为单浓度连续发酵法和双浓度连续发酵法两种。单浓度连续发酵法是酒母培养与连续发酵醪的糖液均采用同一种浓度——22%～25%。双浓度连续发酵法酒母的培养液采用低浓度糖液，浓度为12%～15%；连续发酵法添加基本稀糖液采用高浓度糖液，浓度为32%～35%。

在间歇分批发酵过程中，酵母的萌发期较长，然而在连续发酵过程中，酵母萌发期的时间取决于主罐中醪液交换的速度和第一次加入酵母的数量。换句话说，如果交换速度过大，在营养物质丰富的情况下，虽然酵母的生长速度加大，但不利于酵母的积累，往往酵母来不及繁殖就有可能被流掉，酵母积累便在后面几个罐内进行，并且速度缓慢。为了消除这一现象，主罐的发酵醪交换速度应比其他发酵罐的进度低一些，为此可加大主发酵罐的容量，或者利用一组罐的前两罐作主罐，这种方法使酵母的积累在第一罐内结束，而使第二、第三发酵罐酵母细胞含量变化不大，使连续发酵稳定在一定的酵母数量。

酵母在主罐中的积累过程也取决于它的初始含量，在连续发酵过程中控制主发酵罐的酵母数量甚为重要，需要掌握好发酵醪的流加速度，使其交换速度与酵母的生长速度达到相对平衡。另外，糖蜜连续发酵一些重要的因子，如糖浓度、pH、温度、酵母数量和酒精浓度在各个发酵罐内虽不相同，但能控制保持相对稳定性，因而可以避免和间歇发酵过程中由于代谢产物反馈抑制作用，酒精浓度增加，致使酵母出现过早衰亡的现象，使酵母连续发酵作用得到充分发挥，因此发酵率可以相应提高。

多级连续发酵节约了非生产时间，所以设备利用率相应提高。但应该看到多级连续发酵经常会因杂菌感染，不可能长期维持下去，必须定期更换酵母种子，一般每隔几天，必要时甚至每隔2～3d各发酵罐需要交替排空灭菌再重新接入酵母种子进行发酵，灭菌方法为：先用泵将1号发酵罐抽入2号发酵罐，1号发酵罐于100℃灭菌1h后，再用泵将2号发酵罐发酵液抽入3号发酵罐，按顺序下去，直至各发酵罐灭菌完毕为止，在灭菌换种过程中仍不停止流加基本稀糖液。目前，我国四川内江糖厂、广东阳江糖厂等酒精车间发酵过程采用高酸灭菌和抑制杂菌繁殖，不通空气进行酒母培养，不停生产抽醪洗罐，以及在抽醪洗罐时，提高培养糖液酸度和洗涤酒母罐等措施，实现糖蜜酒精连续发酵长期不换酒母种，通常6个月才换一次新种，这样不仅节约酒母培养的管理工作，节约水、电、汽，更重要的是酵母适应能力强，发酵率稳定。如果经常更换新种，还需要一段时间适应过程，直接影响发酵率及生产任务的完成。

2. 循环连续发酵 循环（往复）多级连续发酵法的特点是发酵设备与多级连续发酵法相同，但管道布置与换种操作则不同，共同点是发酵设备同样由9～10个发酵罐一组串联起来，酒母与基本稀糖液的流加，由1号、2号发酵罐，依次经过所有的发酵罐完成连续发酵的全过程，成熟醪从最终发酵罐排出，送去蒸馏。不同点是最终发酵罐成熟醪蒸馏后，立即刷罐灭菌，接入酵母新种，连续流加基本糖液，其他各发酵罐依次灭菌接入发酵醪，以相反的方向连续流动进行连续发酵，这样尾罐变为首罐，实现了循环连续发酵法。该法的优点是不需要用泵转换，可简化操作，节省电力消耗。

3. 通气搅拌连续发酵 通气搅拌连续发酵法是为了使糖蜜酒精连续发酵在均匀相（或均质）情况下进行，同时保证有足够或较多的酵母数量。我国一些糖蜜酒精厂，在一组发酵罐串联起来的发酵系统中第一个罐采用通气搅拌或间歇通气搅拌措施，保持足够和较多量酵母的情况下，通过连续流加基本稀糖液，使酵母迅速处于对数生长阶段，保持其旺盛的生命力和提高酵母的比生长速率，是获得高发酵率的关键。在随后的各级发酵罐中，随着糖液浓度降低，酵母比生长速率也逐渐缓慢降低。所以，设计糖蜜酒精连续发酵方案时，宜采用双流和多流系统，即糖液同时流入前2～3个发酵罐，以便保持酵母一定的比生长速率。间歇通气搅拌对稳定和保证较高的比生长速率更为有利。

4. 回收酵母连续发酵 回收酵母连续发酵法的特点是将发酵醪的酵母用高速离心机回收再用。由于回收大量的酵母，在发酵过程中一开始便有足够多量的酵母，发酵特别旺盛，代谢产物酒精立即大量积聚。由于代谢产物的反馈抑制作用，发酵过程中随着酒精浓度迅速增高，抑制了酵母的增殖，使酵母迅速衰亡。因此，回收酵母法可使酵母耗糖的损失相应减少，酒精产率相应可增加2%左右，连续发酵时间可缩短8~10h，所以此法的优点是发酵周期短、产率高、设备利用率高。

　　回收酵母多级连续发酵是在4个一组串联的发酵罐中进行，连续发酵用糖液浓度为30%~34%，来自活化罐的成熟酒母及发酵浓糖液送入第一个发酵罐的底部，发酵醪向上升起，沿导管流入第二发酵罐的底部，依次流入第三个发酵罐。这样的输送方向保证了酵母在整个发酵期间都处于悬浮状态。由于发酵作用产生代谢产物酒精和二氧化碳，醪液比重沿罐高度而逐渐降低，这样能防止发酵醪把刚送来的糖液带走。第三与第四两个发酵罐之间上部用导管相连，发酵醪由第四发酵罐的下部放出，使酵母沉降，便于回收。发酵醪的流动速度需调节到第一罐发酵度14%，第二罐发酵度10%，第三罐发酵度6.5%，第四罐发酵度6.1%，成熟醪酒精浓度约为8.8%（容量）。

　　从发酵醪分离回收的酵母浆，约为发酵醪容积的15%，此酵母浆送至酒母罐，添加浓度11%~12%稀糖液并添加硫酸，使酸度达1~1.3°T，再加过磷酸钙，而不加氮源养料，当浓度降低至4.5%~5%时，即将酒母醪送至发酵罐，在发酵过程所释出的二氧化碳，通过捕集器，而洗水则用来稀释糖蜜，发酵醪用泵送入沉降槽，通过高速离心分离器将醪液和酵母分离，醪液送去蒸馏，酵母重回至活化罐中，如此反复使用15次左右。

（二）淀粉质酒精连续发酵

　　图11-5为淀粉质原料制备酒精连续发酵流程。该流程是由11个发酵罐组成，借连通管将各罐互相连通，糖化醪和液曲混合液同时连续平行流入前3罐。在发酵过程中，发酵液由罐底流出，经连通管进入另一罐的上部，其余依次类推，最后流入最末的两罐计量，并轮流用泵送往蒸馏工段。发酵过程中所产生的二氧化碳气体借带有控制阀门的U形支管和总管相连，并引向液沫捕集器经分离除去泡沫后，再通过一个鼓泡式的水洗涤塔，经回收酒精后才排入大气或二氧化碳综合利用车间。各发酵罐都是密闭的，各罐底均有和总排污管相连接的排污支管，该管和蒸汽管相通，以便消毒和杀菌。为尽可能减少染菌的概率，发酵罐和管道、管件及阀门等都必须严格地进行消毒和杀菌。连续发酵系统中，冷却装置面积满足酵母对数生长期的降温，维持恒定的发酵温度。

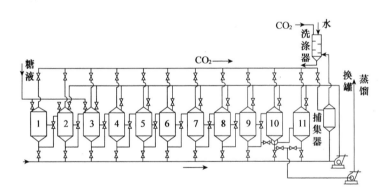

图11-5　淀粉质原料制备酒精连续发酵流程（邱立友，2007）

　　为了使连续发酵能稳定正常生产，酵母繁殖罐应能相继依次轮换，只考虑一个罐是不恰当的，否则容易导致杂菌感染和残糖升高，从而使发酵条件恶化。为使操作管理和控制方便，罐内装置自动清洗设备和适当配置自动仪表测量和记录是十分必要的。

二、啤酒连续发酵

　　1906年凡雷金（van Rijn）在新加坡第一个申请了啤酒连续发酵的专利，当时未获得推广应用。第二次世界大战后，由于啤酒需要量激增，生产满足不了市场的需要，酿造家相继研制快速的连续发酵生产方法。直至1957年，啤酒连续发酵才开始在少数国家的少数厂中应用于生产。目前，投入生产的连续发酵方法主要有塔式连续发酵和多罐式连续发酵。

（一）塔式连续发酵

塔式发酵罐是英国APV公司于20世纪60年代设计的，又称APV塔式连续发酵，在英国、荷兰、西班牙及其他国家均有采用。其特点是塔内不具搅拌设备，酵母大部分保留在发酵塔底，形成酵母柱；溢流酒液中的酵母浓度，远低于塔内酵母浓度，故名半封闭系统。

1. 塔式连续发酵生产啤酒 塔式连续发酵生产啤酒的流程见图11-6。

塔式连续发酵开始时，先分批加入经处理的无菌麦芽汁，无菌麦芽汁从塔底进入，经塔内多孔板流动，使麦芽汁均匀地分布到塔内各截面。麦芽汁在塔内一边上升，一边发酵，直至满塔为止。培养并使其达到要求的酵母浓度梯度后，用泵连续泵入麦芽汁。必须控制好麦芽汁在塔内的流速，流速低，发酵度高，但产量少；流速过高，溢流的啤酒发酵度不足，并会将酵母带出（冲出），使发酵受阻。麦芽汁开始流速较慢，一周后，可达全速操作。连续发酵过程中，须经常从塔底通入CO_2，以保持酵母柱的疏松度。流出的嫩啤酒，经过酵母分离器后，再经薄板换热器冷却至−1℃，然后送入贮酒罐内，经过充CO_2后，贮存4d，即可过滤包装出厂。

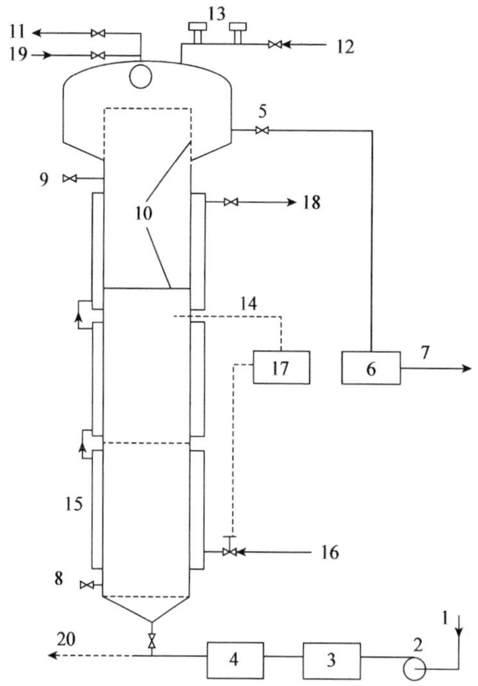

连续发酵到一定时间后，酵母会发生自溶，死亡率增高，啤酒内氨基氮含量上升，此时，可在塔底排出部分老酵母，仍可继续进行发酵。

发酵温度是通过塔身周围三段夹套或盘管的冷却来控制的。塔顶的圆柱体部分是沉降酵母的离析器装置，用以减少酵母随啤酒溢流而损失，使酵母浓度在塔身形成稳定的梯度，以保持恒定的代谢状态。麦芽汁流速过高时，酵母层会上移。

图11-6 塔式连续发酵生产啤酒的流程图
（梁世中，2011）

1. 麦芽汁进口；2. 泵；3. 流量计；4. 薄板换热器；5、7. 嫩啤酒出口；6. 酵母分离器；8、9. 取样点；10. 折流器；11. CO_2出口；12. 蒸汽入口；13. 压力/真空装置；14. 温度计；15. 冷却套；16. 冷冻剂入口；17. 温度记录控制仪；18. 冷冻剂出口；19. 自动清洗设备；20. 清洗剂出口

该流程主要设备是塔式发酵罐。英国伯顿啤酒厂使用的塔式发酵罐的主要技术条件是：塔身直径1.8m，高15m；塔底锥角60°；塔顶酵母离析器直径3.6m，高1.8m，罐的容量为45m³。

2. 影响塔式连续发酵的主要因素

1）酵母菌种 应具有较高的凝聚性和发酵力，能沉淀到塔底，形成一定的酵母柱，在整个发酵塔内达到一定的酵母浓度梯度；繁殖率低，降低酯类、高级醇、双乙酰等成分的含量；能赋予啤酒良好风味。

2）麦芽汁的无菌条件 应严格控制麦芽汁的清洁灭菌操作，避免污染。麦芽汁在进塔前需经灭菌（80℃/1min或63℃/8min）再冷却至发酵温度使用。

3）麦芽汁中的含氧量 麦芽汁中应保持适宜的含氧量（6mg/L左右），使酵母生长正常，既能保持塔底稳定的酵母柱和发酵速度，又不过分繁殖，以减低啤酒中的酯含量和不形成过量的双乙酰，同时也可减少酵母形态上的变异。

4）塔底通入的CO_2 合理控制塔底通入的CO_2，使酵母柱保持疏松。

5）麦芽汁流速 控制麦芽汁流速稳定是连续发酵稳定生产、保证质量的重要方面。流速较慢，则流出的新啤酒发酵度高，相对密度低，黏度低，酵母相对容易凝聚沉淀；反之，流速较快，则新啤酒的相对密度高，发酵度低，酵母不宜凝聚沉降，酵母流失多，不能维持正常发酵。在塔式连续发酵中，要保持塔内的酵母浓度，除选择凝聚性酵母外，应按嫩啤酒的发酵度要求，稳定地控制相适应的流速。

3. 塔式连续发酵的优缺点

（1）塔式连续发酵的优点：①发酵时间短，产量高，相对地讲，单位产量投资低；②大量节省厂房建筑和用地面积；③便于自动控制，减少容器清洗和酵母处理工作，节省人力；④酒花利用率高；⑤二氧化碳回收率高；⑥啤酒损失少，传统间歇法为1.5%～2.5%，多罐式连续发酵为1.5%，塔式连续发酵为0.6%～1.2%；⑦麦芽汁的pH下降快，1h的下降数相当于间歇法3d，没有酵母生长停滞期，污染的机会较

少；⑧产品比较均一；⑨设备满负荷，利用率高，比较合理。

（2）塔式连续发酵的缺点：①生产灵活性不如间歇法，一套设备同时只能生产一种产品；②麦芽汁必须严格灭菌，管理要求高，否则易污染；③设备要求高，造价高，虽产量也高，但对小规模生产来讲是不经济的；④对酵母既要求发酵度高，又要求凝集性强，因此选择适宜的酵母菌株较间歇法难度大；⑤贮酒期间，塔式连续发酵啤酒容易产生较强的氧化味，可能因酵母繁殖率低，酵母细胞膜形成多量类脂，引起自氧化所致。

4. 塔式连续发酵生产啤酒   国内塔式连续发酵生产啤酒的流程见图11-7。培养好的酵母移入主发酵塔中，并加入无菌麦芽汁3t，通风增殖1d后，追加麦芽汁3t，再如前增殖一天，然后开始缓慢加入麦芽汁，直到满罐。待酵母溶度达到要求梯度后，开始以低速连续进料，逐步增加麦芽汁流量，直到全速（240～280L/h）流量操作。

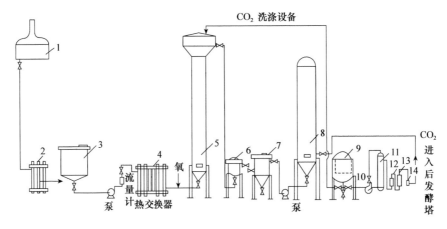

图11-7　国内塔式连续发酵生产啤酒的流程（李秀婷，2013）

1. 麦芽汁澄清罐；2. 冷却器；3. 麦芽汁贮槽；4. 灭菌器；5. 塔式发酵罐；6. 热处理槽；7. 酵母分离器；8. 锥形发酵罐；
9. 取样口；10. CO₂压缩机；11. 洗涤器；12. 气液分离器；13. 活性炭过滤器；14. 无菌过滤器

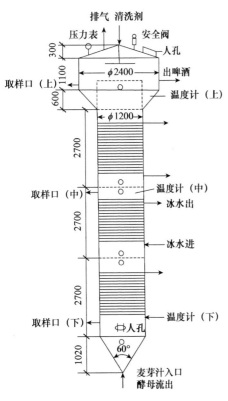

图11-8　啤酒塔式发酵罐（梁世中，2011）
数据单位为mm

澄清麦芽汁冷却至0℃送往贮槽，0℃保持2d以后析出和除去冷凝固物。经63℃ 8min灭菌冷却至发酵温度12～14℃入塔式发酵罐进行前发酵，周期为2d；进罐前麦芽汁经U形充气柱间歇充气，充气量为麦芽汁：空气＝（12～15）：1。由塔顶溢出的嫩啤酒升温至14～18℃，使连二酮还原，嫩啤酒冷却至0℃入锥形发酵罐进行后发酵（2个锥形发酵罐交替使用），3d满罐。满罐后采用来自塔式发酵罐并经处理的CO₂风洗涤1d，并保持0.15MPa的CO₂背压1.5d，即可过滤灌装。

国内某啤酒厂使用的塔式发酵罐的主要技术条件是：塔身直径1.2m，高11.2m；塔底锥角60°；塔顶酵母离析器直径2.4m，高2.0m；罐内折流器（多孔挡板）开2mm小孔，孔距4mm；罐的容量为10m³，见图11-8。

（二）多罐式连续发酵

多罐式连续发酵的特点是发酵罐内装有搅拌器，由于搅拌作用，酵母悬浮酒液中，连续溢流的酒液将酵母带走，无法使发酵罐内保持较高的酵母浓度，故名开放式系统。多罐式又分：①毕绍普（Bishop）三罐式连续发酵，新西兰的新西兰啤酒厂、加拿大的兰伯特（Lambatt）啤酒厂、英国的威纳门（Watney mamn）啤酒厂及其他厂均有采用；②柯茨（Couts）四罐式连续发酵，新西兰多米尼翁（Dominion）啤酒厂最早采用此法。

三罐式啤酒连续发酵流程见图11-9。该流程是将经过冷却、杀菌并已加入酒花的麦芽汁，通过柱式供氧器，流向2个带有搅拌器发酵罐的第一罐中。每个发酵罐的容量为26m³，麦芽汁流加量为2.0～2.5m³/h，其稀释速率为0.075～0.094L/h。大约控制2/3的麦芽汁糖在第一罐中进行发酵，发酵温度为24℃。经第一罐发酵的啤酒和酵母混合液，借液位差溢流入第二罐，发酵温度为24℃。最后流入第三个酵母分离罐，其容量为14m³。在罐内被冷却到5℃，自然沉降的酵母则定期用泵抽出，而成熟啤酒则由罐上面溢流到贮酒罐中。每个发酵罐内停留时间为10～13h。

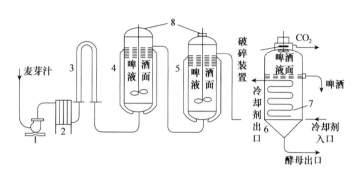

图11-9　三罐式啤酒连续发酵流程图（梁世中，2002）
1. 泵；2. 板式杀菌器；3. 柱式供氧器；4. 一级发酵罐；5. 二级发酵罐；6. 酵母分离罐；7. 蛇管；8. 传动装置

四罐式啤酒连续发酵，即在一级发酵罐前增加一个酵母繁殖罐（三罐式的一级发酵罐兼作酵母繁殖罐）。四罐式啤酒连续发酵流程见图11-10。其中，1、2、3号罐均备有搅拌器；1号罐可视为酵母繁殖罐；2号罐为其中较大的发酵罐，主发酵主要在此罐内进行；3号罐为其中较小的发酵罐，发酵液在此罐内达到要求的发酵度；4号罐为一设有冷却设施的锥底罐，酵母在此冷却沉降，酒液由上部溢出，或采用酵母离心机代替此罐。

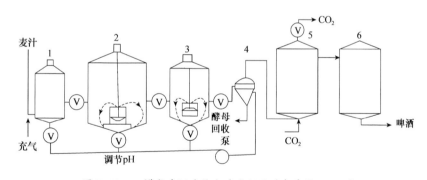

图11-10　四罐式啤酒连续发酵流程图（李秀婷，2013）
1. 酵母繁殖罐；2. 发酵罐Ⅰ；3. 发酵罐Ⅱ；4. 酵母分离罐或酵母离心机；5. 二氧化碳洗涤罐；6. 贮酒罐

麦芽汁经冷却后，在0℃贮藏罐汇总存放48h，使冷混浊物充分析出，经硅藻土过滤，除去冷混浊物，移入2℃贮藏罐中备用（如果是高浓度麦芽汁，则在流加至酵母繁殖罐前先进行稀释）。麦芽汁经薄板热交换器，加热至起始发酵温度，然后流加加入酵母繁殖罐，同时通入适量空气。发酵液由酵母繁殖罐流入发酵Ⅰ，待发酵度达50%左右，流入发酵罐Ⅱ。发酵液在发酵罐Ⅱ发酵至要求的发酵度，流入酵母分离罐（4号罐）分离酵母，酒液溢流至贮酒罐，进行后处理。在酵母分离罐分离的酵母，部分回收，部分重新送回酵母繁殖罐和发酵罐中，以增加酵母浓度。

连续发酵啤酒的质量，从分析数据来看，与间歇啤酒接近；从风味品评看，两者有些区别。连续发酵啤酒的风味比较更适宜于制造上面啤酒，制造下面贮藏啤酒则需严格控制双乙酰含量和啤酒的氧化问题。

多罐式连续发酵的优点：①缩短发酵周期，提高设备利用率，降低土建和设备费用；②节省劳动力和减少洗刷费用；③减少啤酒损失；④提高酒花利用率，节约酒花用量约25%。

多罐式连续发酵的缺点：①每个发酵罐都配备搅拌器，耗用动力多；②耗用冷量大；③管理比较烦琐，麦芽汁、啤酒易染菌；④生产灵活性差，一套设备只能生产单一品种。

本 章 小 结

微生物发酵一般有间歇发酵、半连续式发酵和连续发酵三种方法。连续发酵的方式是从单罐连续发酵发展到多罐的串联连续发酵。采用连续发酵时最少需要两只发酵罐，采用多罐串联，既可满足工艺要求，又可提高设备的生产能力。好氧连续发酵设备有四级逆流塔式连续发酵器和多级连续发酵器。厌氧连续发酵设备有酒精连续发酵设备、啤酒连续发酵设备，而啤酒连续发酵设备主要有塔式连续发酵和多罐式连续发酵。

思考题

1. 实现工业化应用的好氧连续发酵设备和厌氧连续发酵设备主要有哪些方面？为什么连续发酵设备还不能广泛进行应用，以后应该向哪些方向发展？
2. 淀粉质酒精连续发酵的流程是什么，发酵时应从哪些方面进行有效控制？
3. 典型的啤酒连续发酵设备流程有哪几种，各有何特点？

第十二章　植物细胞和动物细胞培养反应器

第一节　植物细胞培养反应器

一、概述

植物细胞培养在工农业生产上已有广泛应用。在工业方面，通过植物细胞悬浮培养进行次级代谢产物和多种有用物质的生产，如为人类提供药品、色素、调味品和酶等；在农业方面，植物细胞培养广泛应用于植物的快速繁殖、遗传育种、突变体筛选、人工种子制备和种质资源的保存等。植物细胞培养还有助于人们研究植物细胞的特性和生长发育潜力，了解细胞间的相互关系，探索环境条件对植物细胞的影响及研究信号转导、细胞代谢调控、细胞分化、发育和形态发生的分子机制等。

植物细胞培养（plant cell culture）是指在离体条件下对植物单细胞（single cell）或小的细胞团（cell aggregate）进行培养并使其增殖，获得大量细胞群体的一种技术。通常广义的植物细胞培养技术包括植物器官（根、枝叶、发根、胚和冠瘿组织等）、组织、细胞及原生质体培养，并以此发展起来的各种植物细胞培养技术。植物细胞培养有多种不同的培养方法。根据培养规模不同，可分为小规模培养和大批量培养；根据培养方式不同，可分为平板培养、悬浮培养、看护培养和微室培养等；根据培养基的不同，可分为固体培养和液体培养；根据要求的产物不同，又可分为用于诱变的细胞培养和用于生产次级代谢产物的细胞培养。

植物细胞培养反应器的研制是植物细胞培养技术向工业化规模发展的关键，其工作毫无疑问与不同植物细胞的不同生理、代谢方式相关，同时也与不同的培养方式相联系。本节将介绍有关植物细胞培养反应器的研制情况。

二、植物细胞培养过程的特点

虽然微生物培养中的许多技术可以用于植物细胞培养，但由于植物细胞本身有其固有的许多特性，如细胞的大小、细胞块的形状、培养液的黏度等，因此要建立一套适合于植物细胞培养的技术和装置，需要了解植物细胞的有关性质。

1. 细胞培养液的性质　培养不同细胞需要不同的细胞培养液，由于植物细胞与微生物细胞存在差异性，因此微生物培养液不能用于培养植物细胞，表12-1是动物细胞、植物细胞与微生物细胞的比较。

表12-1　动物细胞、植物细胞与微生物细胞的比较（郭慕孙和汪家鼎，1995）

性质	动物细胞	植物细胞	微生物细胞
大小	10～100μm	比微生物细胞大	10μm
代谢调节方式	内部和激素	内部和激素	内部
营养要求	很苛刻	苛刻	宽松，可利用多种底物
生长速率	倍增时间一般为12～60h		倍增时间一般为0.5～2h
机械强度	最差，缺乏保护性细胞壁	差，抗剪能力弱	较好
环境适应性	很差	差	好
黏附性	贴壁生长	细胞团形式	悬浮分离

　　显然，植物细胞要比微生物细胞大得多，在一般的低倍光学显微镜下就能很容易地观察到它的形态。以烟草细胞为例，其细胞大小要比微生物细胞大 $50\sim100$ 倍，细胞体积要膨大 $10^5\sim10^6$ 倍，细胞在培养液中所占的体积可高达 $40\%\sim50\%$。在细胞培养过程中，其细胞形态有明显的变化。以间歇培养为例，在培养初期，多半是比较大的游离细胞，接着便开始分裂，随着分裂，原来较大的细胞就分裂成一个一个较小的细胞。同时，较小的细胞就聚集成细胞块。在生长停止后，细胞便伸长、涨大，块状细胞就游离分散。因此，植物细胞培养液的黏度和微生物发酵液表现出明显不同，它随细胞浓度的增加而显著上升，烟草细胞对数生长期的培养液黏度约为培养初期的 30 倍。

　　2. 植物细胞培养中的传递状态　　在微生物好氧培养中，为了供给必要的氧，需要进行通气和搅拌，这在工业规模的生产中是影响生产成本的重要因素。因此，氧传递的研究对于产物的有效生产和较好的经济效益是息息相关的。植物细胞的大规模液体培养同样也有类似的问题。

　　有研究结果表明，培养的烟草细胞氧消耗比速度（Q_{O_2}）的最大值为 0.6mmol/（g干重·h），而微生物深层培养时，虽然微生物种类各不相同，但它的氧消耗速度一般都在 $1.5\sim8\text{mmol/（g干重·h）}$。与此相比，植物培养细胞的需氧量要低得多。

　　3. 植物细胞培养过程中的主要影响因素　　植物细胞培养反应器的研制主要借鉴了微生物反应器的一些成功经验，但植物细胞和微生物细胞的巨大差异使得反应器的设计和放大时必须考虑更多的因素。

　　1）剪切力的影响　　植物细胞体积大于微生物细胞甚至动物细胞，它们被僵硬的纤维素构成的胞壁包住且经常有很大的液泡占据 95% 或更多的细胞体积，这些特性决定了植物细胞对水动力学剪切力十分敏感。一定程度的剪切力下细胞易受损害，发生培养活性下降、细胞自溶、酚类物质外泄等现象。此外，剪切速率上升时，细胞扩增系数（湿重/干重）下降，表明细胞体积在高剪切力下不能扩增较大，对细胞生长速率的影响也相似，还往往导致目的代谢产物相对含量下降。

　　目前，定量分析剪切力对植物细胞的影响仍十分有限，尤其是剪切力对细胞的长期影响研究不多。已有的研究主要集中在长春花、烟草、海巴戟、向日葵等细胞上，不同细胞系对剪切敏感性表现相当大的差异，同种植物细胞间的剪切力敏感程度也明显不同。例如，Wagner 等认为长春花对剪切力异常敏感，而 Scragg、Merjer 及 Leckie 等的结论却与此相反。而同一细胞系在生长的不同时期对剪切力的敏感性也不同。Hooker 等发现迟滞期、对数生长期早期及稳定期后期比对数生长期后期和稳定期早期的培养物对剪切力更敏感。Vogelmann 等发现海巴戟的临界剪切力为 $80\sim200\text{N/m}^2$，Rosenberg 得到的野胡萝卜悬浮系临界剪切力为 50N/m^2，但也有人认为比死亡率总是随着平均剪切力的上升而上升，临界剪切力的说法不一定可靠，Zhong 等认为长时间低剪切力可引起与短时高剪切力相同的损伤。Kieran 等发现细胞失活率与时间接近一级动力学模型，而比死亡常数与搅拌累加能量消耗呈线性关系。也有人认为适当程度的力不仅不损害植物细胞，还对保持植物细胞的分散性起很大作用，促进细胞生长，如 Leckie 等发现长春花在 12L 8.5cm Rushton 涡轮桨叶搅拌罐中转速上升至 300r/min 时生物碱积累上升。

　　反应器内的黏度、混合、传质等各参数都与剪切力关联，通过改变操作参数（通气和搅拌）来控制剪切环境对优化细胞培养工艺十分重要。

　　2）气体成分的影响　　由于植物细胞代谢速度慢，故其生长所需氧量很小（一般为 $0.1\sim0.2\text{VVM}$），不像微生物发酵那样溶氧速度往往成为发酵能否成功的关键。在反应器设计时考虑通气对流动特性和混合效果的影响往往比考虑溶氧更多。然而，培养液中的溶解氧浓度常常对植物细胞体内次级代谢途径产生很大影响，Schlatman 在相同通气量和搅拌速度下，通过改变通气气体组成比较长春花高密度培养时 15% 和 85% 氧饱和度下生物碱合成和相关酶的活性变化，发现两种情况下生物量并无明显变化，而高溶解氧时蛇碱产量提高 5 倍，而色胺的积累则相反。一般认为对于植物细胞目的代谢产物的积累存在一个最佳的溶解氧浓度，高于或低于这个值都不利于目的产物的积累。但影响植物细胞培养的气体不仅仅是氧气，CO_2、乙烯等气体都对植物细胞的生长，尤其是次级代谢有重要影响，乙烯有许多生理功能包括抑制生长、促进次级代谢物产生等。此外，乙烯作为一种生长压力还往往导致次级代谢物向外分泌，而 CO_2 则能阻遏或延迟乙烯的作用。Pedersen 等发现 2% CO_2 和 $21\mu\text{L/L}$ 乙烯可使小檗碱产量提高 2 倍，而在通气中使这两种气体达到上述浓度则可使产量增多 3 倍。Mirjalili 等发现通气组成为 10% O_2、0.5% CO_2 和 $5\mu\text{L/L}$ 乙烯时，红豆杉产紫杉醇浓度最高。植物细胞从摇瓶扩大至反应器培养时，次级代谢产物产量往往会下降，其中一个原因可能就是在气动式反应器中乙烯和 CO_2 等对次级代谢产物产生有重要作用的挥发性气体被驱除出发酵液，因此在反应器设计和操作参数确定时应在不引起溶氧限制和减少稀少气体的剥夺之间取得平衡。

3）泡沫的影响　　植物细胞培养时一般向胞外分泌多糖等物质，而这些分泌物中蛋白质含量常高达36%。这使得植物反应器中泡沫产生现象特别严重，由于植物细胞的表面特性，许多细胞趋向于在气-液界面聚集，并被泡沫夹带脱离发酵液主体，被夹带的细胞大量黏附在壁上形成一层厚厚的壳，阻碍了培养液的正常循环流动，并造成发酵液中细胞浓度急剧下降，不利于细胞的正常生长。Raviwan等用颠茄细胞培养时发现泡沫形成30min后55%的细胞存在于泡沫中，90min后这个数值增至75%。因此在反应器设计时应考虑增加消泡装置，或将被夹带的细胞重新送回发酵液主体的装置。

4）光照的影响　　光照对植物细胞代谢有重要影响，在不同植物组织或细胞中，许多次级代谢产物（包括黄酮类、蒽醌类、多酚类、萜类和挥发油等）的合成会受光照的调节，部分研究显示对于胡萝卜素、黄酮、花青素、多酚类、质体醌等的合成光照有促进作用，而烟碱和紫草宁的合成却受到光照的抑制。这就要求在大规模培养植物细胞时能够有效地控制光照的参与，但实际上在大规模反应器上提供光照是相当困难的，到目前为止尚无较好的办法。植物细胞培养液透光性不好，发光设备置于罐体外，光线很难照射到培养液内，就算是置于罐体内也无法使光照强度均匀，而在罐体内安装光照设备又增加了灭菌难度和染菌机会，因此使得反应器的放大变得十分困难，致使能工业化生产的仍局限于少数几种不需要光照的细胞系。

5）结团的影响　　仅有少数几种植物细胞悬浮系是以单细胞形式存在的，绝大多数在悬浮培养时结成小团，直径小至100μm，大至几毫米。过大的细胞团不但使发酵液混合困难，细胞团沉至罐底，而且影响传质，使中心营养和氧水平不足，影响产物的合成能力。但一般认为植物细胞培养没有形成组织分化是某些次级代谢产物合成能力下降或消失的原因，一定的结团使颗粒中心至表面形成一个传质梯度，起到了一个类似细胞分化的作用，往往一定程度上有利于目的产物的形成。细胞团的大小取决于培养系统的剪切力及其他环境因素，因此通过改变这些操作条件使细胞团保持合适的大小也是反应器设计时要考虑的一个问题。

三、悬浮培养生物反应器

植物细胞培养主要采用悬浮培养和固定化细胞培养系统。悬浮培养所用的生物反应器主要有机械搅拌式反应器和非机械搅拌式反应器。固定化细胞培养反应器有填充床反应器、流化床反应器和膜反应器等类型。

1. 机械搅拌式反应器　　20世纪70年代是植物细胞大规模培养的初期，这一时期的研究工作主要是借用了微生物培养使用的机械搅拌式反应器。它用于植物细胞培养的一个重要优点是可以直接借用微生物培养的经验进行研究和控制。日本在植物细胞培养研究开展较早，1972年Kato等就利用30L的反应器半连续培养烟草细胞以获取尼古丁。随后，他们又成功地在1500L反应器上对烟草细胞进行连续培养。实验最后放大到在20m³的反应器上进行分批和连续培养，连续培养时间持续了66d。紫草细胞培养生产紫草宁的实验也使用了搅拌式反应器，Fujita等用200L的反应器先进行细胞增殖，然后转接到750L的反应器上进行紫草宁的合成。近年来，韩国利用10L搅拌式反应器培养了羲术悬浮细胞。

机械搅拌式反应器是在做微生物培养时用的搅拌式发酵罐的基础上改进而来的（图12-1）。其原理是利用机械搅动使细胞得以悬浮和通气。搅拌式反应器一般由罐体、搅拌桨、控温系统、气路、传感器等组成。依靠搅拌器使液体产生轴流和径流。机械搅拌式反应器能够得到充分的搅拌，高密度培养时其供氧能力和混合效果要优于气升式反应器。

机械搅拌式反应器的最大缺点是剪切力大，对植物细胞易造成较大损伤，所以该反应器主要适用于对剪切力耐受性较强的细胞，如烟草细胞、水母雪莲细胞等。但由于大多数植物细胞的细胞壁对剪切力敏感，

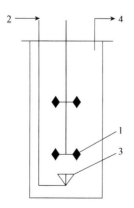

图12-1　机械搅拌式反应器示意图
（刘建福和胡位荣，2014）

1. 搅拌器；2. 无菌空气入口；3. 空气分布器；4. 空气出口

易造成细胞的损伤，所以在利用机械搅拌式反应器时，需要对搅拌桨叶进行改进。一般可以通过改变搅拌形式、叶轮结构和类型等减少因搅拌而产生的剪切力，并使其具有缓和的流场及良好的混合性能，已证明不同的叶轮产生剪切力大小顺序不同，一般认为涡轮状叶轮优于平叶轮，而平叶轮优于螺旋状叶轮。因此，通过改进搅拌桨结构和类型可使植物细胞的生长不受损害，并能提高机搅拌式反应器的应用范围。

图12-2表示目前规模最大的植物细胞培养反应器装置（机械搅拌式）。反应器体积为20m³，其搅拌叶直径是罐体直径的1/2，在低通气条件下，通入经PVA过滤器除菌的无菌空气。

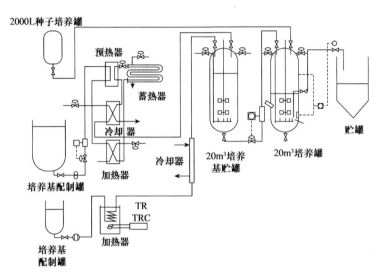

图12-2　20m³植物细胞培养装置流程图（谢小冬，2007）

TR. 温控反应器；TRC. 温升式量热器

在实际应用过程中，机械搅拌式反应器的缺点也是十分明显的。由于大多数植物细胞并不需要太高的溶氧系数，而在较低的k_LA值时机械搅拌式反应器单位体积消耗的功率比非机械搅拌式反应器高。此外，反应器的搅拌轴也给无菌密封带来了困难。特别需要指出的是，不同细胞株对剪切的敏感程度是不同的，而且即使使用同一细胞株，随着细胞年龄的增加，其对剪切的敏感程度也提高。而多数的植物次级代谢产物往往在细胞生长的后期产生，因此尽管机械搅拌式反应器已成功地用于植物细胞培养，但如何更好地应用于次级代谢产物的生产还需要更深入的研究。

2. 非机械搅拌式反应器　该反应器通常为气体搅拌式反应器，是一种利用通入的空气进行通气和搅拌的生物反应器，主要有鼓泡式反应器和气升式反应器，而气升式反应器又可分为内循环和外循环两种形式（图12-3）。

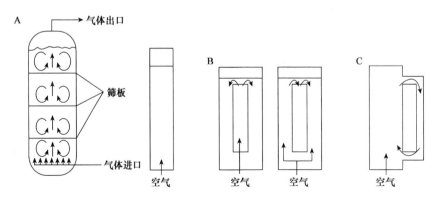

图12-3　气体搅拌式反应器示意图（高文远，2014）

A. 鼓泡式反应器；B. 内循环气升式反应器；C. 外循环气升式反应器

对于需氧培养的反应设计，一个主要因素是氧传递。对于低或中等需氧系统，气体搅拌通常比机械搅拌更为有效，因为气体搅拌式反应器通常比机械搅拌式反应器设计得更高，流体的静压增加了对塔底部气泡的压力，导致氧溶解度增加，从而提高了氧传递的推动力。在气体搅拌式反应器中，流体动力学特性对k_LA的影响较小，氧传递系数的变化主要取决于单位体积的气液表面积，而该值又取决于气泡的大小和总气体持有量（气体占有体积与反应器总体积的分率）。气泡的大小取决于多种因素，包括气体分布器设计、流型及培养基的聚结抑促特性。气泡持有量通常与界面气体速度有关，增加气体流速便增加了气体持有量和k_LA。但气体流速的增加受到泡沫等问题的限制。必要时可通过修改反应器内部结构以促进氧传递。

气体搅拌式反应器因没有搅拌轴而更易保持无菌，但往往因搅拌强度较低而使培养物混合不均，因此必须依靠大量通气输入动量和能量，以保证反应器内培养液的良好传质、传热，并保证不出现死角。但过量的通气同时也易于驱除培养液中的二氧化碳和乙烯，对细胞生长反而有阻碍作用，因而有时也需要降低气体成分的传质系数。同时由于植物细胞的摄氧速度较低，过高的溶解氧对植物细胞合成次级代谢产物不利。这是气体搅拌式反应器在实际生产应用中应特别注意的。另外，气体搅拌式反应器中鼓泡式反应器与气升式反应器的传氧效率和混合性能很不相同。Bello等的研究表明鼓泡柱式反应器的氧传递能力一般较大，而气升式反应器因流体不断循环而混合效果较佳。Fowler等则报道，气升环流式反应器混合效果较好，可使长春花细胞浓度高达30g干重/L。

一般认为，气体搅拌式反应器因结构简单、传氧效率高及切变力低而更适合于植物细胞培养，但同时也必须结合植物细胞的生理代谢特性对其加以改进才能更好地适应植物细胞培养的要求。同时，由于经过长期的工业应用，机械搅拌式反应器已成为微生物培养，乃至动物、植物细胞培养的首选反应器，气体搅拌式反应器要代替前者还需要相当长的时间。

四、固定化细胞生物反应器

植物细胞培养的最大问题是培养中的细胞遗传和生理的高度不稳定性。由于细胞间的不一致性，在培养过程中高产细胞系往往出现低产率和产生其他代谢物的情况。固定化细胞培养可以在一定程度上克服这种倾向。固定化细胞系统也比悬浮培养更适合植物细胞团的培养。另外，固定化细胞包埋于支持物内，可以消除或极大地减弱流质流动引起的切变力。细胞在一个限定范围内生长也可以导致一定程度的分化发育，从而促进次级代谢产物的产生。此外，还便于连续操作。固定化细胞反应器已用于辣椒、胡萝卜、长春花、毛地黄等植物细胞的培养。固定化细胞培养反应器有以下几种类型。

1. 填充床反应器　在填充床反应器中（图12-4），细胞固定于支持物表面或内部，支持物颗粒堆叠成床，培养基在床层间流动。填充床中单位体积细胞较多，由于混合效果不好常使床内氧的传递、气体的排出、温度和pH的控制较困难，如支持物颗粒破碎还易使填充床阻塞。Jones等在填充床反应器中进行了固定化胡萝卜细胞的半连续培养，结果发现其呼吸速率和生物转化能力与游离细胞相似。Kargi则报道填充床反应器中固定化长春花细胞的生物碱产量高于悬浮培养物，并认为填充床改善了细胞间的接触和相互作用。

2. 流化床反应器　典型的流化床反应器（图12-4）是利用流体（液体或气体）的能量使支持物颗粒处于悬浮状态。该反应器混合效果较好，但流体的切变力和固定化颗粒的碰撞常使支持物颗粒破损。另外，流体动力学的复杂性使其放大困难。Hamilton等研究了流化床反应器中固定化胡萝卜细胞的转化酶活性，结果此酶的活性很高。但从蔗糖到葡萄糖的转化率比游离培养细胞低，可能是海藻酸盐凝胶的扩散限制作用所致。

3. 膜反应器　膜固定化是采用具有一定孔径和选择透性的膜固定植物细胞。营养物质可以通过膜渗透到细胞中，细胞产生的次级代谢产物通过膜释放到培养液中。膜反应器主要有中空纤维反

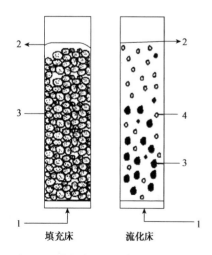

图12-4　填充床和流化床反应器示意图
（梁世中，2011）

1. 培养基或空气入口；2. 培养基或空气出口；
3. 固定化细胞；4. 气泡

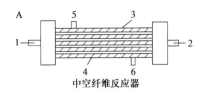

中空纤维反应器

螺旋卷绕反应器

图12-5 膜反应器示意图
（梁世中，2011）

1. 营养物入口；2. 营养物出口；3. 细胞；
4. 中间纤维或膜；5. 细胞接种口；6. 取样口

应器和螺旋卷绕反应器（图12-5）。中空纤维反应器中，细胞保留在装有中空纤维的管中。Shuler首次报道了利用中空纤维固定烟草细胞生产酚类物质，结果表明，酚类物质的生产率明显高于分批或连续培养系统，并维持此水平达312h。Jones等利用中空纤维反应器进行胡萝卜和矮牵牛细胞的固定化培养，4d后酚类物质的含量从开始的0.31mg/L增至0.90mg/L，并维持此水平达20d。螺旋卷绕反应器是将固定有细胞的膜卷绕成圆柱状。与海藻酸盐凝胶固定化相比，膜反应器的操作压力下降较低，流体动力学易于控制，易于放大，而且能提供更均匀的环境条件，同时还可以进行产物分离以解除产物的反馈抑制，但构建膜反应器的成本较高。

五、植物细胞培养反应器的放大

放大的目标是在大规模培养中能获得小规模条件下的研究结果。但放大过程中，常常由于物理或化学条件的改变而引起植物细胞的生理代谢变化。而且整个培养体系是非均相的，因此在放大过程中各个操作变量保持不变几乎是不可能的。因为通气和搅拌不仅随操作规模不同，而且在反应器内的不同部位也不均一，但可溶性成分的控制则相对容易些。

Seragg等研究了反应器放大对长春花细胞悬浮培养合成蛇根碱的影响，发现在7L、30L、80L三种不同体积的气升式反应器中，蛇根碱的合成比摇瓶中低，由于反应器中培养基组成、起始pH和温度等条件与摇瓶中相同，因此认为蛇根碱的合成降低可能与反应器中切变力增大、通气的改变或代谢胁迫有关。Schiel等用带平叶轮的机械搅拌罐培养长春花细胞从25L、70L、300L、500L、750L直至放大到5000L，结果发现细胞生长并未降低，但产生的生物碱极少。当降低搅拌强度或使用不同搅拌器以减小切变力时，细胞的生产率仍明显低于气升式反应器，表明搅拌强度大不利于生物碱合成。

一般认为，植物细胞培养反应器的放大过程可以以相同体积传质系数k_lA为依据。同时考虑合理的搅拌强度。整个反应器放大过程需要在充分了解大型反应器内流体流动、传热、传质规律的基础上进行。

六、植物组织培养反应器的应用领域

大量研究表明，植物次级代谢产物的合成常与植物细胞的分化程度有关。因此利用高度分化的植物器官、组织培养以提高目的产物含量的研究也日益引起人们的重视。根、枝叶、胚、发状根及冠瘿组织等的培养研究都有一定发展。在组织培养研究当中，大规模培养系统发展较为迅速的领域主要有以下几种。

1. 发状根大规模培养 由发根农杆菌（*Agrobacterium rhizogenes*）感染双子叶植物形成的发状根，在最近10年已经发展成为继细胞培养后又一新的培养系统。由于发状根生长迅速，遗传性稳定和生活特性不易改变及易于遗传操作的特点，越来越受到人们的重视。这一培养系统对传统药材来说更为重要，因为约1/3的传统药材来源于植物的根部。目前已经在人参、丹参、甘草、黄芪等40多种植物药材中建立了发状根培养系统。

发状根大规模培养技术的主要问题之一是物质转移。这是因为培养对象是相互联结的非均匀物质，因此流体动力学性质明显不同于悬浮培养细胞。目前尝试应用的大规模培养反应器已经有多种类型，其中以气升式效果为佳。Furuya等利用20m³气升式反应器培养的人参发状根已开发成商品投入市场。另外也有一些植物发状根培养的中试规模达到500L。也有报道，通过设置适当装置阻隔发状根与搅拌桨叶，从而可以利用机械搅拌式反应器来进行发状根的大规模培养。

2. 小植物的大规模快速繁殖 通过传统的快速繁殖技术已经获得许多种植物的再生株，包括水稻、玉米、香蕉等。但传统方法需要成千上万个培养溶剂来生产大批植株，整个过程的劳动强度大、费用昂贵。通过大规模悬浮培养技术进行植物的快速繁殖有可能提供一个更有效的工业化途径，它也是继试管繁殖后又一十分有用的培养技术。

可以从两条不同途径考虑采用组织培养反应器来进行植物的快速繁殖：①形成不定芽的途径，即从植株茎尖诱导不定芽后在反应器中大规模培养不定芽或不定根；②形成胚状体的途径，即从植株外植体诱导胚性愈伤组织进而得到体胚，然后在反应器中大规模培养体胚，最终制成人工种子。

第二节 动物细胞培养反应器

一、概述

动物细胞培养始于19世纪至20世纪中期，基于细胞培养的培养器皿、培养基及培养技术不断革新，动物细胞培养技术得以迅速发展。但是，动物细胞培养发展的第一次高潮要属杂交瘤技术的诞生。1975年Milstein和Kohler通过B淋巴细胞和骨髓瘤细胞融合，建立了能表达特异性单克隆抗体的杂交瘤细胞株。1981年，美国FDA批准第一个利用动物细胞培养生产的单克隆抗体诊断试剂上市。20世纪80年代初期，基因重组技术开始应用于动物细胞，掀起了动物细胞培养发展史上的第二次高潮。1984年Genentech公司首次实现重组中国仓鼠卵巢（CHO）细胞（rCHO细胞）表达组织型纤溶酶原激活物（tissue type plasminogen activator，t-PA），标志着哺乳动物细胞表达系统的建立。随后，许多外源蛋白基因相继被转染到哺乳动物细胞中。一些有价值的蛋白质不断实现在动物细胞中的表达并推向市场，包括凝血因子、促红细胞生成素（erythropoietin，EPO）、免疫球蛋白、激肽释放酶、尿激酶（urokinase，UK）、乙肝表面抗原（HBsAg）和单克隆抗体药物等。

与此同时，应用于动物细胞培养的生物反应器技术也得以迅速发展。1962年，Capstile等成功地大规模悬浮培养幼仓鼠肾细胞（BHK-21），以及1967年van Wezel成功应用微载体培养贴壁动物细胞，标志着反应器培养动物细胞技术的起步。20世纪70年代起，2000～5000L的反应器悬浮培养BHK-21开始应用于口蹄疫疫苗的生产中。进入20世纪八九十年代，在细胞融合技术和基因工程技术等生物技术发展的基础上，抗体药物迅速发展，上万升的动物细胞反应器培养规模和先进的流加培养工艺技术的应用都首先在抗体生产中获得突破。目前，2000～10 000L生物反应器在生物制药中的应用已非常普遍，单抗生产的反应器规模已经达到20 000～25 000L。除了在培养规模上的不断突破，生物反应器的种类也呈现出多样化。随着生物反应器的不断更新换代，细胞培养工艺的操作模式也不断发展，从当前动物细胞大规模培养的发展趋势来看，反应器悬浮培养动物细胞技术、无血清培养技术等是当前世界范围内各大生物公司产业化生产疫苗等生物制品的首要选择和发展方向。反应器悬浮培养细胞、无血清培养在大规模疫苗生产中能提高单位制品产量、细胞高密度培养及表达、简化生产工艺、降低生产成本、保证大规模生产的制品质量等方面都起到非常重要的作用，是目前世界各大生物公司竞相开发的前沿课题。

二、动物细胞培养方法

动物细胞培养是指将细胞从机体中取出，人工模拟体内生理条件，在无菌、适当温度和一定营养条件下，使其生存、生长、繁殖和传代培养，用其进行细胞生命过程、细胞癌变、细胞工程的研究工作，是维持细胞结构和功能的体外培养方法。体外培养的动物细胞有两种类型：一种是非贴壁依赖性细胞，来源于血液、淋巴组织的细胞，许多肿瘤细胞（包括杂交瘤细胞）和某些转化细胞属于这一类型，可采用类似微生物培养的方法进行悬浮培养；另一种是贴壁依赖性细胞，大多数动物细胞，包括非淋巴组织的细胞和许多异倍体细胞属于这一类型，它们需要附着于带适量正电荷的固体或半固体表面生长。

1. 贴壁培养 贴壁培养（adherent culture）是一种让细胞贴附在某种基质（或载体）上进行增殖的培养方式，主要适用于贴壁细胞，也适用于兼性贴壁细胞。例如，成纤维细胞和上皮细胞等贴壁依赖性细胞在培养中要贴附于壁上，原来是圆形的细胞一经贴壁就迅速铺展，然后开始有丝分裂，并很快进入对数生长期。一般在数天后铺满生长表面，形成致密的细胞单层。大多数动物细胞属于贴壁依赖性细胞，实际生产中具有贴壁生长特性的细胞，如HeLa、Vero、BHK、CHO等都是常用的细胞系。贴壁培养的主要优点是细胞可贴附于发酵介质内外表面,有效地表达产品,同时容易进行培养液的更换,培养过程中不断添加新鲜培养液,去除代谢产物,从而使单位体积内细胞密度较高,与悬浮培养相比可维持的培养周期相对较长。贴壁培养的不足之处就是不能有效监测细胞生长,操作比较烦琐,需要合适的贴附材料及足够的贴附面积,传质和传氧差,培养条件不均一等,这些因素使其放大培养受到限制,因而在实际生产中培养规模较小。

由于贴壁细胞的生长要求,提高细胞密度的有效方法就是使反应体系中比表面积最大化。传统的贴壁细胞培养方法包括转瓶(roller bottle)、多层平板培养,如 Nune、Cell Cube、Costar 公司的细胞工厂(cell factory)。转瓶和多层平板培养大多应用于产品研发的早、中期,如红细胞生成素、基因治疗产品和疫苗生产等。用滚瓶系统,其结构简单、投资少、技术成熟、重演性好,放大只是简单地增加滚瓶数。但是滚瓶系统劳动强度大,单位体积提供细胞生长的表面积小,占用空间大,按体积计算细胞产率低,监测和控制环境条件受到限制。

目前报道的贴壁细胞生产工艺的最佳形式是搅拌式微载体悬浮发酵系统,可提供最有效的优化工艺和最适宜的流加工艺设计。微载体是指直径在 60~250μm,能适用于贴壁细胞生长的微珠,一般是由天然葡聚糖或者各种合成的聚合物组成。自 van Wezel 用 DE-AE-Sephadex A 50 研制的第一种微载体问世以来,国际市场上出售的微载体商品的类型已经达十几种,包括液体微载体、大孔明胶微载体、聚苯乙烯微载体、PHEMA 微载体、甲壳质微载体、聚氨酯泡沫微载体、藻酸盐凝胶微载体及磁性微载体等。常用商品化微载体有三种:Cytodex 1、2、3,Cytopore 和 Cytoline。

采用微载体系统培养动物细胞,细胞贴附于微载体上,悬浮于培养基中,逐渐生长成单层。这种模式把单层培养和悬浮培养融合在一起,具有两种培养方法的优点:①表面积/体积大。若 1mL 培养基中加入 1mg Cytodexl,表面积达 $5cm^2$,足够(750~1000)$\times 10^6$ 个细胞生长所需的表面积。由于微载体的比表面积大,单位体积培养基细胞产率高。②微载体悬浮于培养基中,细胞生长环境均一,简化了这些环境因素的监测和控制。用简单显微镜能观察细胞生长情况。③培养基利用率高。④采样重演性好。⑤收获过程不复杂。⑥放大较容易。⑦劳动强度小,占用空间小。由于微载体培养系统有许多优点,现已被广泛用于动物细胞的大量培养以生产各种生物制品。

对微载体培养有重要影响的因素包括:微载体的基本特性、微载体密度、细胞接种浓度和搅拌速度等。一般应使微载体直径尽可能小,最好控制在 100~200μm;有研究表明控制细胞贴壁的基本因素是微载体表面电荷密度而不是电荷性质,若电荷密度太低,细胞贴附不充分,但电荷密度过大,反而会产生"毒性"效应;微载体的密度一般为 1.03~$1.05g/cm^2$,随着细胞的贴附及生长,密度可逐渐增大。

目前微载体培养广泛用于培养各种类型细胞,生产疫苗、蛋白质产品,如 293 细胞、成肌细胞、Vero 细胞、CHO 细胞。

2. 悬浮培养　　所谓悬浮培养,是指细胞在培养器中自由悬浮生长的过程。主要用于非贴壁依赖性细胞培养,如杂交瘤细胞。动物细胞的悬浮培养是在微生物发酵的基础上发展起来的。由于动物细胞的特点(如没有细胞壁保护、不能耐受剧烈的搅拌和通气),因此在许多方面又与经典的发酵不同,对于小规模培养多采用转瓶或滚瓶培养,大规模培养多采用发酵罐式的细胞培养反应器。悬浮培养设备结构简单,可以借鉴微生物发酵的部分经验,放大效应小。其优点在于可以连续收集部分细胞进行移植继代培养,传代时不需要消化分散,免遭酶类、乙二胺四乙酸(EDTA)及机械损害。细胞收率高,并可连续测定细胞浓度,还有可能实现大规模直接克隆培养。但是悬浮培养的细胞密度较低,转化细胞悬浮培养有潜在致癌危险,培养病毒易失去病毒标记而降低免疫能力。此外,贴壁依赖型动物细胞不能悬浮培养。

培养过程中为了确保细胞呈单颗粒的均匀悬浮状态,需采用搅拌或气升式反应器,以较低搅拌速度及一定速度通入含 5% CO_2 的无菌空气,保持细胞悬浮状态并维持培养液溶解氧。此外不同细胞的悬浮条件也各不相同,为了使细胞不致凝集、成团或沉淀,在配制培养基的基础盐溶液中不加钙离子和镁离子。间歇或连续更换部分培养液,可维持 pH,若使用 4-羟乙基哌嗪乙磺酸(HEPES)缓冲盐溶液时可不必连续通入含 5% CO_2 的空气。工业化动物细胞培养流程见图 12-6。

工艺流程中在配料罐 1 内配制培养液,经无菌过滤后送入培养液贮罐 2,灭菌后送入平衡罐 3,调整培养液氧化还原电位至 75~100mV,以提高细胞繁殖速度及生长速度,再输入前培养罐 4 和主培养罐 5,同时分别进行种子培养与主培养。培养后的细胞悬液输入收集罐 6,进离心机 7 离心收集细胞,提取有用物质,上清液送入贮液罐 8 处理后排放。反应系统中,用带软管的快速接头构成直接连接系统。使设备之间

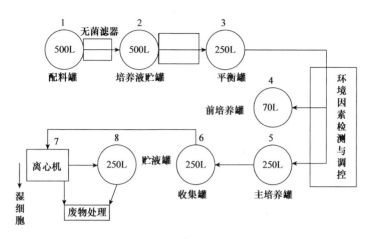

图12-6 悬浮细胞大规模培养流程（颜真和张英起，2007）

能及时分离和灭菌，此外，种子培养与主培养系统均需配备检测与控制装置，以检测和控制培养过程温度、压力、溶解氧、CO_2、pH、氧化还原电位、搅拌速度、通气量、营养成分及细胞密度等参数。

3. 固定化培养 固定化培养属于一种既适用于贴壁依赖性细胞，又适用于非贴壁依赖性细胞的包埋培养方式，具有细胞生长密度高、抗剪切力和抗污能力强等优点。由于所培养的细胞种类不同，固定化培养的方式也不同。一般贴壁依赖性细胞采用胶原包埋培养，而对于非贴壁依赖性细胞则常采用海藻酸钙包埋培养。常用的细胞固定化方法主要有吸附、共价贴附、离子共价交联、包埋和微胶囊化等，表12-2列出了动物细胞固定化各种方法的特点。

表12-2 动物细胞固定化各种方法的特点（罗云波，2016）

特点	吸附	共价贴附	离子共价交换	包埋	微胶囊化
负载能力	低	低	高	高	高
机械保护	无	无	有	有	有
细胞活性	高	低	高	低	高
制备	简单	复杂	简单	简单	复杂
扩散限制	无	无	有	有	有
细胞泄漏	有	无	无	无	无

琼脂糖凝胶包埋法是将1%～2.5%的琼脂糖加热融化后，冷却至37～38℃，与一定量的动物细胞混合后，分散在液体石蜡中。然后降温至10℃左右，得到直径0.1～0.3mm的微球状固定化细胞，分离洗涤后便可用于培养。海藻酸钙凝胶包埋法是将动物细胞与一定量的海藻酸钠溶液混合均匀，然后用注射器将混合液滴到一定浓度的氯化钙溶液中，形成直径约1mm的固定化细胞，分离洗涤后便可用于培养。血纤维蛋白包埋法是将动物细胞与血纤维蛋白原混合，然后加入凝血酶，凝血酶将血纤维蛋白原转化成不溶性的血纤维蛋白，将动物细胞固定在其中。

三、动物细胞培养的操作方式

自20世纪80年代以来，动物细胞的培养规模不断扩大，由此对细胞的培养模式也提出了新的要求，无论是贴壁细胞还是悬浮细胞，就操作方式而言，深层培养可分为分批式、流加式、半连续式、连续式和灌注式5种方式。不同的操作方式，具有不同的特征。

1. 分批式培养 分批式培养是指将细胞和培养液一次性装入反应器内，进行培养，细胞不断生长，产物也不断形成，经过一段时间反应后，将整个反应体系取出。在其培养过程中，细胞的生长可分为停滞期、对数生长期、减速期、稳定期和衰亡期5个阶段。对于分批式培养，随着培养的进行，培养液中营养物不断消耗，代谢副产物不断积累，细胞所处的环境时刻都在发生变化，不能使细胞自始至终处于最优条件下，在这个意义上它并不是一种好的操作方式。但由于其操作简便，容易掌握，因而又是最常用的操作方式。

2. 流加式培养 流加式培养是指先将一定量的培养液装入反应器，在适宜条件下接种细胞进行培养，细胞不断生长，产物也不断形成，随着细胞对营养物质的不断消耗，新的营养成分不断补充至反应器内，使细胞进一步生长代谢，到反应终止时取出整个反应系。流加式培养的特点就是能够调节培养环境中营养物质的浓度。一方面，它可以避免某种营养成分的初始浓度过高而出现底物抑制现象；另一方面，能防止某些限制性营养成分在培养过程中被耗尽而影响细胞的生长和产物的形成，这是流加式培养与分批式培养的明显不同。此外，由于新鲜培养液的加入，整个过程中反应体积是变化的，这也是它的一个重要特征。进入21世纪，随着分析技术的不断突破，运用现代化的分析仪器，实现了流加式培养过程中各营养物浓度变化的在线监测。

流加策略是保证流加式培养过程成功的关键，根据不同情况，存在不同的流加方式。从控制角度可分为无反馈控制流加和有反馈控制流加两种。无反馈控制流加包括定量流加和间断流加等。有反馈控制流加一般是连续或间断地测定系统中限制性营养物质的浓度，并以此为控制指标，来调节流加速率或流加液中营养物质的浓度等。

3. 半连续式培养 半连续式培养又称为反复分批式培养或换液培养，是指在分批式操作的基础上，不全部取出反应系统，剩余部分重新补充新的营养成分，再按分批式培养的方式进行培养，这是反应器内培养液的总体积保持不变的操作方法。

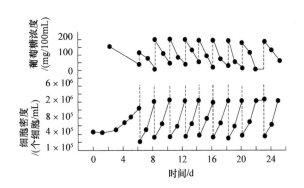

图12-7为典型的半连续式培养悬浮细胞（换液时细胞一起换出）时的生长曲线。这种操作方式可以反复收获培养液，对于培养基因工程动物细胞分泌有用产物或病毒培养过程比较实用，尤其是微载体培养系统更是如此。例如，采用微载体系统培养基因工程rCHO细胞，待细胞长满微载体后，可反复收获细胞分泌的乙肝表面抗原（HBsAg）制备乙肝疫苗。

采用半连续培养方式可反复培养，不需要在每次培养前进行反应器的清洗和消毒，操作简便，通过反复培养可进行多次收获，培养周期长。但是，半连续培养方式中取出的培养上清液中可能含有未利用的营养物质，多次收获可能造成培养液中产物浓度较低，

图12-7 半连续式培养HeLa细胞生长曲线
（郭勇，2007）

培养液多次稀释后代谢副产物逐渐积累，最终影响培养过程。

4. 连续式培养 连续式培养是指将细胞种子和培养液一起加入反应器内进行培养。一方面新鲜培养液不断加入反应器内，另一方面又将反应液连续不断地取出，使反应条件处于一种恒定状态。与分批式培养和半连续式培养不同，连续式培养可以控制细胞所处的环境条件长时间的稳定，因此可以使细胞维持在优化状态下，促进细胞生长和产物形成。此外，对于细胞的生理或代谢规律的研究，连续式培养是一种重要的手段。

连续式培养过程可以连续不断地收获产物，并能提高细胞密度，在生产中被应用于培养非贴壁依赖性细胞。例如，英国Celltech公司采用连续式培养杂交瘤细胞的方法，连续不断地生产单克隆抗体。

5. 灌注式培养 灌注式培养是指细胞接种后进行培养，一方面新鲜培养基不断加入反应器；另一方面又将反应液连续不断地取出，但细胞留在反应器内，使细胞处于一种不断的营养状态。

当高密度培养动物细胞时，必须确保补充给细胞以足够的营养及去除有毒的代谢废物。在分批培养中，可以采用取出部分用过的培养基和加入新鲜的培养基的办法来实现。这种分批部分换液办法的缺点在于当细胞密度达到一定量时，废代谢产物的浓度可能在换液前就达到了产生抑制作用的程度。降低废代谢产物的有效方法就是用新鲜的培养基进行灌注。通过调节灌注速度，可以把培养过程保持在稳定的、废代谢产物低于抑制水平的状态下。一般在分批培养中细胞密度为（2～4）×10^6/mL，而在灌注系统中可达到（2～5）×10^7/mL。灌注技术已经应用于许多不同的培养系统中，规模分别为几十升至几百升。

采用灌注技术的优越性不仅在于大大提高了细胞生长密度，而且有助于产物的表达和纯化。以基因工

程CHO细胞生产组织型纤溶酶原激活物（t-PA）为例。t-PA是培养过程中细胞分泌的产物，采用长时间的培养周期是经济和合理的工艺手段。在分批培养中，培养基中的t-PA长时间处于培养温度（37℃）下，可能产生包括降解、聚合等多种形式的变化，影响得率和生物活性。当采用连续灌注工艺时，作为产物的t-PA在罐内的停留时间大大缩短，一般可由分批培养时的数天缩短至数小时，并且可以在灌注系统中配有冷藏罐，把取出的上清液立即贮存在4℃左右的低温贮罐中，使t-PA的生物活性得到保护，产物的数量和质量都超过分批培养工艺。

四、动物细胞大规模培养反应器

作为一个理想的动物细胞生物反应器，应该能够很好地满足动物细胞高密度增殖的需要，同时也要保证动物细胞高效分泌目标产品。动物细胞高密度增殖取决于诸多因素，包括适宜的pH、温度、溶解氧、营养物质消耗（包括葡萄糖、氨基酸、必需脂肪酸等的消耗情况）、代谢废物积累（包括乳酸、氨等的产生情况）、搅拌速率（或氧气、营养物质和代谢废物传递效率）、细胞生长空间及抗凋亡因素等。因而，在生物反应器设计时，需要综合考虑这些参数，并兼顾到培养规模放大时简单易行。在整个培养过程中，依靠各种不同的传感器，生物反应器能够在线（on line）连续监测和调整与细胞生长、分化、增殖、凋亡有关的参数，使它们始终保持最佳组合。这样才能有效地进行物质传递，使培养细胞生长均匀、产品质量稳定。

动物细胞大规模培养反应器的常用类型包括机械搅拌式生物反应器、气升式生物反应器、中空纤维生物反应器及抛弃式的一次性生物反应器等。

有研究表明，在培养基中加入抗剪切保护剂，如Pluronic F-68后，动物细胞并不是那么脆弱，在常用于微生物培养的机械搅拌式（stirred tank）反应器中也能很好地生长，通气装置与微生物培养相同，直接将气泡鼓入培养液中，只是搅拌桨换用了低剪切力的搅拌桨，如斜叶桨等。因此反应器的结构设计已不再是动物细胞培养中关注的重点。

2000年以后，在反应器方面的观念有一个较大的转变，那就是反应器的大型化和简单化，不再把单位体积反应器的上清产量作为重点（灌注培养的产量更大一些），也不再使用那些不能放大的反应器，提高产物的表达量通过营养的优化来实现。现在，全球10 000L及以上体积的反应器达100多台，新建的大型反应器大多为12 000L、15 000L和20 000L。

1. 机械搅拌式生物反应器 机械搅拌式生物反应器的主要优点是结构相对简单，既可用于悬浮培养，也适用于微载体培养，细胞培养工艺放大相对容易，产品质量稳定，非常适合于工厂化生产生物制品。目前，超过70%的动物细胞反应器是机械搅拌式生物反应器。而且细胞培养的最大规模已经放大到25 000L。机械搅拌式生物反应器主要由罐体、电机和电子控制器等部分组成。实验室研究用的台式生物反应器（bench bioreactor），罐体一般是玻璃的，疫苗或者抗体等工业化应用的罐体则是由不锈钢制造的。搅拌由顶端或底部的电机来驱动，能获得良好的混合和传质效果。罐体顶端或侧面的在线传感器，连接着控制器，可以连续测定罐体培养液的温度、pH、溶解氧（dissolve oxygen，DO）等参数，并通过计算机程序实现在线监测和控制。对于几升的玻璃罐，可以用高压锅灭菌；对于几十升、上百升及上千升的不锈钢罐，一般采用在位清洗（clean in place，CIP）和原位灭菌（sterilization in place，SIP）装置实现反应器的清洗和灭菌。

各种搅拌细胞培养反应器的主要区别在于搅拌器的结构。根据动物细胞培养的特点，要求搅拌器转动时产生的剪切力小，混合性能好。围绕这个要求，已开发不少型式的搅拌器。使用较多的反应器有两种：贝朗公司的BIOSTAT B反应器，使用双桨叶无气泡通气搅拌系统；NBS公司（New Brubswick Scientific Co）的CelliGen、CelliGenPlus™和Bioflo 3000反应器，使用Cell-lift双筛网搅拌系统。两种系统都能实现培养细胞和收获产物的有效分离。

Cell-lift双筛网搅拌系统是在英国科学家Spier发明的笼式通气搅拌器基础上的改进，于1987年前后作为商品推向国际市场，该装置如图12-8所示。作为对最初设计的笼式通气搅拌装置的重大改进，在NBS装置中分别为笼式的通气腔和笼式的消泡腔。气液交换在由200目不锈钢丝网制成的通气腔内实现。在鼓泡通气过程中所采用的泡沫经管道进入液面上部的由200目不锈钢丝网制成的笼式消泡腔内，泡沫经丝网破碎分成气、液两部分，达到深层通气而不产生泡沫的目的。在细胞生长期，搅拌器转速一般保持在

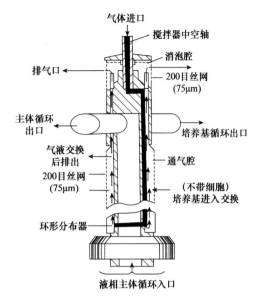

图12-8　Cell-lift双筛网搅拌系统（陈必链，2013）

30~60r/min。当3个导流筒随搅拌同步转动时，由于离心力的作用，搅拌器中心管内产生负压，迫使搅拌器外培养基流入中心管，沿管螺旋上升，再从三个导流筒口排出，绕搅拌器外缘螺旋下降，培养基和细胞反复循环，反应器内流体混合得相当好。

搅拌器运转时，经用热线风速仪测定2.5L和5L罐的时均速度和脉动速度分布，两种尺寸罐的两种速度分布线相似。从5L罐的时均速度和脉动速度分布可以看出，除在导流筒转动平面处时均速度和脉动速度分布有较小梯度外，远离此平面的区域速度分布线相当平坦，速度梯度很小。由此可以预断，对比其他构型生物反应器来说，CelliGen反应器内剪切力是比较小的。陈因良等曾在1.5L、2.5L CelliGen反应器用微载体培养系统培养Veto细胞和乙脑病毒及CHO细胞，都获得了满意的结果。实践表明，CelliGen反应器能满足微载体系统培养动物细胞的要求。

自从20世纪80年代初起，华东理工大学、中国科学院等有关科研院所就开始动物细胞培养反应器研究及应用，但都停留在实验室研究阶段，一直都不能实现产业化生产。2008年起，北京天和瑞生物科技有限公司连续推出CLAVORUS™ 120L、CLAVORUS™ 650L、CLAVORUS™ 1200L动物细胞培养反应器。CLAVORUS™系列反应器的搅拌系统采用先进的磁力搅拌器装置，代替传统的机械搅拌装置，由于去除了机械密封，反应器系统完全与外界隔绝，具有更优良的系统密封性，保证了反应器长时间无菌运行安全性。同时由于去除了机械密封，易清洁，更符合医药行业要求。深层通气系统采用微泡发生器提供溶解氧，气泡更小、更均匀。该系列反应器已在疫苗行业得到了成功应用，从而打破了我国动物细胞反应器完全依赖进口的局面，用于动物细胞工业化大规模培养生产疫苗，真正实现了动物细胞生物反应器国产化。

2. 气升式生物反应器　气升式生物反应器的基本原理如图12-9所示。气体混合物从底部的喷射管进入反应器的中央导流管，使得中央导流管中的液体密度低于外部区域，从而形成循环。空气提升式生物反应器主要有两种构型：一种是内循环式，另一种是外循环式。动物细胞培养一般采用内循环式，但是也有的采用外循环式。器内装有环形管作为气体喷射器，孔的设计要保证在控制的气速范围内产生的气泡直径为1~20mm，空气流速一般控制在0.01~0.06VVM，反应器高径比一般为3：1~12：1。

气升式生物反应器不仅在植物细胞培养中应用广泛，而且在动物细胞培养中也取得了很大的成功。与搅拌式生物反应器相比，气升式生物反应器中产生的湍动温和而均匀，剪切力相当小；同时反

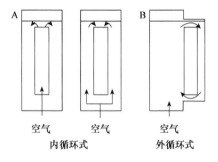

图12-9　气升式生物反应器的基本原理
（陈必链，2013）

应器内无机械运动部件，因而细胞损伤率比较低；反应器通过直接喷射空气供氧，氧传递率高；反应器内液体循环量大，细胞和营养成分能均匀分布于培养基中。

在气升式生物反应器中，溶氧的控制可以通过自动调节进入空气的速率来实现。pH可通过在进气中加入二氧化碳或加入氢氧化钠来控制。在低血清培养和小通气量下，一般产生泡沫不多，如果必要，可采用专门消泡剂控制。通过无菌取样，计数细胞可以对细胞生长进行监测，也可以通过测定氧消耗等方法对细胞生长进行间接测定。

抗体的合成大多数处于平稳期和衰退期，在持续300h培养中产生了200g抗体。根据细胞系的不同，生产周期在140~400h，倍增时间和最大细胞密度分别为11~36h和（1.0~4.6）×10^6/mL，抗体浓度在40~500mg/L。在简单培养系统中（如培养瓶和滚瓶中）抗体浓度在10~100mg/L，在培养罐中浓度之所以得以提高是过程优化的结果，尤其是对培养基的设计和主要环境参数的控制。

全自动气升式深层培养系统为全部密闭结构。混合气体自培养器底部管道输入，气体沿着培养器中央

的内管上升。一部分气体从培养器的顶部逸出，另一部分气体被引导沿培养器的内缘下降，直达培养器底部和新吹入的气体混合而再度上升。这样借助气体的上下不断循环搅动培养器内的细胞，使之不贴壁。通过微机程序控制混合气体的组分，维持培养液内一定的溶氧率和pH。该系统具有以下几个优点：①没有移动部件；②完全密封；③便于无菌操作；④不易污染；⑤设计简单；⑥便于放大生产；⑦氧的转换率高等，较好地满足了该培养系统中细胞生长时所需的要求。

由于放大上的困难，目前大规模的气升式生物反应器很少，瑞士的Lonza公司有2台达到5000L的气升式生物反应器，其他公司很少采用气升式生物反应器。

3. 中空纤维生物反应器　中空纤维生物反应器在动物细胞培养方面用途较广，既可培养悬浮生长的细胞，又可培养贴壁依赖性细胞，细胞密度可高达10^9/mL数量级。如果能控制系统不受污染，则能长期运转，具有很高的工业应用价值。

1972年，Knazek等研制成中空纤维培养系统。1984年美国的Amicon公司又研制出一种分析用的中空纤维培养器，命名为Vitafiber Ⅰ、Ⅱ、Ⅲ三种型号。1985年美国的Endotronics公司又对此进一步做了改进，主要解决了中空纤维培养系统长期存在的问题：①细胞梯度形成；②微环境形成；③缺氧区形成，从而使中空纤维培养系统的产品从实验研究发展成为商品生产。该公司生产4种不同水平的中空纤维培养系统（包括大规模生产系统和实验研究系统）。

一般来说，中空纤维是用聚砜或丙烯的聚合物制成。管壁的厚度为50～75μm，似海绵状，富含毛细管。管的直径为200μm，管壁是极薄的半透膜，能截流住分子质量分别为1×10^4Da、5×10^4Da、10×10^4Da的物质。一个培养筒内由数千根中空纤维所组成，然后封存在特制的圆筒里。这样圆筒内形成了2个空间：每根纤维的管内称为"内室"，可灌流无血清培养液供细胞生长，管与管之间的间隙就称为"外室"，如图12-10所示。接种的细胞就贴附"外室"的管壁上，并吸取从"内室"渗透出来的养分，迅速生长繁殖。培养液中的血清也输入"外室"，由于血清和细胞分泌产物（如单克隆抗体）的分子质量大而无法穿透到"内室"区，只能留在"外室"并且不断被浓缩。当需要收集这些产物时，只要把管与管之间的"外室"总出口打开，产物就能流出来。至于细胞生长繁殖过程中的代谢废物，因为都属于小分子物质，可以从管壁渗进"内室"，最后从"内室"总出口排出，不会对"外室"细胞产生毒害作用。一般细胞在接种1～3周后，就可以完全充满管壁的空隙。细胞厚度最终可达10层之多。细胞停止增殖后，仍可以维持其高水平代谢和分泌功能，长达几个星期甚至几个月。

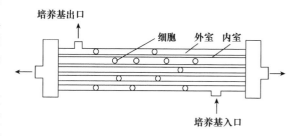

图12-10　中空纤维生物反应器示意图（段开红，2017）

美国Endotronic公司生产的Acusyst-Jr™中空纤维培养系统如图12-11所示。其培养器的体积为100mL，表面积为1.1～1.3m²。中空纤维"内室"半透膜孔径可阻抑分子质量6000Da以上的生物大分子通过。培养器与两个不同流向的循环系统（组合循环和扩张循环）相连，为培养细胞的持续生长，增殖形成一个理想的环境条件。在组合循环流向中装置着伸缩泵，为管道流动的培养液增加压力，以消除营养扩散梯度的形成，使整个细胞群体可以均衡地获得充分营养和氧气供应及去除代谢废物。各种参数均由微机控制，产物收集也由输入微机的指令自动进行。该系统的优点是：①培养器体积小，细胞高密度生长；②浓缩产品；③产物纯度高；④自动化程度高，细胞生长周期长。其缺点是由于中空纤维每次生产的消耗品价格尚贵，如果使用不当会增加生产成本。引进的Acusyst-Jr™中空纤维培养系统生产抗人肝癌细胞的单克隆抗体和人A单抗作为血型定型试剂，连续生产分别为4～6个月，获得大量较高效价的产品，为肝癌的基础研究和临床的导向治疗打下了物质基础，同时抗A单抗经初步应用也显示有显著的社会效益和经济效益。

4. 大载体系统　1987年我国曾引进美国Bellco生物工程公司生产的大载体培养系统，生产抗人13单克隆抗体作为人血型定型试剂的工作取得成功，以代替来源紧张、价格昂贵的高效价人血清。大载体培养系统如图12-12所示，是一种新型的大规模培养细胞装置，配有先进的主要部件，如溶解氧、pH测定及培养液输入和产物的收获均由微机程控调节。培养器外面套以水浴玻璃缸加温。混合气体从培养器底部输入使细胞悬浮培养，通气量大而对细胞损伤减少到最低程度。大载体由海藻酸钠构成。海藻酸钠含有重

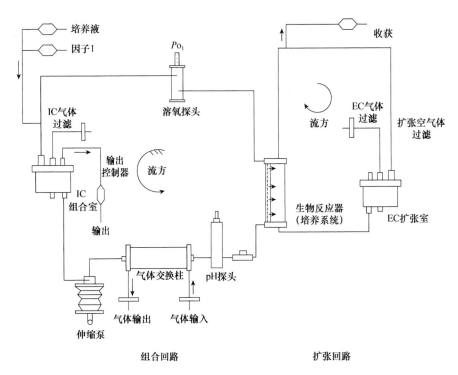

图 12-11　中空纤维培养系统循环简图（梁世中和朱明军，2011）

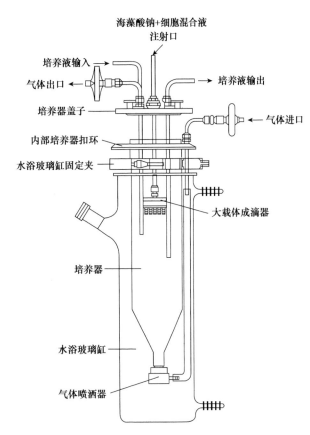

图 12-12　Bellco大载体培养系统组装简图（郭勇，2007）

复排列的葡糖醛酸和甘露糖醛酸，在钙溶液中形成适宜于附着的网络状凝胶珠。在收集细胞时，可用Na_2-EDTA和柠檬酸钠使细胞从凝胶中分离出来。

大载体的制备过程如下：配制50mmol/L氯化钠溶液。经蒸汽高压灭菌后，由输入泵注入培养器中1750mL。将收集的细胞悬液体积25mL，注入930mL无菌低黏度的海藻酸钠凝胶中充分混匀。通过喷珠装置，由输入泵将细胞混合液根据需要的速度喷珠于氯化钠溶液中，使聚合携带细胞的大载体直径约2.6mm。喷珠结束后，抽出氯化钠溶液，另注入2000mL培养液进行气升式悬浮培养。

该培养系统能连续生产3个月以上，已用于培养10多种有经济价值的细胞株，生产单克隆抗体和干扰素产品。该系统的优点是：①操作控制方便，可随机取样检测；②人工增加附着细胞密度；③消耗用品价格低廉，产量收获量大，有明显经济效益。但该系统不具有细胞分泌物的浓缩装置。

我国于1987年引进上述大载体培养系统，生产单克隆抗体作为人血型定型试剂，以此代替来源紧张、价格昂贵的高效价人血清。

5. 空间生物反应器　20世纪90年代中期，美国航空航天局开发了一系列旋转式细胞培养系统（the rotary cell culture system，RCCS），又称为旋转壁式生物反应器（rotating wall vessel bioreactor，RWVB），其培养容器主要由内外两个圆筒组成，外筒固定，内筒可旋转以悬浮培养物。由于可模拟空间中的微重力环境，该生物反应器被誉为空间生物反应器。其模拟空间环境的机理是，它可使培养物的重力向量在旋转过程中产生随机化，导致一定程度的重力降低，使细胞处于一种模拟自由落体状态，以此模拟微重力环境。

回转生物反应器由于没有搅拌剪切力影响，细胞可以在相对温和的环境中进行三维生长，同时随机化的重力向量可能直接影响细胞的基因表达，或者间接促进细胞的自分泌/旁分泌，从而影响细胞的增殖分化和组织器官形成，因而这种生物反应器可用于当前十分热门的组织工程研究，也可用于探索微重力环境对细胞生长、分化的影响。

6. 波浪生物反应器（WAVE bioreactor）　GE Healthcare Wave Products Group 从1999年以来一直专注于开发一次性生物加工设备，替代传统不锈钢培养罐系统，为制药界和生物技术产业研发和制造创新型生产设备。

细胞发酵工艺是采用具有创新概念的一次性使用的 WAVE 波浪袋作为细胞发酵容器，用于替代传统的不锈钢发酵罐，其特点在于采用了一次性使用的技术和材料，从而消除了日常清洗、消毒及验证的需要，大大降低了传统罐的常见污染和交叉污染，同时也大幅度减少了企业在细胞培养、培养基制备、缓冲液溶解、生物制品解冻等环节的固定资产和操作成本投资。另外，WAVE bioreactor 细胞发酵系统安装方便，可快速投入工作进行动物细胞产品的规模化制备，极大地缩短了生物技术产品投放至市场的时间，因而特别适用于临床用量较小的治疗性产品与诊断制剂的规模化制备。目前，世界各地有数百台该系统已经投入使用，最大规模可达500L，最高细胞密度达 $6 \times 10^7/mL$，广泛适用于各种类型的动物细胞发酵，包括 CHO、NSO、HEK293、杂交瘤、T细胞和初级人类细胞等。

第三节　微藻培养反应器

微藻是一类在显微镜下能辨认其形态的微小藻类类群，目前已经可以进行大规模培养。许多微藻中富含蛋白质、多糖、油脂、类胡萝卜素和不饱和脂肪酸等多种有用成分，是人类重要的生物质资源宝库。微藻的生物炼制如图12-13所示。

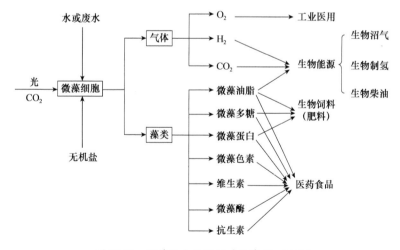

图12-13　微藻的生物炼制（于慧瑛，2021）

一、微藻生物技术的优越性

据估计，全球微藻的种类超过20万种，在已知的3万多种藻类中，微藻约占70%。微藻细胞普遍富含蛋白质等营养物质及多种生理活性成分，具有抗肿瘤、抗真菌、防治心血管疾病等生理保健功能，可用于保健食品或生物医学产品等的开发。

自从20世纪60年代中期小球藻食品在远东地区形成规模生产以来，以生产保健食品、食品添加剂、动物饲料、生物肥料及其他一些自然产品为目的的微藻工业化生产已引起人们广泛的关注。开发微藻资源对于减缓土地、环境、能源和人口危机,研制和生产出新型生物医学产品及功能性食品,弥补传统作物的不足与局限及促进传统农业向工业化生产过渡都具有重要意义。

当今大规模养殖的微藻主要有螺旋藻(*Spirulina*)、小球藻(*Chlorella*)与杜氏藻(*Dunaliella*)3种。另外,栅列藻、角毛藻、紫球藻、血球藻等藻类也已实现规模化生产。

微藻生物技术具有以下优点:①光能利用率高;②微藻是非维管植物,无复杂的生殖器官,整个生物量易于收获、加工和利用;③许多微藻经诱导后可以生产特别高浓度的、有商品化生产价值的化合物,如蛋白质、碳水化合物、脂质、色素等;④微藻通常没有性阶段,只有简单的细胞分裂周期,能在数小时内完成细胞循环。例如,螺旋藻在条件好的情况下3～5d即可增殖1倍,遗传选择及藻株筛选快而容易,开发和展示生产过程比农作物快得多,而传统农作物的生长周期往往要数月甚至以年计。

二、微藻大规模培养的特点

微藻主要是光能自养型,它是通过光合作用来生长,与一般生化工程研究对象(化能异养型生物)有所不同,这决定了微藻大规模培养过程有其自身的一些特点。

(1)微藻培养过程要有足够的光照,对于反应器而言,如果采用外部光源,就要求反应器的比表面积很大,培养液的深度很小,而且为了充分利用自然光,反应器必须放置在户外,此时户外光照条件难以控制;而当采取内部光源提供光照时,则需要在反应器内部加上一个复杂的光照系统,但由于光源产热会对培养液的温度控制带来一定的困难。

(2)从气液传递角度来看,在藻类培养过程中必须供应大量的二氧化碳,即强化二氧化碳吸收过程,同时又要将藻体产生的大量氧气从液体中排放出去,即要强化氧解析过程。藻类培养过程对气液传递的要求正好和好氧生物培养过程相反。

(3)从混合角度来看,在藻类培养过程中的混合除了具有促进气液传递、液固传递,防止细胞沉降作用外,还必须使细胞在与反应器的表面垂直的方向上能充分混合,否则培养液中的细胞受光不均匀。

(4)从培养液性质来看,微藻(淡水藻除外)的培养基多采用海水配制。由于各种气体在海水、淡水中的物理性质差别较大,因此会引起较多的关于气液传递的问题。同时海水对一般材料的腐蚀性较大,因此在生产设备的材料选择上又将遇到很多新问题。

除了光自养,还有部分微藻同时可利用有机碳源,如葡萄糖等通过发酵合成新物质,这一方式称为异养。这些能够利用有机碳源的微藻在光照和有机碳源的存在下同时进行光自养和异养,称为混养。这种混养也可先用有机碳源进行异养再转入光自养,或先光自养再转入有机碳源培养基中进行异养。目前能够利用有机碳源微藻种类不多,主要包括小球藻(*Chlorella vulgaris*)、雨生红球藻(*Haematococcus pluvialis*)、钝顶螺旋藻[*Arthrospira(Spirulina)platensis*]、羊角月芽藻(*Selenastrum capricornutum*)和栅藻(*Scenedesmus acutus*)等。微藻无论是采用异养或混养模式,由于采用有机碳为能源来源,微藻的生长速度和培养密度明显高于微藻的光自养。

三、微藻大规模培养反应器

人类很早就有微藻培养生产的历史,在非洲很早就开始在天然的湖泊中养殖螺旋藻作为食物的来源,在第二次世界大战期间欧洲也曾大规模养殖微藻以解决粮食的短缺,东欧、以色列和日本在19世纪70年代就已开始微藻的商业化生产。

根据微藻大规模培养过程的特点,微藻培养用反应器要能提供以下条件:①足够的光照;②合适的温度;③合适的无机碳源及其他无机营养物质;④合适的pH;⑤充分混合;⑥氧解析;⑦避免污染。

随着微藻在食品、保健品、蛋白质、饲料及高值化学品生产中的应用越来越大,大规模的工厂化养殖逐步发展起来,形成了目前以敞开式和各类封闭式光生物反应器为主的两大类微藻培养技术体系。

1. 敞开式光生物反应器   敞开式跑道池是最古老的藻类培养反应器,也是最典型、最常用的敞开式光生物反应器,一直沿用至今。目前微藻的大规模培养主要使用这种反应器,如Cyanotech公司、Earthrise Farms公司、Japan Spirulina公司、Far East Mieroalgae公司、Taiwan Chlorella公司、Microbio

Resources公司、Western Biotechnology公司等均使用这种反应器。这类反应器每个可大到几千平方米。

敞开式跑道池是于20世纪60年代设计出来的，至今形式基本未变，唯一变化之处是对其混合系统进行过一些改进。这类反应器的优点是成本低、建造容易、操作简便、易于生产；但其缺点也非常明显，严重制约了微藻工业的发展。其缺点如下。

（1）培养效率低。这类反应器培养微藻的光合效率约为1%，而微藻的光合效率最大可达20%左右。从而培养液中藻体浓度低，使得收获费用过高。

（2）培养条件无法控制，易受外界环境的影响，难以保持最适光照、温度等生长条件，生产期短。这也是导致培养效率低的一个重要原因。

（3）易受到杂藻、水生动物、大气中的灰尘等的污染，不易保持高质量的单藻培养，重金属离子等有毒物质也易于藻体内积累。

（4）水分容易蒸发，容易造成培养液盐度过高，使得微藻生长缓慢。

（5）由于光径较长，光照面积与藻液体积之比较低（$<10m^2/m^3$），因此光能利用率不高，难以实现高密度培养。

敞开式光生物反应器的上述缺点，决定了这类反应器只能适用于附加值较低且生长条件比较苛刻（如盐度、pH很高等）的产品的生产，因而培养对象极为有限，现已无法满足微藻生物技术发展的需要。

2. 封闭式光生物反应器　为提高生产效率、降低成本，可通过下列方法对微藻培养过程进行优化：①进行适于商业性生产的新型藻种的筛选；②高效养殖系统的开发；③寻找因地制宜的生产方式及营养源；④改变生产条件，以刺激微藻的生产速度及某些有效成分的含量；⑤自养和异养相结合；⑥各种先进的检测及控制系统的应用。

另外，采用新型的封闭式光生物反应器生产系统实现高细胞密度生产是当前微藻工业发展的趋势。与敞开式光生物反应器相比，封闭式光生物反应器具有以下优点：①培养效率高。该类反应器的光合效率可达16.6%，微藻细胞浓度可高达每升几十克，藻体的采收十分方便。②培养条件易于控制，除自然光难以控制外，其他条件均可实现自动控制，对微藻代谢产物的大量积累非常有利。③污染少，易于实现纯种培养。④生产周期延长，甚至可终年生产。⑤适合于所有藻种的培养，尤其适合于藻类代谢物的生产。

无论采用何种设计形式，开发一种成功的封闭式微藻光培养反应器系统均应依据以下原则：①高光照表面积与体积之比；②较高的气体交换效率；③适合的循环方式；④改善光的传播途径、分配和质量；⑤防治有害次生代谢产物的积累；⑥较易实现培养条件的优化控制；⑦尽量降低生产成本。

本 章 小 结

植物细胞培养反应器的研制是植物细胞培养技术向工业化规模发展的关键，植物细胞培养主要采用悬浮培养和固定化细胞培养系统。悬浮培养所用生物反应器主要有机械搅拌式反应器和非机械搅拌式反应器。固定化细胞培养反应器有填充床反应器、流化床反应器和膜反应器等类型。体外培养的动物细胞有两种类型：一种是非贴壁依赖性细胞，另一种是贴壁依赖性细胞。动物细胞大规模培养反应器的常用类型包括机械搅拌式生物反应器、气升式生物反应器、中空纤维生物反应器及抛弃式的一次性生物反应器等。微藻培养技术体系分为以敞开式和各类封闭式光生物反应器为主的两大类。

思考题

1. 与微生物相比，植物细胞培养液具有什么样的性质？是什么原因造成的？
2. 植物细胞培养有哪些方式？相对应的有哪些类型的反应器？
3. 填充床和流化床反应器有什么差异？
4. 一个理想的动物细胞生物反应器应满足哪些要求？
5. 举例说明动物细胞大规模培养的反应器类型及各自特点。
6. 微藻大规模培养具有什么特点？对反应器有什么特殊的要求？
7. 简述微藻大规模培养反应器的具体类型，并分析其优缺点。

第四篇
产物分离纯化与包装设备

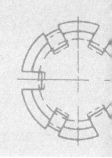

第十三章　过滤、离心与膜分离设备

第一节　过滤设备

一、概述

　　过滤是指以多孔材料为过滤介质，利用重力、压力、离心力或真空达到截留悬浮在气体或液体中的固体物质颗粒的一种操作。过滤结果是使悬浮液（滤浆）中的气体或液体通过（滤液），截留下来的固体颗粒（滤渣）形成滤饼，目的是获得洁净的液体或作为产品的固体颗粒。过滤操作中的主要阶段一般包括：过滤、洗涤、脱湿、卸料和清洗过滤介质五步。洗涤是指用清液置换滤饼中存留的滤液并且洗涤滤饼；脱湿是指以滤饼为产品时洗涤后还需用压缩空气进行脱湿；卸料是指将滤饼从过滤介质上移去；清洗过滤介质使被堵塞的网孔"再生"，以便重复使用。

　　过滤按机理可以分为表面过滤和深层过滤。表面过滤以滤布、滤网、烧结材料、粉体为过滤介质，悬浮液中的固体颗粒被隔留在过滤介质表面。深层过滤以固体颗粒堆积成床层结构，或用短纤维材质的管状排列的滤芯，过滤材料内部空隙小于过滤颗粒尺径，故而将过滤颗粒截留在材料内部。

　　影响过滤效率的因素有以下几点。

　　（1）滤料的粒径和滤层高度，这二者直接决定了滤层的深度。在同样的运行状况下，粒径越大，穿透滤层的深度也越大，滤层的截污能力也越强，有利于延长过滤周期。增加滤层高度也有同样的效果。值得注意的是，截污能力越大，反洗的难度也越大。

　　（2）滤料的形状和滤层的孔隙度。滤料的形状会影响滤料与滤液的接触面积，接触面积越大，滤层的截污能力越强，过滤效率越高。一般来说，滤层的孔隙度与滤料的表面积成反比，空隙越大，截污能力越大，但过滤效率较低。

　　（3）过滤流速，也称为"空塔速度"，是指无滤料时水通过空过滤设备的速度。滤速慢，意味着滤料单位面积出力少，为了达到一定的出力，必须增大过滤面积，提高成本。滤速太快会使水质降低，水质周期缩短。在处理经过澄清处理的水时，流速一般选择8～12m/h。

　　（4）滤层的截污能力又称为泥渣容量，是指单位滤层表面或单位滤料体积所能除去悬浮物的重量，可用每平方米过滤截面能除去泥渣的千克数（kg/m²），或每立方米滤料能除去泥渣的千克数（kg/m³）表示。

　　（5）料浆黏度，过滤速度与料浆黏度成正比。

　　（6）料浆浓度，低浓度时，细小颗粒极易随着流线直接进入滤布的孔眼中，堵塞过滤介质。

　　（7）过滤压差，对于不可压缩滤饼，过滤速度与过滤压力成正比；对于可压缩滤饼，滤饼孔隙率和过滤比阻是过滤压力的函数。

（8）水流的均匀性。过滤设备在过滤或反洗过程中，要求沿过滤截面水流分布均匀，否则就会造成偏流，影响过滤和反洗效果。

过滤技术分为间歇式和连续式两大类。

按照过滤的推动力不同，过滤设备可以分为重力过滤机（常压过滤机）、加压过滤机和真空过滤机三类。重力过滤机分离效率有限，而加压过滤机和真空过滤机在生物工业领域应用比较广泛。

二、重力过滤机——流砂过滤器

1. 结构与原理　图13-1为研制的外循环式流砂过滤器结构示意图。主体结构由洗砂器、布水器、提砂装置及提砂管组成，设计直径为500mm，高2500mm，滤层高度为1250～1500mm，提砂管有效直径为28mm。该过滤器采用逆向过滤方式，原水从底部进入向上运动，滤层则以一定的速度向下运动。图13-2为流砂过滤器实物图。

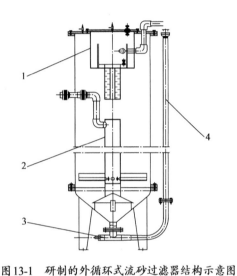

过滤器及过滤
液罐视频

图13-1　研制的外循环式流砂过滤器结构示意图
（赵德喜等，2014）

1. 洗砂器；2. 布水器；3. 提砂装置；4. 提砂管

图13-2　流砂过滤器实物图

2. 功能特点

（1）过滤器反冲洗连续均匀地运行，过滤出水水质稳定无波动。

（2）污水中的悬浊物始终被干净的滤料捕获，可以过滤浊度高的污水。

（3）设备简化，节省空间，操作与维修简单。

（4）采用连续冲洗，过滤过程滤料为流动状态，不会产生滤料板结。

（5）没有活动的机械部件，过滤器寿命长。

（6）污水水泵和压缩机作为驱动力来源，过滤压力损失小，驱动消耗低，降低运行和维护费用。

三、加压过滤机

（一）板框式压滤机

1. 结构与原理　板框式压滤机是工业生产中实现固液分离的一种设备。其固液分离的原理是：当混合液经过过滤介质（滤布）时，固体停留在过滤介质，并逐渐形成过滤滤饼，而滤液则通过过滤介质形成没有固体的清液。图13-3为板框式压滤机结构示意图。板框式压滤机是由交替排列的滤板和滤框共同构成的一组滤室。滤板表面有凹槽构造，用于支撑滤布。滤框和滤板的边角上各有通孔，组装后构成一个完整的整体，能够通入悬浮液和引出滤液。板和框的两侧各有把手支托在横梁上面，由压紧装置压紧板和框。板和框之间的滤布起到密封垫片的作用。由供料泵将悬浮液压入滤室，在滤布上面形成滤渣，直至充满滤室。滤液穿过滤布并沿滤板沟槽流至边角通道，集中排出。过滤完毕后，可以通过洗液通道洗涤滤渣。洗涤后，有时还通入压缩空气，除去剩余清洗液。随后打开压滤机卸除滤渣，清洗滤布，重新压紧板、框，开始下一个循环。板框式压滤机共有手动压紧、机械压紧和液压压紧三种形式。手动压紧是通过螺旋千斤顶推动压紧板压紧；机械压紧是通过电动机经机架传动部件推动紧压板紧压；液压压紧是通过液压站经机架上的液压缸部件推动压紧板压紧。图13-4为板框式压滤机实体图。

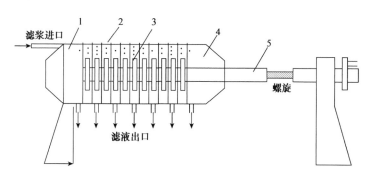

图13-3　板框式压滤机结构示意图（段开红，2017）
1. 固定端板；2. 滤布；3. 板框支座；4. 可动端板；5. 支撑横梁

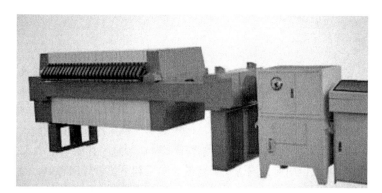

图13-4　板框式压滤机实体图

2. 功能特点
（1）通过气动阀门排渣，可很好地降低工人劳动强度。
（2）降低过滤的成本。
（3）运用全密闭式操作方式，非常环保，而且没有物料损耗。
（4）当振动掉渣的时候，可以大大降低劳动强度来实现连续作业。

（二）加压叶滤机

1. 结构与原理　　将一组不同宽度的滤叶按一定方式装入能承受压力的密闭滤筒内，当料浆在压力下进入滤筒后，滤液透过滤叶从管道排出，而固体颗粒被截留在滤叶表面，这种过滤机称为加压叶滤机，简称叶滤机。滤叶通常由金属多孔板或金属网制成，外罩滤布，滤叶间有一定间距。叶滤机结构形式很多，按外形的不同分为水平和垂直叶滤机；按滤叶进出滤筒的传动方式可分为机械推动和液压推动叶滤机。图13-5为垂直加压叶滤机结构示意图。加压叶滤机采用间歇式操作。悬浮液料浆从进料管加入罐体，当罐体充满液体时，停止加液体。叶滤板通常采用滤布，通过加压管控制罐内压力，使得液体通过滤板，固相颗粒滞留在滤板上。过滤后的液体经滤液管流出。经过旋转脱水后，可用除料刮板清理滤布上滤渣，并将滤渣由排渣口排出。另外，可通过干净水冲洗滤板，残液从残液管流出。图13-6为加压叶滤机实体图。

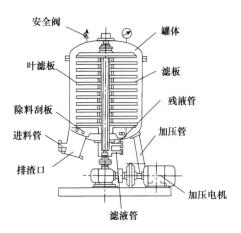

图 13-5 垂直加压叶滤机结构示意图（丁启圣和王维一，2011） 图 13-6 加压叶滤机实体图

2. 功能特点

（1）灵活性大，有较大的容量，滤饼厚度均匀。

（2）密闭操作，操作条件简化。

（3）过滤速度快，洗涤效果好。

（4）采用冲洗或吹除方式卸除滤饼时，劳动强度低，但是滤饼含水率较高。

四、真空过滤机

（一）真空带式过滤机

1. 结构与功能　　真空带式过滤机是带式过滤机的改进，通过在过滤机中加入真空装置，从而解决压滤机过滤过程中物料失压后，水分又重新被物料吸回去从而影响脱水效果的问题。图 13-7 为真空带式过滤机结构示意图，图 13-8 为真空带式过滤机实体图。过滤机运行时，物料经混凝给料器被均匀摊铺到上滤带上，在上滤带上经恒压工作压辊被上滤带和下滤带包夹，依次被多次恒压压辊挤压，脱去大部分的水，然后向前经过对辊挤压区，经真空压辊和对压辊高压力机械挤压，物料和黏附在滤带上的水分被快速抽吸到真空辊中。完成所有压榨过程的物料继续向前，输送至上滤带导向辊和下滤带导向辊处，在此分别被上滤带卸料器和下滤带卸料器的铲刀全部铲落。过滤机运行时，真空压辊处于被滤带包裹区域内的高压真空室和低压真空室，分别经由高压分配毂和低压分配毂，通过真空分配盘、真空分配板分别与高压真空分配头和低压真空分配头连通，形成连通的真空腔体，真空分配盘通过分配盘张紧调节螺母和分配盘张紧调节弹簧固定。

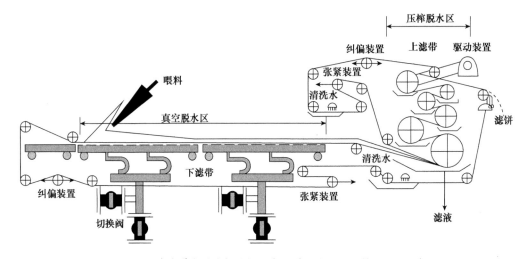

图 13-7　真空带式过滤机结构示意图（丁启圣和王维一，2011）

2．功能特点

（1）自动化程度高，下料、过滤、洗涤、脱渣、滤布清洗均为连续自动化，提高了生产效率，降低了运行成本，极大地减轻了工人劳动强度，可改善工作环境。

（2）过滤速度快，物料通过沉淀区，大颗粒在底层，小颗粒在上层，滤饼结构合理，滤液通透阻力小，可进行薄层快速过滤。

（3）过滤工艺方便，滤饼厚度、洗水量、逆流洗涤级数、真空度、滤布速度任意调整，以达到最佳过滤效果。

（4）洗涤效果好，可实现多级平流或逆流洗涤，洗涤均匀彻底，母液和清洗液根据工艺需要可分开收集和再利用。

图 13-8　真空带式过滤机实体图

（二）转鼓真空过滤机

1．结构与功能　转鼓真空过滤机是以负压作过滤推动力，过滤面位于圆柱形转鼓中的连续过滤机。图 13-9 为转鼓真空过滤机结构示意图。工作部件是一个大的圆筒，由钢板焊接而成，在筒体表面装有冲孔筛板，用隔条沿圆周方向分成若干个过滤室，通常为 24 个，室与室之间严格密封，互不通气。过滤室上铺设筛板，一方面与筒面形成通道，以便流通滤液；另一方面起支撑滤布的作用。过滤板外面包裹滤布，沿轴向每隔 50～80mm 缠绕钢丝，将滤布固定在筒体上。过滤室内部接有滤液管，分别与两端的喉管连接，分配头与喉管紧密相通，并固定在筒体两端，每个分配头担负过滤室一半长度的抽气和吹风作用。工作时，筒体浸入装满矿浆的半圆形矿浆槽中，并在其中缓慢旋转。由于分配头的作用，每个过滤室依次通过过滤区、干燥区、脱落区，由于负压作用，固体颗粒吸附在筒体上形成滤饼。随着圆筒的旋转，浸于圆筒表面的那部分矿浆随之离开液面，进入干燥区，滤饼进一步脱水。到脱落区后，借助高压风和刮刀把滤饼卸下。图 13-10 为转鼓真空过滤机实体图。

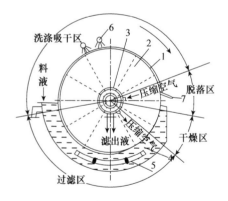

图 13-9　转鼓真空过滤机结构示意图
（陈必链，2013）

1. 转鼓；2. 过滤室；3. 分配阀；4. 料液槽；
5. 摇摆式搅拌器；6. 清洗液喷嘴；7. 刮刀

图 13-10　转鼓真空过滤机实体图

2．功能特点　密封性能较好，真空度较高，干燥区较长，滤饼水分比圆盘式稍低。

第二节　离心分离设备

一、概述

离心分离是生物与化工过程中常用的一个重要的操作。它是利用离心力实现非均相分离的一种机械分离技术。它可以用于机械地分离不溶解的固体与液体,分离的依据是颗粒的大小或密度不同的不相混合的液体。

离心分离有两个机械分离分支:以沉降为基础的分离和以过滤为基础的分离。离心机按其操作方式可以分为分批操作、自动分批操作和连续操作三种形式。

离心机主要用于加工工业以实现许多分离功能和功用,这些功能包括澄清、分类、脱水、提取、净化、浓缩、漂洗、清洗和增稠。

离心分离技术与其他技术相比,有下述几个方面的特点:①占地面积小;②停留时间短;③不需要助滤剂;④系统密封好;⑤放大简单;⑥过程连续;⑦分离效率易于调节;⑧处理量大。

从1836年第一台三足式离心机在德国问世以来,迄今分离技术有了很大的发展。各类离心机种类繁多,正在向高参数、系列化、专用机、多功能、新材料及自动化等方面发展,并已广泛用于化工、食品、轻工、医药、军工、造船、环保、生物工程等近30个工业领域。离心分离设备的技术正沿着大型化、高效和专用化方向发展,最终会实现客户化设计离心机。

二、过滤式离心机

(一)三足式离心机

1. 结构与功能 三足式离心机又称为三足离心机,因为底部支撑为三个柱脚,以等分三角形的方式排列而得名。三足离心机是一种固液分离设备,主要是将液体中的固体分离除去或将固体中的液体分离出去。

按出料方式分为三足式上卸料离心机和三足式下卸料离心机。

按构造特点分为普通三足式离心机、刮刀三足式离心机和吊袋三足式离心机。

按工作原理分为三足式过滤离心机和三足式沉降离心机。

图13-11为三足式离心机结构示意图。三个呈等边三角形排列的减震机构分别连接基座。减震机构包括柱腿和摆杆,并与底盘衔接。主轴与转鼓和底盘衔接,通过驱动机构来调节转速。转鼓是上开口的圆筒,从上开口加入样品。平衡环内安装有可滚动的钢球,能起到平衡的作用。图13-12所示为三足式离心机实体图。

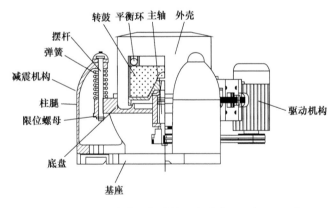

图13-11 三足式离心机结构示意图(邱立友,2007)

图13-12 三足式离心机实体图

2. 特点 造价低廉,抗震性好,结构简单,操作方便。

(二)卧式螺旋过滤离心机

1. 结构与功能 卧式螺旋过滤离心机是一种薄层分离液固混合物的连续操作离心机。转鼓的半锥角较离心力卸料离心机小,由螺旋的差转速来控制物料的滑动速度。为了获得较好的操作性能与较低的残余水分,通常采用20°的半锥角。如果需要对结晶进行洗涤,就要求滤渣较为紧密,则采用半锥角为10°的转鼓,该锥角对于处理棉绒之类的物料及易滑动的粒状聚合物也很有利。若分离冷冻浓缩过程中的冰晶粉，则用锥角为0°的圆筒形转鼓，物料靠螺旋输送，能保证滤渣在脱水和洗涤时均有良好的渗透性。

图13-13为卧式螺旋过滤离心机结构示意图。电机带动主动轮旋转，由于液压差速器的差速作用，转鼓和内筒即内转鼓之间有一个微小的转速差，转鼓和内筒同向旋转，料液从进料管加入内筒中，经加速后由内筒的过料口均匀流入内筒与转鼓之间的腔体中，在离心力的作用下，液相经滤网的空隙及转鼓侧壁上的出液口甩出，并由机壳上的排液口向外排出，而固相则被截留在滤网的内侧，形成滤饼，滤饼在排料螺旋的推动下，由转鼓的小端慢慢移向其大端，并从转鼓的出料口甩出，并由排料口排出至盛放于排料口下方的容器中。图13-14为卧式螺旋过滤离心机的实体图。

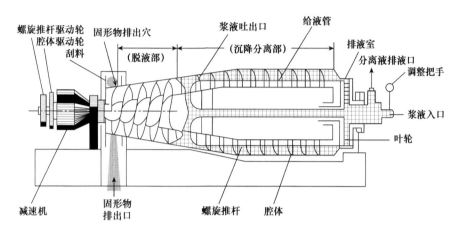

图13-13　卧式螺旋过滤离心机结构示意图（段开红，2017）

2. 功能特点　具有连续操作、处理量大、单位产量耗电量少、占地面积小、安装简便、维护成本低、适应性强等特点。

三、沉降式离心机

（一）管式离心机

1. 结构与原理　管式离心机有GF、GQ两大系列。GF为分离型，主要用于分离各种难分离的乳浊液，特别适用于二相密度差甚微的液液分离（相对密度差大于0.1%），以及含有少量杂质的液液固三相分离。GQ为澄清型管式离心机，主要用于分离各种难以分离的悬浮液，特别适合于浓度低、黏度大、固相颗粒细、固液相对密度差较小的固液分离。

图13-14　卧式螺旋过滤离心机实体图

管式离心机工作原理：物料从机身底部进入转鼓，因转鼓高速旋转产生强大的离心力，迫使物料因各组分的相对密度差不同，产生分层运动（进而达到分离效果），相对密度大的在最外层的转鼓壁上（待停机清理），液体则从机身上端的出液口连续流出。图13-15为管式离心机结构示意图。打开电源气动控制装置，传动设备、高速轮、吊轴及转鼓相联动，从而产生高速转动。转鼓在高速运转情况下，物料通过离心力的作用在转鼓内部将固体和液体分层开来，使不同大小粉径的固体均匀分布在转鼓内壁。下轴承采用水进行润滑，减少高速离心机在高速运转时产生的摩擦损耗。图13-16为管式离心机实体图。

2. 功能特点　通过本机对液体中的杂质分离，可达到澄清的效果。用于分离各种难以分离的悬浮液。特别适用于浓度小、黏度大、固相颗粒细和固液相对密度差较小的固液分离。

（二）碟式离心机

1. 结构与功能　碟式离心机按操作方法可分为固液分离（澄清）和液液分离（分离）。碟式离心机可快速连续地对固液和液液进行分离，是立式离心机的一种，转鼓装在立轴上端，通过传动装置由电动机驱动

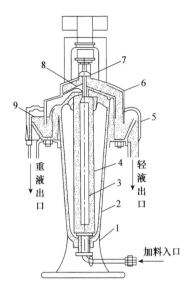

图 13-15　管式离心机结构示意图
（段开红，2017）

图 13-16　管式离心机实体图

1. 折转器；2. 固定机壳；3. 十字形挡
板；4. 转鼓；5. 轻液室；6. 排液罩；
7. 驱动轴；8. 环状隔盘；9. 重液室

而高速旋转。碟片与碟片之间留有很小的间隙。悬浮液（或乳浊液）由位于转鼓中心的进料管加入转鼓。当悬浮液（或乳浊液）流过碟片之间的间隙时，固体颗粒（或液滴）在离心机作用下沉降到碟片上形成沉渣（或液层）。沉渣沿碟片表面滑动而脱离碟片并积聚在转鼓内直径最大的部位，分离后的液体从出液口排出转鼓。图 13-17 为碟式离心机结构示意图。混合液从入料管进入碟式离心机内，经过向心泵的中心入料孔和芯轴仓室进入入料间隙。再从进料分配碟片的落料孔进入分离区域。固体颗粒进入分离区碟片的分离区域，在离心机的作用下，沉降到分离区碟片上形成沉渣。沉渣沿分离区碟片上表面滑动而脱离分离区碟片并积聚在离心转鼓内直径最大的部位，也就是芯轴径向远端。轻液经过分离区碟片后，沿分离区碟片之间的间隙向芯轴近端移动，并在此集中，进入轻液出料管。进入轻液出料管的轻液在底盘旋转离心力的作用下，被排出离心转鼓。分离后的重液，在离心力的作用下向芯轴远端移动，并上升经过重液间隙进入重液导出迷道，到达向心泵的环形重液出料孔。重液在向心泵的作用下形成压力射出重液出料管。图 13-18 是碟式离心机实体图。

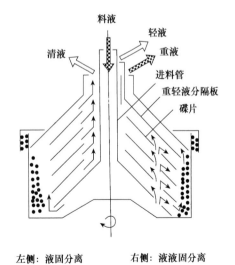

图 13-17　碟式离心机结构示意图（梁世中，2011）

图 13-18　碟式离心机实体图

2. 功能特点　浓缩效果好，产能高。

第三节 膜分离设备

一、概述

膜分离技术是一种新型高效、精密分离技术，它是材料科学与介质分离技术的交叉结合，具有高效分离、设备简单、节能、常温操作和无污染等优点，广泛适用于化工、环保、电子、轻工、纺织、石油、食品、医药、生物工程、能源工程等领域。

膜分离技术是以选择性透过膜为分离介质，在膜两侧一定推动力的作用下，使原料的某组分选择性地透过膜，从而使混合物得以分离，以达到提纯、浓缩等目的的分离过程。其中膜分离的推动力分为两种：一种是借助外界能量，物质发生由低位到高位的流动；另一种是借助本身的化学位差，物质发生由高位到低位的流动。现在应用中的有微滤、超滤、反渗透、纳滤、电渗析、膜蒸馏、液膜和渗透气化等（表13-1）。

表13-1 工业应用膜分离的分类和基本特征（闫彦龙和李成，2018）

膜分离技术	原理	推动力（压力差）/kPa	透过组分	截留组分	膜类型	处理物质形态
微滤	筛分	20～100	溶剂、盐类及大分子物质	0.1～20μm	多孔膜	液体或气体
超滤	筛分	100～1 000	高分子溶剂或含小分子物质	5～100nm	非对称膜	液体
反渗透	溶解扩散	1 000～10 000	溶解性物质	0.1～1nm	非对称膜或复合膜	液体
纳滤	溶解扩散唐南（Donnan）效应	500～1 500	溶剂或含小分子物质	>1nm	非对称膜或复合膜	液体
电渗析	离子交换	电化学势-渗透	小离子组分	大离子和水	离子交换膜	液体
膜蒸馏	传质分离	蒸汽压差	挥发性组分	离子、胶体、大分子等不挥发组分和无法扩散组分	多孔疏水膜	液体或气体
液膜	溶解扩散	浓度差	可透过组分	无法透过组分	液膜	液体
渗透气化	溶解扩散	浓度差	膜内易溶解或易挥发组分	不易溶解或不易挥发组分	均质膜、复合膜或非对称膜	进料为液态、渗透为气态

1. 微滤　微滤又称为微孔过滤，是以多孔膜（微孔滤膜）为过滤介质，在0.1～0.3MPa的压力推动下，能截留0.1～1μm的颗粒，微孔滤膜允许大分子有机物和无机盐等通过，但能阻挡悬浮物、细菌、部分病毒及大尺度胶体的透过，微孔滤膜两侧的运行压差（有效推动力）一般为0.7bar（1bar＝10^5Pa）。微滤的过滤原理有三种：筛分、滤饼层过滤和深层过滤。一般认为微滤的分离机理为筛分机理，膜的物理结构起决定作用。此外，吸附和电性能等因素对截留率也有影响。根据微粒在微滤过程中的截留位置，可分为3种截留机制：筛分、吸附及架桥，它们的微滤原理如下。

（1）筛分：微孔滤膜拦截比膜孔径大或与膜孔径相当的微粒，又称为机械截留。

（2）吸附：微粒通过物理化学吸附而被微孔滤膜吸附。微粒尺寸小于膜孔也可被截留。

（3）架桥：微粒相互堆积推挤，导致许多微粒无法进入膜孔或卡在孔中，以此完成截留。

2. 超滤　超滤（ultrafiltration，UF）是一种膜分离技术。能够将溶液净化、分离或者浓缩。超滤介于微滤与纳滤之间，且三者之间无明显的分界线。一般来说，超滤膜的孔径为1～500nm，操作压力为0.1～0.5MPa。主要用于截留去除水中的悬浮物、胶体、微粒、细菌和病毒等大分子物质。超滤膜根据膜材料可分为有机膜和无机膜。按膜的外型，又可分为平板式、管式、毛细管式、中空纤维和多孔式。目前家用超滤净水器多以中空膜为主。

3. 反渗透　反渗透又称为逆渗透，是一种以压力差为推动力，从溶液中分离出溶剂的膜分离操作。

对膜一侧的料液施加压力,当压力超过它的渗透压时,溶剂会逆着自然渗透的方向做反向渗透,从而在膜的低压侧得到透过的溶剂,即渗透液;高压侧得到浓缩的溶液,即浓缩液。若用反渗透处理海水,在膜的低压侧得到淡水,在高压侧得到卤水。反渗透通常使用非对称膜和复合膜。反渗透所用的设备,主要是中空纤维式或卷式的膜分离设备。反渗透膜能截留水中的各种无机离子、胶体物质和大分子溶质,从而取得净制的水。也可用于大分子有机物溶液的预浓缩。由于反渗透过程简单、能耗低,近几十年来得到迅速发展。现已大规模应用于海水和苦咸水(卤水)淡化、锅炉用水软化和废水处理,并与离子交换结合制取高纯水,其应用范围正在扩大,已开始用于乳品、果汁的浓缩及生化和生物制剂的分离和浓缩方面。此外,反渗透技术应用于预除盐处理也取得较好的效果,能够使离子交换树脂的负荷减轻90%以上,树脂的再生剂用量也可减少90%。因此,不仅节约费用,还有利于环境保护。

4. 纳滤 纳滤又称为低压反渗透,是膜分离技术的一种新兴领域,其分离性能介于反渗透和超滤之间,允许一些无机盐和某些溶剂透过膜,从而达到分离的效果。纳滤膜是电荷膜,能进行电性吸附。在相同的水质及环境下制水,纳滤膜所需的压力小于反渗透膜所需的压力。所以从分离原理上讲,纳滤和反渗透有相似的一面,又有不同的一面。纳滤膜的孔径和表面特征决定了其独特的性能,对不同电荷和不同价数的离子又具有不同的Donann电位;纳滤膜的分离机理为筛分和溶解扩散并存,同时又具有电荷排斥效应,可以有效地去除二价和多价离子,去除相对分子质量大于200的各类物质,可部分去除单价离子和相对分子质量低于200的物质;纳滤膜的分离性能明显优于超滤和微滤。纳滤分离越来越广泛地应用于电子、食品和医药等行业,如超纯水制备、果汁高度浓缩、多肽和氨基酸分离、抗生素浓缩与纯化、乳清蛋白浓缩、纳滤膜-生化反应器耦合等实际分离过程中。与超滤或反渗透相比,纳滤过程对单价离子和相对分子质量低于200的有机物截留较差,而对二价或多价离子及相对分子质量为200~500的有机物有较高脱除率,基于这一特性,纳滤过程主要应用于水的软化、净化及相对分子质量在百级的物质分离、分级和浓缩(如染料、抗生素、多肽、多糖等化工和生物工程产物的分级和浓缩)、脱色和去异味等。主要用于饮用水中脱除Ca^{2+}、Mg^{2+}等硬度成分,以及三卤甲烷中间体、异味、色度、农药、合成清洗剂、可溶性有机物及蒸发残留物质。

膜的种类分为对称膜和非对称膜,前者又称为均质膜,是一种均匀的薄膜,膜两侧截面的结构及形态完全相同,包括致密的无孔膜和对称的多孔膜两种;而后者的横断面具有不对称结构,包括一体化非对称膜和复合膜两类。常用的膜材料有有机高聚物膜和无机分离膜。有机高聚物膜包括纤维素类、聚砜类、聚酰胺类、聚酯类、含氟高聚物和聚烯烃等。无机分离膜包括陶瓷膜、玻璃膜、金属膜和分子筛炭膜等。

膜分离技术具有如下特点:①膜分离过程不发生相变化,因此膜分离技术是一种节能技术;②膜分离过程是在压力驱动下,在常温下进行的,特别适合于对热敏感物质,如酶、果汁、某些药品的分离、浓缩和精制等;③膜分离技术适用分离的范围极广,从微粒级到微生物菌体,甚至离子级都有其用武之地,关键在于选择不同的膜类型;④膜分离技术以压力差作为驱动力,因此采用装置简单,操作方便。

膜分离技术应用范围广,尤其在发达国家。根据有关数据显示,世界各国膜分离技术的应用比例中,美国占50%,日本占18%,西欧占23%。表13-2中列举了膜分离技术在工业上的应用。

表13-2 膜分离技术在工业上的应用

工业领域	应用
食品工业	油脂加工、乳制品制作、调味品加工、功能性成分提取、食品加工废水处理
水处理	饮用水制取、工业废水处理、海水淡化
生物技术	生物发酵制药、中成药生产、抗生素生产、维生素及氨基酸的生产
医药工业与医疗设备	生物发酵制药、中成药生产、药物澄清、药液浓缩、渗析技术
化工及石油工业	粉体洗涤、催化剂回收、气体分离、有机物脱水、回收贵金属、分离有机体系
环境工程	水资源净化,固体、液体、气体废弃物处理,多组分溶剂分离
冶金工业	废水中有价金属回收,绿色冶金,金属离子分离,金属无机盐转型、制备和处理冶金用气体

二、膜过滤器

膜分离系统由膜器件、泵、过滤器、阀、仪表和管路等组成。常见的膜器件有板式膜过滤器、管式膜过滤器、中空纤维膜过滤器、螺旋卷式膜分离器等。

(一)板式膜过滤器

1. 结构与原理　板式膜过滤器是最为常见的一种膜过滤器,通常用于钢铁、电子、环保和医药等行业的空气过滤。图13-19是有隔板的板式膜过滤器结构示意图。图13-20是板式膜过滤器实体图。

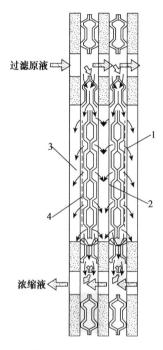

图13-19　有隔板的板式膜过滤器结构示意图
(朱明军和梁世中,2019)

1. 滤过液体;2. 滤板;3. 刚性多孔支持板;4. 超滤膜

图13-20　板式膜过滤器实体图

2. 功能特点　风量大;阻力小;结构坚固;可重复清洁使用。

(二)管式膜过滤器

1. 结构与原理　管式膜过滤器是以管壁为过滤介质的膜过滤器,分为中空纤维管($\phi 1 \sim 2.5$mm)、窄孔管($\phi 5 \sim 15$mm)和大孔管($\phi 30 \sim 50$mm)三种,广泛应用于微滤和超滤。图13-21是一种管式膜过滤器结构示意图。该种膜制造工艺就是把平板膜用机械辊压,使平板膜宽度方向的纵断面形状为瓦楞形或者梯形,再机械压痕折叠、贴合。将立方体管式膜车削成圆柱体后,用环氧树脂玻璃纤维缠绕成一个具有两端封头和进出口的整体管式膜过滤器。两端的封头结构分别为上进料口和下出料口。图13-22为管式膜过滤器实体图。

2. 功能特点　管式膜过滤器具有湍流流动、截污能力大、对堵塞不敏感、易清洗、膜管中流体流动的阻力损失小等特点。

(三)中空纤维膜过滤器

1. 结构与原理　中空纤维膜过滤器能借助反洗有效地清除使用期间沉积在中空纤维膜组件中和原料水中的悬浮物,并从上端开口排出。中空纤维膜组件大致分为内压型和外压型。外压型中空纤维膜组件

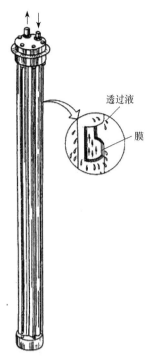

图13-21　管式膜过滤器结构示意图
（朱明军和梁世中，2019）

图13-22　管式膜过滤器实体图

由中空纤维束组成，每束由成千上万根中空纤维膜和将中空纤维膜束包在里面的圆柱形外套组成。圆柱形外套两端依靠固定在圆柱形外套内壁表面的密封体密封。这两个密封体之间、圆柱形外套内的空间形成滤腔，中空纤维束膜便位于其中。图13-23是中空纤维膜过滤器结构示意图。图13-24为中空纤维膜过滤器实体图。

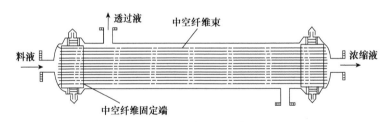

图13-23　中空纤维膜过滤器结构示意图（段开红，2017）

图13-24　中空纤维膜过滤器实体图

2. 功能特点　装填密度高、比表面积大、结构简单、简化清洗操作、检漏修补方便、截留率高和使用寿命长等。

（四）螺旋卷式膜分离器

1. 结构与原理　螺旋卷式膜元件是流体分离领域中常见的分离膜，包括反渗透膜、纳滤膜、超滤膜、微滤膜、电渗透膜和渗透电气化膜等。它们利用分离膜片本身具有的分离特性，去除流体中某种或多种物质，达到净化、提纯和浓缩等目的。图13-25是螺旋卷式膜分离器结构示意图。原水进入膜分离器内，在压力作用下，经间隔材料和膜过滤后，纯水在产水流道布的引导下，进入中心收集管。图13-26是螺旋卷式膜分离器实体图。

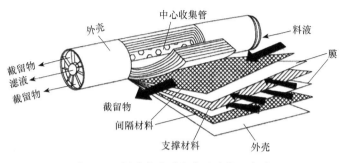

图13-25 螺旋卷式膜分离器结构示意图
（陈必链，2013）

图13-26 螺旋卷式膜分离器实体图

2. 功能特点 结构紧凑、单位体积内的有效面积大和膜的填充密度大等。

本 章 小 结

实现分离目的的方法很多，生物工程行业中最常用的是过滤分离、离心分离与膜分离等。过滤按机理可以分为表面过滤和深层过滤。过滤技术分为间歇式和连续式两大类。按照过滤的推动力不同，过滤设备可以分为重力过滤机（常压过滤机）、加压过滤机和真空过滤机三类。离心分离是生物与化工过程中常用的一个重要操作。其有两个机械分离分支：以沉降为基础的分离和以过滤为基础的分离。离心机按其操作方式，可以分为分批操作、自动分批操作和连续操作三种形式。离心机主要用于加工工业以实现许多分离功能和功用，这些功能包括澄清、分类、脱水、提取、净化、浓缩、漂洗、清洗和增稠。膜分离技术是一种新型高效、精密分离技术，它是材料科学与介质分离技术的交叉结合，具有高效分离、设备简单、节能、常温操作和无污染等优点，膜分离技术应用中有微滤、超滤、反渗透、纳滤、电透析、膜蒸馏、液膜和渗透气化等。

思考题

1. 碟式离心机与管式离心机在结构和操作上有何差异？各自适用于哪种场合？
2. 试分析比较反渗透、超滤和微滤的差别与共同点。
3. 分析超滤过程中形成浓差极化现象的原因及对透过量的影响。膜过滤操作中如何消除浓差极化现象？
4. 常用的过滤设备包括哪几大类？简述其工作原理的区别。

第十四章　萃取、离子交换、吸附分离与色谱分离设备

第一节　萃取设备

一、概述

　　萃取（extraction）是利用化合物在两种互不相溶或微溶的溶剂中溶解度或分配系数的不同，使化合物从一种溶剂内转移到另外一种溶剂中。它是20世纪中期兴起的一项分离技术，应用于氨基酸、有机酸、抗生素、多肽、核酸和激素等小分子产品的工业生产和纯化。萃取比化学沉淀法分离程度高，比离子交换法选择性好、传质快，比蒸馏法能耗低且生产能力大、周期短、便于连续操作和自动控制等。

　　常规萃取技术根据使用的溶剂类型分为普通溶剂萃取、双水相萃取、反胶束萃取和超临界流体萃取技术等。近年来，随着科学技术的快速发展，传统的萃取技术不能满足工业的需要，一些新型萃取技术应运而生，如已经投入应用和研发的液膜微萃取和固相微萃取技术，在环境分析、药物分析和食品分析方面具有很好的应用效果；超临界流体萃取可在较低温度或无氧环境下进行操作，分离或精制热敏性物质和易氧化物质，可以广泛应用于环境、食品、药物、生物、高分子，甚至无机物等方面。

二、萃取方法

（一）溶剂萃取

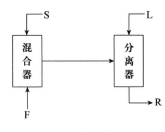

图 14-1　单级萃取过程

　　生物工程工业上溶剂萃取技术最为常用，一般包括三个步骤：萃取溶剂和料浆充分混合形成乳状液，分离和溶剂回收。按照操作方式，萃取又分为单级萃取和多级萃取。下面以单级萃取为例，讨论萃取过程中效率计算和影响因素。

　　如图14-1所示，单级萃取只有一个混合器和一个分离器。原料F和萃取剂S在混合器中充分混合平衡后，使用分离器分离得到萃取相L和萃余相R。在此过程中，设料液体积为V_F，溶剂体积为V_S，经过萃取后，溶质在萃取相中的浓度为c_1，在萃取相中的浓度为c_2。则分配系数$K=c_1/c_2$；萃取因数E为

$$E=\frac{c_1 V_S}{c_2 V_F}=K \cdot \frac{V_S}{V_F}=K \cdot \frac{1}{m} \tag{14-1}$$

式中：E为萃取因数，溶质在萃取相中的量与在萃余相中的量的比值；K为分配系数，即萃取相中溶质浓度与萃余相中溶质浓度的比值；m为体积浓缩倍数，即料液体积与溶剂体积的比值。

　　未被萃取的分率ϕ＝溶质在萃余液中的数量/溶质总量，即

$$\phi=\frac{c_2 V_F}{c_2 V_F+c_1 V_S}=\frac{1}{E+1} \tag{14-2}$$

　　理论收得率为$1-\phi$：

$$1-\phi=\frac{E}{E+1}=\frac{K}{K+m} \tag{14-3}$$

　　可见，K值越大，理论收得率越高；m值越大，$1-\phi$越小。

影响萃取操作的因素有很多，主要有萃取剂的选择、pH范围、温度，以及盐析、带溶剂和去乳化等作用。

1. 萃取剂的选择　萃取剂的选择与产品分离工艺的正常运行及经济合理性有着直接的联系，因此要根据生物工程下游工艺生产实际情况选择化学性及物理性稳定、毒性小、选择性高、经济实惠、反萃取能力强的萃取剂，同时严格按照萃取工艺标准或要求操作，安全高效地分离目的产品，充分发挥萃取剂及萃取分离法在化工工艺流程生产中的作用。要使溶质在萃取相中的溶解度要远大于原溶剂，不易于挥发。常用的生物工业萃取剂有酒精、氯仿、乙酸乙酯、乙酸丁酯、正己烷或石油醚等。

2. pH范围　pH影响物质的解离情况，又影响分配系数，从而影响产物的回收效率。例如，青霉素在pH降低时降解极快，而pH梯度萃取法的原理是利用pH的差异而实现不同产品的分离。

3. 温度　温度对产物的萃取也有很大的影响。一方面由于大部分生物产品在较高的温度下不稳定；另一方面温度还影响目的产物的溶解度和在溶液中的理化性质等。

除此之外，在萃取过程中还应考虑盐析、带溶剂、去乳化等作用。

（二）双水相萃取

双水相萃取（aqueous two-phase extraction，ATPE）是指把两种聚合物或一种聚合物与一种盐水溶液混合在一起，由于聚合物与聚合物之间或聚合物与盐之间的不相溶性形成两相。双水相萃取与一般的水-有机物萃取的原理相似，都是依据物质在两相间的选择性分配。当萃取体系的性质不同，物质进入双水相体系后，由于分子间的范德瓦耳斯力、疏水作用、分子间的氢键、分子与分子之间电荷的作用，目标物质在上、下相中的浓度不同，从而达到分离的目的。常见双水相萃取溶液体系类型如表14-1所示。

表14-1　常见双水相萃取溶液体系类型（谭志坚等，2010）

类型	上相组成	下相组成
聚合物-聚合物	聚乙二醇、聚丙二醇、聚蔗糖、甲基纤维素	聚乙烯醇、葡聚糖、甲基聚丙二醇、羟丙基葡聚糖
聚合物-低分子质量组分、葡聚糖、丙醇，聚丙烯乙二醇、磷酸钾等聚合物-无机盐	聚乙二醇胺	磷酸钾、硫酸钾、硫酸镁、硫酸
高分子电解质-高分子	葡聚糖硫酸钠、羧甲基葡聚糖钠盐	羧甲基纤维素钠盐电解质、羧甲基纤维素钠盐
离子液体双水相	水性离子液体［BMIm］Cl、［HMIm］Cl、［OMIm］Cl、［BPy］Cl、［TBA］Cl	K_3PO_4、K_2HPO_4、Na_2HPO_4、$(NH_4)_2SO_4$、K_2CO_3等
温度诱导双水相	聚醚多元醇等	K_2HPO_4、Na_2HPO_4等
表面活性剂双水相	阳离子TTAC、CPC、C12NE等 阴离子SDBS、SDS等	—

注：［BMIm］Cl. 1-丁基-3-甲基咪唑氯盐；［HMIm］Cl. 1-己基-3-甲基咪唑氯盐；［OMIm］Cl. 1-甲基-3-辛基氯化咪唑鎓；［BPy］Cl. 1-丁基氯化吡啶；［TBA］Cl. 四丁基氯化铵；TTAC. 十四烷基三甲基氯化铵；CPC. 氯化十六烷基吡啶；C12NE. 溴化十二烷基三乙铵；SDS. 十二烷基硫钠；SDBS. 十二烷基苯磺酸钠

影响双水相萃取平衡的主要因素有：组成双水相体系的高聚物类型、高聚物的平均分子质量和分子质量分布、高聚物的浓度、成相盐和非成相盐的种类、盐的离子浓度、pH和温度等。不同聚合物的水相系统显示出不同的疏水性，聚合物的疏水性按下列次序递增：葡萄糖硫酸盐糖＜葡萄糖＜羟丙基葡聚糖＜甲基纤维素＜聚乙二醇＜聚丙三醇，这种疏水性的差异对目的产物相互作用是重要的。同一聚合物的疏水性随分子质量的增加而增加，这是由于分子链的长度增加，其所包含的羟基减少。两相亲水差距越大，其分子质量大小的选择性依赖于萃取过程的目的和方向。对于聚乙二醇（PEG）聚合物，若想在上相收率较高，应降低平均分子质量，若想在下相收率较高，则增加平均分子质量。pH会影响蛋白质分子中可解离基团的解离程度，从而改变蛋白质所带电荷的性质和大小，这与蛋白质的等电点相关；pH能改变盐的解离程度（如磷酸盐），进而改变相间电位差。萃取温度首先影响相图，在临界点附近尤为明显。但当远离临界点时，温度影响较小。大规模生产常在常温操作，但升温还是有利于降低体系黏度，利于分相。无机盐的正、负离子在两相间分配系数不同，两相间形成电位差，从而影响带电生物大分子的分配。无机盐浓度的不同能改变两相间的电位差。

目前，双水相萃取技术已成功应用到蛋白质、酶、核酸、氨基酸、抗生素及生物小分子等的分离纯化。近些年来，双水相萃取技术得到很大的发展，产生了许多新型的体系，并且在天然产物、金属离子分离纯化等方面也具有广泛的应用，如表14-2所示。双水相萃取技术作为一种生化分离技术，由于其具有条件温和、易操作等特点，因此可调节因素较多，并且可融合传统溶剂萃取的成功经验，使其成为一种生物工程下游初步分离的方法。传统的有机溶剂萃取容易使生物大分子（如蛋白质和酶）失活，在双水相萃取技术发展早期，人们致力于把双水相技术应用于蛋白质等的分离纯化，从而大大降低其变性的可能。

表14-2　药物分析及其他应用（谭志坚等，2010）

双水相体系	分离物质	结论
PEG 800与吐温80组合表面活性剂、硫酸铵、水	芦丁	平均萃取率为95.0%
PEG 4000/K_2HPO_4	三七皂苷	分配系数14.2，回收率为96%
26% PEG 6000与18% K_2HPO_4	黄芩苷	分配系数达到29.8，回收率达到98.6%
25% PEG 400、12%（NH_4）$_2SO_4$和3% NaCl	加杨叶总黄酮	萃取率达到95%以上
聚乙二醇（PEG）1000与聚乙烯吡咯烷酮（PVP 30000）为组合表面活性剂，（NH_4）$_2SO_4$-H_2O为双水相体系	桑叶中芦丁	回收率为96.5%
PEG和（NH_4）$_2SO_4$	甘草酸	提取率平均为92.2%，分配系数平均为11.8
丙醇-水	桑叶植物多酚	提取率为1.83%，含量为24.1%
PEG 600-Triton X-100组合表面活性剂	芦丁	平均萃取率为95.2%
丙醇体积分数50%，液料比1∶30	灯盏花中总黄酮	平均得率为6.01%
PEG-硫酸铵和乙醇-硫酸铵	葛根素	分配系数分别为214.69、27.89，回收率分别为99.43%、96.70%，提取率高达95%以上
正丙醇/（NH_4）$_2SO_4$	甘露醇	萃取率最高为93.79%
PEG800-PVP30000-（NH_4）$_2SO_4$-H_2O	水杨酸	平均回收率为94.7%~95.0%
PEG-（NH_4）$_2SO_4$	L-组氨酸	萃取率高达95%以上

三、液-液萃取设备

（一）萃取塔

1. 结构与原理　液-液萃取是利用溶质在两种互不相溶或部分相溶的液相之间分配不同的性质来实现分离、富集、提纯。所采用的设备叫作萃取器，有一次萃取和多次萃取，有间隙萃取和连续萃取过程之分。连续多次萃取采用的萃取器是一种塔式设备，称为萃取塔。其内部结构是利用重力或机械作用使一种液体破碎成液滴，分散在另一连续液体中，进行液-液萃取。分配定律是萃取方法理论的主要依据，物质对不同的溶剂有着不同的溶解度，可以根据分离对象和要求来选择萃取剂和分离流程。

图14-2为一种萃取塔结构示意图，塔内有适当的填料，轻相由底部进入，顶部排出；重相由顶部进入，底部排出。萃取操作时，连续相充满整个塔内，分散相由分布器分散成液滴进入填料层，在与连续相逆流接触中进行传质。料层的作用除了可使液滴不断发生凝聚与再分散，以促进液滴的表面更新外，还可以减少轴向返混。图14-3为萃取塔实体图。

2. 功能特点　萃取塔的特点有选择性高、分离效果好、适应性强、能耗低，并且在常温和低温下进行，特别适合热敏性物质的分离。此外，萃取塔具有密封好、设备紧凑、体积效率高和可选择类型多等特点。

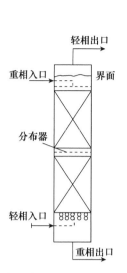
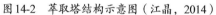

图14-2 萃取塔结构示意图（江晶，2014）

图14-3 萃取塔实体图

（二）微波萃取设备

1. 结构与原理 微波萃取的原理是介质可吸收微波电磁能并转变成热能，而吸收微波能力的差异使得基底物质的某些区域或萃取体系中的某些组分被选择性加热，从而使得萃取物质从基体或体系中分离。而微波萃取器正是根据这一原理设计的设备。图14-4为微波萃取器结构示意图。物料从物料进口进入工作环隙，在工作环隙内流动，而微波则通过过渡管进入隔离器和工作环隙。物料接受微波辐射，然后从物料出口流出。图14-5为微波萃取器实体图。

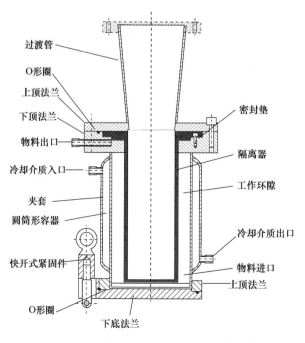

图14-4 微波萃取器结构示意图（邓修等，2002）

图14-5 微波萃取器实体图

2．功能特点　加热迅速、选择性加热、体积加热、高效节能、易于控制、安全环保等。相比于传统的萃取技术，它还有设备简单、适用范围广、萃取效率高、重现性好、节省时间和试剂、污染小等特点。

（三）超临界流体萃取设备

1．结构与原理　超临界流体是一种处于临界温度与临界压力以上的流体。在临界压力、临界温度以上，无论流体压力多高，流体都不能液化，但流体的密度随压力增高而增大。超临界流体萃取技术是一种正处于开发阶段的化工分离技术。它是利用超临界条件下的液体作为萃取剂，从液体或固体中萃取出特定成分，以达到某种分离目的的技术。超临界流体萃取又称为气体萃取或者稠密气体萃取。其中以超临界 CO_2 萃取技术最为常用。图14-6是一种超临界流体萃取设备结构示意图。在超临界状态下，将超临界流体与待分离的物质接触，使其有选择性地按极性大小、沸点高低和分子质量大小依次萃取出来，然后借助减压、升温的方法使超临界流体变成普通气体，被萃取物质则完全或基本析出从而达到分离提纯的目的。图14-7是超临界流体萃取设备实体图。

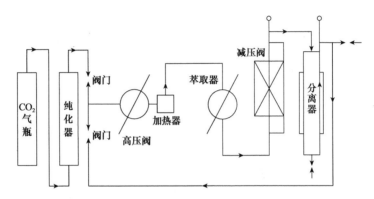

图14-6　超临界流体萃取设备结构示意图（曹卫国，2006）

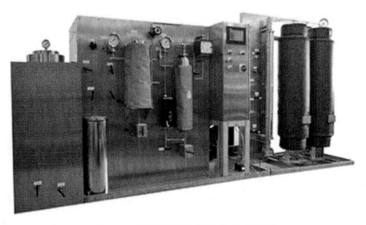

图14-7　超临界流体萃取设备实体图

2．功能特点　超临界流体萃取技术作为一种新型萃取技术，与传统液-液萃取技术相比有如下特点。

（1）超临界流体萃取可以在常温或接近常温的条件下溶解挥发性小的物质，而形成一个负载的超临界流体相，在萃取后，溶质和超临界溶剂间的分离用等温减压或升温分离的方法，故特别适合于热敏性物质的提取。

（2）超临界流体萃取能力主要与其密度相关，而超临界流体的密度可以在相当宽的范围内随其压力和温度的改变而改变，选用适当的压力和温度可对萃取和分离过程进行方便的控制。

（3）超临界流体萃取溶质后，只需降压或升温即可将溶剂完全回收并循环利用。

（4）超临界流体物性的优越性提高了溶质的传质效率和传质能力，大大缩短了萃取的操作时间，同时提高了萃取率。

（5）超临界流体萃取的原料不需要繁复的预处理，可同时进行萃取和分离操作。

第二节 离子交换设备

借助于固体离子交换剂中的离子与稀溶液中的离子进行交换，以达到提取或去除溶液中某些离子的目的，是一种属于传质分离过程的单元操作。离子交换是可逆的等当量交换反应。

有以下两种理论可用于研究交换过程的选择性。

1. 多相化学反应理论 假定离子 A_1 与 A_2 之间有如下的交换反应：

$$\frac{1}{Z_1}A_1+\frac{1}{Z_2}\bar{A}_2 \longleftrightarrow \frac{1}{Z_1}\bar{A}_1+\frac{1}{Z_2}A_2 \tag{14-4}$$

式中：Z_1、Z_2 分别为离子 A_1 和 A_2 的化合价；A_1、A_2 为存在于溶液相中的离子；$\bar{A}_1$、$\bar{A}_2$ 为存在于树脂相中的离子。

2. 膜平衡理论 该理论认为树脂表面相当于半透膜，所交换的离子能自由通过，而连接在树脂骨架上的离子不能通过。按照唐南平衡原理，可得出格雷戈尔公式：

$$RT\ln\frac{\bar{a}_1^{1/Z_1}\cdot a_2^{1/Z_2}}{a_1^{1/Z_1}\cdot \bar{a}_2^{1/Z_2}}=\pi\left(\frac{\bar{V}_2}{Z_2}-\frac{\bar{V}_1}{Z_1}\right) \tag{14-5}$$

式中：R 为摩尔气体常数；T 为绝对温度（K）；α_1、α_2、$\bar{a}_1$ 和 $\bar{a}_2$ 为离子 A_1、A_2、$\bar{A}_1$ 和 $\bar{A}_2$ 的活度（mol/L）；π 为渗透压（atm）；$\bar{V}_1$、$\bar{V}_2$ 为位于树脂相的离子的偏摩尔体积（L/mol）。

由式（14-5）可以看出，化合价较高、体积较小（水化半径较小）的离子，将优先与树脂结合。因此，溶液中各种离子的化合价及体积相差越大，离子交换过程的选择性越高。

离子交换剂分为无机质和有机质，如图 14-8 所示。

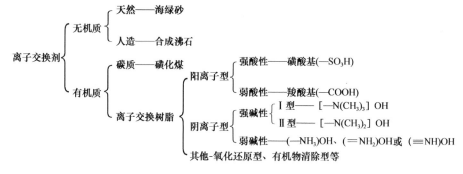

图 14-8 离子交换剂类型

离子交换树脂按物理结构分为凝胶型（孔径为 5nm）、大孔型（孔径为 20～100nm）；按合成树脂所用材料分为苯乙烯系、酚醛系、丙烯酸系、环氧系和乙烯吡啶系等；最常用的分类是依据树脂离子交换功能团，分为强酸性阳离子交换树脂、弱酸性阳离子交换树脂、强碱性阴离子交换树脂和弱碱性阴离子交换树脂。特殊的离子交换树脂有电子交换树脂、大孔离子交换树脂、螯合树脂、萃淋树脂、氧化还原树脂和纤维交换剂等。

主要离子交换设备类型有：①搅拌槽，适用于处理黏稠液体。当单级交换达不到要求时，可用多级组成级联。②固定床离子交换器，也称为离子交换柱，是用于离子交换的固定床传质设备，应用最广。③移动床离子交换器，是用于离子交换的移动床传质设备，由于技术上的困难尚未得到工业应用。

（一）间歇式离子交换设备

1. 结构与原理 间歇式离子交换设备又称为混合床。一般的离子交换设备为具有椭圆形封头的圆筒形设备，树脂层高度占圆筒高度的50%～70%，需留有充足的空间，以备反冲时树脂的膨胀。图14-9是一种间歇式离子交换设备结构示意图。运行过程如下：离子交换树脂通过树脂输入管进入筒体内底部，填装高度到多孔固定板处，待处理水通过进水管进入筒体，通过布水滤水帽进行布水，待处理水降落在多孔固定板上时，水发生折流，通过多孔固定板上的孔眼进入下部的树脂层，实现进一步均匀布水，从而解决混床偏流问题，保持混床内树脂交换层均匀稳定，保证混床的运行周期，通过离子交换树脂层的水质变好，处理好的水通过集水滤水帽、出水装置及排水管排出筒体。当筒体内填装的离子交换树脂失效后，通过树脂输出管排出筒体。图14-10为间歇式离子交换设备实体图。

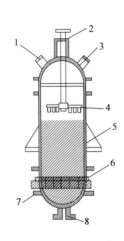

图14-9　间歇式离子交换设备结构示意图
（何佳等，2008）

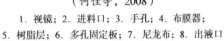

图14-10　间歇式离子交换设备实体图

1. 视镜；2. 进料口；3. 手孔；4. 布膜器；
5. 树脂层；6. 多孔固定板；7. 尼龙布；8. 出液口

2. 功能特点　　结构简单、操作方便、树脂磨损少，适应于澄清料液的交换，操作费用也低。

（二）连续式离子交换设备

1. 结构与原理　　连续式离子交换设备（ISEP）由一个水平转盘和30个短小固定床构成。固定床和转盘以规定速率连续旋转，每个床柱中都装有吸附介质（如离子交换树脂等），每个树脂柱的上部和下部均有接管，与由小电机驱动的分配器旋转端管嘴相接。树脂床的转盘由第二个电机驱动，它与旋转阀的转速同步。分配器旋转端与含有20个均匀分布槽口的分配器固定端相匹配，当ISEP运行时，流入或流出这些固定槽口的液流是恒定的、不间断的。当转盘旋转360°时，每个树脂柱都将经历一次完整的吸附循环，即吸附、再生（或洗脱），以及一次或二次淋洗。当某一床柱从一个槽口下部移开时，液流暂时停止流动，直到床柱转移到与另一槽口相通，从而保证树脂床柱在任何时候只能接受来自一个槽口的液流。图14-11为旋涡式连续离子交换设备结构示意图。树脂与样液同时从相应入口加入。通过具有旋转带的转子，将吸附后的树脂运出，而处理后的液体从虹吸管排出。图14-12为连续式离子交换设备实体图。

2. 功能特点　　ISEP具有如下特点：①进出物料呈稳态连续流动，克服了固定床离子交换法中的"浓度脉冲"现象，出料组分均匀，操作控制简单，阀门等辅助设备少，产品质量高；②ISEP可有多种组合方式，包括平行流动、带向上流动的平行串流、串联流动、双通道串联流动、带排干液体的串联流动、再循环流动和脉冲料液等；③床柱的串联可优化接触时间，并联可调节接触面积；④能够处理高悬浮固体的液流和频繁的反洗周期；⑤树脂用量大幅度减少，洗涤水的用量最高可节省70%，化学药品、洗脱剂的消耗得到相应减少，减少运行成本和设备投资；⑥全自动、程序化的操作控制，运行稳定，避免人工操作失误。

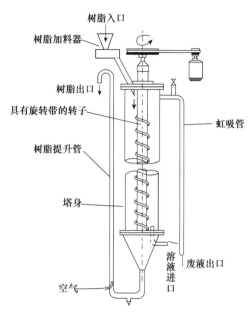

图14-11　旋涡式连续离子交换设备结构
示意图（俞俊棠，1982）

图14-12　连续式离子交换设备实体图

第三节　吸附分离设备

一、概述

吸附是一表面现象，在流体（气或液）与固体表面（吸附剂）相接触时，流固之间的分子作用引起流体分子（吸附质）浓缩在表面。对一流体混合物，其中某些组分因流固作用力不同而优先得到浓缩，产生选择吸附，实现分离。吸附分离过程依据流体中待分离组分浓度的高低可分为净化分离和组分分离，一般以质量浓度10%为界限，小于此值的称为吸附净化。吸附是自发过程，发生吸附时放出热量，它的逆过程（脱附）是吸热的，需要提供热量才能脱除吸附在表面的吸附分子。吸附时放出热量的大小与吸附的类型有关：发生物理吸附时，吸附质和吸附剂之间的相互作用较弱，吸附选择性不好，吸附热通常为吸附质蒸发潜热的2~3倍，吸附量随温度升高而降低；而发生化学吸附时，吸附质和吸附剂之间的相互作用强，吸附选择性好且发生在活性位上，吸附热常为吸附质蒸发潜热的2~3倍。在吸附分离技术的实际应用中，吸附剂要重复使用，吸附与脱附是吸附分离过程的必要步骤。吸附剂脱附再生的实现方式主要有两种：提高吸附剂温度和降低吸附质浓度的流体。

吸附的方式分为物理吸附（范德瓦耳斯力、偶极-偶极作用、氢键）、化学吸附（离子键、配位键、共价键）和亲和吸附（对目标物呈现专一性或高选择性）。吸附原理大致分为以下四种：表面选择性吸附、分子筛效应、通过微孔的扩散和微孔中凝聚。而吸附过程又分为如下三种：①变温吸附，通常在环境温度吸附，加热条件下不吸附，利用温度的变化实现吸附和解吸再生循环的操作，常用于气体或液体中分离杂质；②变压吸附，在较高的组分分压的条件下选择性吸附气体中的混合组分，然后降低压力或抽真空使吸附剂解吸，利用压力变化完成循环操作，常用于气体混合的主体分离；③变浓度吸附，液体混合物中的某些组分在环境条件下选择性吸附，然后用少量强吸附性液体解吸再生，用于液体混合物主体的分离。而吸附剂的种类繁多，如图14-13所示。

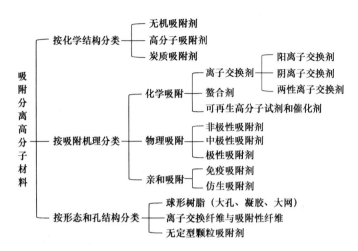

图14-13　吸附分离材料分类（何天白和胡汉杰，2001）

二、固定床吸附设备

1. 结构与原理　　固定床吸附是指将吸附剂固定在吸附柱（塔）内，属于动态吸附。图14-14是固定床吸附器结构示意图。固定床吸附器的应用较为常见。在吸附床内大量的吸附剂吸附在吸附剂附着网上，混合气体从上方通入，经过吸附层时，其中部分气体可被吸附，净化后的气体从下方净气出口排出。而在吸附器内可完成升温升压等操作，使得吸附剂再生，废气从上方废气口排出。吸附剂可经卸料口排出。图14-15是固定床吸附器实体图。

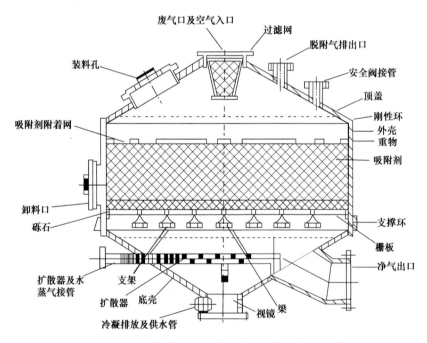

图14-14　固定床吸附器结构示意图（江晶，2018）

2. 功能特点　　结构简单、造价低、吸附剂磨损少。

三、移动床吸附设备

1. 结构与原理　　移动床吸附器内固体吸附剂在吸附床上不断地移动，一般固体吸附剂是由上向下移动，而气体或液体则由下向上流动，形成逆流操作。吸附剂在下降过程中，经历了冷却、降温、吸附、增浓、汽提、再生等阶段，在同一装置内交错完成了吸附、脱附过程。如果被净化气体或液体是连续而稳定的，固体和流体都以恒定的速度流过吸附器，其任一断面的组分都不随时间而变化，即操作达到了连续与稳定的状态。适用于稳定、连续、量大的废气净化。其缺点是动力和热量消耗较大，吸附剂磨损严重。移动床吸附设备结构示意图如图14-16所示，最上段是冷却器7，用于冷却吸附剂，下面是吸附段Ⅰ、精馏段Ⅱ、汽提段Ⅲ，它们之间由分配板6分开。吸附段中装有脱附器，它和冷却器一样，也是列管式换热器。在它的下部还装有卸料板5、料面指示器12、水封管3、卸料阀2。图14-17为移动床吸附器实体图。

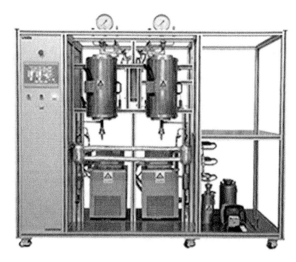

图14-15　固定床吸附器实体图

图14-17　移动床吸附器实体图

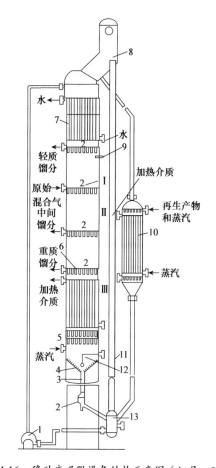

图14-16　移动床吸附设备结构示意图（江晶，2018）

Ⅰ. 吸附段；Ⅱ. 精馏段；Ⅲ. 汽提段。

1. 鼓风机；2. 卸料阀；3. 水封管；4. 水封；5. 卸料板；
6. 分配板；7. 冷却器；8. 料斗；9. 热电偶；10. 再生器；
11. 气流输送管；12. 料面指示器；13. 收集器

2. 功能特点　　具有可连续操作、回收率高和产生的废水少及能耗低等特点。

四、流化床吸附设备

1. 结构与原理　　流化床吸附设备是近年来发展的一种吸附器型式。在流化床吸附设备中，分置在筛孔板上的吸附剂颗粒，在高速气流的作用下，强烈搅动，上下浮沉。吸附剂内传质传热速率快，床层温度均匀，操作稳定。缺点是吸附剂磨损严重。另外，气流与床层颗粒返混，所有吸附剂颗粒都与出口气保持平衡，无"吸附波"存在，因此所有吸附剂都保持在相对低的饱和度下，否则出口气体中污染物浓度不易达到排放标准，因而较少用于废气净化。图14-18是多床层流化床吸附分离装置，用平均粒径1.23mm的活性炭回收工业生产排放气体中的溶剂二氯乙烷，各床层的流化气体采用多气源分别由各床层通入，经解吸活化后的活性炭用输料管送上塔顶重复使用，多床层流化床用于空气脱湿干燥，花板上孔径为4.8mm，开孔率取13%。图14-19为流化床吸附设备实体图。

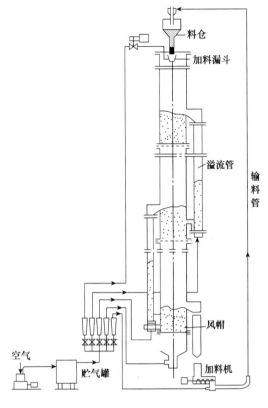

图14-18   多床层流化床吸附分离装置
（袁一，2001）

图14-19   流化床吸附设备实体图

2. 功能特点   相比固定床，流化床有如下优点：由于流体与固体的强烈扰动，大大强化了气固传质；由于采用粉状吸附剂，单位体积中吸附剂表面积增大；固体的流态化优化了气固的接触，提高了界面的传质速率，从而提高了污水处理负荷。

第四节   色谱分离设备

色谱是从混合物中分离组分的重要方法之一。色谱技术甚至能够分离物化性能差别很小的化合物。当混合物各组成部分的化学或物理性质十分接近，而其他分离技术很难或根本无法应用时，色谱技术愈加显示出其实际有效的优越性，如在消旋体处理等许多方面，所要求的产品纯度标准只有使用色谱技术才能达到。因而在医药、生物和精细化工工业中发展色谱技术，进行大规模纯物质分离提取的重要性日益增加。色谱分离技术主要包括以下几种。

1. 高效液相色谱技术   高效液相色谱是溶质在固定相和流动相之间进行的一种连续多次的交换过程，它借溶质在两相间分配系数、亲和力、吸附能力、离子交换或分子大小不同引起排阻作用的差别，使不同溶质进行分离。

2. 膜色谱技术   膜色谱采用具有一定孔径的膜作为介质，连接配基，利用膜配基与蛋白质之间的相互作用进行分离纯化。当料液以一定流速流过膜的时候，目标分子与膜介质表面或膜孔内基团特异性结合，而杂质则透过膜孔流出，待处理结束后再通过洗脱液将目标分子洗脱下来，其纯化倍数可达数百乃至上千倍。膜色谱是目前生物大分子分离中最为有效的方法之一，其特点如下。

（1）色谱填料柱中的每一片膜都相当于一个短而粗的吸附床层，膜厚相当于床层高度，当床层体积一定时，这种结构有利于在相同压降下获得更高的流速，从而提高了分离速度和处理量。

（2）膜表面的配基与液流主体间的扩散路径很短，膜介质只受表面液膜扩散及吸附动力学的影响，消除了传统色谱中占主要地位的孔扩散阻力，大大改善了传质效果，提高了配基的利用率和总的分离速度，缩短了分离时间，一次循环操作时间一般只是普通填料柱的1/10，提高了生产效率，并有利于保持配基和目标蛋白的生物活性。

（3）采用了膜介质，整个床层的压降大为降低，一般只用低压蠕动泵即可满足分离要求，这样既降低了设备投资和运行费用，也避免了液流与泵体直接接触，便于无菌操作和防止蛋白质失活。

（4）配基修饰过的膜介质选择性与填充柱相当，在采用足够的膜堆和梯度洗脱技术之后，可以获得较高的分离纯化效果。

（5）膜介质具有良好的刚性，能够承受较高的压力，且便于进行放大。

3. 亲和色谱技术　　亲和色谱是利用偶联了亲和配基的亲和吸附介质为固定相来亲和吸附目标产物，使目标产物得到分离纯化的液相色谱法。亲和色谱已经广泛应用于生物分子的分离和纯化，如结合蛋白、酶、抑制剂、抗原、抗体、激素、激素受体、糖蛋白、核酸及多糖类等；也可用于细胞、细胞器和病毒等。亲和色谱技术的最大优点在于利用它可以从粗提物中经过一些简单的处理得到所需的高纯度活性物质。利用亲和色谱技术成功地分离了单克隆抗体、人生长因子、细胞分裂素、激素、血液凝固因子、纤维蛋白溶酶和促红细胞生长素等产品。亲和色谱技术是目前分离纯化药物蛋白等生物大分子最重要的方法之一。

4. 高速逆流色谱技术　　　高速逆流色谱技术是新型的液-液分配色谱技术，它利用多层螺旋管同步行星式离心运动，在短时间内实现样品在互不相溶的两相溶剂系统中的高效分配，从而实现样品分离。高速逆流色谱最大的优点在于每次的进样量比较大，可以达到毫克量级，甚至克量级；同时，高速逆流色谱是无载体的分离，所以不存在载体的吸附，样品的利用率非常高。高速逆流色谱仪器价格低廉、性能可靠、分析成本低、易于操作，是一种适用于中药和天然产物研究的现代化仪器。鉴于高速逆流色谱的显著特点，此项技术已被应用于生化、生物工程、医药、天然产物化学、有机合成、环境分析、食品、地质和材料等领域。

5. 连续床色谱技术　　　连续床色谱实际上是吸取了无孔填料和膜的快速分离能力，以及高效液相色谱多孔填料的高容量，又没有增加柱阻力这两方面的优点而发展出的一个很有意义的新产物，具有以下几个特点。

（1）整个床层高度均匀，分辨率高，不存在粒子间空隙体积，没有颗粒粒度大小不均匀或填充不均匀造成的峰展宽。

（2）可在高流速下操作。连续床具有大量不规则的无孔渠道，在高流速下仍能达到很高的动态吸附容量，解决了传统柱层析中理论等板高度与流速之间的矛盾。

（3）制备成本低，可直接在层析柱内交联，省去了复杂的传统颗粒制备工艺及层析柱填充工艺。同时，降低了有机溶剂的消耗，实现了在水溶液中的进行。

（4）使用寿命长，稳定性好。由于整个床层结构均匀，即使使用一年以上仍可保持很高的分辨率和可重复性。既可用于蛋白质的分离制备，又可用于生化分析。

（5）简化了介质的衍生。传统色谱介质通常分两步合成，首先是颗粒介质的制备，然后与配基固定衍生，而连续床介质的合成和衍生是一步完成，如在一种阳离子交换剂的制备中，就是直接将丙烯酸加入到含有丙烯酰胺、交联剂和盐的水溶液中来完成的。

（6）分辨率、吸附容量、流速（给定压力下的运行时间）都可通过改变制备过程中单体溶液的组成来调节。

影响色谱技术发展的主要因素有高效脱附能力、处理固体能力、低反混特性、连续操作性能、放大与大规模生产等。

工业化中所使用到的高效制备色谱设备有模拟移动床色谱设备、超临界流体色谱设备等。

一、模拟移动床色谱设备

1. 结构与原理　　模拟移动床（SMB）色谱技术是20世纪60年代由Broughotn等提出并申请专利之

后不断发展起来的一种现代化分离技术，该技术具有分离能力强、设备体积小、投资成本低并特别有利于分离热敏性高及难分离的物系等优点。色谱对不同组分的分离，主要是利用各种组分在固定相和流动相中吸附和分配系数的微小差异来达到各组分彼此分离的目的。假设一个两组分分离体系中，当在色谱柱中脉冲进样后用适当的溶剂洗脱时就会产生这样的效果：一种物质移动慢，另一种物质移动快，若色谱柱足够长两者将最终分开。移动床色谱虽然有可连续操作和分离效果好的特点，但是在实际操作中固定相的流动会产生固定相的磨损、反混等问题，同时实现非常困难，而引入模拟移动床思想就能够很好地解决固定相实际流动困难的问题。它可以在固定相不动的情况下，采用程序控制的方法，定期切换进出料液和洗脱液的阀门开关，从而使各液流进出口的位置不断变化（相当于固定相在连续地"移动"）。

图14-20是模拟移动床色谱设备结构示意图。按照TMB（真实移动床）/SMB中液流流率和所起作用不同，整个床层分为4个区段，每个区段由若干个色谱柱组成，均有其特定的功能。Ⅰ区：吸附剂的再生（解吸A）；Ⅱ区：B的解吸和A的吸附（萃取液富含A而不含B）；Ⅲ区：A的吸附和B的解吸（萃余液富含B而不含A）；Ⅳ区：洗脱液的再生（吸附B）。SMB操作单元经过一段时间（切换时间），将所有的进出口位置沿液流方向移动一个柱子，每经过一个切换时间，重复上面一次操作，直到各个进出口回到最初的位置。图14-21为模拟移动床色谱设备实体图。

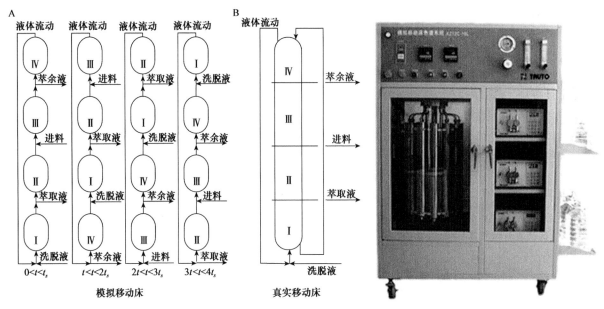

图14-20 模拟移动床色谱设备结构示意图（张瑞超等，2013） 图14-21 模拟移动床色谱设备实体图

2. 功能特点 具有分离能力强、设备体积小、投资成本低、便于实现自动控制并特别有利于分离热敏性及难以分离的物系等优点，在制备色谱技术中最适用于进行连续性大规模工业化生产。

二、超临界流体色谱设备

1. 结构与原理 超临界流体色谱（supercritical fluid chromatography，SFC）是指以超临界流体为流动相，以固体吸附剂（如硅胶）或键合到载体（或毛细管壁）上的高聚物为固定相的色谱。混合物在SFC上的分离机理与气相色谱（GC）及液相色谱（LC）一样，即基于各化合物在两相间的分配系数不同而得到分离。由于流动相的使用量很小，因此流动相的使用范围得以扩大，甚至一些有毒的、贵重的流体也可被用作流动相。随着微柱高效液相色谱（HPLC）技术的发展，出现了填充柱式SFC。这类色谱采用HPLC普遍使用的柱子和填料，根据流动相的特点，由HPLC改装而成，成功地用于分析某些热敏性、低挥发性和极性化合物。对于填充柱式SFC，其样品的分离和收集被认为优于毛细管GC和HPLC。超临界流体的高扩散性和低黏性，使分离速度加快，同时由于密度的变化可直接影响流动相的溶剂化能力，因此可通过改变影响密度的因素（如压力、温度等）较容易地使欲分离物质从流动相中分离、收集起来。因此，填充柱式SFC不仅可用于物质的分析，而且在此基础上发展了制备型SFC。仪器主要由三部分构成，即高压泵、分析单元和控制系统。高压泵系统一般采用注射泵，以获得无脉冲、小流量的超临界流体的输送。分析单元主要由进样阀、分流器、色谱柱、阻力器和检测器等构成。控制系统的作用是控制泵区，以实现超临界流体的压力及密度线性或非线性程序变化；控制炉箱温度，以实现程序升温或程序降温；数据处理及显示等。图14-22为超临界流体色谱实体图。

2. 功能特点　超临界流体对物质的溶解能力比一般气体大得多，相当于有机溶剂，但比有机溶剂的扩散速度快、黏度低、表面张力小。因此，超临界流体色谱兼有气相色谱和液相色谱的特点（它既可分析气相色谱不适应的高沸点、低挥发性样品，又比高效液相色谱有更快的分析速度和条件）。

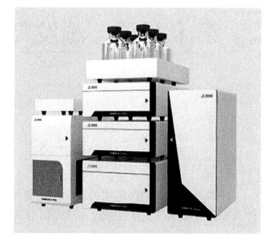

图14-22　超临界流体色谱实体图

本 章 小 结

利用生物工程技术生产的产品中，一般情况下都要对产品进行提取、精制和加工，主要包括萃取、离子交换、吸附和色谱分离等。常规萃取技术根据使用的溶剂类型分普通溶剂萃取、双水相萃取、反胶束萃取和超临界流体萃取技术等。液-液萃取设备包括：萃取塔、离心萃取设备、微波萃取设备、超临界流体萃取设备。离子交换剂分为有机离子交换剂和无机离子交换剂。主要离子交换设备类型有搅拌槽；固定床离子交换器，也称离子交换柱；移动床离子交换器。吸附的方式分为物理吸附（范德瓦耳斯力、偶极-偶极作用、氢键）、化学吸附（离子键、配位键、共价键）和亲和吸附（对目标物呈现专一性或高选择性）。工业上常见的吸附工艺有固定床吸附、移动床吸附、流化床吸附和连续式吸附等。色谱是从混合物中分离组分的重要方法之一。色谱分离技术主要包括以下几种：反向高效液相色谱技术、膜色谱技术、亲和色谱技术、高速逆流色谱技术、连续床色谱技术。影响色谱技术发展的主要因素有高效脱附能力、处理固体能力、低反混特性、连续操作性能、放大与大规模生产等。

思考题

1. 叙述双水相萃取的原理、方法及所适用物质的类型。
2. 叙述离子交换树脂的分离原理及选择离子交换树脂时应考虑的理化性能。
3. 某吸附剂等温吸附溶质A符合Fleundich方程，吸附剂用量为A，料液体积为V，试计算一次吸附及n次吸附（吸附剂平均分配）的残留溶质浓度。
4. 在选择和设计色谱分离柱时，为防止已分离的组分重新混合，使洗脱峰出现拖尾现象，分离柱应满足哪些要求？
5. 简述吸附分离设备的常见分类及各自的原理和特点。

第十五章　蒸发与结晶设备

第一节　常压与真空蒸发设备

蒸发是生物工程中常用的一个单元操作，用于浓缩溶液、提取或回收纯溶剂，通常是将溶液加热后，使其中部分溶剂气化并且移除，从而将溶液浓缩至一定的浓度，以便于与后续其他工序衔接。蒸发的主要目的有：一是增加溶质的浓度，减少溶液体积，以便于溶质进一步的分离提纯；二是通过将溶液蒸发并将蒸汽冷凝、冷却，从而得到较为纯净的溶剂，可以进行再利用或无污染排放；三是通过蒸发操作制取过饱和溶液，进而得到结晶产品。

蒸发设备通常是指创造蒸发必要条件的设备组合，它由蒸发器（具有加热界面和蒸发表面）、冷凝器和抽气泵等结构组成。蒸发器根据操作压力的不同，可分为常压蒸发器和真空蒸发器（减压蒸发器）；按蒸汽利用情况的不同，可分为单效蒸发、二效蒸发和多效蒸发；按操作流程的不同，可分为间歇式和连续式；按加热部分结构的不同，可分为膜式和非膜式。由于各种溶液的性质不同，蒸发要求的条件差别很大，因此在实际操作中应考虑溶液的以下几种特性来选用蒸发器的类型：耐热性、结垢性、发泡性、结晶性、腐蚀性和黏滞性等。

一、蒸发的特点

1. 溶液沸点升高　被蒸发的料液是含有非挥发性溶质的溶液，由拉乌尔定律可知，在相同的温度下，溶液的蒸汽压低于溶剂的蒸汽压。换言之，在相同的压力下，溶液的沸点高于纯溶剂的沸点。因此，当加热蒸汽温度一定时，蒸发溶液时的传热温度差要小于蒸发溶剂时的温度差。溶液的浓度越高，这种影响也将越显著。在进行蒸发设备的计算时，必须考虑溶液沸点上升的这种影响。

2. 物料的工艺特点　蒸发过程中，溶液的某些性质随着溶液的浓缩而改变。有些物料在浓缩过程中可能会出现结垢、析出晶体或产生泡沫等情况；有些物料是热敏性的，在高温下易变形或分解；有些物料则具有较大的腐蚀性或较高的黏度等。因此，在选择蒸发的方法和设备时，必须考虑物料的这些工艺特性，避免它们带来设备使用过程中的各种故障。

3. 能量利用与回收　蒸发时需消耗大量的加热蒸汽，而溶液气化又产生大量的二次蒸汽，如何充分利用二次蒸汽的潜热提高加热蒸汽的经济程度，也是蒸发器设计中的重要问题。

二、蒸发设备的操作条件

蒸发工艺主要由溶液沸腾气化和不断排除水蒸气两部分组成。前者所用的设备是蒸发器，后者所用的设备是冷凝器。蒸发器是一个换热器，它由加热室和气液分离器两部分组成，加热沸腾产生的二次蒸汽经气液分离器与溶液分离后引出。冷凝器实际上也是换热器，它有直接接触式和间歇式两种类型，二次蒸汽在冷凝器内冷凝后排出系统。蒸发系统总的蒸发速率是由蒸发器的蒸发速率和冷凝器的冷凝速率共同决定的，蒸发速率或冷凝速率发生变化，则系统总的蒸发速率也会相应发生变化。因此，操作蒸发系统时确保蒸发器和冷凝器正常工作必须具备如下的操作条件：①能够保持持续供能；②沸腾蒸发，保证溶剂的蒸汽，即二次蒸汽的迅速排出；③维持真空条件，保证蒸发过程的持续、稳定、高效地进行；④具有一定的热交换面积，确保传热量。

在蒸发过程中需要注意以下因素将会影响蒸发操作：一是加热能够使溶液沸腾气化，分子的动能增加，进而使蒸发加快；二是加大蒸发面积可以增加蒸发量；三是操作压力与蒸发量成反比，因此减压蒸发是比较理想的浓缩方法。减压操作能够在温度不高的条件下使蒸发量增加，从而减小加热对物质的损害。

三、常压蒸发设备

常压蒸发是在常压状态下通过加热使溶剂蒸发，最后得到浓缩溶液的过程。常压蒸发系统中冷凝器和蒸发器溶液侧的操作压力为大气压或略高于大气压，此时系统中不凝气体依靠本身的压力从冷凝器中排出。常压蒸发方法简单易行，但仅适用于浓缩耐热物质及回收溶剂。

（一）夹套加热式麦芽汁煮沸锅

啤酒生产过程中，夹套加热式麦芽汁煮沸锅的主要作用是将糊化、糖化和过滤后的清麦芽汁煮沸，浓缩到一定要求的发酵糖度。其基本组成结构有锅体、加热夹套、搅拌装置3个部分，如图15-1所示。

夹套加热式麦芽汁煮沸锅的锅体是一个近似球形的设备，因为球形可以用比较薄的材料做成体积比较大又具有足够机械强度的容器，同时球形容器清洗更为方便，且搅拌功率消耗比较小。

为了改善锅内物料的对流循环，2个加热区采用不同的加热温度，中心加热区能承受较高的压力，故使用较高的加热温度。外夹套加热区圆周直径大，耐压能力差，则采用较低压力的蒸汽进行加热。每个加热区分别装有进气管、排冷凝水管和排不凝气体管。进气管位于夹层的中上部，使蒸汽分布均匀。排冷凝水管位于夹层的最低位置，使冷凝水能排除干净，避免由于冷凝水的积存而导致传热系数的降低。排不凝气体管则位于夹套的最高位置，使不凝气体能排除干净。

由于不锈钢的导热性能比铜差，一般铜制的麦芽汁煮沸锅的加热面积为$0.1 \sim 1 m^2/m^3$麦芽汁，不锈钢的设备传热面积为$0.6 \sim 1.2 m^2/m^3$麦芽汁。

搅拌器的作用主要是使物料受热均匀，沸腾前加速物料的对流，提高传热系数，同时减缓固体物料在加热表面的沉淀而造成的局部过热和积垢的现象，以致影响清洗。常用的搅拌器为后弯曲的圆周曲面搅拌器，曲面性状与锅底相似，离锅底5~10cm，转速一般为30~40r/min。

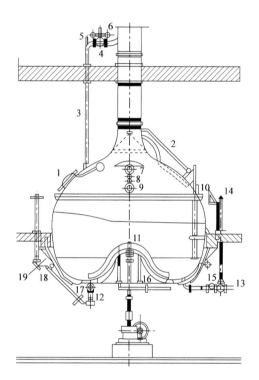

图15-1 夹套加热式麦芽汁煮沸锅（邱立友，2007）

1.入孔；2.杠杆；3.二次蒸汽；4.控制阀；
5.真空防止阀；6.减压阀；7.温度计；8.压力表；
9.视孔；10.液位指示剂；11.搅拌器；12.放料阀；
13.蒸汽阀；14.液体压力计；15.减压阀；
16.内夹套；17.外夹套；18.排不凝气体管；
19.支架

此外，排气管要有一定的大小和高度，其大小可按二次蒸汽排出的阻力进行计算，通常采用液体蒸发面的1/30~1/50，排出的二次蒸汽会先在排气管壁上冷凝，冷凝液再由集液槽排出，使其不重新流入锅内。排气管道上装有调节风门，以防止室外冷空气的倒流，影响产品质量。

（二）内加热式麦芽汁煮沸锅

内加热式麦芽汁煮沸锅的加热器位于底部中央，采用排管加热，管间蒸汽冷凝，管内流体受热后上行，底部流体不断进入加热管，麦芽汁在锅内产生强烈的对流。由此，改善了传热方式，提高了蒸发效率，同时有效地防止了积垢的生成，能源利用上更为合理。

内加热式麦芽汁煮沸锅的设备结构如图15-2所示。该设备在0.11~0.12MPa的压力下进行煮沸，煮沸温度为102~110℃，最高可达120℃。第一次酒花加入后开放煮沸10min，排出挥发性物质，然后将锅密闭，使锅内温度在15min内升至104~110℃后煮沸15~25min，之后在10~15min降至大气压力，加入二次酒花，总煮沸时间为60~70min。内加热式麦芽汁煮沸锅的优点主要有：煮沸时间比传统方法缩短近1/3，减少了对其中氨基酸和维生素的破坏，麦芽汁色度比较浅，可提高设备的利用率，而且煮沸时不产生泡沫，也不需要搅拌。但也存在一些缺点，即内加热器的清洗比较困难，当蒸汽温度过高时，会出现局部过热，导致麦芽汁色泽加深，口味变差。

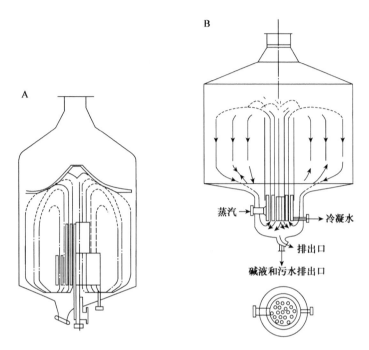

图15-2　内加热式麦芽汁煮沸锅（朱明军和梁世中，2019）
A. 底部凸出内置加热器；B. 中部内置加热器

对于小型的煮沸锅，通常是在整个锅底装置加热夹套。但对于大型的煮沸锅，由于锅的直径较大，若采用整体加热夹套，则受力较差，同时容量较大，物料自然对流循环较差，传热系数较低，且加热面积也不能满足工艺加热速度的要求，因而大型的煮沸锅大多会做成向内凸出，以增大加热面积，促进物料循环，改善受热情况。这样的结构可以分别装置内外两个加热区，中心加热区能承受较高的压力，可以使用较高的加热温度；外围加热区因圆周直径大、受热差，应采用较低的工作压力。加热器可置于锅的底部，锅底向外凸出的结构可用于放置加热器，如图15-2A所示，物料循环较好，操作弹性更大。或将加热器安装在原有煮沸锅的中央，靠近锅底，如图15-2B所示，对于这种结构形式，则必须保证充足的装液量，使加热器被溶液完全浸没。由于大型设备夹套加热未能满足工艺需要，近年来国内外都有采用中心加热式的自然循环麦芽汁煮沸锅。麦芽汁在中心加热器受热后，产生显著的密度差，形成强烈的自然对流循环，传热系数较高，加热面积也可按照需要进行设计。且受热时温度急剧增加，使得麦芽汁成分充分分解和凝固，有利于提高啤酒质量。但中心加热器的型式和大小需要选择，不能太大，且加热片的分布不能太密，以防止积垢的生成，便于清洗。

（三）外加热式麦芽汁煮沸锅

外加热式麦芽汁煮沸锅是用体外列管式或薄板热交换器与麦芽汁煮沸锅结合起来的设备，如图15-3所示。麦芽汁从煮沸锅中用泵抽出，在0.2~0.25kPa条件下，通过热交换器加热至102~110℃后，再泵回煮沸锅，可进行7~12次循环。煮沸温度可用热交换器出口的节流阀控制。当麦芽汁用泵送回煮沸锅时，压力急剧降低，水分很快随之蒸发，达到浓缩麦芽汁的目的。其优点是由于操作温度的提高，蛋白质凝固效果好（最终麦芽汁的可溶性氮含量可降低到2.0mg/100mL以下），煮沸时间可缩短20%~30%

（为50~70min），因而节能效果明显，并提高了α-酸的异构化及酒花的利用率，且有利于不良气味物质的蒸发，使麦芽汁pH降低，产品色泽浅、口味纯正。其缺点是耗电量大，局部过热也会加深麦芽汁色泽。

外加热式麦芽汁煮沸锅的特点是增加了麦芽汁强制循环体系，强化了对流，改进了热传导，节省蒸汽，蒸发效率高，麦芽汁浓缩快，并可有效地防止热结垢，是一种很有前途的蒸发设备。

（四）浸没燃烧蒸发器

图15-4为浸没燃烧蒸发器，是一种直接加热的蒸发器。它是将一定比例的燃料或燃气（通常是煤气或重油）与空气混合后燃烧，产生的高温烟气直接喷入被蒸发的溶液中。高温烟气与溶液直接接触，使得溶液迅速沸腾，而且气体对溶液产生强烈的搅拌和鼓泡作用，使水分迅速蒸发，蒸出的二次蒸汽与烟气一同由顶部排出。

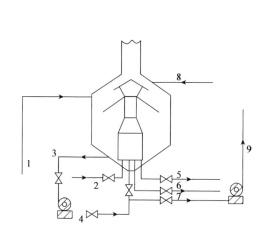

图15-3　外加热式麦芽汁煮沸锅（朱明军和梁世中，2019）
1. 麦芽汁入口；2. 蒸汽入口；3. 循环麦芽汁出口；4. 循环麦芽汁入口；
5. 冷凝水出口；6. CIP出口（碱液出口）；7. 煮沸结束麦芽汁出口；
8. CIP入口；9. 送往回旋沉淀槽

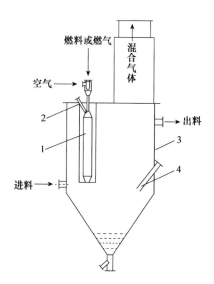

图15-4　浸没燃烧蒸发器（朱云，2013）
1. 燃烧室；2. 点火管；3. 外壳；4. 测温管

通常，这种蒸发器的燃烧室在溶液中的深度为200~600mm，燃烧室内高温烟气的温度可达1000℃以上，但由于气液直接接触时传热速率快，气体离开液面时的温度只比溶液温度高出2~4℃。燃烧室的喷嘴因在高温下使用，较易损坏，所以应选用耐高温和耐腐蚀的材料来制作，结构上应考虑便于更换。浸没燃烧蒸发器的结构简单，不需要固定传热面，热利用率高，适用于易结垢、易结晶或有腐蚀性的溶液蒸发；但不适用于不能被燃烧气污染及热敏性物料的蒸发，而且它的二次蒸汽也很难利用。目前广泛应用于废酸处理和硫酸铵盐溶液的蒸发中。

四、真空蒸发设备

对加热过程很敏感，受热后会引起产物发生化学变化或物理变化，进而影响产品质量的物质，称为热敏性物质。生物工业中大部分中间产物和最终产物是热敏性物质。例如，酶加热到一定的温度会变性失活，所以酶只能在低温或短时间受热的条件下进行浓缩，以保证一定的酶活性。此外，有的发酵产品虽然经过精制，但仍含有一些大分子物质。例如，甘油在较高温度下进行蒸发浓缩时，这些大分子物质将会发生呈色反应，影响产品质量。

热敏性物质受热后产生的变化与温度的高低、受热时间长短相关。温度较低时，变化缓慢，受热时间短，变化也很小。生物工业中常用低温蒸发，或在相对较高的温度条件下，瞬时蒸发的方法以满足热敏性物质对蒸发浓缩过程的特殊要求，保证产品质量。

在真空状态下，溶液的沸点下降，真空越高，沸点下降得越多。溶液在真空状态中，在较低温度下沸腾、溶剂气化的过程，称为真空蒸发。蒸发温度的高低，决定了真空度的大小。通常真空蒸发的真空度为600~700mmHg（1mmHg≈133.28Pa），物料的蒸发温度为50~75℃。虽然真空蒸发温度较低，但如果蒸发时间过长，对热敏性物质仍会产生较大影响。

为了缩短受热时间，并达到所要求的蒸发浓缩量，工业上通常采用膜蒸发，让溶液在蒸发器的加热表面以很薄的液层流过，溶液很快受热升温、气化、浓缩，浓缩液迅速离开加热表面。膜蒸发浓缩时间很短，一般为几秒到几十秒。因为受热时间短，所以能保持产品原有的质量、风味和颜色，较好地保证了产品质量。这种薄膜式的蒸发设备已广泛应用于发酵工业中。通常按膜的形成方法将膜蒸发设备分为以下几类：①管式薄膜蒸发器，液膜是在管壁加热时形成的。②刮板式薄膜蒸发器，液膜是靠转动的刮板作用在蒸发器内壁形成的。③离心薄膜蒸发器，利用旋转的加热面，使进入加热面的溶液在离心力场作用下形成液膜。

此外，还有部分非膜式的循环型蒸发器是在真空状态中运作的。这类蒸发器的特点是溶液在蒸发器内做连续的循环运动，以提高传热效果、缓和溶液结垢的情况。根据引起循环运动的原因不同，循环型蒸发器可分为自然循环和强制循环两种类型。前者是由于溶液在加热室不同位置上的受热程度不同，产生了密度差而引起的循环运动；后者是依靠外加动力迫使溶液沿一个方向做循环流动。

图15-5为一典型的单效真空蒸发浓缩系统的示意图。该系统主要包括蒸发器（1和2）、混合冷凝器3、分离器4、缓冲罐5、真空泵6。稀料液经预热后进入蒸发器，在加热室1中被加热气化，浓缩后的溶液（常称为完成液）从蒸发器底部排出，产生的溶剂蒸汽（称为二次蒸汽）通过分离室（又称蒸发室）2及其顶部的除沫器与所夹带的液沫分离，经混合冷凝器3冷凝后排出。不凝气体经分离器4和缓冲罐5由真空泵6排出。

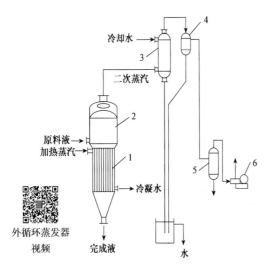

图15-5 真空蒸发基本流程示意图（段开红，2017）
1. 加热室；2. 分离室；3. 混合冷凝器；4. 分离器；
5. 缓冲罐；6. 真空泵

外循环蒸发器
视频

（一）单程型蒸发器

单程蒸发是指待蒸发液体只进行过一次加热就气化蒸发完全的过程，适用于有热敏性物料的蒸发操作。

1. 管式薄膜蒸发器 这类蒸发器的特点是液体沿加热管壁成膜而进行蒸发。按液体的流动方向可分为升膜式蒸发器、降膜式蒸发器和升降膜式蒸发器。

1）升膜式蒸发器 升膜式蒸发器是指在蒸发器中形成的液膜与蒸发的二次蒸汽气流方向相同，由下而上流上升。设备的基本结构如图15-6所示。

升膜式蒸发器的加热室由单根或多根垂直的长管组成，管长3~15m，直径为25~50mm，管束装在外壳中，实际上就是一台立式固定管板换热器。在加热器中，加热蒸汽在管外，原料液经预热后由蒸发器的底部进入，在加热管内的溶液受热沸腾气化，所生成的二次蒸汽在管内以高速上升，带动液体沿管内壁形成连续不断的液膜状向上流动，这在工程上成为爬膜，也是升膜式蒸发器正常操作的关键。液膜形成的过程如图15-7所示，其形成过程共分为8个阶段。

（1）溶液在加热的管子内由下而上运动时，在管壁的液体受热温度升高，密度下降，而管子中心的液体温度变化较小，管内液体产生如图15-7a所示的自然对流运动。

（2）当温度升到相应沸腾温度时，溶液便开始沸腾，产生蒸汽气泡分散于连续的液相中。由于蒸汽的密度小，故气泡通过液体而上升（图15-7b）。

（3）当温度不断上升，气泡大量增加，蒸汽气泡互相碰撞，小气泡聚合成较大的气泡于管子中部上升，气泡增大，气体上升的速度则加快，最后形成柱状（图15-7c~e）。

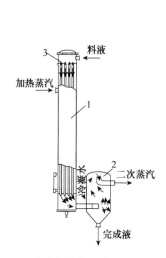

图15-6 升膜式蒸发器（段开红，2017）
1. 蒸发器；2. 分离室；3. 布膜器

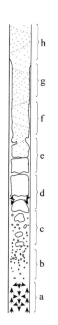

图15-7 加热管内液膜形成过程示意图
（梁世中，2011）

（4）当蒸汽所产生的气泡很多，流速很快，蒸汽占据了整个管子中部空间，液体只能分布于管壁，形成环形液膜，液膜上升是靠高速蒸汽对流层的拖带而形成，称为"爬膜"现象（图15-7f）。

（5）如果液膜上升的速度赶不上溶液蒸发速度，加热管上的液膜将会出现局部被干燥、结疤和结焦等现象（图15-7g、h）。

料液在加热管中爬膜的必要条件是要有足够的加热管长度，管长与管径之比一般为100～150，使加热面积供应足够成膜的气速，从而保证升膜能在加热管中形成，同时要有足够的传热温度差和传热强度，使整齐的二次蒸汽量和蒸汽速率达到足以带动溶液成膜上升的程度。例如，当料液在沸点温度下进入加热管，可以适当缩短加热管长度。此外，为了有效地形成升膜，上升的二次蒸汽速度必须维持高速，常压下加热管出口处二次蒸汽速率一般为20～50m/s，不应小于10m/s；减压下可达100～160m/s或更高。

升膜式蒸发器也有采用大套管型式，如图15-8所示。外加热圆筒直径为300mm，内加热圆筒直径为282mm，圆筒间隙为4mm。为保持各间隙一致成膜均匀，在内圆筒上焊上三个支承点，内、外加热面同时通入蒸汽加热时，蒸发液料即在筒间间隙爬膜上升。该设备用于低温浓缩核苷酸溶液时效果良好。

若将常温下的液体直接引入加热室，则在加热室底部必有一部分受热面用来加热溶液使其达到沸点后才能气化，溶液在这部分壁面上不能呈膜状流动，而在各种流动状态中，又以膜状流动效果最好，故溶液应预热到沸点或接近沸点后再引入蒸发器。

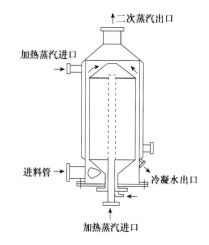

图15-8 夹套式升膜蒸发器
（陈必链，2013）

升膜式蒸发器适用于处理蒸发量较大的稀溶液、热敏性或易生泡沫的溶液，中药溶液可以以蒸发器作预蒸发用设备，将溶液浓缩到一定浓度后再用其他蒸发设备进一步浓缩。不适用于黏度大于0.5Pa·s、有晶体析出或易结垢的溶液及浓溶液等物料的蒸发。

2）降膜式蒸发器　　蒸发浓度或黏度较大的溶液可采用降膜式蒸发器。降膜式蒸发器与升膜式蒸发器相似，其加热室可以是单根套管，或由管束及外壳组成，其区别在于原料液由加热管顶部加入，如图15-9所示。溶液在自身重力作用下沿管内壁呈膜状下流，并被蒸发浓缩，气液混合物由加热管底部进入分离室，经气液分离后，完成液由分离器的底部排出。由于液体的运动是靠本身的重力和二次蒸汽运动的拖带力作用，其下降的速度比较快，因此成膜的二次蒸汽流速可以比较小，对于黏度较高的液体也较易成膜。

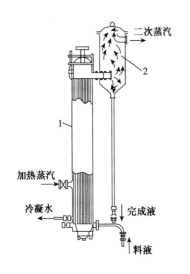

图15-9 降膜式蒸发器（段开红，2017）
1. 蒸发器；2. 分离室

降膜式蒸发器操作良好的关键是使溶液呈均匀膜状沿各管内壁向下流，原因是当器内溶液的分布不够均匀时，则会出现有的管的液量很多、液膜很厚、溶液蒸发的浓缩比很小，而有的管则液量很小、浓缩比较大，甚至没有液体流过而造成局部或大部分干壁的现象，从而影响整个蒸发器的传热或蒸发效果。为了使液体均匀分布于各加热管中，降膜式蒸发器顶部需要设置布膜器，布膜器在降膜式蒸发设备中起着关键的作用。布膜器的类型有多种，图15-10所示为较常用的3种。图15-10A采用一螺旋形沟槽的圆柱体作为导流管，当液体沿着沟槽下流时，液体将形成一个旋转的运动方向，沟槽的大小应根据料液的性质而定，若沟槽太小，则会增加料液的阻力从而引起加热管的堵塞；图15-10B的导流管下部为圆锥体，锥体底面向下内凹，以免沿锥体斜面流下的液体再向中央聚集，圆锥体与管壁形成一定的均匀间距，液体在均匀环形间距中流入加热管内周边，形成薄膜，这样液体流过的通道不变，液体的流量只受管板上液面高度变化影响从而使分布更为均匀，但如遇带有颗粒的物料时则会造成堵塞；图15-10C中，在加热管的上方管口周边切成锯齿形，以增加液体的溢流周边，当液面稍高于管口时，液体可以沿周边均匀地溢流而下，由于加热管管口高度一致，溢流周边较大，致使各管间或管的各向溢流更为均匀，但当液位差别较大、液位高度有变化时，溶液的分布仍会不均匀。

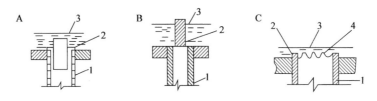

图15-10 降膜式蒸发器的各种布膜器（段开红，2017）
1. 加热管；2. 分布器；3. 液面；4. 齿缝

降膜式蒸发器可以用于处理热敏性物料，对于黏度较大的物料也能适用。但对于易结晶或易结垢的原料液则不适用。此外，由于液膜在管内分布不易均匀，与升膜式蒸发器相比，其传热系数较小。

降膜式蒸发器由于蒸发速度快，物料与加热蒸汽之间的温度差可以降到很小，物料可以浓缩到较高的浓度，因此应用日趋广泛。

3）升降膜式蒸发器 升膜和降膜式蒸发器各有优缺点，而升降膜式蒸发器可以互补不足。升降膜式蒸发器室在一个加热器内安装两组加热管，一组作升膜式，另一组作降膜式，蒸发器的底部封头内有一隔板，将加热管束均分为二，如图15-11所示。

升降膜式蒸发器是将蒸发器用隔板隔开成两个区，一半为升膜区，另一半为降膜区，相当于将升、降膜式蒸发器串联在一起，是一种高蒸发速率的蒸发器。升降膜式蒸发器的结构如图15-11所示。

稀溶液从蒸发器底部进入，先经过升膜区的加热管束中受热蒸发，液膜和二次蒸汽由下向上进入蒸发器顶部。浓缩液和二次蒸汽重新分布，黏度较大的初步浓缩液进入降膜区的加热管束中，受热蒸发，二次蒸汽和浓缩液在蒸发器底部进入气液分离器，终浓缩液从分离器底部排出，二次蒸汽由分离器顶部进入冷凝器。

升降膜式蒸发器可以将较稀的料液浓缩至较浓的料液，提高了产

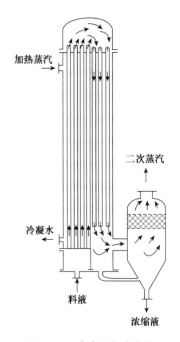

图15-11 升降膜式蒸发器
（邹东恢，2009）

品的浓缩比。刚进入蒸发器的料液浓度较低，在升膜蒸发区蒸发速度快，溶液容易达到爬膜要求，实现升膜式蒸发浓缩。经过升膜式蒸发浓缩后，料液浓度增大，在降膜区能较好地沿着加热管壁均匀分布成膜状，实现降膜式蒸发浓缩。料液在降膜蒸发过程中，料液的湍流和搅动加速，提高了降膜蒸发的传热系数，蒸发效率高，升降膜式蒸发器将升膜和降膜两个蒸发浓缩过程串联，降低了蒸发设备的高度。

2. 刮板式薄膜蒸发器　　刮板式薄膜蒸发器是通过旋转的刮板使液料形成液膜的蒸发设备，如图15-12所示，蒸发器有降膜式和升膜式两种，都由转动轴、物料分配盘、刮板、轴承、轴封、蒸发室和夹套加热室等部分构成。

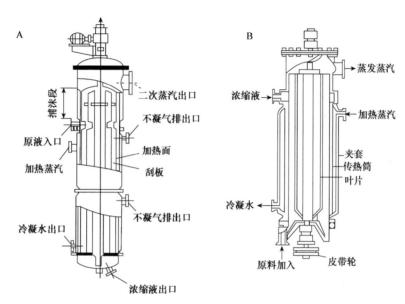

图 15-12　刮板式薄膜蒸发器（朱明军和梁世中，2019）
A. 降膜式；B. 升膜式

　　液料从进料管以稳定的流量进入随轴旋转的分配盘中，在离心力的作用下，通过盘壁小孔被抛向器壁，受重力作用沿器壁下流，同时被旋转的刮板刮成薄膜，薄液在加热区受热，蒸发浓缩，同时受重力作用下流，瞬间另一块刮板将浓缩液料翻动下推，并更新薄膜，这样物料不断地形成新的液膜且被蒸发浓缩，直至液料离开加热室流到蒸发器底部，完成浓缩过程。浓缩过程所产生的二次蒸汽可与浓缩液并流进入气液分离器排出，或以逆流形式向上到蒸发器顶部，由旋转的带孔叶板把二次蒸汽所夹带的液沫甩向加热面，除沫后的二次蒸汽从蒸发器顶部排出。

　　刮板式薄膜蒸发器由于采用刮板成膜、翻膜，且物料薄膜不断被搅动，更新加热表面和蒸发表面，故传热系数较高，一般可达 $1.186 \times (1000 \sim 2000)$ kJ/（$m^2 \cdot h \cdot ℃$）。该蒸发器适用于浓度高、黏度高的物料或含有悬浮颗粒的液料，而不致出现结焦、结垢等现象。在蒸发期间由于液层很薄，故因液层而引起的沸点上升可以忽略。液料在加热区停留的时间很短，一般只有几秒至几十秒，随蒸发器的高度和刮板导向角、转速等因素而变化。刮板式蒸发器的结构比较简单，但因具有转动装置，且要求真空，故设备加工精度要求较高。

　　蒸发室是另一个夹套圆筒，加热夹套设计可根据工艺要求与加工条件而定。当浓缩比较大时，加热蒸发室长度较大，可制造成分段加热区，采用不同的加热温度来蒸发不同的液料，以保证产品质量。但加热区过长，则加工精度和安装准确度难以达到设备要求。

　　圆筒直径一般不宜过大，虽然直径加大可相应地加大传热面积，但同时也加大了转动轴传递的力矩，大大增加了功率消耗。为了节省动力消耗，一般刮板式蒸发器都造成长筒形。但直径过小，既减少了加热面积，同时又使蒸发空间不足，而造成蒸汽流速过大，雾沫夹带增加，特别是对泡沫较多的物料影响更大，故蒸发器的直径一般选择在 300～500mm 为宜。

蒸发器加热室的圆室的圆筒内表面必须经过精加工，圆度偏差在0.05~0.2mm。蒸发器上装有良好的机械轴封，一般为不透性石墨与不锈钢的端面轴封，安装后需要进行真空试漏检查，将器内抽真空达66.66~133.32Pa绝对压力后，相隔1h，绝对压力上升不超过533.29Pa，或者抽真空到93 325Pa，关闭真空抽气阀门，主轴旋转15min，真空度跌落不超过1333Pa，即符合要求。

转轴的转速一般为350~800r/min，由刮板的线速度在2.5~9.6m/s来决定。轴要有足够的机械强度，挠度不超过0.5mm。为了减轻轴的质量，有时可采用空心轴。刮板多用刚性固定在轴上，由于刮板与蒸发器圆筒间隙很小，一般只有0.5~1.5mm，很有可能由于安装或轴承的磨损，造成间隙不均，甚至造成刮壁卡死，或磨损等现象。最好采用塑料刮板或弹性支撑，有些工厂采用四氟乙烯刮板后，这些现象得到改善。角度越大，物料的停留时间则越小。角度的大小可根据物料流动性能来变动，一般为10°左右，有时为了防止刮板的加工或安装等困难，可以采用分段变化导向角的刮板。

刮板式薄膜蒸发器的优点是依靠外力强制溶液成膜下流，溶液停留时间短，适合于处理高黏度、易结晶或容易结垢的物料；如设计得当，有时可直接获得固体产品；料液在加热区停留时间很短，产品的色泽风味等不会被破坏。其缺点是蒸发器的结构较为复杂，制造安装要求较高，动力消耗较大，但传热面积不大（一般只为3~4m²，最大约为20m²），因而处理量较小；因具有旋转装置，且要求真空，故对设备加工精度要求较高。

（二）循环型（非膜式）蒸发器

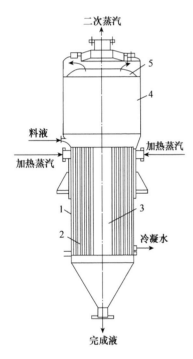

图15-13　中央循环管式蒸发器
（段开红，2017）
1. 外壳；2. 加热室；3. 中央循环管；
4. 蒸发室；5. 除沫器

1. 中央循环管式（标准式）蒸发器　中央循环管式蒸发器如图15-13所示，其加热室由一垂直的加热管束（沸腾管束）构成，在管束中央有一根直径较大的管子，称为中央循环管，其截面积一般为加热管束总截面积的40%~100%。当加热介质通入管间加热时，由于加热管内单位体积液体的受热面积大于中央循环管内液体的受热面积，因此加热管内液体的相对密度小，从而造成加热管与中央循环管内液体之间的密度差，这种密度差使得溶液自中央循环管下降，再由加热管上升，形成自然循环流动，有利于蒸发器内传热效果的提高。

中央循环管式蒸发器在过程工业中应用十分广泛，故又称为标准式蒸发器。它适用于蒸发结垢不严重、有少量结晶析出和腐蚀性较小的溶液。这种蒸发器的传热面积可高达数百平方米，传热系数为600~3000W/（m²·℃）

中央循环管式蒸发器是从水平加热室及蛇管加热室蒸发器发展而来。相对于其他老式蒸发器而言，它具有溶液循环好、传热速率快等所有优点。但实际上这类蒸发器由于受到总高度的限制，加热管长度较短，一般为1~2m，直径一般为25~75mm，所以循环速度一般在0.5m/s以下，循环速度较小，因此在蒸发过程中易造成结垢。另外，由于溶液不断循环，加热管内溶液始终接近完成液的浓度，故有溶液黏度大、沸点高等缺点。此外，蒸发器的加热室不易清洗。

2. 悬筐式蒸发器　悬筐式蒸发器的结构如图15-14所示，它是由中央循环管式蒸发器改进得到的。溶液沿加热管中央上升，然后循着悬筐式加热室外壁与蒸发器内壁间的环隙向下流动而构成循环。溶液循环速度比标准式蒸发器大，可达15m/s。其加热室像悬筐，悬挂在蒸发器壳体的下部，可由顶部取出。由于与蒸发器壳壁接触的是温度较低的溶液，故热损失也较小。这种设备优点在于可将加热室取出检修，热损失较标准式小，循环速度较标准式大。缺点是结构复杂，悬筐式蒸发器一般适用于易结垢和易结晶溶液的蒸发。

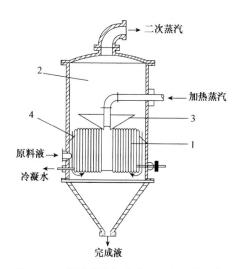

第二节 结 晶 设 备

结晶是指溶质自动从过饱和溶液中析出形成新相的过程。这一过程不仅包括溶质分子凝聚成固体，还包括这些分子有规律地排列在一定晶格中，这种有规律的排列与表面分子化学键变化有关。结晶是制备纯物质的有效方法。溶液中的溶质在一定条件下因分子有规律的排列而结合成晶体，晶体的化学成分均一，具有各种对称的晶状，其特征为离子和分子在空间晶格的结点上呈有规则的排列。

相对于其他化工分离操作，结晶过程有以下特点。

（1）能从杂质含量相当多的溶液或多组分的熔融混合物中分离出高纯或超纯的晶体。

图 15-14 悬筐式蒸发器（王淑波和蒋红梅，2019）

1. 加热室；2. 蒸发室；3. 除沫器；4. 液沫回流管

（2）对于许多难分离的混合物系，如同分异构体混合物、共沸物和热敏性物系等，使用其他分离方法难以奏效，而适用于结晶。

（3）结晶与精馏、吸收等分离方法相比，能耗更低，因为结晶热一般仅为蒸发潜热的1/10～1/3。又由于可在较低的温度下进行，对设备材质要求较低，操作相对安全。

（4）结晶是一个复杂的分离操作，它是多相、多组分的传热-传质过程。

结晶设备的工作原理是从固体物质的不饱和溶液里析出晶体，一般要经过下列步骤：不饱和溶液→饱和溶液→过饱和溶液→晶核的发生→晶体生长等过程。因此，为了进行结晶，必须先使溶液达到过饱和，过量的溶质才会以固体的形态结晶出来。因为固体溶质从溶液中析出，需要一个推动力，这个推动力是一种浓度差，也就是溶液的过饱和度；晶体的产生最初是形成极细小的晶核，然后这些晶核再成长为一定大小形状的晶体。

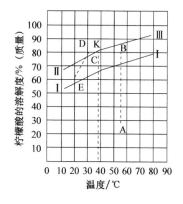

图 15-15 柠檬酸的溶解度曲线
（朱明军和梁世中，2019）

K点为一转折点，此处温度为柠檬酸的结晶转换温度；AB虚线表示恒温蒸发下，A处的不饱和溶液可逐渐变为曲线 I-I 上的饱和溶液，继续蒸发可变为B处的过饱和溶液

当晶体置于溶剂中时，它的质点受溶液分子的吸引和碰撞而扩散于溶液中，同时已溶解的固体质点也会碰撞到晶体上重新结晶。溶解速度等于结晶速度时的溶液称为饱和溶液。图 15-15 为柠檬酸的溶解度曲线图。饱和溶液曲线 I-I 下方为不饱和溶液区间，曲线上的点为饱和溶液的浓度。在曲线上方的区间里，溶液浓度超过了它们的饱和浓度，有晶体存在的溶液此区间是不会出现的，或只是暂时的，它应结晶析出，回到饱和浓度的位置上。没有晶体存在的溶液，实验证明过饱和溶液是存在的。

从图 15-15 可以看出，55℃时柠檬酸的饱和浓度为73%（质量），而在生产上将柠檬酸净制液在55℃时浓缩到近81%（质量）的浓度，没有结晶析出。再将过饱和溶液快速冷却到40℃（1～2h）C点，还是没有结晶析出。再慢慢降温（每小时降温2～3℃），当冷却到D点时，溶液就立即自发生成大量晶核，同时浓度随之降低，一直降到E点，使溶液达到饱和浓度为止。通过实验用纯柠檬酸过饱和溶液测得不同温度下自然起晶的浓度，得出曲线 II-III，称为过饱和溶液曲线。介于过饱和曲线与饱和曲线之间浓度的溶液中，如果没有晶体，或其他刺激因素存在，它还是比较稳定，可保持一段较长的时间不会有自然结晶的析出，这个浓度区域称为介稳区。过饱和溶液的存在是因为晶体的形成与长大是一个比较复杂的过程，受溶质质点（或它们的水合物质点）在溶液中的碰撞、吸引、扩散和排列等因素的影响。

结晶的首要条件是过饱和，创造过饱和条件下结晶，在工业生产中常用的方法是：自然起晶法、刺激起晶法和晶种起晶法。

（1）自然起晶法。在一定温度下溶液蒸发进入不稳区形成晶核，当生产的晶核数量符合要求时，加入稀溶液使溶液浓度降低至介稳区，使之不生成新的晶核，溶质即在晶核表面长大。它要求过饱和浓度高、成晶颗粒小、蒸发时间长，且蒸汽消耗多、不易控制，同时还可能造成溶液色泽加深等现象，故较少采用。

（2）刺激起晶法。将溶液蒸发至介稳区后，将其加以冷却，进入不稳区，此时即有一定的晶核形成，晶核形成使溶液浓度降低，随即进入介稳区，停止晶核产生，然后再慢慢冷却并搅拌，使结晶器内溶液浓度均匀，并维持一定的过饱和浓度进行育晶，使晶体长大。味精和柠檬酸结晶都可采用先在蒸发器中浓缩至一定浓度后再放入冷却器中搅拌结晶的方法。

（3）晶种起晶法。将溶液蒸发或冷却到介稳区的较低浓度，投入一定量和一定大小的晶种，使溶液中的过饱和溶质在所加的晶种表面长大。这种方法操作控制比较方便，在保持不产生新晶核的条件下，适当提高过饱和浓度可以提高结晶速度，产品大小均匀、晶形一致，因此工业上采用较多。

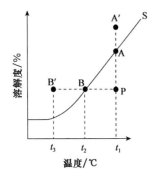

图15-16　溶液饱和曲线（朱明军和梁世中，2019）

析出晶体的方法有两种，溶液饱和曲线如图15-16所示。

（1）恒温蒸发溶剂时，溶剂的量减少，P点所表示的溶液则会逐渐变为饱和溶液，即变成饱和曲线上A点所表示的溶液。此时，如果停止蒸发，温度也不变，则A点的溶液处于溶解平衡状态，溶质不会由溶液里析出，即没有结晶的产生。若继续蒸发，则随着溶剂量的继续减少，原来用A点表示的溶液必须改用A′点表示，这时的溶液是过饱和溶液，溶质可以自然地由溶液里析出晶体。

（2）若溶剂的量保持不变，使溶液的温度降低，假如P点所表示的不饱和溶液的温度由 t_1℃降到 t_2℃时，则原P点所表示的溶液变成了用饱和曲线上的B点所表示的饱和溶液。此时，如果停止降温，则B点的溶液处于溶解平衡状态，溶质不会由溶液里析出，即没有结晶的产生。若继续降温，由 t_2℃降到了 t_3℃时，则原来用B点表示的溶液必须改用B′点表示，这时的溶液是过饱和溶液，溶质可以自然地由溶液里析出晶体。

一、结晶设备的分类

1. 根据改变溶液浓度的方法　　结晶设备可根据改变溶液浓度的方法分为浓缩结晶设备、冷却结晶设备和等电点结晶设备。

浓缩结晶设备是采用蒸发溶剂，使浓缩溶液进入过饱和区结晶，并不断蒸发，以维持溶液在一定的过饱和度进行育晶。结晶过程和蒸发过程同时进行的设备一般称为煮晶设备。

冷却结晶设备是采用降温来使溶液进入过饱和区结晶，并不断降温，以维持溶液在一定的过饱和度进行育晶。冷却结晶常用于温度对溶解度影响比较大的物质结晶。结晶前先将溶液升温浓缩。

等电点结晶设备的形式与冷却结晶设备较相似，区别在于等电点结晶时溶液比较稀薄，要使晶种悬浮，搅拌要求比较激烈，同时要选用耐腐蚀材料，以防加酸调整pH时的腐蚀作用，传热面多采用冷却排管。

2. 根据结晶过程转运情况　　结晶设备也可根据结晶过程转运情况的不同分为间歇结晶设备和连续结晶设备。

间歇结晶设备比较简单，结晶质量较好，结晶收得率高，操作控制也比较方便，但设备利用率较低，操作的劳动强度较大。

连续结晶设备比较复杂，结晶粒子比较细小，操作控制也比较困难，消耗动力较多，若采用自动控制，将会得到广泛推广。

3. 根据流动方式的不同　　结晶设备还可按流动方式的不同分为母液循环结晶器和晶浆循环结晶器。

二、冷却式结晶器

（一）空气冷却式结晶器

空气冷却式结晶器是一种最简单的敞开型结晶器，靠顶部较大的敞开液面及器壁与空气间的换热，以降低自身温度从而达到冷却和析出结晶的目的，并不加晶种，也不搅拌，不用任何方法控制冷却速率及晶核的形成和晶体的生长。这类结晶器构造最简单，造价最低，可获得高质量、大粒度的晶体产品，尤其适用于含较多结晶水物质的结晶。缺点是传热速率太慢，且属于间歇操作，生产能力较低，占地面积较大。在产品量不太大而对产品纯度及粒度要求又不严时，仍被采用。

1. 内循环冷却式结晶器　　内循环冷却式结晶器内的冷却剂与溶剂通过结晶器的夹套进行热交换。这种设备由于换热器的换热面积受结晶器的限制，其换热器量不大。其结构如图15-17所示。

2. 外循环冷却式结晶器　　外循环冷却式结晶器内的冷却剂与溶液通过结晶器外部的冷却器进行热交换，其结构如图15-18所示。这种设备的换热面积不受结晶器的限制，传热系数较大，并且容易实现连续操作。

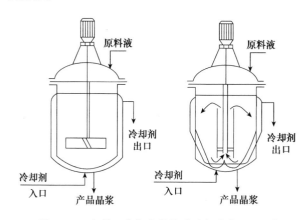

图15-17　内循环冷却式结晶器（贺建忠，2006）
左图为主要结构；右图在结晶器内部标出了冷却剂与溶剂
通过夹套进行热交换的示意

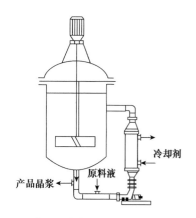

图15-18　外循环冷却式结晶器（贺建忠，2006）

（二）搅拌结晶箱

　　搅拌结晶箱结构比较简单，对于产量较小、结晶周期较短的物质，多采用立式搅拌结晶箱；对于产量较大、结晶周期较长的物质，多采用卧式搅拌结晶箱。此类设备应具有：冷却装置、促使晶核悬浮和溶液溶度一致并使结晶均匀的搅拌装置。

1. 立式搅拌结晶箱　　立式搅拌结晶箱是最简单的一种分批式结晶器，它的操作比较容易，对谷氨酸和柠檬酸的结晶都适用。图15-19所示的立式搅拌结晶箱常用于生产量较小的柠檬酸结晶。其冷却装置为夹套或蛇管，蛇管中通入冷却水或冷冻盐水。浓缩后55℃的柠檬酸净制液相对密度为1.34～1.38，浓度接近81%（质量），从上部流入结晶箱，同时启动两组框式搅拌器搅拌，使溶液冷却均匀。搅拌器转速为8r/min，对于0.5～1m³的结晶箱，可用1.6～2.2kW的马达

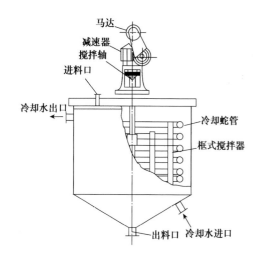

图15-19　立式搅拌结晶箱（李德发和
范石军，2002）

带动。初期可采用快速冷却，1～2h内降至40℃，然后以每小时2～3℃的温度降温，起晶以后再次减慢速度，直至冷却到20℃。结晶时间一般为96h，这样得到的柠檬酸结晶颗粒比较粗大均匀。结晶成熟后，晶体连同母液一起从设备的锥底排料孔放出。

2. 卧式搅拌结晶箱　　卧式搅拌结晶箱是半圆底的卧式长槽或敞口的卧放圆筒长槽，如做味精结晶时的助晶槽。由于它的容积较大，转速很慢，所以晶体在其中不易破碎。卧式结晶槽中还设有一定的冷却面积，因而既可作结晶用，又可作蒸发结晶操作的辅助冷却结晶器，还可作结晶分离前的晶浆储罐。

　　卧式搅拌结晶箱可应用于谷氨酸钠的助晶和葡萄糖的结晶。用于葡萄糖结晶的结晶箱是一个敞口卧放圆筒长槽，其结构如图15-20所示。圆筒直径为1.27m，开口弦宽0.634m，槽身长2.8m，总体积为3.5m³，

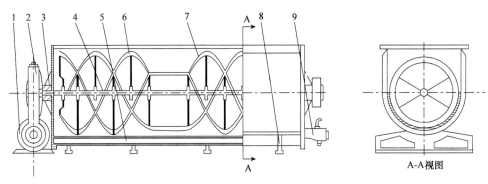

图 15-20　卧式搅拌结晶箱（陈宁，2020）

1. 电动机；2. 涡轮减速箱；3. 轴封；4. 轴；5. 夹套；6. 右旋搅拌桨叶；7. 左旋搅拌桨叶；8. 支脚；9. 排料阀

槽身高度的 3/4 处外装夹套，可以通水进行冷却。槽内装有螺条形的搅拌桨叶两组，桨叶宽度为 0.04m，螺距为 0.6m，桨叶与槽底距离为 3～5cm，一组桨叶为左旋向，另一组为右旋向，搅拌时可使两边物料都产生一个向中心移动的运动分速度，或向两边移动的运动分速度。搅拌器由马达通过蜗杆蜗轮减速后带动，由于葡萄糖黏度很大，搅拌速度很慢，一般为 0.45r/min 和 1.6r/min。槽身两端端板装有搅拌轴轴承，并装有填料密封装置，防止溶液渗漏。

转速快慢是按需要而定的，此设备装有两档速度，可以适应当高温浓缩糖液进入结晶箱时的迅速冷却结晶，或迅速与上批留下的品种均匀混合，使箱内溶液的浓度和温度均匀。但是当温度从 50℃降到 42～43℃时，溶液中晶体比较多，溶液黏度比较大，进入保温结晶阶段时，则可改用 0.45r/min 的慢速搅拌，以减少功率消耗。

由于味精、葡萄糖要求卫生条件较高，凡与料液接触部分均采用紫铜或不锈钢制成，强度要求较高的搅拌轴和搅拌桨叶，也采用衬包紫铜片，以保证产品质量。

卧式搅拌结晶箱的特点是体积大，晶体悬浮搅拌所消耗的动力较小，对于结晶速度较快的物料可串联操作，进行连续结晶。连续操作的最佳控制是使溶液在进口处即开始生成晶核，进入设备后很快就生成足够的晶核，这些晶核悬浮在溶液中，随着溶液在槽中的慢慢移动长大成晶体，最后从结晶槽的另一端排出。

三、蒸发式结晶器

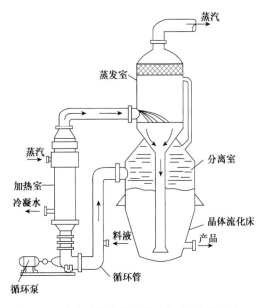

图 15-21　奥斯陆蒸发结晶器（朱明军和梁世中，2019）

蒸发式结晶器是一类通过蒸发溶剂使溶液浓缩并析出晶体的结晶设备，其中以奥斯陆蒸发结晶器为例。

奥斯陆蒸发结晶器的结构如图 15-21 所示，其操作性能优异，但其结构比较复杂、投资成本较高。

奥斯陆蒸发结晶器又称为 OSLO 型结晶器、Kryatal 结晶器或粒度分级型结晶器，是一种母液循环式连续结晶器，主要分为真空冷却结晶器、冷却结晶器、蒸发结晶器等几种。其结构主要由结晶室、蒸发室及加热室组成，其中结晶室呈锥形，自下而上截面积逐渐增大，因而固液混合物在结晶室内自下而上流动时，流速逐渐减小。操作时，料液加到循环管中，与管内的循环母液混合，由泵送至加热室。加热后的溶液在蒸发室中蒸发并达到过饱和，经中心管进入蒸发室下方的晶体流化床。在晶体流化床内，溶液中过饱和溶质沉积在悬浮颗粒表面，使晶体长大。晶体流化床对颗粒进行水力分级，大颗粒在下，而小颗粒在上，从流化床底部卸出粒度较为均匀的结晶产品。粒度较大的晶体将富集于结晶室底部，可与过饱和溶液相接触，故晶体粒度将越来越大。流化床中的细小颗粒随母液流入循环管，重新加热时溶去其中的微小晶体。因此在结晶室中的晶体被自动分级，这为奥斯陆结晶器的一个突出优点。若以冷却室代替奥斯陆蒸发结晶器的加热室并除去蒸发室等，则构成奥斯陆冷却结晶器。

奥斯陆蒸发结晶器的优点在于循环液中基本上不含晶粒，从而避免发生叶轮与晶粒间的接触成核现象，再加上结晶室的粒度分级作用，使这种结晶器所产生的晶体大而均匀，特别适合生产在饱和溶液中沉降速度大的晶粒。结晶器内溶液循环量较大，溶液的过饱和度较小，不易产生二次晶核，而且可连续生产，产量可大可小。

这种设备的主要缺点是生产能力受到限制，因为必须限制液体的循环流量及悬浮密度，把结晶室中悬浮液的澄清界面限制在溢流以下。溶质容易沉积在传热表面上，操作较麻烦，因而应用不广泛。它的主要特点是过饱和度产生的区域与晶体生长区分别设置在结晶器的两处，晶体在循环母液中流化悬浮，为晶体生长提供一个良好的条件。

四、真空煮晶箱

真空结晶操作是将常压下未饱和的溶液，在绝热条件下减压闪蒸，部分溶剂的气化可使溶液浓缩、降温并很快达到过饱和状态而析出晶体。工作时把热浓溶液送入密闭而绝热的容器中，器内维持较高的真空度，使器内溶液的沸点较进料温度为低，于是此热溶液势必闪急蒸发而绝热冷却到与器内压力对应的平衡温度。

真空煮晶箱既有冷却作用又有少量的浓缩作用。由溶液冷却所释放的显热及溶质的结晶热来提供溶剂蒸发所消耗的汽化潜热，溶液受到冷却而不需要与冷却面接触，溶剂被蒸发而又不需要使溶液与加热面接触，故而在器内根本不需设置换热面。

对于结晶速度比较快，容易自然起晶，且要求结晶晶体较大的产品，多采用真空煮晶箱，其结构简图如图15-22所示。目前我国味精厂的味精结晶设备多采用这种形式的真空结晶器。它的优点是可以控制溶液的蒸发速度和进料速度，以维持溶液一定的过饱和度进行育晶，同时采用连续加入不饱和溶液来补充溶质的量，使晶体长大。要保持较快的结晶速度，就要保持溶液中较高的过饱和度，在维持较高的过饱和育晶时，稍有不慎，即会引起自然起晶从而增加细小的新晶核，这会导致最终产品晶体较小，晶粒大小不均匀，形状不一。产生新晶核时溶液出现白色混浊，这时可通入蒸汽冷凝水，使溶液降到不饱和浓度而把新晶核溶解。随着水分的蒸发，溶液很快又进入介稳区，重新在晶核上长大结晶，这样煮出来的结晶产品性状一致，大小均匀，有较高品质。

煮晶箱的结构比较简单，是一个带搅拌的夹套加热真空蒸发罐，整个设备可以分为加热蒸发室、加热夹套、气液分离器和搅拌器4个部分。煮晶箱凡与产品有接触的部分均应采用不锈钢材料制成，以保证产品的质量。

加热蒸发室为一圆筒壳体，为了方便安装维修，节省不锈钢，采用不同厚度的材料分为两段加工，并用法兰连接，封底可根据加工条件和设备尺寸大小做成半球形、碟形或锥形。若采用半球形，则设备容量较大，搅拌动力较省，但加工比较困难。加工后要求设备弧度误差不超过1cm，以保证搅拌间歇均匀。器身上下圆筒都装有视镜，用以观察溶液的沸腾状况、雾沫夹带的高度、溶液的浓度、溶液中结晶的大小、

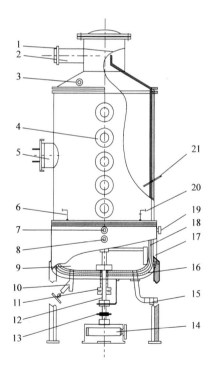

图15-22　真空煮晶箱（陈宁，2020）

1. 气液分离器；2. 二次蒸汽排出管；3. 清洗孔；
4. 视镜；5. 人孔；6. 晶种吸入管；7. 压力表孔；
8. 蒸汽进口管；9. 锚式搅拌器；10. 直通式排料阀；
11. 轴封填料圈；12. 搅拌轴；13. 联轴器；
14. 减速器；15. 疏水阀；16. 冷凝水出口；
17. 保温层；18. 夹套；19. 不凝气体排出口；
20. 吸料管；21. 温度计插管

晶体的分布情况等，同时锅体还有人孔，以方便清洗和检修。另外蒸发室还装有进料的吸料管、晶种吸入管、取样装置、温度计插管、排气管、真空压力表接管等，锅底装有卸料管和流线形卸料阀，下锅部分则焊上加热夹套，夹套高度通过计算蒸发所需要的传热面积而定，夹套宽度为30~60mm，夹套上装有进蒸汽管，安装于夹套的中上部，使蒸汽分布均匀，进口要加装挡板，防止直冲而损坏内锅，夹套上还装有压力表，不凝气体排出阀和冷凝水排出阀，冷凝水排出阀安装在夹套的最低位置，以防止冷凝水的积聚，降低传热系数。

煮晶箱上部的顶盖多采用锥形，上接气液分离器，以分离二次蒸汽所带走的雾沫，一般采用锥形除泡帽与惯性分离器结合使用，分离出的雾液由小管回流入锅，二次蒸汽在升气管中的流速为8~15m/s。

搅拌装置的形式有很多，目前多采用锚式搅拌器。锚式桨叶与锅底形状相似，一般与锅底的间距为2~5cm，转速通常是6~15r/min。对于搅拌轴的安装，目前我国多采用下轴安装，下轴安装可以缩短轴的长度，安装维修比较方便。若采用上轴安装，除锅底装锚式搅拌外，锅的中部需要加装螺条搅拌桨叶，增加溶液上升的运动分速度，使晶核在锅内悬浮运动更为均匀，增加锅的装载系数，提高利用效率，对提高结晶产品的质量和结晶速度有一定好处，但上轴安装既增加轴的长度和直径，也加大了动力消耗，同时安装也比较麻烦。搅拌轴的密封装置，目前下轴安装的都采用填料轴封，需要经常维修，上轴安装的可以采用密封性能较好的端面轴封。

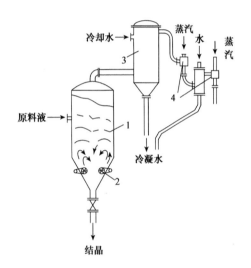

图15-23 间歇式真空结晶器（何佳等，2008）
1. 结晶室；2. 搅拌器；3. 冷凝器；4. 二级蒸汽喷射泵

根据生产需要，真空煮晶箱还有以下两种构造。

1. 间歇式真空结晶器 间歇式真空结晶器的器身是一个具有锥形底的容器，如图15-23所示。将料液置于容器中，料液的闪急蒸发造成剧烈的沸腾，使溶剂的蒸汽从器顶排出而进入喷射器或其他真空设备中。加强搅拌能够使溶液温度变得相当均匀，并使器内晶粒悬浮起来，直到充分成长后再沉入锥底。每批操作结束后，晶体与母液的混合液经排料阀放至晶浆槽，随后进行过滤，使晶体与母液分开。

此结晶器的主要优点为构造简单，溶液为绝热蒸发冷却，不需要传热面，避免了晶体在传热面上的聚结，因此造价低而生产能力较大。

2. 多级真空结晶器 多级真空结晶器的器身是横卧的圆筒形容器，器内由垂直挡板分割为几个相连通室，允许晶浆在各室之间流动，然而各室上部的蒸汽空间则互相隔绝，各蒸汽空间分别与真空系统相连。在器底各级都装有空气分布管，与大气相连通，故在运行时可从器外吸入少量空气，经分布管鼓泡通过液层而起到搅拌作用。当溶液温度降至饱和温度以下时，晶体开始析出，在空气泡的搅拌下，晶粒得以悬浮、生长，并能与溶液一起逐级流动。

五、连续结晶设备

连续结晶设备与传统的间歇式结晶器相比具有许多显著的优点：经济性好、操作费用低、操作过程易于控制。由于采用了结晶消除和清母液溢流技术，连续结晶设备具备能够控制产品粒度分布及晶浆密度的手段，使得结晶主粒度较为稳定、母液量少、生产强度高。根据不同的产品工艺要求，连续结晶设备可以由一台结晶器与加热器、冷凝器等组成，也可由多台串、并联与加热器、冷凝器等组成真空蒸发结晶器和真空冷却结晶器。

连续结晶器的优点如下：①结晶循环泵设在结晶器内部，阻力小、驱动功率低。②结晶器内部设有遮挡板，将结晶生长区与结晶沉降区隔开，互不干扰，使得晶粒均匀、稳定，并可在一定范围内控制结晶颗粒尺寸的大小。③真空蒸发结晶的操作温度可根据不同产品的工艺要求在0~100℃设定、控制。

④应用喷射泵压缩二次蒸汽，能耗低，仅为间歇结晶设备的40%～50%。⑤清母液量很少，仅7%左右，产品收得率更高；占地面积小，自动化程度高，操作参数稳定。⑥成本低、投资少，仅为间歇结晶设备投资的60%～70%。

连续结晶设备适用于谷氨酸、谷氨酸钠、一水柠檬酸、无水柠檬酸、L-赖氨酸盐酸盐及葡萄糖、维生素C、木糖醇、碳酸氢钾和氯化铵等产品的连续结晶工艺，同时在精细化工、制药和无机盐等领域也有着广泛的应用前景。

图15-24是一种连续式真空冷却结晶器。热的原料液自进料口连续加入，晶浆（晶体与母液的悬混物）用泵连续排出，结晶器底部管路上的循环泵迫使溶液做强制循环流动，以促进溶液均匀混合，维持有利的结晶条件。蒸出的溶剂（气体）由器顶部逸出，至高位混合冷凝器中冷凝。双级式蒸汽喷射泵则用于产生和维持结晶器内的真空。一般真空结晶器内的操作温度都很低，所产生的溶剂蒸汽不能在冷凝器中被水冷凝，此时可在冷凝器的前部装一蒸汽喷射泵，将溶剂蒸汽进行压缩，以提高其冷凝温度。

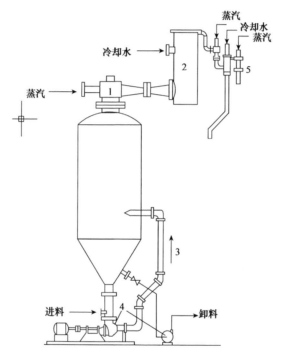

图15-24　连续式真空冷却结晶器（贾绍义和柴诚敬，2001）
1. 蒸汽喷射泵；2. 冷凝器；3. 循环管；4. 泵；5. 双级式蒸汽喷射泵

本 章 小 结

蒸发设备通常是指创造蒸发必要条件的设备组合，它是由蒸发器（具有加热界面和蒸发表面）、冷凝器和抽气泵等结构组成。蒸发器根据操作压力的不同，可分为常压蒸发器和真空蒸发器（减压蒸发器）；按蒸汽利用情况的不同，可分为单效蒸发、二效蒸发和多效蒸发；按操作流程的不同，可分为间歇式和连续式；按加热部分结构的不同，可分为膜式和非膜式。

结晶是制备纯物质的有效方法。结晶的首要条件是过饱和，创造过饱和条件下结晶，在工业生产中常用的方法是自然起晶法、刺激起晶法和晶种起晶法。结晶设备可根据改变溶液浓度的方法分为浓缩结晶设备、冷却结晶设备和等电点结晶设备。结晶设备也可根据结晶过程转运情况的不同分为间歇结晶设备和连续结晶设备。结晶设备还可按流动方式的不同可分为母液循环结晶器和晶浆循环结晶器。

思考题

1. 解释下列名词：蒸发、结晶、真空蒸发、多效蒸发、热泵蒸发、热敏性物质、介稳区、晶种起晶、等电点结晶、真空结晶。

2. 简述下列几种设备的工作原理、优缺点及应用范围：升膜式蒸发器、降膜式蒸发器、离心式薄膜蒸发器、中央循环管式蒸发器、奥斯陆蒸发结晶器、真空煮晶箱。

3. 真空蒸发与常压蒸发相比有哪些优点？

4. 选择蒸发设备时需要考虑哪些因素？

5. 蒸发器的上面为什么要留有一定的空间？

6. 结晶设备可以分为哪几类？

7. 结晶设备的设计需要考虑哪些方面？

8. 降膜蒸发器中的布膜器的作用是什么，有哪几种？

第十六章 干 燥 设 备

第一节 常压干燥设备

常压干燥设备就是在正常气压的情况下对物料进行干燥，与真空干燥设备相对应。没有特殊要求的物料干燥宜用常压干燥，而对于热敏性或易氧化物料的干燥则选择真空干燥。常压干燥设备发展到今天，一般与冷冻技术结合使用。1959年Meryman首次提出了采用常压冷冻干燥技术进行物料脱水的新方法，指出物料的冷冻干燥速率不是完全由干燥室总气压所决定的，而是由冰温和处于水蒸气形成位置和干燥介质间的蒸汽压力变化所决定的，故可用吸附剂来代替真空泵，但干燥周期太长。随后，Lewin和Matela、Woodward也对吸附剂固定床常压冷冻干燥技术做了相应的研究工作，获得了同样的结论。综合利用各种不同干燥作用的干燥技术是干燥领域的一个发展趋势。常压干燥技术常与冷冻干燥技术、流化床干燥技术联合使用。

厢式干燥又称为室式干燥，一般小型的设备称为烘箱，大型的称为烘房，属于对流干燥，多采用强制气流的方法，为常压间歇操作的典型设备，可用于干燥多种不同形态的物料。按气体流动方式可分为平行流式、穿流式等。

一、水平气流厢式干燥器

水平气流厢式干燥器整体呈厢形（图16-1），外壁是绝热保温层，厢体上设有气体进出口，物料放于盘中，盘按一定间距放于固定架，或是小车型的可推动架上，小车能方便地进出。水平气流厢式干燥器适用于干燥后期易产生粉尘的泥状物料、少量多品种粒状或粉状的湿物料。

二、穿流气流厢式干燥器

穿流气流厢式干燥器（图16-2）结构虽然与水平气流式相同，但堆放物料的搁板或容器的底部由金属网或多孔板构成，使热风能够均匀地穿过物料层，可以提高传热效率。为使热风在物料中形成穿流，物料以粒状、片状、短纤维等易于气流通过为宜。热风通过物料层的压降取决于物料的形状、堆积厚度及气流速度，通常在200～500Pa。由于气流穿过物料层，因接触面积增大、内部湿分扩散距离短，干燥热效率比水平气流式的效率高3～10倍。

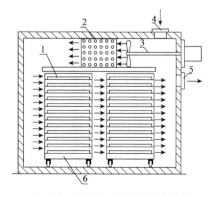

图16-1 水平气流厢式干燥器（王艳艳等，2017）

1. 物料盘；2. 加热器；3. 风扇；4. 进风口；
5. 排气口；6. 小车

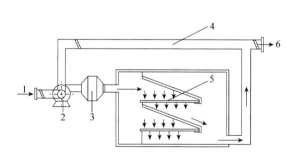

图16-2 穿流气流厢式干燥器（王艳艳等，2017）

1. 进风口；2. 风机；3. 加热器；4. 循环风；5. 物料；6. 出风口

朱文学等研究发现穿流气流厢式干燥器干燥果蔬物料时存在一定的不均匀性。物料盘在干燥室中位置不同，物料的干燥曲线及干燥速度差别较大；同一物料盘中不同区域物料的干燥速度也不同，且换向进风能显著改善干燥不均匀性。

第二节 真空干燥设备

一、真空干燥设备的工作原理

真空干燥就是将被干燥的物料置于密封的干燥室中，用抽真空系统抽真空的同时对被干燥物料不断加热，使物料内的水分子通过压力差和浓度差扩散到表面，水分子在物料表面获得足够的动能，在克服分子间吸引力后，逃逸到真空室的低压空间，从而被真空泵抽走的干燥过程。

二、真空干燥设备的种类

（一）间歇式真空干燥设备

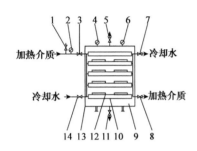

图16-3 箱式真空干燥设备示意图（闫一野，
2011）

1. 安全阀；2. 压力表；3. 加热介质入口阀；
4. 真空表；5. 抽气阀；6. 温度表；7. 冷却水排出阀；
8. 加热介质排出阀；9. 箱体；10. 搁板；11. 疏水阀；
12. 物料托盘；13. 集束管；14. 冷却水进入阀

1. 箱式真空干燥设备 箱式真空干燥设备属于间歇式的典型代表（图16-3）。设备的主要组成是真空干燥箱、加热系统、冷却系统、抽气系统、测量系统、控制及冷凝回收系统等。一般的箱式真空干燥设备有圆筒型和方形两种。大型的多采用圆形的，这主要是源于圆形外形受压时稳定性好、工艺性好，但是其真空室的有效利用率低。小型的主要采用方形的，因为其空间利用率高。

由图16-3可以看出在干燥箱体内有托盘，被干燥的物料被均匀地放置在托盘上，加热介质进入搁板将热量主要通过传导传递给物料，从而使物料温度升高，水分被气化而聚集到真空室中，在抽气系统的作用下被排出。如果气化成分含有必须回收的物质，则需要冷凝器来回收。

箱式真空干燥设备的优点如下：①被干燥的物料处于静止状态，形状不容易损坏；②干燥过程中无物料翻转等运动，故无粉尘的产生，无干燥物料回收装置，设备简单；③搁板的数目多，加热面积大，容易实现规模生产。

缺点：装卸料都是手工操作，费时费力，生产效率低；加热方式单一，电加热效果不好，红外加热和微波加热的设备很少。

2. 旋转式真空干燥设备 旋转式真空干燥设备一般具有如下特点。

能用较低的温度得到较高的干燥速度，从热量的利用上比箱式真空干燥设备更经济；能用低温干燥温度不稳定的或热敏性的物料；可干燥易受空气中的氧氧化或有燃烧危险的物料；适于干燥含有溶剂或有毒气体的物料，溶剂回收容易；能将物料干燥到很低水分，故可用于低含水率物料的进一步干燥。

双锥回转式真空干燥设备（图16-4）主要由双锥回转真空干燥机、冷凝器、除尘器、真空抽气系统、加热系统、冷却系统、净化系统和电控系统等组成。该设备的干燥空间是锥形的，当物料装入干燥的干燥机筒体后，和筒壁相接触的物料接受筒壁的热量而升温气化。并且，在筒体回转的过程中，物料随筒体上升到某一高度后沿着筒壁下滑。筒壁壁面上不断地更新着物料，物料在下滑的过程中也得到充分的混合，这样不仅提高了干燥机的加热效率，还提高了物料的均匀性和传热速度。

该设备的特点是：能达到较高的真空度；内部结构简单、清洁容易、排出物料也容易；筒体壁面上没有物料的堆积，传热效率高；和搅拌型相比物料的磨损少，产生的灰尘少；可以根据需要，在内部增加一些结构增加搅拌和造粒的功能。

图16-5为具有搅拌和造粒功能的双锥回转真空干燥器局部结构。在筒体转动的过程中，固定在抽气管上的搅拌叶片迫使物料从其两侧面流过。这样，在物料沿筒壁滑动的同时，增加了径向运动，因此，有效地提高了混合和搅拌物料的效果，加快了湿分气化，提高了干燥速度，均匀了干制品的粒度和质量。

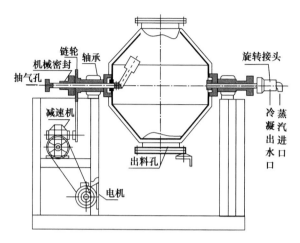

图16-4 双锥回转式真空干燥设备结构示意图
（韩静，2019）

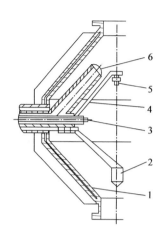

图16-5 具有搅拌和造粒功能的双锥回转真空干燥器局部结构（刘军等，2008）

1. 筒体；2. 搅拌叶片；3. 热电偶管；4. 黏接剂管；5. 喷嘴；6. 抽气管

与之相比，圆筒搅拌式真空干燥设备主要的区别就是内部搅拌器的形式不同，主要有螺旋搅拌器、桨式搅拌器、锚式搅拌器、耙式搅拌器和矩形搅拌器等。其工作原理都是一样的，都是在真空条件下湿物料被回转的搅拌轴搅拌，边混合边做有规律的运动，与此同时湿物料与加热的干燥机筒体内壁和搅拌轴外表面接触，利用热传导和辐射加热，从而去除湿分，干燥物料。其主要结构是干燥室，该结构是由筒体和端盖组成的。其中筒体具有蒸汽夹套，用于加热筒体内壁。内壁温度可以通过夹套中的蒸汽温度和流量控制。搅拌轴一般都做成空心的转轴。这样做的目的不光是具有搅拌功能，还可以利用轴的外表面对物料进行加热。物料进入干燥室后，在搅拌轴正向转动的作用下物料向两个端盖方向输送，在端盖附近做对流状的混合运动。当轴反向转动时，搅拌叶片使物料向中间输送，在中部也做对流混合。物料在轴向迁移的同时，还会做径向迁移。因此，圆筒搅拌式真空干燥设备具有加热面积大、有效温差大、物料混合均匀度好和干燥速度快的特点。实践表明，与双锥回转式真空干燥设备相比，圆筒搅拌式真空干燥设备的速度较快，在相同的干燥工艺条件下，圆筒搅拌式真空干燥设备的干燥速度是双锥回转式真空干燥设备的1~4倍。正是由于干燥速度快，其填充率可以达到80%（通常为50%），并且适合干燥含水率高、液态物料及高黏性块状物的粉碎干燥。

（二）连续式真空干燥设备

1. 真空带式干燥设备 真空带式干燥设备由真空带式干燥机和加热系统、真空抽气系统和电气控制系统等组成（图16-6）。其中连续的不锈钢带类似于传送带的结构。钢带绕进加热滚筒和冷却滚筒，组成了接触式加热和冷却的干燥器主体。其工作原理是：在真空条件下，液态物料较薄地涂布在传送带上，由于加热器的加热，物料的湿分蒸发而得到多孔的高品质干燥产品，干燥后的产品需要剥离机构将其剥离传送带。

真空式干燥设备的加热器主要有平板形热交换器式的传导加热和远红外加热器的辐射加热两种形式。前者可以采用蒸汽、热水或者热媒介作为加热介质，加热平板型加热器，利用加热器上平面对传送带的传导加热，将热量供给物料。后者是非接触式的辐射加热，一般分为上、下加热器。下加热器的作用是预热和保持传送带的温度，所以加热功率较小，远红外管均匀分布在传送带的下方。上加热器由三组远红外加热管和一块辐射屏组成。三组加热管分别位于余热升温、恒速干燥和降速干燥区。调节它们的加热功

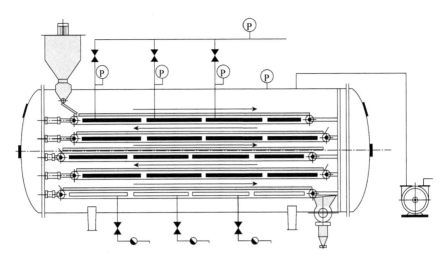

图16-6 真空带式干燥设备结构示意图（王政文等，2021）

率可以适应不同物料的干燥工艺要求。真空带式干燥设备主要适用于橙汁、番茄汁、牛奶和速溶茶等的干燥。同时也可以在液料中加入碳酸铵之类的膨松剂或者在高压下冲入氮气，利用分解产生的气体来制取膨化产品等。

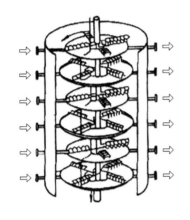

图16-7 真空圆盘刮板干燥机结构
示意图（闫一野，2011）

真空带式干燥设备的特点有：低温干燥；适合容易氧化的物料干燥；适合干燥高浓度、高黏性的物料；干燥制品的溶解性能好；可以连续运行，适用于大规模生产。

2. 真空圆盘刮板干燥机 如图16-7所示，其主体由室体、进料装置、刮板装置、加热管路、加热圆盘和转轴等组成。设备的主体部分是圆盘加热器，干燥机的最上层是一个小加热盘，第二层是大加热圆盘，第三层又是小的加热圆盘，如此交替排列。物料在圆盘上运动、吸热、下降，整个工作过程和板式塔的原理相似，具体如下。

（1）物料进入上料斗。上料斗中的螺旋进料器把料送入中间料斗，此时中间料斗为常压。进料由时间控制，达到一定时间后，上料斗中的送料器停止运转，接着关闭上料斗与中间料斗间的闸板并锁紧。

（2）中间料斗抽真空。由控制阀使其与真空系统接通，达到一定真空度后，打开中间料斗与造粒机之间的闸板。中间料斗送料器开始工作。控制送料器工作时间，先停止运行，再关闭中间料斗与造粒机间闸板。这一动作完成后需使中间料斗恢复常压，并打开上、中料斗之间闸板，以便中间料斗再受料完成工作循环。

（3）造粒机始终运转，这是设备连续工作的保证。造粒机料斗中物料的多少，与在造粒过程中要消耗的功率有关。利用这一特性，可控制造粒机的进料，这也就控制了整个进料系统。造粒机的摆动角度可调，其运行频率也要连续可调，以适应设备干燥器的要求。

（4）物料在加热圆盘上由刮板使物料做径向推进。物料先由内向外落入下一层圆盘，然后再由外向内落入再下一层，依次循环出干燥器。由于物料在加热圆盘上不断翻动，接触圆盘的物料不断更新，这就强化了热量传递，也是圆盘干燥机传热系数较高的原因。

（5）正常工作时，出料系统上闸板是打开的，下闸板关闭。干燥物料进入贮料斗。要出料时，先关闭上闸板，然后用真空、常压变换阀使贮料斗接通大气。达常压后，打开下闸板，完成出料。然后关闭下闸板，接通真空系统，打开上闸板物料斗，出料与进料交替进行。液压系统的用途是控制造粒机运转、控制进出料的闸板动作与锁紧、控制真空与常压变换阀。供热系统为导热油炉提供热源，用油泵强制循环。真空系统采用水喷射泵或水环泵。控制系统采用程序控制。

三、真空冷冻干燥设备

真空冷冻干燥的原理是在真空状态下利用水的升华原理，使预先冻结的物料中的水分不经过冰的融化直接从冰态升华为水蒸气的方式去除。由于真空干燥是在较低温度下进行的干燥，所以不会使物料中的蛋白质和微生物变性或失去其生物活性，且营养损失少，研究表明经过真空冷冻干燥后的物料中的营养成分保持率可高达96%。真空冷冻干燥设备可以分为间歇式干燥设备和连续式干燥设备，连续式机组在国内企业尚属少见。间歇式真空冷冻干燥设备有干燥箱、制冷系统、真空系统、媒体换热循环系统、自动控制系统、气动系统及在位清洗和消毒系统，结构如图16-8所示。

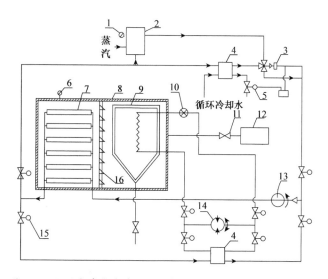

图16-8　间歇式真空冷冻干燥设备结构示意图（徐桃珍，2018）

1. 温度传感器；2. 加热罐；3. 气动三通调节阀；4. 板式换热器；5. 冷却水电磁阀；6. 真空显示仪；7. 搁板；8. 干燥室；9. 捕水器；10. 膨胀阀；11. 气镇阀；12. 真空泵；13. 循环泵；14. 压缩机；15. 电磁阀；16. 气动（电动）蝶阀

真空冷冻干燥技术的能耗较大，其能耗是热风干燥的4～8倍。真空冷冻干燥的能耗主要是由物料冻结、维持系统真空、升华干燥、升华蒸汽凝结四部分组成。有关资料显示四部分所占能耗比分别为5%、48%、22%、25%。干燥过程中维持系统真空的能耗与捕集升华蒸气的能耗相当，而升华干燥过程的能耗占到了整个干燥过程能耗将近一半，这一过程的能耗主要以加热耗电为主，干燥过程的能耗占到了总能耗的95%。真空冷冻干燥的优点是经过冷冻干燥后的原料的形状及色泽均没有变化，且复水性强。但是真空冷冻干燥也存在设备造价高、占地面积大、操作烦琐等缺点。真空冷冻干燥技术最先应用于医药加工方面，后来因为该技术的加工特点主要在海鲜类等热敏性食品的加工过程中。

第三节　气流干燥设备

一、气流干燥的原理及特点

（一）气流干燥技术的原理

气流干燥是对流传热干燥的一种，也称为"瞬间干燥"，在气流干燥过程中，物料在加热气体中分散，同时完成输送和干燥两种功能。由于干燥物料均匀悬浮于流体中，因而两相接触面积大，强化了传热与传质过程。

在气流干燥物料的过程中，物料颗粒在气流中的运动分为加速运动阶段和等速运动阶段。在加速运动阶段，颗粒受到的曳力与浮力之和大于重力，具有向上的加速度，因此颗粒与气流的相对运动速度是一个变量；随着颗粒运动速度增大，曳力逐渐减小，直至3个力的矢量和为零，颗粒进入等速运动阶段，此时气流与颗粒间的相对速度为一常数。颗粒与气流的相对运动情况对颗粒与气流之间的传热速率影响较大，在初始干燥阶段，颗粒刚进入干燥管时上升速度为零，与具有较高速度的热气流相遇，获得向上的速度，此时两相间的对流传热系数很大，物料颗粒不断加速上升，进入加速运动干燥阶段，固体颗粒在加速阶段所获得的热量占整个干燥阶段获得热量的一半以上。在干燥后期，当固体物料的上升速度接近乃至达到气流速度时，对流传热系数大大减小，干燥效率降低。在干燥流程中不断改变气固两相的相对速度，增加粒子周围边界层处的湍流强度，尽可能扩大气固两相的接触面积，增加两相的接触时间，是提高干燥效率的有效措施。

（二）干燥设备的特点

（1）气固两相间传热传质表面积大，干燥效率高。固体物料（多为颗粒）在气流中处于高度分散状态，使两相间的接触面积大大增加，在较高的气流速度（20～40m/s）作用下，气固两相的相对速度较高，体积传热系数大，热效率高。

（2）干燥时间短。气流干燥过程只需几秒钟，特别适合于对热敏性和低熔点物料的干燥。

（3）流动阻力较大，动力消耗大。

（4）以表面蒸发方式干燥，气流干燥使被干燥物料呈单颗粒状态分散于热风气流中进行瞬时干燥，因而颗粒与热风的接触面积大，几乎全部以表面蒸发方式被干燥。粒径50μm以下的颗粒，可以均匀干燥至含水量相当低的程度。

（5）处理能力大，结构简单，占地面积小。

（6）适合热敏性物料的干燥，由于物料与热风并流，即使热风温度达到700～800℃，干燥过程中物料的温度也不超过90℃。

（7）整个系统的压降较大，不适合干燥磨损性大的物料。

二、气流干燥装置分类

（一）简单直管式

这是最早也是目前气流干燥中使用最广泛的一种，其结构简单、制造容易。经研究发现，热质传递最有效的长度是在进料口向上2～3m处，故又发展了管高仅4～6m的短管干燥器，在化工某些物料表面水的蒸发上应用广泛。

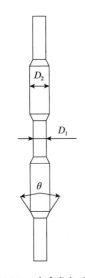

图16-9　脉冲式气流干燥器（姜大志等，2014）

D_1、D_2表示所指处该管道的直径，θ表示该管道处的锥角

（二）倒锥式

倒锥式气流干燥器采用气流干燥管直径逐渐增加的结构，因此气速由下向上递减，不同粒度的颗粒分别在管内不同的高度悬浮，湿物料在干燥过程中湿分逐渐除去变轻，物料即向上浮动，相互撞击直至粒度和干燥程度达到要求时即被气流带出干燥管，这就增加了颗粒在管内的停留时间，降低了气流干燥管的高度。

（三）脉冲式

脉冲式气流干燥管的管径交替缩小和扩大，颗粒的运动速度也交替地加速和减速，使得空气和颗粒间相对速度和传热面积均较大，从而强化传热传质的速率（图16-9）。目前脉冲式气流干燥器的型式有3种：直管扩缩型脉冲管、锥形脉冲管和S型脉冲管。

（四）套管式

套管式气流干燥器的干燥管不是简单的单层直管，而是由内外套管组成的，有单套和双套管之分，单套管的物料与气流同时由内管下部进入，颗粒在内管做加速运动，到加速终止时，由内管顶端导入内外管的环隙内，在环隙内颗粒以较小的速度运动，然后排出，采用这种干燥方式可以减小干燥管的高度和提高热效率。

（五）其他类型

除上述几种类型外，还有旋风式（图16-10）、喷动式、旋转闪蒸式、环形干燥器、文丘里管式、涡旋流式等。

第四节 喷雾干燥设备

喷雾干燥是一种已被工业界广泛接受的干燥工艺，其特点是可以把初始状态为悬浮液或黏滞的液体通过特殊设计的雾化器雾化后再与干燥介质接触，在短时间内完成蒸发干燥而获得干燥的产品。但是，喷雾干燥的热效率只有40%～60%。因此喷雾干燥的研究还有很多方面需要不断提高和深入。

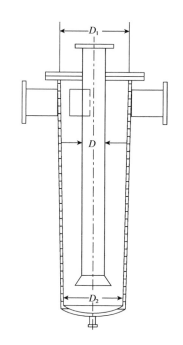

图16-10 旋风式气流干燥器结构示意图（朱明军和梁世中，2019）
D. 中央管直径；D_1. 筒身直径；D_2. 圆筒底部直径

一、喷雾干燥设备的分类

（一）按微粒化方法分类

1. 压力喷雾干燥设备

（1）原理。利用高压泵，以7～20MPa的压力，将物料通过雾化器（喷枪），聚化成10～200μm的雾状微粒与热空气直接接触，进行热交换，短时间完成干燥。

（2）压力喷雾微粒化装置。M型和S型，具有使液流产生旋转的导沟，M型导沟轴线垂直于喷嘴轴线，不与之相交；S型导沟轴线与水平成一定角度。其目的都是设法增加喷雾时溶液的湍流度。

2. 离心喷雾干燥设备

（1）原理。利用水平方向做高速旋转的圆盘给予溶液以离心力，使其以高速甩出，形成薄膜、细丝或液滴，由于空气的摩擦、阻碍、撕裂的作用，随圆盘旋转产生的切向加速度与离心力产生的径向加速度以一合速度在圆盘上运动，其轨迹为一螺旋形，液体沿着此螺旋线自圆盘上抛出后，就分散成很微小的液滴，并以平均速度沿着圆盘切线方向运动，同时液滴又受到重力的作用。由于喷洒出的微粒大小不同，它们飞行距离也就不同，因此在不同的距离落下的微粒形成一个以转轴为中心对称的圆柱体。

（2）获得较均匀液滴的要求：①减少圆盘旋转时的振动；②进入圆盘液体数量在单位时间内保持恒定；③圆盘表面平整光滑；④圆盘的圆周速率不宜过小，$r_{min}=60m/s$，乳（100～160m/s）若<60m/s，喷雾液滴不均匀，喷距主要由一群液滴及沉向盘近处的一群细液滴组成，并随转速增高而减小。

（3）离心喷雾器的结构要求。润湿周边长，能使溶液达到高转速，喷雾均匀，结构坚固、质轻、简单、无死角、易拆洗和有较大生产率等。

（二）按干燥室形式分类

根据干燥室中热风和被干燥颗粒之间运动方向分为并流型、逆流型、混流型，像牛乳类常采用并流型。并流型可采用较高的进风温度来干燥，而不影响产品的质量。

二、喷雾干燥的优缺点

（一）喷雾干燥的优点

只要干燥条件保持恒定，干燥产品特性就保持恒定；喷雾干燥的操作是连续的，其系统可以是全自动控制操作；喷雾干燥系统适用于热敏性和非热敏性物料的干燥及水溶液和有机溶剂物料的干燥；原料液可以是溶液、泥浆、乳浊液、糊状物或熔融物，甚至是滤饼等均可处理；喷雾干燥操作具有非常大的灵活性，喷雾能力可达每小时几千克至200t。

（二）喷雾干燥的缺点

喷雾干燥投资费用比较高，属于对流型干燥，热效率比较低（除非利用非常高的干燥温度），一般为30%～40%。

三、喷雾干燥系统

喷雾干燥可以归纳为以下4个组成部分，即料液的输送和雾化、干燥介质的加热、干燥介质和雾滴的接触干燥及干燥产品从气体介质中的分离。因此，喷雾干燥的研究也从干燥介质、雾化、气液接触干燥、产品分离和产品的性质控制等方面展开。

（一）新型雾化器的研究

喷雾干燥的核心部件是液体的雾化装置，简称雾化器。常用的有离心式雾化器、压力式雾化器和气流式雾化器，而气流式雾化器针对不同的料液特性又分为二流体雾化器和三流体雾化器。

在雾化器的研究开发过程中，企业界也发挥了不小的作用。例如，国际著名的喷雾干燥企业丹麦的Nior公司，开发了多系列的雾化装置，特别是不同规格离心式雾化器，喷液量为5kg/h～200t/h。

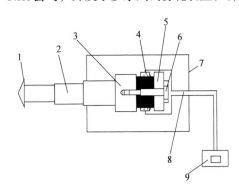

图16-11　小型金属超声雾化器的结构简图
（杨福宝等，2005）

1. 工具头；2. 变幅杆；3. 换能器前盖；
4. 压电陶瓷堆；5. 换能器后盖；6. 预应力螺栓；
7. 冷却装置；8. 电极引线；9. 信号发生器

我国在20世纪引进、吸收和消化国外雾化器技术的基础上，形成了具有自主知识产权的雾化器设计能力，现在国内不少厂家可以制造不同规格离心式雾化器，单台雾化能力从每小时数千克到10t，特别是无锡市林洲干燥机厂在2005年推出了目前国内单台雾化能力最大的离心式雾化器，单机每小时雾化能力达45t，并已经得到运用和验证。

最近，国际上有些学者把超声雾化用于喷雾干燥中，取得了一些成果。Berger给出了小型金属超声雾化器的结构简图（图16-11）。其基本原理是利用足够强度的超声场，让液体从超声源表面释放出细小的雾滴，这些液滴再与周围的空气接触，完成蒸发干燥过程。通常超声的振动频率必须大于2kHz。与常用的雾化器相比，其最大的优点就是节能。据Patil等的测算，传统雾化器有96%以上的能量用于产生雾滴的动能和机械消耗，只有4%左右的能量用于雾滴的形成。

（二）喷雾干燥的数学模型

由于喷雾干燥涉及复杂的气液两相间的传热传质过程，在干燥塔内直接进行测量是极其困难的，而大型工业化装置又无法直接制作一台供试验用，因此目前喷雾干燥装置的设计大多依据小型装置的实验结果进行小试放大，而且往往根据设计人员的经验，使得实际设计出来的喷雾干燥装置总有这样或那样的问题。近年来，随着计算机技术的不断提高和软件业的发展，对于喷雾干燥进行数学模拟变得可能和可行，在国际上研究人员已经取得不少成果。

值得一提的是，数学模型可以提供很多目前无法测量到的数据，如喷雾条件下的气体流场、温度场和雾滴的飞行轨迹等，这些要用计算流体力学（CFD）模型来验证是比较困难的，所以这一领域的研究仍有待于进一步的深入。

（三）节能组合干燥

随着全球的能源紧张，高能耗的化工单元操作越来越受到各国的关注，如干燥操作单元。事实上喷雾干燥的热效率只有40%～60%，几乎有一半的热量被浪费了。所以如何提高喷雾干燥的热效率也是各国专家研究的热点课题。

目前，国际上公认的一种办法是组合式的干燥方式，如喷雾干燥加内部流化床的二级组合干燥及喷雾干燥加内部流化床干燥加外部流化床干燥的三级组合干燥方式。Filkova和Westergard等给出了不同的组合干燥的性能比较，见表16-1。不难发现，三级组合干燥的单位产品能耗比单级喷雾干燥节约了40%。

表16-1　组合式干燥系统的性能比较（黄立新等，2007）

操作／计算参数	SD	SD+VFB	SD+IFB	SD+IFB+VFB
进风温度/℃	200	230	230	260
气体量/（kg/h）	31 500	31 500	31 500	31 500
喷液量/（kg/h）	2 290	3 510	4 250	5 540
料液含固量/%	48	48	48	48
产品残水量/%	3.5	6	9	9
出风温度/℃	98	73	65	65
蒸发量/（kg/h）	1 150	1 790	2 010	2 620
能耗/GJ	7.6	8.86	8.9	9.95

注：SD. 单级喷雾干燥；VFB. 外部流化床干燥；IFB. 内部流化床干燥

四、新型喷雾干燥

（一）喷雾冷冻干燥

常规喷雾干燥采用有一定温度的干燥介质来完成整个蒸发干燥过程。但是，考虑到干燥所处理的物料特性，如医药、生化产品等，它们都有大量的生物活性成分，无法承受高温介质环境。因此，大多数产品的生产会直接选择真空冷冻干燥。但冷冻干燥存在着能耗高、操作时间长和需要二次处理产品等不足。近年来，国外研究人员开始把喷雾干燥和冷冻干燥结合起来，从而形成了新的干燥技术，即喷雾冷冻干燥技术。

Sonne采用了喷雾制冰粉和真空冷冻干燥结合的方法，研究了两段式喷雾冷冻干燥对蛋白质性能的影响。瑞士的Leuenberger等也采用喷雾冷冻制粉和流化床干燥结合的办法，研究了该种两段式喷雾冷冻干燥对药品性能的影响。

（二）过热蒸汽喷雾干燥

喷雾干燥通常采用环境空气作为干燥介质。但对于特殊的物料，如含有乙醇、丙酮等有机溶剂的物料，一般会选择闭式循环的喷雾干燥系统，此时系统中一般直接采用氮气保护。当然，能够直接选用环境空气是个不错的选择，但是，当很多喷雾干燥的用户有自备的电厂产生废过热蒸汽时，如果仍然采用过热蒸汽换热产生热空气，那将是一种对能源的浪费。过热蒸汽在食品、化工产品的加工中得到了运用。用过热蒸汽干燥主要有如下的优势：①与传统的热空气或者烟道气相比，改用过热蒸汽可以节能50%~80%；②用了过热蒸汽，系统中没有氧气，减少了可能存在的燃烧和爆炸危险。

Frydman等和Ducept等采用CFD模型模拟了过热蒸汽喷雾干燥系统。Ducept等的模拟结果表明，采用过热蒸汽的容积干燥强度可达到50kg/（m³·h），而常规喷雾干燥的干燥强度只有2~25kg/（m³·h）。

五、喷雾干燥法生产产品的性能控制

近年来，喷雾干燥装置的最终用户开始对他们的干燥产品提出越来越多的特殊要求，特别是干颗粒的大小和形态。因此，喷雾干燥工艺和设计如何满足用户的产品要求，也引起了学者和企业界的浓厚兴趣。

Walton在完成他的博士论文过程中系统地研究了喷雾干燥设备和工艺对最终干燥产品形态的影响；Walton还研究了喷雾干燥工艺参数对干燥产品的影响。

除了干燥产品的形态，产品的粒径和分布也越来越受到人们的关注。Masters给出了不同雾化器产生的雾滴粒径理论计算和粒径分布规律，尽管提供的计算公式尚不准确和完善，还需要进一步研究。虞子云和王喜忠等先后研究了二流体雾化和三流体雾化的雾滴粒径和分布规律。但其后国内鲜有这方面的报道。最近，黄立新等通过研究设计新型的雾化盘和调整雾化盘的转速来获取一定颗粒粒径分布要求的产品。

第五节　流化床干燥设备

流化技术起源于1921年，最早应用于干燥工业化大生产是1948年美国建立的多尔（奥列弗固体流化装置），而我国直到1958年后才开始发展此项技术。流化床干燥过程中散状物料被置于孔板上，下部输送气体，使物料颗粒呈悬浮状态，犹如液体沸腾一样，使得物料颗粒与气体充分接触，进行快速的热传递与水分传递。流化干燥由于具有传热效果良好、温度分布均匀、操作形式多样、物料停留时间可调、投资费用低廉和维修工作量较小等优点，得到了广泛的发展和应用。

一、流化床干燥设备的特性

（一）优点

（1）床层温度均匀，体积传热系数大 $[2300\sim7000W/(m^3\cdot℃)]$。生产能力大，可在小装置中处理大量的物料。

（2）物料干燥速度快，在干燥器中停留时间短，所以适用于某些热敏性物料的干燥。

（3）物料在床内的停留时间可根据工艺要求任意调节，故对难干燥或要求干燥产品含湿量低的过程非常适用。

（4）设备结构简单，造价低，可动部件少，便于制造、操作和维修。

（5）在同一设备内，既可进行连续操作，又可进行间歇操作。

（二）缺点

（1）床层内物料返混严重，对单级式连续干燥器，物料在设备内停留时间不均匀，有可能使部分未干燥的物料随着产品一起排出床层外。

（2）一般不适用于易黏结或结块、含湿量过高物料的干燥，因为容易发生物料黏结到设备壁面上或堵床现象。

（3）对被干燥物料的粒度有一定限制，一般要求不小于30μm、不大于6mm。

（4）对产品外观要求严格的物料不宜采用。干燥贵重和有毒的物料时，对回收装量要求苛刻。

二、流化床干燥设备的分类

流化床干燥设备在不到100年的时间里，经过科研人员的不断改进和创新，得到了长足的发展和广泛的应用，其种类很多，根据待干燥物料性质的不同，所采用的流化床也不同，按其结构大致可分为单层和多层圆筒型流化床、卧式多室流化床、搅拌流化床、振动流化床、离心式流化床和脉冲流化床等类型。

（一）单层和多层圆筒型流化床

最早应用的流化床为单层圆筒型（图16-12），其材料为普通碳钢内涂环氧酚醛防腐层，气体分布板是多孔筛板，板上小孔半径为1.5mm，呈正六角形排列。

整个干燥过程为：湿物料由皮带输送机运送到抛料加料机上，然后均匀地抛入流化床内，与热空气充分接触而被干燥，干燥后的物料由溢流口连续溢出，空气进入鼓风机、加热器后进入筛板底部，向上穿过筛板，使床层内湿物料流化起来形成流化层，尾气进入旋风分离器组，将所夹带的细粉除下，然后由排气机排到大气中，此干燥器操作简单、劳动强度低、劳动条件好和运转周期长等。

但是由于单层圆筒型流化床直径较小，物料停留时间较长，干燥后所得产品湿度不均匀。因此发展了多层圆筒型流化床，该流化床不仅可以提高效率，更重要的是能够得到较为均匀的停留分布时间。为了对物料进行内扩散控制，多层圆筒型流化床还先后经历了溢流管式、下流管式和穿流板式3个阶段。多层圆筒型流化床的物料干燥程度均匀，干燥质量易于控制，热效率较高，适用于降速干燥阶段较长的物料及湿含量较高（水分含量>14%）的物料的干燥。

多层圆筒型流化床干燥器由于停留时间分布均匀，故实际需要停留时间远较单层圆筒型流化床短。

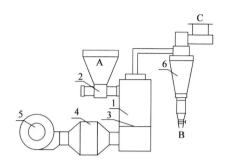

图16-12　单层圆筒型流化床干燥器（王艳艳等，2017）
A. 物料入口；B. 物料出口；C. 空气出口；1. 流化室；
2. 进料器；3. 分布板；4. 加热器；5. 风机；6. 旋风分离器

在相同条件下，设备体积可相应缩小，产品的干燥程度均匀，易于控制产品的干燥质量。多层圆筒型流化床因分布板增加，故床层阻力也相应增加。但当物料为降速干燥阶段时，与单层圆筒型流化床相比，由于停留时间的大大减少，床层阻力相应减少。并且多层圆筒型流化床热效率较高，故适用于降速干燥阶段较长的物料及湿含量较高（一般在14%以上）物料的干燥。例如，采用五层圆筒型流化流化床干燥要求含水较低的涤纶树脂（干燥后成品含水仅0.03%）。采用双层圆筒型流化流化床干燥含水率在15%~30%的各种药物片剂，如氨基比林等。多层圆筒型流化床操作的最大困难是物料与热空气逆流接触，各层上要形成稳定的流化层，又要使物料定量地移至下一层，这就需要考虑溢流装置的结构问题。

（二）卧式多室流化床

由于多层圆筒型流化床还是存在操作困难、床层阻力大和结构复杂等缺点，为克服这些缺点，20世纪60年代末至70年代初发展了一种卧式多室流化床（图16-13）。该设备结构简单、操作方便，适用于各种难干燥的粉粒状物和热敏性物料的干燥。可以说，卧式多室流化床相当于多个方形界面流化床串联系统。

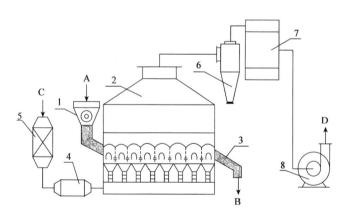

图16-13　卧式多室流化床（王艳艳等，2017）
A. 湿物料入口；B. 干物料出口；C. 空气入口；D. 废气出口；1. 摇摆颗粒机；2. 干燥器；3. 卸料管；4. 加热器；
5. 空气过滤器；6. 旋风分离器；7. 袋滤器；8. 抽风机

其主要特点：①在相邻隔室间安装挡板，从而可制得均匀干燥的产品，改善了物料停留时间的分布；②物料的冷却和干燥可结合在同一设备中进行，简化了流程和设备；③由于分隔成多室，可以调节各室的空气量，增加的挡板可避免物料走短路排出。

该设备在制药工业中推广较快，目前国内有几十个工厂用此设备来干燥各种片剂颗粒药物、粉粒状物料及片状物料。如果在操作上对各室的风量、气温加以调节，或将最末几室的热空气二次利用，或在床内添加内加热器等，还可提高热效率。

（三）搅拌流化床

为了使某些湿颗粒物料或已凝聚成团的物料也能采用流化干燥技术，研究人员在加料口附近装备床内搅拌叶片，使呈团状或块状的物料及时打碎，以利于形成流化，这种装备有搅拌器的流化床称为搅拌流化床。

其优点在于：①适合于湿含量较大，在热气流中不易分散的物料或者可能结块的物料的干燥；②可以避免沟流、腾涌和死床现象，获得均匀的流化状态，提高热质传递强度。

近年来搅拌流化床在制药工业上得到了相当广泛的应用，其常作为制药过程的后续工艺的干燥装置，以简化设备及工艺，降低成本。

（四）振动流化床

随着多级干燥的发展，振动流化床（vibrated fluidized bed，VFB）得到应用，其基本结构与普通流化床相似，是一种将机械振动加于流化床中的改良产品（图16-14）。物料依靠机械振动和穿孔气流双重作用流化，并在振动作用下向前做活塞形式的移动，利用对流、传导、辐射向料层供给热量，即可达到干燥的目的。

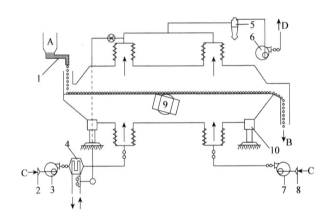

图16-14　振动流化床干燥器（王艳艳等，2017）
A. 原料入口；B. 物料出口；C. 空气入口；D. 空气出口；1. 过滤器；2. 送风机；3. 换热器；4. 旋风分离器；
5. 排风机；6. 排风器；7. 给风机；8. 过滤器；9. 振动电机；10. 隔振簧

振动流化床由于物料的输送是由振动来完成的，供给的热风只是用来传热和传质，因此可以明显地降低能量消耗。另外，由于床层的强烈振动，传热和传质的阻力减小，提高了振动流化床的干燥速率，同时使不易流化或流化时易产生大量夹带的块团性或高分散物料也能顺利干燥，克服了普通流化床易产生返混、沟流和粘壁等现象。

第六节　冷冻干燥设备

一、冷冻干燥技术的发展

20世纪70年代，冷冻干燥技术开始在我国较快地发展。到了80年代后期，由于血制品一度成为市场需求的热点，而作为血制品（如蛋白粉针剂）制取的关键设备真空冷冻干燥机（又称冻干机）也因此得到极大的发展。医药制品，特别是食品保健品对冻干技术的应用，推动了冻干机的发展，促使冻干机生产企业不断地扩大。到20世纪末，由于对冻干制品的大量需求，经济与技术也得到一定的发展，此时可是出现了大规模的冻干机生产企业，冷冻干燥技术也因此得到了长足的发展。

二、冷冻干燥设备的选用

（一）实验小型冻干机的选用

实验用冻干机追求的性能指标是体积小、重量轻、功能多、性能稳定和测试系统准确度高，最好是一机多用，能适应多种物料的冻干实验。

图16-15给出的是4种不同结构的小型实验用冻干机示意图。图中A和B为单腔结构，在无菌条件下预冻和干燥均在冷凝腔中进行；C和D为双腔结构，预冻在低温冰箱或旋冻器中进行；干燥在冷凝腔的上方干燥室内进行，下腔只用作捕水器。A和C结构适用于盘装物料的干燥；B和D结构适合西林瓶装物料的干燥，并带有压盖机构；C和D结构还可以在干燥室外部接装烧瓶，对旋冻在瓶内壁的物料进行干燥，这时烧瓶作为容器接在干燥箱外的岐管上，烧瓶中的物料靠室温加热，很难控制加热温度。

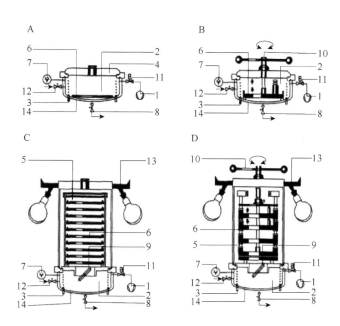

图16-15　小型实验用冻干机的结构（潘永康等，2007）

1. 真空泵；2. 冷凝腔；3. 冷凝器；4. 有机玻璃盖；5. 有机玻璃干燥室；6. 电加热搁板；7. 真空探测器；8. 化霜放水阀；9. 机动中间阀；10. 密封压盖装置；11. 压力控制阀；12. 微通气阀；13. 橡胶阀；14. 绝缘层

德国还生产了一种可以观察和拍照冻结与干燥过程的实验用冻干机（图16-16）。

（二）中试生产用研究型冻干机的选用

中试生产用研究型冻干机的冻干面积一般在0.1～0.5m²。除了冻干面积较小之外，其他功能与批量生产型冻干机区别不大，而取样和称重等研究功能要更多一些。图16-17给出了中试生产用研究型冻干机的结构。图16-18是带样品称重的中试生产用研究型冻干机的典型结构。

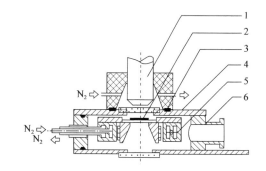

图16-16　一种可以观察和拍照冻结与干燥过程的实验用冻干机的结构（徐成海等，2008）

1. 显微镜物镜；2. 产品试样；3. 物镜架；4. 电阻加热器；5. 冷却元件；6. 真空泵连接管

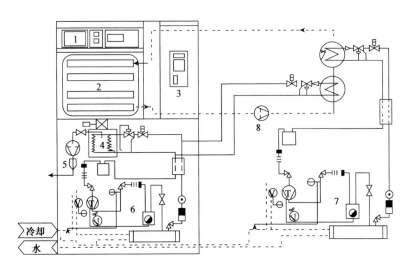

图16-17 中试生产用研究型冻干机的结构（潘永康等，2007）

1. 过程资料；2. 带搁板的干燥箱；3. 控制部分；4. 冷凝器；5. 带有废气过滤器的真空泵；6. 冷凝器制冷的制冷机

7. 搁板制冷的制冷机；8. 盐水循环泵

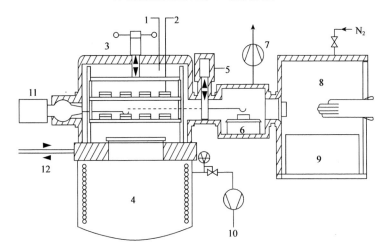

图16-18 带样品称重的中试生产用研究型冻干机典型结构（潘永康等，2007）

1. 带有可调搁板的真空室；2. 带有探针的容器；3. 搁板升降架；4. 冷凝器；5. 闸门；6. 隔离室内的天平；

7. 为隔离室抽真空的真空泵；8. 手套箱；9. RarlFishchee测量系统；10. 控制压力的真空泵；11. 控制器；12. 调节的介质

（三）间歇生产型医药冻干机的选用

图16-19为间歇生产型医药冻干机的组成，主要包括冻干箱、加热系统、制冷系统、真空系统、气动系统、冷阱（捕水器）、CIP系统、SIP系统、液压系统和控制系统等。

对于可进行原位灭菌（SIP）的冻干机，在位清洗（CIP）极为方便。其原理为通过冷冻将大量蒸汽冻结在待清洗部位的表面上，在蒸汽灭菌过程中冰面解冻，产生足够的流动水将污物带走，形成在位清洗。

（四）连续生产型医药冻干机的选用

对于单一品种、大批量生产的药品，选用连续生产型医药冻干机是最经济实用的。当前国内还没有连续生产型医药冻干机上市。国外已经有成熟的技术和产品在应用。

连续生产型医药用冻干机的结构形式较多，可以分成两大类：一类是药品在冻干箱内冷冻然后真空干燥；另一类是药品在冻干箱外冷冻，然后装箱真空干燥。前者冻干箱内分成冷冻段和干燥段，冻干箱体要长一些，能量消耗相对较高；后者要求无菌洁净区较大，冷冻和装箱过程均需无菌化生产，能耗相对会降低一些。无论哪种类型，冻干机上都需要有原料进口阀（锁）和产品出口阀（锁），至少要有两个冷凝器

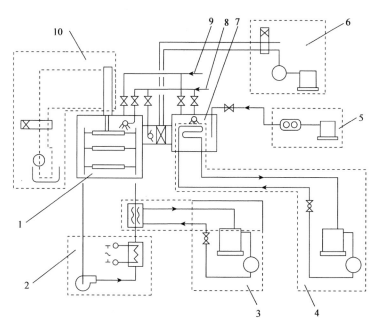

图 16-19 间歇生产型医药冻干机的组成（徐成海等，2008）

1. 冻干箱；2. 加热系统；3. 冻干箱制冷系统；4. 冷阱制冷系统；5. 真空系统；6. 气动系统；7. 冷阱；8. CIP 系统进水管；
9. SIP 系统进蒸汽管；10. 液压系统

（捕水器）交替工作，实现连续捕集水蒸气和交替化霜的工作过程。

图 16-20 给出了两种连续生产型冻干机的示意图。类似的结构演变可以有多种，有些设备已经实现自动上料和出产品的过程，减少了人员的污染因素和用工费用。

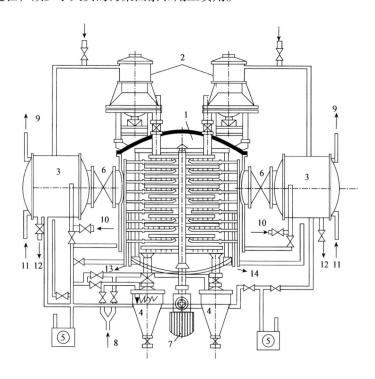

图 16-20 圆形干燥器示意图（加热盘表面积为 95m²）（徐成海等，2008）

1. 干燥器壳；2. 带储藏室的转换闸；3. 水冷凝器；4. 用于移动产品的转换闸；5. 真空泵；6. 关闭冷凝器的阀；
7. 驱动产品的滑臂；8. 产品锁的放气口（氮气）；9. 除霜后的排水管；10. 冷凝器的抽空；11. 对冷凝器制冷；12. 制冷剂出口；
13. 圆盘表面的加热媒介；14. 加热媒介的出口

第七节　电磁辐射干燥设备

一、微波真空干燥设备

作为一种高频的电磁波，微波技术在国外发达国家的研发和运用有悠久的历史，但在我国仍处于初研阶段。微波是一种高频电磁波，频率为300～300 000MHz，其波长为0.001～1m。微波具备电场所特有的振荡周期短、穿透能力强、与物质相互作用可产生特定效应等特点，其主要应用在化工、木材、造纸、食品等领域。目前，真正做到设计完善、自动化程度很高的设备不是很多，渗透面很窄，微波烘干技术开发的潜在市场还很大。

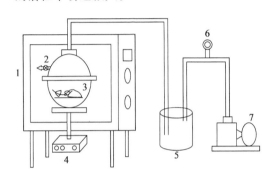

图16-21　微波真空干燥示意图（张增帅等，2012）
1. 微波炉；2. 压力控制阀；3. 样品；4. 托盘；
5. 冷凝器；6. 真空计；7. 真空泵

微波真空干燥（MVD）是微波能技术与真空技术相结合的一种新型微波能利用技术与设备（图16-21）。它兼备了微波加热与真空干燥的优点，干燥产量大、速度快、质量好、成本低，可做成连续式真空干燥设备。微波加热的主要特点是：加热速度快、加热均匀、节能高效、易于控制、清洁卫生。

传统干燥方法，如火焰、热风、蒸汽和电加热等，均为外部加热干燥，物料表面吸收热量后，经热传导，热量渗透至物料内部，随即升温干燥。而微波干燥则完全不同，它是一种内部加热的方法。湿物料处于振荡周期极短的微波高频电场内，其内部的水分子会发生极化并沿着微波电场的方向整齐排列，而后迅速地随高频交变电场方向的交互变化而转动，并产生剧烈的碰撞和摩擦（每秒钟可达上亿次），结果一部分微波能转化为分子运动能，并以热量的形式表现出来，使水的温度升高而离开物料，从而使物料干燥。也就是说，微波进入物料并被吸收后，其能量在物料电介质内部转换成热能。因此，微波干燥是利用电磁波作为加热源、被干燥物料本身为发热体的一种干燥方式。

图16-22为带有旋转架的小型微波真空干燥设备示意图。设备主要由真空室（干燥仓）、旋转机构（图中为配有12个托盘的旋转架）、微波功率供给装置、真空泵和控制板组成。其中，真空室直径为2m、长2.3m。为确保微波能在真空室内均匀分布，16个对称隔开的微波输入口通过波导与分离的磁电管（1.5kW，2450MHz）连接。被干燥的物料放置在玻璃纤维强化的聚四氟乙烯托盘内。托盘以4r/min的速度旋转。湿含量从90%（湿基）降低到20%（湿基），蒸发速率大约为23kg/h。

连续式微波真空干燥设备是近几年发展起来的新产品，适合于产量大的浆态物料的干燥。国内有大量的中草药需要改变生产加工工艺，以实现中药西制方案，解决熬中药、吃药难、见效慢的问题。采用微波或超声波萃取、真空浓缩、微波真空干燥的办法加工成粉剂、片剂、胶剂、针剂等，方便患者服用，提高药效。

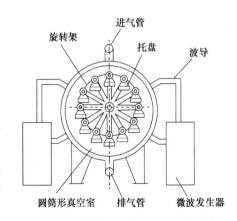

图16-22　带有旋转架的小型微波真空干燥结构示意图（刘军等，2008）

二、远红外干燥设备

（一）远红外及远红外真空干燥的原理和特点

远红外干燥是利用远红外辐射元件发出的远红外线被物料吸收直接转变成热能而达到加热干燥目的

的一种干燥方法。当物质吸收远红外线时，几乎不发生化学变化，只加剧粒子的振动、升温而气化。特别是当物料分子、原子遇到辐射频率与其固有频率相一致的辐射时，会产生类似共振的情况，使分子、原子的运动更加剧烈，从而使物料升温、干燥得以实现。果蔬中的有机物和水分，在远红外区（5.6～1000μm）有很宽的吸收带，能强烈地吸收远红外线，反复产生共振而发热，水分受热不断蒸发，从而引起产品脱水。在远红外辐射的干燥过程中，由于远红外线有一定的穿透性，在物料内部形成热量积累，再加上被干燥物料表面水分不断蒸发吸热，使物料表面温度降低，造成了物料内部比外部温度高，使物料的热扩散过程由内部向外部进行。同时，由于物料内部的水分梯度引起的水分移动总是由水分较多的内部向水分较少的外部移动，所以物料内部水分的湿扩散与热扩散方向是一致的，这将加速水分的扩散过程，即加速了水分干燥进程。

远红外真空干燥是在真空室内进行的一种远红外干燥，干燥室内处于负压状态，此时蔬菜的内压大于外压，在压差和湿度梯度作用下加速了向外扩散的速度。水分及水蒸气迁移到物料的表面被干燥空气带走，脱水速率上升，物料的含水率下降。远红外真空干燥技术的主要优点是干燥时间短、热效率高、热损失小、加热引起食物材料的变化损失小、最终产品品质较好。在产品干燥过程中辐射可达一定深度，受热均匀，不需要有气流穿过物料。远红外真空干燥的水分迁移机制是以蒸汽为主，内、外扩散的动力较大，可以在不使产品过热的情况下达到比其他传热方法大得多的能流密度，加之干燥室内处于负压状态，与单独的远红外干燥相比，一方面加快了干燥速度，另一方面提高了干燥产品的质量。远红外真空辐射加热符合环保的要求，对被加热物没有污染，设备也比较简单，具有广阔的发展前景。

（二）远红外真空干燥设备的设计

1. 设备的组成 远红外真空干燥设备主要由远红外加热板、传感器及真空系统3部分组成。干燥箱长360mm、宽340mm、高260mm。

（1）远红外加热板。采用埋入式陶瓷远红外辐射加热板，这种加热板是采用特种玻璃陶瓷基体与高发射率表面釉层经一次高温烧结而成，在400～600℃时，最大单色辐射率可达0.92，在箱内中上部温度为120℃。远红外板的直径为220mm、厚度为20mm。

（2）传感器的配置。配置传感器是为了考察干燥的程度是否符合需要，设备可根据实时的传感数据对加热时间等实施有效的控制。但是由于远红外板加热时箱内温度较高，安装传感器有限制，不能进行温度和湿度的实时在线监测。因此，在干燥箱上开设了两个视窗，可实时观察到干燥室内的情况，及时做出相应的处理。由于加热过程中，箱内温度较高，加上内外压差的作用，普通玻璃会发生热膨胀和破裂现象，所以视窗材料采用钢化玻璃，这样视镜既能承受压力作用，又能及时观察箱内情况。

（3）真空系统。采用真空油泵，油泵真空度高，价格便宜，但水蒸气进入会损坏油泵。水环真空泵真空度低些，但也能达到40kPa左右的真空度（残压），由于材料为不锈钢，水蒸气进入不会损坏泵，但价格贵些；水力喷射真空泵体积大，抽气量大，价格便宜，也能达到40kPa左右的真空度，非常适合工业设备使用。设备在箱体后面设有抽真空接管，保证真空度为0.04～0.08MPa。

2. 远红外真空干燥的辐射特性 在远红外真空干燥过程中，远红外加热板为主要的发热元件，其辐射特性如图16-23所示。

由图16-23可知，在远红外加热板的辐射过程中，正对着板中心的物料所接受到的辐射最强，而远离物料盘中心的物料所接受到的辐射则最弱。所以在远红外加热板辐射的过程中，辐射不均匀是一个比较重要的问题。在干燥过程中物料盘中心物料的温度比周围物料的温度要偏高，且在干燥后期，处于物料盘中心的物料比处于物料盘四周的物料更容易出现"烤焦"甚至"烤糊"的现象。因此，使物料在干燥过程中能转动，减少辐射的不均匀性显得尤为重要。

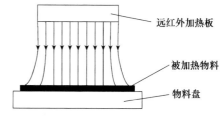

图16-23 远红外加热板的辐射特性
（郁雯霞和任建清，2010）

本 章 小 结

常压干燥设备就是在正常气压的情况下对物料进行干燥，与真空干燥设备相对应。常压干燥技术常与冷冻干燥技术、流化床干燥技术联合使用。厢式干燥又称为室式干燥，一般小型的设备称为烘箱，大型的称为烘房，属于对流干燥，多采用强制气流的方法，为常压间歇操作的典型设备，可用于干燥多种不同形态的物料，按气体流动方式可分为平行流式、穿流式、真空式等。按照用途真空干燥设备主要有连续式低温真空干燥机、滚筒式真空干燥设备、带式真空干燥设备、真空振动设备，此外，还有圆筒搅拌式真空干燥机、耙式真空干燥机、圆盘刮板干燥机等。如果按照加热方式可以分为传导加热、辐射加热、微波加热和气相加热等。普通的真空干燥设备按照加料方式和出料的连续与否分为间歇式和连续式的真空干燥设备。气流干燥装置分类：简单直管式、倒锥式、脉冲式、套管式，除上述几种类型外，还有旋风式、喷动式、旋转闪蒸式、环形干燥器、文丘里管式、涡旋流式等。喷雾干燥设备的分类：①按微粒化方法分为压力喷雾干燥设备和离心喷雾干燥设备；②根据干燥室中热风和被干燥颗粒之间运动方向分为并流型、逆流型、混流型。流化床干燥设备按其结构大致可分为单层和多层圆筒型流化床、卧式多室流化床、搅拌流化床、振动流化床、离心式流化床和脉冲流化床等类型。

思考题

1. 生物产品与一般产品干燥时有何不同？生物产品干燥时有哪些特殊要求？
2. 选择或设计生物产品干燥设备时应考虑哪些因素？
3. 叙述脉冲式气流干燥器的干燥过程及特点。
4. 真空冷冻干燥较普通干燥有哪些特点？常用于哪类产品的干燥？
5. 简述流化床干燥设备有哪些种类及分别有什么特点。
6. 简述电磁辐射干燥设备的原理及相比其他干燥设备有什么优点。

第十七章 蒸馏设备

第一节 酒精蒸馏流程

目前，酒精的蒸馏都已采用连续蒸馏方式。根据采用的原料不同，蒸汽耗用量多少和产品品质不同，两塔以上的连续蒸馏又有不同方式的组合流程。

一、两塔式蒸馏

两塔式蒸馏是由粗馏塔和精馏塔组成的双塔蒸馏工艺。粗馏塔的作用是将乙醇从成熟醪中分离出来；精馏塔的作用是浓缩酒精和排除大部分杂质。与单塔式相比，蒸馏消耗蒸汽相同，但两塔式蒸馏从粗馏塔排出的酒糟废液减少10%以上；而且精馏塔底部排出的废液较纯净，可以用于发酵罐的冲洗杀菌，因此节约了冲洗水和杀菌蒸汽，起到节能减排的效果。另外，两塔式设置便于维修，也降低了塔的高度，减少厂房投资。

两塔式蒸馏又有气相过塔和液相过塔两种形式。前者是指粗馏塔产生的酒汽直接进入精馏塔，该流程节省蒸汽和冷却水，生产费用较低，适用于淀粉质原料生产酒精。液相过塔则是粗馏塔塔顶产生的酒汽先冷凝成液体，然后进入精馏塔，这种形式由于多一次排出醛酯馏分的机会，产生的成品质量好，但消耗蒸汽和冷却水较多，生产费用略高，为糖蜜原料厂所采用。

（一）气相过塔的两塔式蒸馏

气相过塔的两塔式蒸馏如图17-1所示。

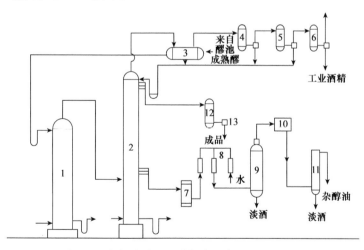

图17-1　气相过塔的两塔式蒸馏（邱立友，2007）

1. 粗馏塔；2. 精馏塔；3. 预热器；4，5，6. 冷凝器；7. 冷却器；8. 乳化器；9. 分离器；10. 杂醇油分离器；11. 盐析罐；12. 成品冷却器；13. 检酒器

淀粉质发酵成熟醪的蒸馏：发酵成熟醪用泵自醪池进入预热器3，与精馏塔的酒精蒸气进行热交换，加热至40℃以上由醪塔顶部进入粗馏塔1的顶部，粗馏塔底用直接蒸汽加热，使塔底温度为105～108℃，塔顶温度为92～95℃，塔顶约50%（体积分数）的酒精-水蒸气从粗馏塔顶部引入精馏塔2的中部；酒糟（被蒸尽酒精的成熟醪）由醪塔底部排出。

废糖蜜发酵的成熟醪中，乙醛含量较高，蒸馏操作有所不同。精馏塔底部也用直接蒸汽加热，使塔底温度为105~107℃，塔中部温度为92℃左右，醪塔的粗酒精经精馏后，酒精蒸气从塔顶依次经过成熟醪预热器3和冷凝器4、5、6。预热器3和冷凝器4、5中的冷凝液全部流回精馏塔，冷凝器6中的冷凝液含杂质较多，作为醛酯馏分（工业酒精）取出，没有冷凝的少量CO_2气体和一些低沸点杂质由排醛管排至大气中。

成品酒精在塔顶回流管以下4~6层塔板上液相取出，经成品冷却器12、检酒器13，质量达到标准后进入酒库，废水从精馏塔底部排出。

从精馏塔提取杂醇油有两种方法。一是从进料层往上2~4层塔板（温度为85~92℃）液相取出，为我国北方酒精工厂所采用；二是从进料层往下2~4层塔板气相取出，酒精质量较高，为我国南方酒精工厂所采用。自塔内取出的粗杂醇油经冷却、乳化和分离得粗杂醇油，再经盐析后进入贮器。淡酒流回精馏塔底部相应的塔板上。

（二）液相过塔的两塔式蒸馏

发酵成熟醪经顶热器预热后从塔顶进入粗馏塔，塔底通入蒸汽进行蒸馏，成熟醪在塔内被加热煮沸，酒精蒸发并逐层上升浓缩，酒汽由塔顶进入冷凝器，在冷凝器冷凝成液体后，一部分直接流入精馏塔，从精馏塔的第13~18层（由上往下数）塔板进入，一部分回流到粗馏塔顶。尚未冷凝的含杂质较多的酒汽经冷凝器冷凝后作为醛酒，不凝气体则从排醛管排走。酒糟由塔底排出，塔底排出的废液含酒精不应超过0.04%（体积分数）（图17-2）。

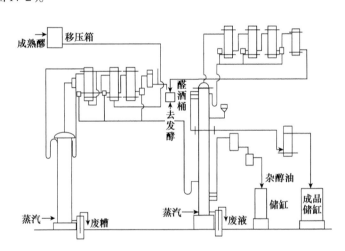

图17-2　液相过塔的两塔式蒸馏（邱立友，2007）

粗酒精进入精馏塔后，被塔内上升的蒸气加热，酒精蒸发上升并逐步浓缩；精馏塔塔顶蒸出的酒精蒸气经冷凝器冷凝后回流入精馏塔顶，同时在冷凝器排出醛酒，未被冷凝的低沸点醛酯馏分则从排醛管排走；从精馏塔顶第3~6层塔板上液相提取酒精，经冷凝器冷却至室温作为成品酒精；从进料层以下2~6层塔板，即第16、14、12层气相提取杂醇油；经冷却器冷却后进入杂醇油分离器分离出杂醇油。

粗馏塔和精馏塔底温控制在104℃左右，塔顶分别控制在95℃和79℃。

液相过塔的两塔式蒸馏特点是酒精蒸气从粗馏塔塔顶排出后不直接送去精馏塔，而是经过一系列冷凝器，将全部酒精蒸气冷凝下来，除最后一只冷凝器中的冷凝液作为头级杂质醛脂馏分取出外，其余的酒精冷凝液全部以液相的形式进入精馏塔加料板。与气相过塔相比，液相过塔多一次排出醛酯馏分的机会，即在粗馏塔上多一次排出头级杂质的机会，故此精馏流程所得的成品酒精质量较高，但蒸汽消耗量也较多。

二、三塔式蒸馏

三塔式蒸馏设备由粗馏塔（醪塔）、排醛塔、精馏塔3个塔组成。排醛塔的作用是排醛酯类头级杂质，在三塔式蒸馏中，精馏塔除浓缩酒精外，还继续排除杂质。另有一类是在两塔式蒸馏的基础上，精馏塔后再增加一个排甲醇塔，也组成三塔式蒸馏。

　　粗馏塔：发酵成熟醪用泵自醪池经过醪液预热器预热后，由顶部进入粗馏塔，加热蒸汽由塔底进入，这时酒精蒸气并不直接进入精馏塔而是先进入排醛塔的中部，此时粗酒精浓度最好在35%~40%（体积分数）。

　　排醛塔：排醛塔通常用较多的塔板层数（28~34层）和冷凝面积很大的冷凝器，并采用很大的回流比来提高塔顶酒精浓度。在13层（自下向上）左右进料，塔顶控制在79℃，进入排醛塔的粗酒精中所含的头级杂质不断向塔顶聚集，并随酒精蒸气一起从塔顶进入冷凝器，大部分被冷凝回流入塔，未被冷凝的酒精蒸气进入冷凝器，冷凝液一部分回流，一部分作为醛酒，醛酒馏分的酒精浓度达95.8%~96%（体积分数），其提取量控制在成品的1.2%~3%。

　　精馏塔：排醛塔底进入精馏塔中部的脱醛酒，由于采用直接蒸汽加热和醛酒中酒精含量较高的缘故，其浓度较粗馏塔导出的粗酒精浓度略低，一般在30%~35%（体积分数）。脱醛液进入精馏塔后，残留的醛酯类头级杂质随酒精蒸气而上升，经冷凝器一部分由排醛管排至大气，另一部分经冷却器及检酒器后进入工业酒精中。糖蜜酒精厂由于醛酯馏出物数量较大（主要含乙醛），则将其返回发酵罐中再次发酵，以增加酒精收得率。精馏塔顶蒸出的酒汽经冷凝后全部回流入塔，成品酒从塔顶回流管以下2、4、6层塔板上液相取出。杂醇油的提取方法同两塔式蒸馏。

　　根据排醛塔和精馏塔的进料情况，可分为直接式、半直接式和间接式三类。

　　1. 直接式　　粗酒精由醪塔进入排醛塔及脱醛酒进入精馏塔都是气相过塔。该流程虽然蒸汽消耗量较低，但排除杂质的效率不高，酒精的质量不易保证，且操作不稳定，废水与酒精糟一起排放，增加了酒糟处理的难度。因此工厂不再采用。

　　2. 半直接式　　如图17-3所示，粗酒精由粗馏塔进入排醛塔是气相过塔，而脱醛酒进入精馏塔是液相进塔。这种流程消耗的热能虽比直接式大一些，但操作稳定，酒精质量也较好。因此，在我国酒精工业上得到广泛应用。

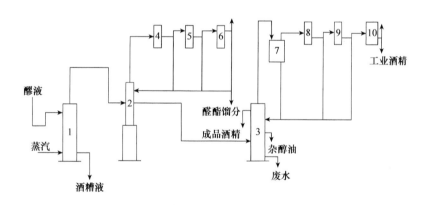

图17-3　半直接式三塔流程（李霞，2007）

1. 醪塔；2. 醛塔；3. 精塔；4, 5, 6, 8, 9, 10. 分凝器；7. 预热器

　　3. 间接式　　如图17-4所示，粗酒精进入排醛塔及脱醛酒进入精馏塔都是液相进塔，具有比半直接式多一次驱除头级杂质的机会，因此可以生产出高纯度的酒精。该流程具有优良的操作性能，操作稳定，控制和调节都很方便。其缺点是蒸汽消耗量较大和设备投资较高。目前应用不是很广。

　　随着技术的进步，出现了双塔进料三塔蒸馏，即该蒸馏设备由一个粗馏塔和两个精馏塔组成。发酵成熟醪通过粗馏塔塔顶蒸汽预热后分两路进料，一路进粗馏塔，一路进第一精馏塔，粗馏塔和第一精馏塔塔底分别设再沸器，粗馏塔冷凝的粗酒精进第一精馏塔，在第一精馏塔底进一次蒸汽加热，塔顶酒蒸汽进第二精馏塔塔底再沸器给第二精馏塔加热，第二精馏塔塔顶酒蒸汽进粗馏塔塔底再沸器给粗馏塔加热。该蒸馏技术节能效果显著，与糟液热能回收的两塔式蒸馏相比，节约蒸汽达到35%，糟液减排量约1t/t酒精。

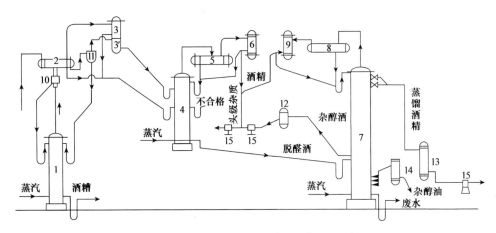

图 17-4 间接式三塔流程（梁世中，2002）

1. 粗馏塔；2. 冷凝器；3. 附加冷凝器；3′. 分离器蒸汽冷凝器；4. 醛塔；5. 醛塔分凝器；6. 醛塔冷凝器；7. 精馏塔；
8. 精馏塔分凝器；9. 精馏塔冷凝器；10. 捕集器；11. 分离器；12，14. 杂醇油冷却器；13. 成品酒精冷却器；15. 检酒器

三、多塔式蒸馏

酒精质量越高，蒸馏过程与杂质分离得越彻底，消耗的蒸汽量越多，需要的塔数和塔板数越多。多塔式蒸馏是提高酒精质量的必要措施。多塔式酒精连续精馏是指具有三个以上的塔，即根据产品质量的特殊要求而增加一个或数个蒸馏塔。例如，为了加强杂醇油的提取，在精馏塔后增加一个除杂醇油的塔；为了排除甲醇，有单独增设甲醇塔的。各个塔的任务和要求不同，因此各塔的塔板类型和板间距都有差异。

1997年，张敏华等借助复杂塔系精馏生产技术的突破，开发了高纯食用酒精多塔差压生产流程，采用自主技术率先在黑龙江华润酒精有限公司建设了年产18万t高纯食用酒精的生产装置，结束了中国优级食用酒精技术依赖进口的历史，促进了传统酒精行业整体技术水平的提升。多塔差压生产技术先后在黑龙江华润酒精、吉林燃料乙醇、安徽丰原生化、山东龙口振龙、古井集团、滨州泰裕麦业、四川沙淇等酒精生产企业推广。应用该装置生产的特级食用酒精产品以其高度纯净、无刺激性（接近欧洲8级标准），在国内外赢得了广泛的赞誉。

传统优级酒精五塔差压蒸馏装置由粗馏塔、水洗塔、精馏塔、甲醇塔和回收塔组成。发酵成熟醪经过预热后在粗馏塔进料；粗馏塔顶部酒汽冷凝后的粗酒液去水洗塔洗涤，粗馏塔底部的废醪液去废水处理工段；水洗塔洗涤后的淡酒液去精馏塔进一步浓缩；从精馏塔采出的半成品酒液去甲醇塔脱除甲醇，脱甲醇后的酒液作为优级成品采出；各塔采出的杂酒液去回收塔进行回收，以提高优级酒精成品收率。其中，精馏塔采用一次蒸汽供热，精馏塔顶酒汽冷凝潜热一部分供给粗馏塔，一部分供给水洗塔，水洗塔塔顶酒汽冷凝潜热供给甲醇塔。回收塔采用汽凝水闪蒸的二次蒸汽供热。

吉林省新天龙实业股份有限公司15万吨/年优级食用酒精蒸馏装置采用五塔二级差压蒸馏工艺设计建设，该工艺是在传统优级酒精五塔差压工艺的基础上进行优化改造，装置主要配置粗馏塔、水洗塔、精馏塔、甲醇塔、回收塔及换热装置等，如图17-5所示。其中精馏塔塔顶酒汽供热水洗塔和甲醇塔，水洗塔和甲醇塔塔顶酒汽供热粗馏塔，汽凝水闪蒸二次蒸汽供热回收塔。

其工艺流程为：从发酵车间来的成熟醪液（乙醇含量约10% V/V）经预热后进入粗馏塔顶部。粗馏塔顶部酒汽经成熟醪预热器和粗馏塔冷凝器冷凝，冷凝液经预热后进入水洗塔。粗馏塔底部废醪液预热成熟醪液后去废水处理工段。粗馏塔酒汽冷凝液在水洗塔中经精馏塔塔底废水从水洗塔顶部洗涤除杂，稀释后的淡酒将从水洗塔塔底采出进入精馏塔浓缩。从精馏塔回流层下几层板采出半成品酒精去甲醇塔进一步脱除甲醇，从甲醇塔塔底采出成品优级酒精。由水洗塔、精馏塔采出的杂酒汇集后进入回收塔，从回收塔采出高浓缩酒精去水洗塔，以提高优级酒精率。从回收塔采出富含杂醇油的酒精进入杂醇油分离器。杂醇油作为副产品分离出来，分离杂醇油后的淡酒精进入杂酒罐。该蒸馏工艺生产能耗节省约17%，醛、甲醇、酯指标达到特级标准，且不含杂醇油。

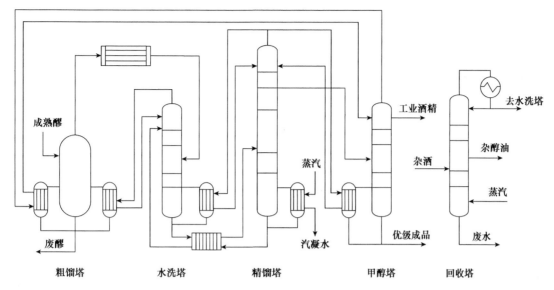

图 17-5　五塔二级差压酒精蒸馏工艺流程（滕海涛等，2015）

第二节　粗　馏　塔

粗馏塔也称为醪塔，是酒精蒸馏塔中专业性最强的设备，在酒精连续蒸馏过程中，粗馏塔的主要作用是将发酵成熟醪中的酒精和所有的挥发性杂质蒸出。成熟醪自塔顶进入粗馏塔，塔底直接蒸汽加热，塔顶的酒精蒸气直接或冷凝后送往精馏塔，被蒸尽酒精的成熟醪——酒糟由塔底排出。在正常操作的情况下，要求酒糟中酒精的含量在0.04%以下。

粗馏塔处理的对象是成熟醪，其中含有许多固形物，黏度大、易起泡、腐蚀性强。因此，选用粗馏塔的条件为：①处理能力大；②塔板效率高；③塔板压降低；④操作弹性大；⑤结构简单，制造成本低；⑥能够满足工艺上的特定要求，如不易堵塞、抗腐蚀等。

我国许多酒精厂家的粗馏塔采用鼓泡形塔板（如泡罩塔板和S形塔板）。有些厂家则采用斜孔塔板、导向筛板、浮阀波纹筛板等喷射形塔板。

一、粗馏塔塔板类型及结构

（一）泡罩塔板

泡罩（也称为泡盖）塔板在工业上已有100多年的应用历史。该塔操作十分稳定，对设计的准确性要求低，其负荷有较大变动时对操作影响不大，适宜于处理易起泡的液体。虽然泡罩塔板结构较复杂、成本高、塔板效率偏低、压降大，但由于在各种条件下都能稳定地操作，所以国内不少酒精厂家的粗馏塔仍然采用泡罩塔板。

图17-6所示为泡罩塔板结构示意图，主要结构包括塔板、泡罩、溢流管等。塔板的中部为泡罩布置区，也是气、液接触的有效区域。常见的泡罩为自行车铃盖形，周边有齿缝，齿缝一般为矩形、三角形和梯形。泡罩结构见图17-7。操作时泡罩底部浸没在塔板上的液体中，形成液封。气体自升气管上升，流经升气管和泡罩之间的环形通道，再从泡罩齿缝（主要是分散气体，增大气液接触面积）中吹出，进入塔板上的液层中鼓泡传质，如图17-8所示。塔板上的降液管设置在两侧，当液体从上层塔板降液管流下后，即横过塔板流向对侧，经降液管流至下层塔板。常见的降液管有弓

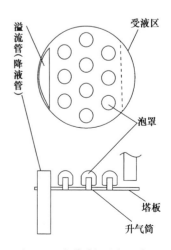

图 17-6　泡罩塔板结构示意图
（邱立友，2007）

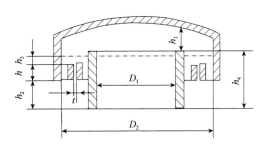

图 17-7　泡罩结构（邱立友，2007）
h. 高度；D. 直径；t. 齿缝宽度

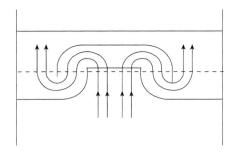

图 17-8　泡罩气体流动图（邱立友，2007）

形和圆形。溢流堰是突出塔板的挡板，起到维持板上液层深度及使液流均匀的作用，形状有圆形、弓形。无论用何种降液管，大多设置弓形堰，其特点是浸润周边长，气泡与液体可以充分分离，可有效防止气泡进入下层塔板，消除了拦液现象的发生。

泡罩（也称泡盖）塔板具有如下优点：①塔板效率高；②操作弹性大，能在较大的负荷变化范围内保持高效率；③生产能力较大；④液气比范围大；⑤适应多种介质且不易堵塞；⑥便于操作，稳定可靠。

（二）S形塔板

S形塔板是由数个S形的泡罩互相搭接而成，该塔板借助气体喷出时的动能推动液体流动，这样板上的液层分布比较均匀，液面落差小，雾沫夹带少，气液接触充分而密切。另外，生成的蒸汽同时产生一股向上的升腾作用力（图17-9）。因此，该塔板具有一定的驱动力，可将物料中的污秽杂质带走，防止泥沙等杂物的沉积，从而提高排污排杂的性能。

（三）浮阀波纹筛板

在普通波纹筛板的基础上，在波峰处增加一定数量的与波峰同弧形的条状阀片（图7-10）。波峰可供蒸汽通过，波谷可供液体分布下流。此种塔板不设溢流管，上下相邻板安装方向呈90°交错。液体分布均匀，整个板面无死角，板效率高，生产能力大，具有自净排杂的作用和不易堵塞、操作温度低等特点。通常可用于粗馏塔、精馏塔和排醛塔。

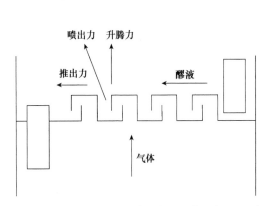

图 17-9　S形塔板示意图（池永红和范文斌，2014）

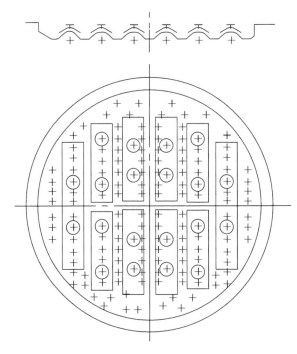

图 17-10　浮阀波纹筛板结构示意图（池永红和范文斌，2014）

（四）斜孔塔

斜孔塔是清华大学综合了国内外若干塔板的优点，在苏联鱼鳞塔板的基础上改造而成的。其塔板效率较高，生产能力大，弹性系数大。随着糖化酶（或液体曲）的使用，自动化控制和操作人员素质的提高，一些厂家将斜孔塔用于酒精醪塔取得了良好的效果。

每一排孔口都朝一个方向，相邻两排孔口方向相反，故相邻两排孔口的气体方向反向喷出。该类塔板气液接触良好，雾沫夹带少，允许气体负荷高，可采用较高的气速，板上液层的湍流程度大，气液两相的传质效果好，如图17-11所示。

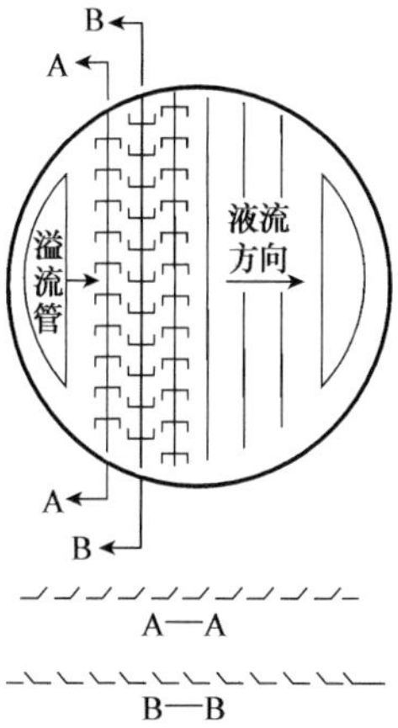

斜孔的形状有两种：闭型（B型）和开型（K型），前者斜孔的前端开口，两侧封闭；后者斜孔的前端和两侧都开口。在一定条件下，闭型斜孔由于两侧封闭，相邻排孔的气流牵制作用较小，液体有被气流不断加速吹向两边的可能，而开型则可以改善相邻两排气流的牵制作用，使塔板上气流更为均匀，故开型斜孔传质较好。

图 17-11　斜孔塔板结构示意图
（池永红和范文斌，2014）
A和B两排孔口的气体方向相反

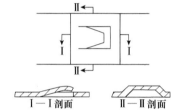

图 17-12　K 型斜孔示意图
（高孔荣，1991）

K型斜孔如图17-12所示，每个斜孔宽20mm，孔高5～5.5mm，孔的斜角为26°～28°，开孔面积按孔口前端及两侧孔口截面积之和计算，开孔率为14%～15%。制造斜孔塔板的材料宜用耐腐蚀和压延性强的金属板。

二、粗馏塔的进料方式

粗馏塔起着成熟醪的分离作用，醪液连续均匀地添加，是保证任何板型的蒸馏塔连续操作的主要条件之一，其进醪方式一般有压力泵直接进醪和高位槽自流进醪两种。

1. 压力泵直接进醪　用淀粉质原料生产酒精的工厂常采用压力泵直接将发酵成熟醪压入塔内，或压入醪液预热后流向塔内。常用的压力泵有蒸汽往复泵、电动往复泵（或泥浆泵）及其他形式的机械泵。常用调节电机转速、控制蒸汽流量和设回流管改变其回流量。

2. 高位槽自流进醪　在蒸馏工段最高层安装高位槽，用压力泵将成熟醪送至其内，醪液从高位槽经预热器均匀流入塔内。这种方法比较简单，但必须注意高位槽应保持一定液位，一般可用液面自动调节器来控制。同时，为了防止管道堵塞现象，要注意发酵成熟醪中不要含有过多的固形物。

第三节　精　馏　塔

酒精精馏塔有两个作用，一是把从粗馏塔过来的粗馏酒精气体或液体提浓到产品要求的浓度；二是除去其他杂质，使产品质量达到所要求的标准。精馏塔由两段组成，以粗馏酒精蒸气或其液体的进口为界，上段是精馏段，下段为脱水段。若塔板上开孔率相等，两段塔径为上粗下细。我国多采用同直径的精馏塔，这时塔板开孔率不一样。

进入精馏塔的酒精蒸气或液体，经精馏段提浓，上升至塔顶，进入冷凝器组冷凝成液体后返回精馏塔顶。最后一级冷凝器中的冷凝液含有较多的头级杂质，一般作为工业酒精单独取出。不凝气体包括低沸点气体从排醛管排出。成品酒精是从塔顶回流管以下4～6层塔板上液相取出。杂醇油的提取一般是从进料层塔板以上的2～4层塔板液相取出或从进料层塔板以下的2～4层塔板上气相取出。精馏塔的加热蒸汽从塔底供入，被蒸尽酒精的废液自塔底（塔釜）排出。

我国酒精行业多采用小型多泡罩塔、浮阀塔、斜孔塔、筛板塔、导向筛板塔等作为精馏塔的塔板类型及结构。

（一）浮阀塔板

浮阀塔板与泡罩塔板类似，也必须有溢流管、溢流堰，相对于泡罩塔板的主要改革是取消升气管，在塔板开孔上设有可上下浮动的浮阀，其标准孔径为38.9～39.3mm。阀孔直径较浮阀直径稍大，浮阀能在阀孔中上下自由活动。浮阀可根据气体的流量自动调节开度，在低气量时阀片处于低位，开度较小，气体仍以足够的气速通过环隙，避免过多的漏液；在高气量时阀片自动浮起，开度增大，从而使气速不致过高，降低了高气速的压降。

就阀片而言，浮阀塔板的形式大体上可分为盘式和条状两种，目前应用较广泛的是盘式浮阀塔板。按支架型式可将盘式浮阀塔板分为两类：一类是十字架型（T型），即降浮阀位置利用十字固定并导向，嵌在塔板上；另一类是V型（F型）或A型，利用阀上的支腿来保证浮阀的位置和进行导向。

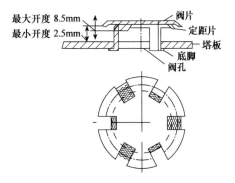

图17-13　F-1型浮阀（薛雪，2006）

我国酒精厂常用F-1型浮阀（图17-13），国外称为V-1型浮阀，制造简单，操作方便，分为轻重两种阀片，酒精蒸馏塔大多用重阀。重阀重约34g，阀片直径为48mm，腿长19.5～21.5mm，爪长4mm，采用2mm厚不锈钢板冲压而成，阀直径（三个支腿正位后围成的圆）为38mm，当塔板厚度为3～6mm时，浮阀最大开度为7～10mm，最小开度为2.5mm（凸出点高2.5mm）。

阀片本身有三条"腿"，插入阀孔后将各腿底脚板转90°，用以限制操作时阀片在板上升起的最大高度（8.5mm）；阀片周边又冲出三块略向下弯的定距片，当气速很低时，靠这三个定距片使阀片与塔板呈点接触而坐落在阀孔上，阀片与塔板间始终保持2.5mm的开度供气体均匀流过，避免了阀片启闭不匀的脉动现象。阀片与塔板的点接触也可防止停工后阀片与塔面黏结。操作时，上升气流经过阀片与塔板间的间隙而与板上横流的液体接触，浮阀开度随气体负荷而变。当气量很小时，气体仍能通过静止开度的缝隙而鼓泡。

浮阀塔的特点如下。

（1）塔板效率高。浮阀塔板上气体通过阀孔后是以水平方向向四周喷出，气体速度大，而且产生向心力。气、液接触时间长，气、液接触良好。因此，浮阀塔板的效率比泡罩塔板要高出20%左右，是公认的高效塔板之一。

（2）处理能力强，操作范围广。浮阀的开度是根据蒸汽速度进行自动调节的，因此弹性负荷（最大负荷与最小负荷之比）较大（可达4～7），操作范围广。同时，浮阀塔板的气、液接触面积较泡罩塔板大，相应的雾沫夹带小。故其处理能力比泡罩塔板要大30%左右，而塔径要小10%～20%。

（3）塔板压降小。和泡罩塔板相比，气体不经过升气筒，不受泡罩折转，不穿过齿缝。虽然浮阀有一定的重量，但仅有34g（还是较轻的），因此气体通过浮阀塔板时压降较小。

（4）结构简单，稳定性高。与泡罩塔板相比，结构简单，加工方便，材料用量少。浮阀塔板由于气、液接触良好，液面落差很小，所以稳定性也高。但目前多采用不锈钢板，其造价也不菲。

（二）筛板塔板

筛板塔板出现较早，19世纪30年代已应用于工业化生产，是所有塔板中结构最简单的，而且造价低廉，由开有大量均匀小孔（称为筛孔，孔径一般为2～6mm）的塔板和溢流管组成。操作时，从下层塔板上升的气流通过筛孔分散成细小的流股与板上液体相接触，并进行传热与传质，如图17-14所示。筛板塔板正常操作的必要条件是通过筛孔的蒸汽速度和压强必须足以胜过筛板上液层的压强，才能保证液体不会从筛孔流下而从溢流管流下，否则会导致塔板效率降低。

当筛孔孔径过大，特别是在15mm以上时，气速低，漏液则多；气速高，液层则会出现晃动、翻腾、激烈的上抛现象。所以，对于一定大小筛孔的筛孔塔板，其漏液与否取决于气流通过筛孔的速度。理论上讲，无论孔径大小，只要选取合适的气速都能避免漏液。但孔径大更容易发生漏液及雾沫夹带，所以大孔筛板的操作范围比较窄。空塔速度一般在0.8m/s以上，孔速一般为13m/s左右。

开孔率的影响远比孔径的影响要大。对于孔径为10mm的筛板，开孔率越大，气液接触情况越差，漏液量大，板效率低，故开孔率以5%～6%为宜。对于小孔径（2～6mm）的筛板，开孔率以不超过10%为好。

筛板塔板的优点是：①结构简单，易于加工，造价低，约为泡罩塔板的40%；②处理能力大，比相同塔径的泡罩塔可增加10%～20%；③塔板效率高，比泡罩塔高15%～20%；④塔板压降小，液面落差小。

缺点是：①操作弹性小，小筛孔易堵塞；②塔板安装要求高，塔板的安装要求非常平，否则会导致气液接触不匀；③操作水平要求高，操作压力要求非常稳定，因此操作不易控制；④开停机不易操作，特别是停机时，层板上的液体会全部从筛孔流下。

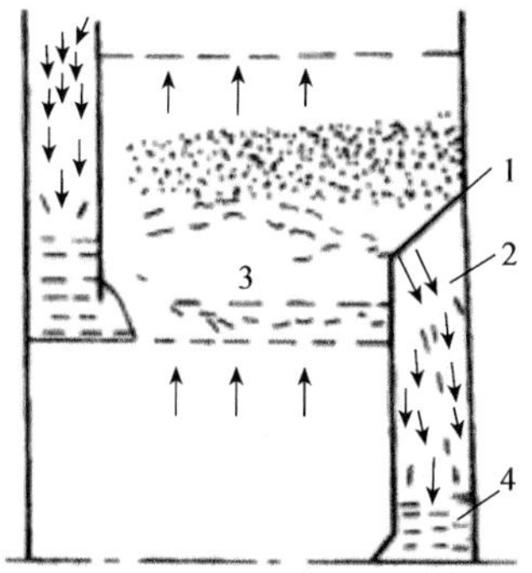

图17-14　筛板塔（梁世中，2002）
1. 溢流堰；2. 降液管；3. 泡沫层；4. 清液层

（三）导向筛板

导向筛板是一种改进型的筛板，也可以说是筛板与斜孔板的结合型，由美国林德公司首创，故又称为林德筛板。20世纪70年代北京化工大学开始对导向筛板进行研究、改进。近几年在我国酒精行业中用于粗馏塔或精馏塔。

普通筛板和其他塔板一样，在液体进口区都有一个非活化区，在此没有气体鼓泡，泄漏量也大。造成非活化区的原因是液面落差的存在和液体经过溢流管时已将气体分离出去，使进口区的液层厚而密实，气体难以穿过。据研究，非活化区通常占塔板有效截面积的20%～30%，是影响塔板效率的重要因素。

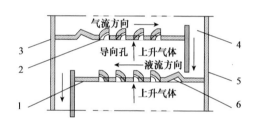

图17-15　导向筛板结构示意图
（王沛，2006）
1. 塔板；2. 导向孔；3. 受液板；4. 降液管；5. 塔壁；6. 鼓泡促进器板

导向筛板结构如图17-15所示，它在普通筛板的基础上，主要采取了两项重要的改进措施。第一是在塔板上除了筛孔外还开有一定数量的导向孔，导向孔形如百叶窗在板面上突起，从导向孔喷射出的气体，沿水平方向推动液体均匀前进，从而克服了液面梯度及由此带来的诸多弊端；第二是在液体进口区，将塔板加工成突起的斜台状鼓泡促进器，使塔板进口区的液层变薄，形成一个易被气体突破的部分，且在斜面上易于诱导气体鼓泡。对于大直径塔，导向筛板还采用开设不均匀或变方向导向孔，使板上液体流动接近"柱塞流"。由于导向筛板采用了以上的改进措施，其具有生产能力大、塔板效率高、压降低、结构简单、拆卸方便、造价低廉等优点。

对泡罩塔板、浮阀塔板和筛板塔板比较如下：泡罩塔板的蒸气负荷和操作弹性都比较高，且在负荷较大变化时，能保持较高效率，但它的价格很高，这是它被逐渐取代的主要原因；浮阀塔板在蒸气负荷、操作弹性、效率和价格等方面都比泡罩塔板优越；筛板塔板造价低，压力降小，除操作弹性较差外，其他性能接近浮阀塔板。

本 章 小 结

在生物工程中采用蒸馏方法提纯的产品有白酒、酒精、甘油、丙酮、丁醇及某些萃取过程中的溶剂回收。两塔式蒸馏设备由粗馏塔和精馏塔组成。三塔式蒸馏设备是由粗馏塔（醪塔）、排醛塔、精馏塔3个塔组成，根据排醛塔和精馏塔的进料情况，可分为直接式、半直接式和间接式三类。粗馏塔也称为醪塔，是酒精蒸馏塔中专业性最强的设备，在酒精连续蒸馏过程中，粗馏塔的主要作用是将发酵成熟醪中的酒精和所有的挥发性杂质蒸出。粗馏塔塔板类型及结构有泡罩塔板、S形塔板、浮阀波纹筛板和斜孔塔板等。酒精精馏塔有两个作用，一是把从粗馏塔过来的粗馏酒精气体或液体提浓到产品要求的浓度；二是除去其他杂质，使产品质量达到所要求的标准。我国酒精行业多采用小型多泡罩塔板、浮阀塔板、斜孔塔板、筛板塔板、导向筛板塔板等作为精馏塔的塔板类型及结构。

思考题

1. 在酒精连续蒸馏方式中，两塔式蒸馏气相过塔和液相过塔的适用对象和进料口位置有何区别？

2. 在酒精连续蒸馏方式中，两塔式和三塔式蒸馏主要由哪些塔组成，它们的组合流程有哪些，各有什么特点？

3. 在酒精蒸馏中，粗馏塔塔板类型主要有哪些，各有什么优点？

4. 在酒精蒸馏中，精馏塔塔板类型主要有哪些，各有什么优点？

5. 酒精精馏塔的作用是什么？

6. 采用常压蒸馏可得到的最高酒精浓度是多少？

第十八章 包 装 设 备

第一节 液体包装设备

液体包装设备即包装液体产品的包装设备。常见的液态生物发酵产品有酒类、饮料、乳品、调味品等，包装时一般采用灌装机将液体产品按预订量灌注到包装容器内，包装所用的容器主要有玻璃瓶、金属罐、塑料袋、复合纸袋和复合纸盒等。

我国的灌装机设计和生产在20世纪60年代以前还是一片空白，科学家从1967年才开始研究和生产灌装机械；进入20世纪70年代，先后引进一些国外灌装生产线，机械、轻工等领域的一些企业在仿制和消化吸收国外技术的基础上，开发了不同型式的中小型灌装机械，部分满足了国内饮料企业的需求，促进了我国饮料业的发展；20世纪80年代以后，我国采用技术和进口相结合的贸易方式，引进了一批可靠性高、产量大的饮料、乳品和啤酒高速自动化生产线，部分设备是当时世界上最先进的机型。这些生产线的引进，使中国部分饮料、乳品和啤酒企业的包装水平得以与发达国家同步发展，也使中国包装机械的生产有了很大进步。目前，部分灌装、封口、贴标一体设备已经达到较高水平，其中包括塑料饮料瓶、酸奶杯、无菌包装成型设备和贴标机在内的包装生产线水平也得到了提升，已经可以满足中型企业的需要，部分已经可以替代进口设备，并且出口量逐年提高。

我国的灌装机械经历了仿制、引进技术、消化吸收、创新和自主开发的过程，技术进步及创新的速度很快，不断地在缩小与国外先进技术之间的差距，在原有基础上，能够融入高新技术，如发明了在灌装时灌装头自动伸入瓶内缓缓上升，使液体不外溢，灌装量通过可编辑逻辑控制器（programmable logic controller，PLC）控制在荧屏显示，适合有一定泡沫的药液或化妆品的潜入式灌装机；攻克了原来屋顶形包装机不能热灌装、不能加盖、不适用B型盒的新型屋顶形包装机等。玻璃瓶灌装机和易拉罐灌装机都已经达到国际水平，生产能力可分别达到12 000～40 000瓶/h和18 000～36 000罐/h。

在饮料灌装机械设备方面，美国、德国、日本、意大利和英国的制造水平相对较高，其设备呈现出新的发展动向，逐渐向一机多能、大型化、科技化和简单化发展。

一、灌装设备

（一）灌装机的结构组成

灌装机的基本结构一般由包装容器供给装置、灌装液体供给装置和灌装阀三个部分组成。

1. 包装容器供给装置 包装容器供给装置的主要作用是将包装容器传送到灌装工位，并在灌装工作完成后，再将容器送出灌装机。

2. 灌装液体供给装置 灌装液体供给装置一般包括储液箱和计量装置，其主要作用是将灌装液体送到灌装阀。

3. 灌装阀 灌装阀是直接与灌装容器相接触实现液体物料灌注的部件，其主要作用是根据灌装工艺要求切断或接通储液室、气室和待灌装容器之间液料流通的通道。

（二）灌装机的常用类型

灌装机因包装容器、包装物料、计量方法及灌装工艺的不同而形成多种多样的结构类型。按照灌装方法的不同，灌装机可分为常压灌装机、负压灌装机和压力灌装机等；按照包装容器传送形式的不同，灌

图18-1　常压灌装机

装机可分为直线型灌装机和回转型灌装机；按照计量方法的不同，灌装机可分为定位灌装机、定量灌装机和称重灌装机。

1. 常压灌装机　　常压灌装机是指在常压状态下，将储液箱和计量装置处于高位置，依靠物料的自重将液体物料灌装到包装容器内的灌装机，如图18-1所示。它适宜灌装低黏度、不含气体的液体物料，如白酒、果酒、牛奶、酱油和醋等。常压灌装机能适应由各种材料制成的包装容器，如玻璃瓶、塑料瓶、易拉罐、塑料袋及金属桶等。

2. 负压灌装机　　负压灌装机是指先对包装容器抽气形成负压，然后将液体充填到包装容器内的灌装机，如图18-2所示。根据灌注方法的不同，负压灌装机分为压差式负压灌装机和重力式负压灌装机。压差式负压灌装机是使储液箱内处于常压，只对包装容器抽气使之形成负压，依靠储液箱与包装容器之间的压力差将液体灌装到包装容器内。重力式负压灌装机是将储液箱和包装容器都抽气使之形成相等的负压，然后使液体依靠自重灌装到包装容器内。这种灌装机结构简单，效率较高，对物料的黏度适应

范围较广，如果酒等。

3. 压力灌装机　　压力灌装机是对液体物料进行加压，依靠压力作用将物料定量地灌注到包装容器内的灌装机，如图18-3所示。压力灌装机一般采用卡瓶预定位灌装，在灌装转台上设有液体分配器，分配器的一端连接到安装在储液罐中的液泵，另一端用软管连接到各个灌装阀。灌装阀在随灌装转台的回转中沿凸轮下降，当阀嘴与灌装容器口对正并密封时，随之顶开灌装阀，储液罐中的液泵通过灌装机上的分配器向容器供液，灌装至预定容量。液体在灌装容器中的液面高度可以调节，容器内的气体及灌装满口后的余液经由回流管返回储液罐。压力灌装机适合于含气体的液体灌装，如啤酒、香槟酒等。

图18-2　负压灌装机　　　　　　　　　　　　　　　　图18-3　压力灌装机

4. 直线型灌装机　　直线型灌装机的包装容器沿直线灌装台运行，进行成排灌装，如图18-4所示。送来的容器由推板向前推送，运行到灌注位置时停下进行灌注，灌注结束再继续运行输出。所以，直线型灌装机属于间歇式作业，其效率较低，但其结构简单，灌装平稳。

5. 回转型灌装机　　回转型灌装机采用旋转型灌装台，容器由灌装机转盘带动绕主轴旋转运动，液体在旋转过程中连续灌注，转到近一周时容器已灌满，然后由转盘送入压盖机进行压盖，如图18-5所示。回转型灌装机灌注效率较高，在食品、饮料行业应用最广泛，如果汁、啤酒、牛奶的灌装。

图18-4 直线型灌装机

图18-5 回转型灌装机

（三）灌装机的工作过程

瓶子被洗瓶机里外洗净，并经检查质量合格后，由传送带送入自动灌装机的限位机构，根据规定的要求按一定距离排列好，送入拨瓶轮，拨瓶轮准确地将瓶送入瓶的升降机构。升降机构把升降活塞顶起，瓶随之上升，打开灌装阀的气门，充气等压，然后打开液门，进行灌液，灌液后进行压力释放，然后关闭液门、气门。完成灌装后，瓶的升降机构立即进入下降滑道，在下降滑道的作用下，升降活塞筒体被滑道强制下降，因而装好的瓶子随之下降到最低位置，当转过一定角度后，瓶子进入拨瓶机构，被拨瓶机构退出，送去进行上盖，这样就完成了整个灌装工作的一个工作循环过程。

二、啤酒灌装生产线

我国啤酒工业近十年来取得了举世瞩目的发展成就，我国也连续多年保持世界第一大啤酒生产国。可以说，我国啤酒产业的辉煌离不开与其一路相伴的啤酒灌装设备的迅速发展。

啤酒灌装生产线和贴标机作为啤酒厂生产过程中最重要的包装设备，多年来一直成为制约国内啤酒真正实现"国产化"设备发展过程的"瓶颈"。这主要是因为啤酒灌装生产线和贴标机的生产相比其他啤酒包装设备，对一系列的技术性能要求更高、更精细。20世纪90年代末以前，国内知名啤酒厂使用的大型啤酒灌装生产线（主要是36 000瓶/h生产线）及现代化贴标机，大部分都是进口国际行业生产巨头德国克朗斯及KHS公司的产品。2011年1月，国内第一条每小时可灌装72 000听的易拉罐生产线，在燕京啤酒集团建成并投入生产，引进的也是德国克朗斯公司的产品。目前，我国啤酒生产所用的灌装设备包括大型、先进的灌装机、贴标机基本上都能实现国产化，并较好地满足市场需要。这使国内啤酒企业在节约成本、方便备件和设备维修乃至提高生产效率上受益匪浅，整体灌装设备质量和市场竞争力得到进一步提高。

（一）啤酒灌装生产流程

啤酒的包装形式主要有瓶装、罐装和桶装，其中瓶装啤酒是目前占领市场份额最大的一种包装形式，生产流程如图18-6所示；图18-7为某2万瓶/h普通啤酒生产线的设备布置图。

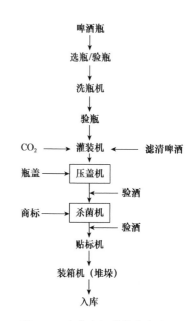

图18-6 瓶装啤酒灌装生产流程
（李秀婷，2013）

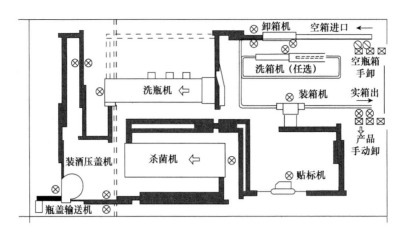

图18-7　某2万瓶/h普通啤酒生产线的设备布置图（刘安静，2019）

　　灌装生产是整个啤酒生产工艺中最重要的环节之一，包装质量的好坏对成品啤酒的质量和产品销售有较大影响。过滤好的啤酒从清酒罐分别装入瓶、罐或桶中，经过压盖、生物稳定处理、贴标、装箱成为成品啤酒或直接作为成品啤酒出售。一般把经过巴氏灭菌处理的啤酒称为熟啤酒，把未经巴氏灭菌的啤酒称为鲜啤酒。若不经过巴氏灭菌，但经过无菌过滤、无菌灌装等处理的啤酒则称为纯生啤酒（或生啤酒）。

　　1. 洗瓶及验瓶　　通过卸垛机操作使玻璃瓶上线，并通过输送带进入洗瓶机入口。瓶子进入洗瓶机后先用温水浸泡，再通过热碱液浸泡和热碱液喷洗，最后以清水喷洗完成洗瓶工序。验瓶的目的是除去不合格瓶子（油污瓶、缺口瓶、裂纹瓶等），目前啤酒厂一般采用人工验瓶和机械验瓶两部分相结合来保证灌装用瓶质量符合要求。

　　2. 灌装　　啤酒在等压条件下进行灌装。装酒前瓶子抽真空后充二氧化碳，当瓶内气体压力与酒缸内压力相等时，啤酒灌入瓶内。灌装完毕后进行高压激沫，产生细碎泡沫冲出瓶口，使瓶颈空气排除，降低啤酒内的总溶解氧含量。随即马上压盖，以保证啤酒的无菌、新鲜。

　　3. 杀菌及验酒　　啤酒杀菌是为了保证啤酒的生物稳定性，有利于长期保存。半成品啤酒进入杀菌机的隧道内，由输送带运载不断向前移动至出口，过程中由几种不同温度的热水喷淋，全过程约30min。杀菌后的啤酒要进行检验，将不合格的啤酒挑出来，包括灌装液位不合格酒、杂质酒、漏气酒和菌膜酒等。

　　4. 贴标、装箱及堆垛　　经过检验后的啤酒输送到贴标机进行贴商标，然后通过封箱机装入纸箱内完成包装任务，最后输送到堆垛机堆放入仓库。

（二）啤酒灌装生产线主要设备的合理使用

　　1. 装酒压盖机　　装酒压盖机是瓶装生产线的核心，在使用时应注意以下几点。

　　（1）保证进出瓶平稳流畅：在开机生产前检查传动系统、进瓶螺旋、拨瓶轮、托瓶气缸等运行是否平稳，有无错位现象，确保生产时不卡瓶、不因瓶子晃动而冒酒，不因酒针插入不到位损坏酒阀及瓶口。

　　（2）加强酒阀的维护与保养：酒阀密封件易磨损、老化，以致出现装酒不满和冒沫多的现象。主要有以下几个原因：①分酒环形状改变影响酒液稳定地沿着瓶壁灌入瓶中，导致冒酒；②酒针回气孔堵塞、变形、损坏等，使回气量降低，造成灌装容积不够；③等压弹簧、瓶口垫、密封环等磨损，灵敏度下降，使液阀、气阀开启不够，出现灌不满现象；④瓶子灌满酒后，排气阀泄压过快，造成酒液外溢。因此，对酒阀应定期清理、检查，更换损坏的密封件，保证灌装质量。

　　（3）调整好压盖头高度，随时观察压盖情况，及时更换磨损的压盖模、压盖弹簧、抵盖轴和导轮等零件，防止封盖不严或过紧现象，造成泄漏及破瓶损失。

　　（4）适宜的灌装工艺条件：酒液温度应控制在0～1℃，最高不超过4℃；CO_2含量以≤0.5%为宜，过高会使灌装不稳定；酒液的输送速度控制在0.5～1m/s使呈层流状态，保证灌装的稳定性。

　　2. 杀菌机

　　（1）阻止灌装过满的瓶子进入杀菌机：瓶颈空腔容积过小，容易造成破瓶，一般瓶颈空间占瓶子容量的3%左右。

（2）控制好杀菌各区温度，温差太大易引起爆瓶。

（3）保证杀菌区喷淋效果：最好安装一套自控装置，当杀菌机因故停机时，杀菌区自动停止喷淋，喷淋水只在水箱内循环，这样既不影响啤酒老化，又能在重新启动时立即恢复喷淋。

（4）严格执行杀菌工艺：因气压不足等原因喷淋水温达不到工艺要求时，应及时停机，待达到规定温度后，再继续生产。否则，会因杀菌不彻底而不合格。

3. 贴标机 标纸、标胶和胶泵等合理使用对贴标质量有重要影响。标纸纹线要与商标水平方向平行，也就是纸的纤维方向与瓶子轴线垂直，防止商标贴到瓶上后自动卷曲成飞标。标胶黏度适中、干燥速度快（一般风干时间30s），胶辊应为表面光洁的不锈钢辊，取标板表面贴橡胶板，可以减少胶水耗量，胶水厚度更均匀。在使用时保证胶泵供胶均匀流畅，杜绝人工刮胶、搅拌等不良行为。停机后，取标板、标刷、胶辊等应放置在45℃左右温水中浸泡，清洗干净，避免用锐器刮伤零部件表面。

4. 输瓶带 最好采用无压力输送，控制瓶带速度。使瓶和瓶之间不相互挤压，减少卡瓶、倒瓶或栏杆变形现象。各列瓶带之间过渡应有一个合理的速差，两相邻间速差以0.3～0.5m/s为宜。为了减轻摩擦阻力和磨损，应对输瓶链进行合理润滑。

第二节　固体包装设备

固体包装过程包括充填、包装、裹包和封口等主要包装工序及其他相关工序，常用的固体包装设备为袋包装设备、瓶包装设备和泡罩包装设备，将产品按照预订量充填到包装容器内，主要用于粉末状、颗粒状和小块状固体物料的包装。

一、充填设备

（一）充填机械的类型

充填机械的种类很多，由于各种产品的性质、状态不同，所要求的计量精度各不相同，所采用的充填方法也各有不同，因而形成不同类型的充填机械。

1. 按照计量方式分类 按照物料计量方式的不同，充填机械可以分为容积计量式充填机、计数式充填机和称重式充填机三种类别。

2. 按照被充填物品的状态分类 按照被充填物品物理形态的不同，充填机械可以分为粉状物料充填机、颗粒状物料充填机和小块状物料充填机等类型。

3. 按照充填机械的功能分类 按照充填机械功能的不同，充填机械可分为制袋充填机、成型充填机和仅能完成充填功能的单功能充填机。

（二）常用充填机械

1. 容积计量式充填机 容积计量式充填机是指将物料按预定的容积充填至包装容器内的充填机械。容积计量式充填机结构简单、价格低廉、计量速度快，但计量精度较低，常用于价格较便宜、密度较稳定、体积要求比重量要求更重要的干散物料的充填。

根据物料容积计量方式的不同，容积计量式充填机可分为量杯计量式充填机、螺杆计量式充填机和计量泵计量式充填机等多种类型。

1）量杯计量式充填机 量杯计量式充填机是利用定量量杯来计量物料的容积，并将其充填到包装容器内的包装机。它适用于颗粒较小且均匀的干散物料包装，如图18-8所示。当充填机下料闸门打开时，料斗中的物料靠重力作用自由下落到量杯中，当量杯转到卸料工位时，量杯底盖开启，使物料自由落下充填到其下方的容器中。

2）螺杆计量式充填机 螺杆计量式充填机是利用螺杆螺旋槽的容腔来计量物料，并将其充填到包装容器内，如图18-9所示。由于螺杆每个螺距之间的螺旋槽部有一定的容积，因此只要准确控制螺杆的转

图18-8 量杯计量式充填机

图18-9 螺杆计量式充填机

数或旋转时间，就能获得较为精确的计量值。螺杆计量式充填机结构紧凑，无粉尘飞扬，并可通过改变螺杆参数来扩大计量范围，因此应用范围较广。它主要用于流动性良好的颗粒状和粉状固体物料，如味精的充填，但不宜用于装填易碎的片状物料或密度较大的物料。

2. 计数式充填机 计数式充填机是指将物料按预定数目充填至包装容器内的包装机械，按照计数方式的不同，可分为单件计数式和多件计数式两类；按照物品排列形式的不同，可分为物品规则排列充填机（包括长度计数式、容积计数式和堆积计数式）和物品杂乱无序充填机（包括转鼓式、转盘式和推板式数粒计数式充填机）。以下介绍常用的几种。

1）长度计数式充填机 长度计数式充填机主要用于长度固定的物品的充填，如饼干等食品的包装，或物品小盒包装后的第二次大包装等，适用于食品和化工等行业。图18-10所示为一种长度计数式充填机，适用于面包、饼干、日用品、纸盒或托盘等各类规则物体的包装。

2）容积计数式充填机 容积计数式充填机通常用于等直径和等长度类产品的包装，如丸剂等产品的充填包装。

3）数粒计数式充填机 数粒计数式充填机主要有转鼓式、转盘式和推板式，适用于小颗粒产品的计数包装，如胶囊和片剂等，图18-11所示为胶囊计数式充填机。

图18-10 长度计数式充填机

图18-11 胶囊计数式充填机

3. 称重式充填机 称重式充填机是指将物料按预定重量充填到包装容器内的机械。容积式充填机的计量精度不高，对一些流动性差、密度变化较大或易结块物料的包装，往往效果显得更差。因此，对于计量精度要求较高的各类物料的包装，就采用称重式充填机。称重式充填机的结构比较复杂、体积较大、计量速度较低，但是计量精度较高，主要适用于颗粒状、粉末状和块状散装产品的称重充填，如图18-12所示。

　　根据称重对象的不同，称重式充填机可分为毛重式充填机和净重式充填机。毛重式充填机是指对完成充填作业的物料和包装容器一起称重的机器，其结构简单、价格较低，但包装容器的重量直接影响充填物料的规定重量，所以它不适用于包装容器重量变化较大、物料重量占总体重量比例较小的充填包装。净重式充填机是指对物料称出预定重量后再充填入包装容器的机器，其称重结果不受容器重量的影响，是最精确的称重式充填机。

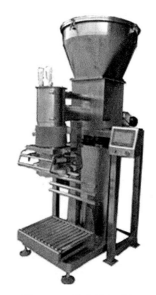

图18-12　称重式充填机

二、袋包装设备

　　固体制剂袋包装形式是利用卷筒状的热封包装材料，在机器上自动完成制袋、产品计量、充填、封口和切断等系列操作，是一种多功能包装机。常用的热封包装材料主要是各种薄膜及由纸和塑料、铝箔等制成的复合材料，具有良好的热封、阻氧、防潮和印刷性能，而且价格低廉、质地轻柔、便于开启和携带。

　　1. 袋包装设备分类与工作程序　　袋包装设备按照制袋方式分为立式和卧式，按照操作方式分为间歇式和连续式，按照所包装的物料可以分为颗粒包装机、片剂包装机、粉剂包装机和胶囊包装机等。其工作过程主要如下。

　　（1）制袋。完成包装材料的牵引、成型、纵封，将包装材料制备成具有一定形状的袋子。

　　（2）产品的计量和充填。主要完成待包装物料的计量，并将其填充到制备好的袋中。

　　（3）封口及切断。将已充填物料的包装袋进行封口并切断成为独立包装。

　　（4）检测和计数。对包装板块进行质量检测并统计包装数量。

　　2. 立式间歇自动制袋中缝封口充填包装设备　　自动制袋充填包装设备的种类很多，基本工作原理相似，其区别主要在于成型装置、封口装置及包装材料的连续输送。立式间歇自动制袋中缝封口充填包装机的工作原理如图18-13所示。

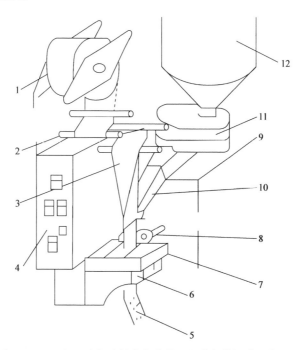

振动筛和自动
包装机视频

图18-13　立式间歇自动制袋中缝封口充填包装机（王沛，2014）

1. 包装带辊；2. 张紧辊；3. 包装带；4. 电控箱；5. 成品袋；6. 冲裁器；7. 热合器；8. 挤压辊；9. 折带夹；
10. 落料溜道；11. 计量加料器；12. 料斗

开始操作前，按工作程序将薄膜牵引至袋成型器上，通过成型器和加料管及成型筒的作用，形成中缝搭接的圆筒形，其中的加料管具有外做制袋管、内为输料管的双重功能。在袋成型器上，纵封器对已成型的袋子完成纵向封口后进行复位动作；横封切断器完成下袋上口和上袋下口的横封，在封口的同时向下牵引一个袋子的距离，并将两个袋子切断；物料的充填在薄膜受牵引下移时完成。

三、瓶包装设备

固体制剂瓶包装设备多用于片剂产品的包装，常用的包装瓶包括玻璃瓶和塑料瓶包装，目前塑料瓶包装占据的份额越来越大。一般瓶包装设备包括计数机构、输瓶机构、封蜡机构与封口机构、理盖机构和旋盖机构等。其中，如果是药物包装还需增加一塞纸机构，在瓶口塞入纸团，以避免运输过程中的振动造成药物破损。

1. 计数机构 目前固体制剂计数主要采用的是圆盘计数机构和光电计数机构。

1）圆盘计数机构 为一个与水平面成30°倾斜角的带孔转盘，如图18-14所示，下面装有一个固定不动的具有扇形缺口的托板，其扇形面积只容纳转盘上的一组小孔；缺口下方紧接着一个落片斗，落片斗下口抵着包装瓶瓶口。转盘上的小孔形状与待装产品形状相同，尺寸略大，厚度满足小孔内只能容纳一粒产品，数量依据每瓶的包装量而定。包装时要注意保持转盘的转速与输瓶速度一致，不能过高，否则会产生离心力，影响包装效果。

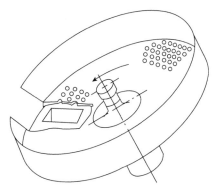

图18-14 圆盘计数机构（王沛，2019）

2）光电计数机构 利用旋转平盘旋转时产生的离心力将产品抛向转盘周边，产品通过周边围墙的缺口抛出并滑入产品溜道，利用溜道上的光电传感器将信号放大并进行转换计数，达到设定的颗粒数后，控制器发出信号，翻转通道上的翻板，将计数后的产品输送入瓶，其结构见图18-15。

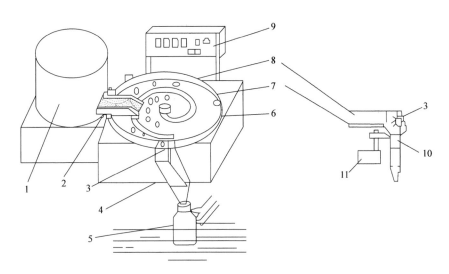

图18-15 光电计数机构（孙传瑜和张维洲，2010）
1. 料筒；2. 下料溜板；3. 光电传感器；4. 物料溜道；5. 包装瓶；6. 回形拨杆；7. 旋转平盘；8. 围墙；
9. 控制器面板；10. 翻板；11. 磁铁

2. 输瓶机构 输瓶机构多采用直线匀速的输送带，其走速可调，由理瓶机送到输送带上的瓶子，需要保持一定的间隔，避免出现堆积现象。落料口处需要设置包装瓶的定位装置，一般采用梅花瓶间歇旋转输送机构，定位准确。

3. 塞纸机构 一般情况下，为避免产品在运输过程中造成破碎，常在瓶口塞入纸团。常见的塞纸机构利用真空吸头，吸起裁好的纸张，转到瓶口，由塞纸冲头塞入瓶中。

4. 封蜡机构与封口机构 封蜡机构是将玻璃瓶加盖软木塞后，为防止吸潮，常用石蜡将瓶口固封的机械，包括熔蜡罐和蘸蜡机构。其工作流程是首先利用电加热使石蜡熔化并保温，然后将输瓶轨道上的包装瓶提起并翻转，使瓶口朝下浸入石蜡液面一定深度，最后再翻转到输瓶轨道前，将包装瓶放在轨道上。

当使用塑料瓶进行包装时，不必浸蜡，可以采用浸树脂纸封口，利用模具将胶模纸冲裁后，经加热使封纸上的胶软熔，待包装瓶输送至压辊下，将封口纸粘于瓶口，同时废纸带自行卷绕收拢。

5. 理盖机构和旋盖机构 无论玻璃瓶还是塑料瓶，均以螺旋口和瓶盖连接。瓶盖由电磁振动给料装置与定向机构进行整理，按一定规则排列，并由机械手输送至旋盖头位置。旋盖机构设在输瓶轨道旁，用机械手将输送到位的瓶抓紧，旋盖头由上自动落下，快速将瓶盖拧在瓶口上，当旋拧到一定松紧度后，旋盖头自动松开，并恢复到原位，等待下一个工作周期。

四、泡罩包装设备

泡罩包装（press through packaging，PTP）又称水眼泡包装，常见于药品的包装。其是将有膜的塑料薄片或薄膜加热软化，采用相应成型方法形成泡罩，将成品放入泡罩内，再用涂有黏合剂的专用覆盖材料在一定压力和温度条件下进行热封，经冲裁成独立板块后形成泡罩包装，结构如图18-16所示。板块上成品的粒数和排列可根据需要调整，目前，板块上的成品粒数有12粒/板、20粒/板不等，每一泡罩中可以装1粒、2粒或3粒。

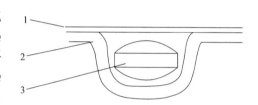

图18-16 泡罩结构（王沛，2019）
1. 铝箔；2. 塑料网窝；3. 药物

泡罩包装是发达国家20世纪60年代发展起来的包装技术，其可以用来包装各种几何形状的口服固体制剂——素片、糖衣片和胶囊等。泡罩可以使产品相互隔离，避免运输过程中发生碰撞，板块尺寸小，方便携带和服用，而且该包装设备占地面积小，可实现快速包装，具有节能环保的优势。

泡罩包装机按照结构形式可分为平板式、辊筒式和辊板式三大类。

1. 平板式泡罩包装机 平板式泡罩包装机的成型模具和封合模具均为平板型，其结构见图18-17，工艺流程见图18-18所示。

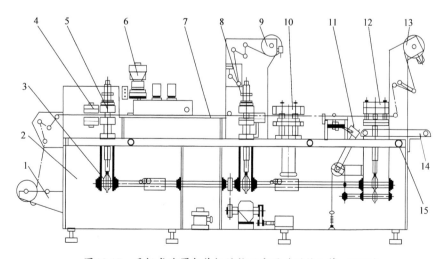

图18-17 平板式泡罩包装机结构示意图（刘雄心等，2012）
1. 成型膜辊组；2. 机体；3. 传动系统；4. 加热装置；5. 成型装置；6. 上料装置；7. 导向平台；8. 封合装置；9. 覆盖膜辊组；10. 打字、压印装置；11. 夹持、步进装置；12. 冲裁装置；13. 收废料装置；14. 输送机；15. 位置调节轮

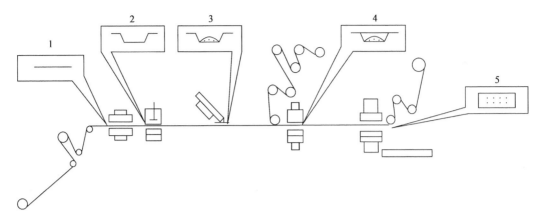

图18-18 平板式泡罩包装机工艺流程图（张绪峤，2003）

1. 预热段；2. 吹压成型；3. 药物充填；4. 热封合；5. 成品冲裁

平板式泡罩包装机的特点：①泡窝拉伸比大，深度可达35mm，可满足较大规格的产品需求；②热封时，上、下模具平面接触，为保证封合质量，要有足够的温度和压力及封合时间，不易实现高速运转；③热封合消耗功率较大，封合牢固程度不如辊筒式封合效果好，适用于中小批量和特殊形状的物品包装。

2. 辊筒式泡罩包装机 辊筒式泡罩包装机和平板式泡罩包装机流程差别不大，其成型模具和封合模具均为辊筒型，其结构见图18-19。

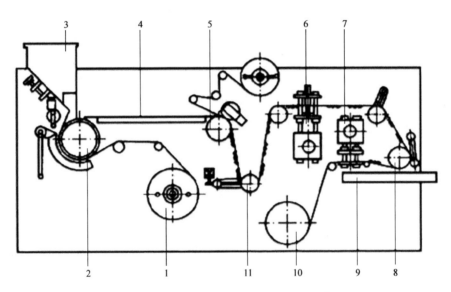

图18-19 辊筒式泡罩包装机结构示意图（孙怀远等，2016）

1. 薄膜放卷装置；2. 加热成型装置；3. 物料充填机构；4. 导向平台；5. 热封合装置；6. 打字压印装置；7. 冲切装置；8. 步进装置；9. 运输装置；10. 废料辊；11. 游动辊

辊筒式泡罩包装机的特点：①真空吸塑成型，连续包装，生产效率高，适合大批量包装；②瞬间封合，线接触，消耗动力小，传到产品上的热量少，封合效果好，适合片剂、胶囊剂和胶丸等剂型的包装；③结构简单，操作维修方便；④壁厚难以控制且不均，不适合深泡窝成型。

3. 辊板式泡罩包装机 辊板式泡罩包装机的成型模具为平板型，封合模具为辊筒型，其结构见图18-20。辊板式泡罩包装机结合滚筒式和平板式包装机的优点，克服了两种机型的不足。

辊板式泡罩包装机的特点：①采用平板式成型模具，压缩空气成型，泡罩的壁厚均匀、坚固，适合于各种产品包装；②连续封合，聚氯乙烯（PVC）片和铝箔在封合处为线接触，封合效果好；③高速打字、压痕，无横边废料冲裁，高效率，节约包装材料，泡罩质量好。

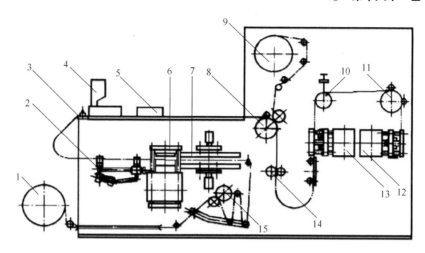

图18-20 辊板式泡罩包装机结构示意图（孙怀远等，2016）

1. PVC膜辊；2. 夹持步进装置；3. 监视平台；4. 充填装置；5. 除尘装置；6. 成型装置；7. 加热装置；8. 热封合装置；
9. 铝箔辊；10. 中间调整辊；11. 步进装置；12. 冲切装置；13. 打字压印装置；14. 拉膜辊；15. PVC放卷装置

第三节 流体包装设备

本节内容所述的包装设备是针对黏度大于0.1Pa·s的半流体和黏滞流体，如调味酱、果酱产品等，其包装形式可以是瓶装、软管装和袋装等。所选用的设备具体可参考本章第一节液体包装设备中的"灌装设备"和第二节固体包装设备中的"袋包装设备"。

对于黏度较大的设备需采用压力灌装机，通过施加机械压力，利用活塞或柱塞的往复运动来压送液料，将产品充填到包装容器内。

相对于液体灌装机，膏状灌装机主要用于灌装膏状产品，针对不同物料的物理特性与不同行业灌装工艺的要求，为了更广泛地适用于不同行业的充填方式，可在同一机型上配备圆口单向阀式与软管注射式两种不同的灌装方式，以便满足用户大口瓶装、小口塑瓶装、软塑料管装与袋装等不同要求，充分体现了膏体定量灌装的实用性、可靠性、经济性与适应性。

第四节 封 口 机

包装产品被充填入包装容器或被直接送到裹包材料片中后，封口工序是不可缺少的包装物包装工艺。容器封口能有效地保护产品，使产品在保质期内不因包装作业影响而损坏变质，还有利于包装产品的贮存、运输及销售陈列等。包装质量在很大程度上取决于封口质量，而选用合适的封口机以实现封口工序的机械化、自动化操作是提高封口质量的重要保证。

封口机是指将产品盛装于包装容器内后，对容器进行封口的机器。包括热压式、熔焊式、压盖式、压塞式、旋合式、卷边式、压力式、滚压式、缝合式和结扎式等封口机。封口机适合于用任意材料制成的充填任意产品的包装容器的封口。

目前，我国各类封口机应用极为广泛。除单独使用的封口机外，还有许多封口机与其他机器共同组成生产自动线（如在灌装生产线中压盖机与灌装机组成自动线），大大提高生产自动化程度及生产效率、减小劳动强度、提高包装质量。

一、塑料容器封口机

采用塑料及其复合材料可以制成袋、盒、瓶和箱等容器，这里主要介绍使用较多的塑料袋和塑料瓶两类容器的封口机械。

（一）塑料袋封口机

袋类包装容器是指用纸、塑料及其复合材料制造的柔性装料容器。虽然袋类包装容器的结构刚性和强度不高，但其具有材质柔软、包装适应性好、启用方便、容器本身重量及所占体积小、启用后的包装废弃物易处理、价格低廉且来源广泛等优点，是包装中广泛应用的一类包装容器。

由于制成塑料袋的塑料材料具有热熔性，因此常使用热压封口机、熔焊封口机、超声波封口机或脉冲封口机对塑料袋封口，其封口质量好、速度快且工艺简单；对很难用上述加热方法封口的塑料袋，可采用结扎封口（使用金属丝、线或绳等结扎材料封闭包装容器）。

1. 热压封口机　　热压封口机是指用热封合的方式封闭包装容器的机器。采用电加热方法使塑料袋口的两层薄膜受热软化，然后对其施加接触压力，使处于软化熔融状态的两层薄膜黏合成一体，冷却后即得密封性封口。该机中的电加热器一般是将电阻丝镶嵌在用金属材料制成的板片或辊轮中；加压动作可以由电加热器完成，也可用专门机构完成；加热或加压装置的封口工作面上，通常加工出花迹（如直纹、斜纹、条纹或格纹等）来提高封口质量并使封口美观。

根据加热加压装置不同，将塑料薄膜封口机分为板式、辊式、辊板式和环带式热封机。所有的热封机中都有一个必不可少的加热元件，其结构如图18-21所示。它的外壳是铜质热封板，里面装有管形加热器。管形加热器由金属管、电阻丝和充填材料组成（电阻丝封装在金属管中心，其周围空隙紧密地充填具有导热性能和绝缘性能的结晶氧化镁粉末）。管形加热器与铜质热封板之间采用间隙配合，并用止动螺钉固定，从而实现良好的接触。加热元件可以是两个，也可以是一个。

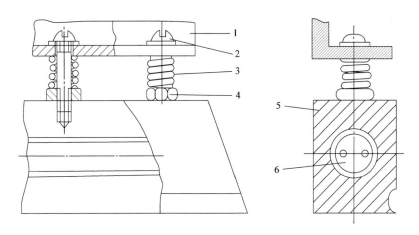

图18-21　板式加热元件结构示意图（张国全，2013）
1. 固定板；2. 调节螺钉；3. 加压弹簧；4. 锁紧螺母；5. 铜质热封板；6. 管形加热器

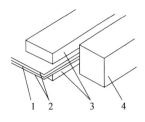

图18-22　熔焊封口示意图
（张国全，2013）
1. 封缝；2. 薄膜；3. 冷却板；4. 加热板

2. 熔焊封口机　　熔焊封口机是指通过加热使包装容器封口处熔融封闭的机器。图18-22为熔焊封口示意图。它是将加热板靠近叠合的薄膜一端使之熔融黏合的封合方法。适用于热收缩性薄膜。

3. 超声波封口机　　超声波封口是由20kHz以上频率的电波发生器输出高频电流，当超声波传至材料时，接合处的材料相互摩擦而产生摩擦热，此瞬间即可使材料结合，图18-23为超声波封口示意图。

超声波封口的特点是在薄膜叠合的中心发热，能够热封多种塑料薄膜材料（如聚丙烯、尼龙、铝塑复合材料和聚氯乙烯等），即使包装材料由于在物料充填时不慎受到水、油等浸渍污染也能封接好，并且对易产生热收缩变形或热分解的塑料都有很高的封接质量，特别适用于对热辐射敏感的食品、药物等的包装中做热封。超声波封口机广泛应用于制袋机或自动包装机中。

4. 脉冲封口机 脉冲加热封口采用镍铬合金作加热元件，封口时通过瞬间大电流，使其与被封接的塑料薄膜瞬间被加热、加压而后封合在一起。由于脉冲加热是瞬间完成的，在加热以前已经将塑料膜夹紧，所以在封口过程中塑料膜的收缩变形最小，封接质量比电阻加热方式好。

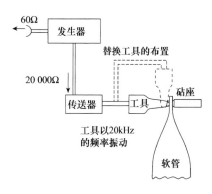

图18-23 超声波封口示意图（张改梅等，2016）

图18-24是脉冲热封口示意图，封合压板1可以上下运动，其上装有聚四氟乙烯防粘布2和加热元件3，在热封偶件6（也叫承托台）上装有耐热橡胶垫5，当层合塑料膜4被夹在橡胶垫和热合压板中间时，塑料膜被压紧，加热元件通电流后温度瞬间升高，与加热元件接触的薄膜被熔化黏合，其余被压紧的膜基本不变形，保证了封口质量。每次加热时会产生温度积累，所以在热封板中通有空气或者降温介质（冷却水）7，使得加热板能尽快降温，保证每次热封温度一致。可以通过改变镍铬加热元件的断面形状来改变封口形式。目前使用的断面形状有圆形、扁形（图18-24A）、三角形（图18-24B）等，当采用三角形断面封口时，可以同时达到切断的目的。

5. 高频封口机 高频电磁感应加热时向圈状的电阻通上高频电流，产生高频磁场，磁场内有金属材料就会使磁端损耗而发热，软管复合材料中铝箔将生热而使塑料层熔融黏结。其原理如图18-25所示。这种焊接方法是当前比较先进的焊接方法，它适用于高速自动生产线，采用这种热封方法不但封口十分牢靠，而且生产效率很高，但对于容易产生拉丝现象的物料，可能会产生软管热封口污染的问题，而采用超声波封口可以避免产生这个问题，但生产效率较低。

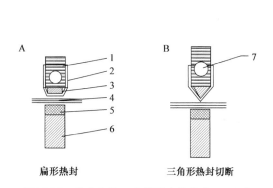

扁形热封　　　　　三角形热封切断

图18-24 脉冲热封口示意图（吴龙奇，2008）

1. 封合压板；2. 防粘布；3. 加热元件；4. 层合塑料膜；
5. 耐热橡胶垫；6. 热封偶件；7. 降温介质

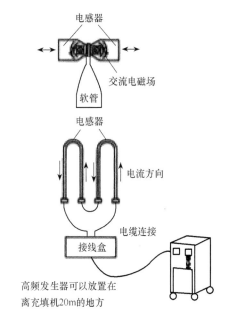

图18-25 高频封口示意图（张改梅等，2016）

常见包装材料与热压封合方法的关系如表18-1所示。

表18-1 常见包装材料与热压封合方法（杨晓清，2009）

包装材料	热压封合形式		热封温度/℃
	脉冲封口	高频封口	
低密度聚乙烯	O	X	121～177
高密度聚乙烯	O	X	135～155
无延伸聚丙烯	O	X	163～204
双轴延伸聚丙烯	O	X	99～129

续表

包装材料	热压封合形式		热封温度/℃
	脉冲封口	高频封口	
聚苯乙烯	O	X	121～163
硬质聚氯乙烯	O	O	127～205
软质聚氯乙烯	△	O	93～177
聚乙烯醇	△	△	160～182
双轴延伸聚酯	△	X	135～204
聚碳酸酯	△	X	204～430
尼龙	O	△	177～260

注：O 表示效果好，△ 表示效果一般，X 表示不能采用

（二）塑料瓶封口机

塑料材料以其优良的物理机械性能及化学性能在包装中日益得到广泛应用，不仅应用于各种薄膜式包装材料，而且用热模塑方法——注塑或吹塑热成型方法制造各种包装用瓶、罐容器。塑料材质的瓶罐类包装容器具有料质软韧、壁薄、重量轻等特点。塑料能染色，容器制作上相对简单，耗能少。因此，塑料包装容器正日益广泛应用，替代一些玻璃、陶瓷材料的瓶、罐包装物料，在此介绍应用较多的塑料瓶封口机械。

1. 旋合式封口机 旋合式封口机是指通过旋转封口器材以封闭包装容器的机器，适用于塑料瓶和玻璃瓶。瓶盖可用金属薄板或塑料制成，瓶盖内通常衬有弹性密封垫，新型带密封结构的螺口塑料盖及用塞作密封元件的瓶盖可不加弹性密封垫。

塑料瓶的封口器材通常是单螺纹瓶盖（图18-26），以旋拧的方式旋紧在带有螺纹的瓶口或罐口上。瓶盖旋合过程中，封口盖与瓶间的运动是螺旋运动，相互间既有转动，又有轴向的位移行进运动。旋合封口时，要求确保封口有足够的密封强度，同时又不产生过度的旋紧，以免瓶盖或瓶被挤破，因此当瓶盖与夹持器，或瓶与夹持器间的旋拧力矩超过许可值时，通常使它们之间产生打滑来确保封口质量。

2. 热融封口机 由于制作瓶、罐类包装容器的塑料材料（如聚乙烯、聚丙烯、聚氯乙烯、聚酯、聚苯乙烯等）具有热融性能，因此对一些热融封接性好的塑料瓶如聚乙烯瓶、聚丙烯瓶包装封口时可采用热融封口工艺。先将经装潢加工的单质或复合材料制作的封口塑料膜片加到待封口的塑料瓶口端，再以电加热的热融封接压头对塑料瓶的封口部位实施加热、加压，使瓶嘴部的封口界面与封口塑料膜片间受热融接，冷却后得到牢固且密封性很好的封口，如图18-27所示。

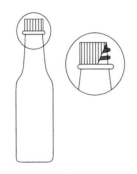
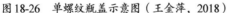

图18-26 单螺纹瓶盖示意图（王金萍，2018）

图18-27 热融封口形式示意图（张国全，2013）

塑料瓶的热融封口加热方式一般采用脉冲式热封，其封口形式简单、封口密封性好、封口连接强度高，但此封口塑料膜片消费拆封后不便于再封，因此该机适用于一次性或短期消费品包装封口。

3. 压盖封口机 压盖封口机是指在瓶盖的垂直方向上施加一定的压力以封闭包装容器的机器，在盖子的下部有一条撕拉条，如图18-28所示。当防盗盖压上瓶子时，瓶盖滑过瓶子上靠近盖底边的锁环，由于配合很紧，盖子不能拉出。开瓶时撕开并拉出位于锁环上方的撕拉条，使瓶盖上部与锁瓶的下部分开。此盖将锁紧防盗和可多次封盖两种优点结合在一起，常用于包装饮料和牛奶等的瓶子。

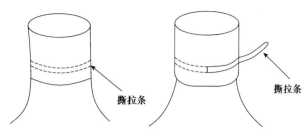

图18-28 塑料防盗盖示意图（张国全，2013）

二、玻璃容器封口机

由于玻璃具有良好的透明性、较高的化学稳定性、优良的加工工艺性、耐腐蚀、不透气、能防潮、原料来源广和成本较低廉等特性，并且玻璃能着各种颜色，可以用热模塑法制成各种形状的包装容器，以适应包装的需要，因此，玻璃瓶和罐是广泛应用的包装容器之一。玻璃瓶、罐类包装容器，用来包装各种黏度的液体物料、黏稠的膏状物料、固体细粉粒物料及中、小固体颗粒物料。

包装用玻璃瓶、罐容器形式多种多样，如圆柱形瓶、扁平形瓶、矩形瓶、特异形瓶、广口瓶、窄口瓶、长颈瓶、短颈瓶、柱口瓶和螺口瓶等。玻璃瓶的封口与塑料瓶封口有相似之处，玻璃罐的封口要求与金属罐相同，都要求有严格而牢靠的密封。玻璃瓶、罐容器大多使用盖或塞作包装封口，视其中包装装载物料特性对包装要求的不同，有多种包装封口形式，如用金属盖配以弹性密封圈垫进行滚压卷边密封瓶口、用轧压方法密封瓶口、用弹性塞压入瓶口进行封口、用配有弹性密封圈垫的螺旋盖旋拧在瓶口的封口螺旋上进行封口、用瓶塞压入瓶口后再用配有封垫的螺旋盖旋拧于瓶口上封口等。根据封口方式不同，其工作原理不同，所使用的封口装置结构也各异。

1. 卷边封口机 玻璃容器与金属盖间做卷边封口时，由于两者的材质性能相差较大（如金属薄铁板材料强度高、韧性好、塑性变形性能好，但玻璃材料则具有很高的脆性和硬度），为了使玻璃罐身与罐盖间得到严密可靠的封口，玻璃容器的颈部制作有供封口用的凸棱，封罐中弹性胶圈放置于玻璃瓶口凸棱与金属盖之间，用卷封滚轮对封口接合部位实施滚压加工，使罐盖受到滚挤压，迫使弹性胶圈产生挤压变形，同时把罐盖边缘滚挤到瓶口封口用凸棱之下，构成牢固的机械性勾连连接，在瓶口凸棱与盖间变形的弹性胶圈保障玻璃容器封口的密封可靠性。

图18-29为玻璃罐卷边滚压封口示意图。载上盖的玻璃瓶罐由上罐机构送到下压头上，罐被托升并被夹压住，定位于上、下压头间；在传动及径向进给装置作用下，卷封滚轮一方面绕着卷封瓶罐圆周做滚转运动，同时又向瓶罐中心做径向进给运动，迫使罐盖周缘产生卷曲变形，弹性胶圈在盖与瓶罐封口凸棱间受到挤压变形；罐盖周缘在卷封滚轮的滚挤压作用下，卷曲到瓶罐凸棱的下缘，构成强固的勾连连接，保障卷封的密封性要求。

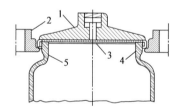

图18-29 玻璃罐卷边滚压封口示意图（李良，2017）
1. 上压头；2. 卷封滚轮；3. 罐盖；4. 弹性胶圈；5. 玻璃罐

2. 旋合式封口机 玻璃容器的旋合式封口机与塑料瓶的旋合式封口机类似，都是通过旋转封口器材以封闭包装容器的机器。饮料果汁、医药及其他物料包装中，用玻璃瓶作包装容器时，其包装用螺纹连接方式封口都采用单头螺纹连接，瓶的封口部位上有约两整圈或两整圈以上的螺纹扣，瓶盖上有同样规格的连接螺纹；为使瓶盖封口得到高密封性能，瓶盖内常垫有用纸板或橡胶等材料制作的密封衬垫，其封口方法与塑料瓶旋合式封口方法类似。

3. 滚压式封口机 滚压式封口机是指用滚轮滚压金属盖使之变形以封闭包装容器的机器。它是将容易成型的薄金属盖壳套在瓶颈顶部，操作压盖头，利用夹头内滚轮在盖上轧出螺纹。

滚压式封口主要采用铝质盖，封口前未加工螺纹。盖与瓶口套合后，滚轮沿盖侧壁圆柱面滚压，将盖侧壁压制成与瓶口螺纹紧密扣合的螺纹，且使盖侧壁下缘变形紧扣瓶口的凸缘，完成封盖。密封可靠，启封方便，封口外形美观，同时具有防盗功能，多用于小口瓶金属盖及扭断盖等。滚压式封口形式如图18-30所示。

滚压式封口机种类很多，根据铝盖收边成型的原理，可分为压纹和锁口。根据滚轮的形式又可分为单刀式、双刀式和三刀式。

图18-31为半自动滚压封口机示意图，由升瓶机构、托瓶装置、压纹滚轮、压边滚轮、调整机构和传动机构等部分组成。将已套好铝盖的瓶子放置在6、7、8构成的托瓶装置上，1、2、3、4、5构成的升瓶机构随即上升，瓶子被压头压住瓶盖，螺纹滚刀10和防盗滚刀9做径向进给，并绕主轴旋转，完成压纹封口和压边封口。退刀，升瓶机构下降，取走已封好的瓶，进入下一个过程。

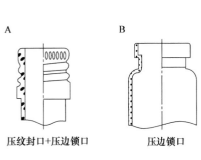

图18-30　滚压式封口形式示意图
（方祖成等，2017）

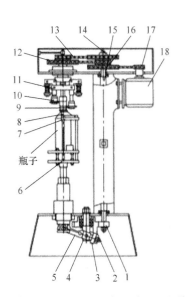

图18-31　半自动滚压封口机示意图（方祖成等，2017）

1. 小齿轮；2. 凸轮；3. 轴承；4. 凸轮轴；5. 摆杆；6. 托盘；7. 支瓶板；8. 瓶口卡；9. 防盗滚刀；10. 螺纹滚刀；11. 滚刀支架；12. 封盖皮带轮；13. 皮带；14. 主轴皮带轮；15. 主轴；16. 过渡皮带轮；17. 小皮带轮；18. 电机

4. 压力封口机　　压力封口机是通过在封口器材的垂直方向上施加预定的压力以封闭包装容器的机器。压力封口是某些液体饮料（如啤酒）包装封口的主要方式。一般使用配有高弹性密封垫片（通常用橡胶或软木制造）的王冠形瓶盖，加在包装容器口上，由机械施以压力，使位于盖与瓶口间密封垫产生较大的弹性接触挤压变形，瓶盖结构上的波纹形周边被挤压而变形卡在瓶子封口凸棱的下缘，造成盖与瓶间的机械勾连，得到牢固且严密的密封性封口。

图18-32为王冠盖封口形式示意图。它是将一浅盘状的金属圆盖扩口轧成裙边，当裙边被轧在瓶颈凸起的圆环上时，瓶盖就紧扣在瓶上。王冠盖可采用简单的撬开动作取下。

图18-33为铝质圆帽盖封口形式示意图。其瓶嘴部分有2~3圈外螺纹和一圈外凸缘，铝质圆帽盖内有弹性密封垫片，当帽盖戴在待封瓶口上时，对圆帽盖的帽顶及圆柱面均施以挤压力，使瓶口与盖之间的密封垫片产生弹性压缩变形，同时，铝盖的圆柱面产生塑性变形而与瓶嘴的封口外螺纹和凸凹缘紧密接触，构成牢固的机械性钩连，达到封口的目的。为了便于拆封，把铝盖圆柱面收口的那一圆圈切离，仅留3~4个2mm左右宽的连接筋带均布于该圆圈上。这样，拆封时，插开这些筋带即可方便地取下瓶盖。并且可从这些筋带是否完好来鉴别是否有人拆过包装瓶。因此，这种封装又可称为防盗封装。

5. 压塞封口机　　压塞封口机是对具有一定弹性的瓶塞以机械力压入瓶口，依靠塞与瓶表面间挤压变形实现封口的机器。

图18-34为压塞封口形式示意图。封口用瓶塞有软木塞、橡胶塞、塑料塞和玻璃塞等。在酱油、醋等液体包装中，瓶塞封口是直接给玻璃包装容器封口。但很多情况下是用瓶塞与螺纹瓶盖两者组合来实现包装封口，如挥发性液体物料的包装容器封口、药品的瓶装封口等，都是在瓶口压塞封口后，外部再旋拧螺

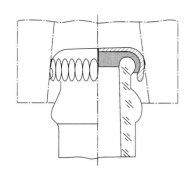

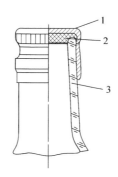

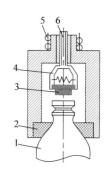

图18-32 王冠盖封口形式示意图（张国全，2013）

图18-33 铝质圆帽盖封口形式示意图（关振球，1991）
1. 铝质圆帽盖；2. 弹性密封垫片；3. 被封口瓶子

图18-34 压塞封口形式示意图（方祖成等，2017）
1. 容器；2. 密封圈；3. T型塞；4. 夹塞爪；5. 弹簧；6. 真空吸孔

纹封口盖封口，以提高封口的密封性，阻止产品挥发、外溢污染或过早质变等。

6. 热收缩盖封口机 热收缩盖封口机是将可收缩塑料盖套上瓶颈，经过热收缩通道加热，使塑料盖依照瓶颈形状收缩以密封容器的机器。塑料收缩盖常用于酒瓶或其他需要良好密封的容器，多数瓶盖内都有一层紧贴在瓶口的用弹性材料做的衬垫，一方面增强密封性，另一方面起缓冲作用，防止瓶口被轧碎。衬垫常用浆板、塑料或软木制成，其表面常敷贴一层保护层。保护层采用纸、薄膜或铝箔材料，可形成无孔隔离层以防止内装物发生化学或物理反应。

热收缩盖用于已装有软木塞或其他内盖的瓶子的外罩，以使容器达到防盗和双层密封的目的。图18-35为热收缩盖封口示意图。当充填并加装软木塞后的瓶子在瓶盖滑槽下面经过时，瓶子就拉出一个塑料盖壳松套在瓶口上；瓶子带着松套盖由传送带输送穿过由热风循环通道组成的热收缩通道时，塑料盖壳因被加热而收缩，并紧贴在瓶颈上，完成封口。若将收缩盖撕开，则不能重复使用，所以此盖能形成防盗封口。

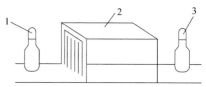

图18-35 热收缩盖封口示意图（张国全，2013）
1. 松套盖；2. 热收缩通道；3. 收缩盖

三、纸容器封口机

（一）纸袋封口机

纸袋具有纸质材料特性，可以采用多种封口方式及相应的机械。包装用的纸袋封口程序为：先对已充填包装物且已整形好的包装袋进行袋口折合，然后对其进行封口。纸袋封口用机械与纸袋的包装封口形式及封口方式有关。

图18-36为纸袋封口形式示意图，其中图A、B、C是"一"字形折合式封口，图D是四边折合平面式封口。纸袋封口的方式有黏合、缝合、装订、滚压和轧压封口等多种。纸袋包装用"一"字形折合封口

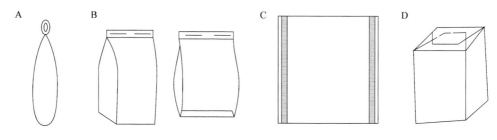

图18-36 纸袋封口形式示意图（张国全，2013）

时，可应用各种封口方式；当纸袋包装取四边折合平面式封口时，则只能用黏合封口方式。

1. 黏合封口机　　黏合封口是纸包装容器应用较广泛的封口方式。它不仅应用于纸袋、纸盒和纸箱的封口，还应用于包装瓶、罐的标签粘贴机中。

包装的黏合封口有3种形式：直接黏合封口、贴封封口和综合封口。直接黏合封口是在包装容器封口部位施涂黏合剂，在折页机构的配合下，使包装容器实现黏合封口；贴封封口是在纸袋封口折合之后，用涂有黏合材料的封签、封条或胶带，粘贴在折合封口纸页之间或贴在两头袋体上，构成封贴封口；综合封口是在封口时先用黏合剂使封口处的折合纸页间粘贴，然后又对封口结合面用封签、封条或胶带做贴封封口。该封口形式的封口牢度较好，但封口机构复杂。

2. 缝合封口机　　缝合封口机是指使用缝线缝合包装容器的机器。缝合封口多用于复合纸袋、麻袋、布袋和复合纺织袋等重袋包装封口中。

图18-37为缝合封口形式示意图。缝合封口通常用电动缝纫机以缝线对封口折合部位进行缝合加工，其封口速率受缝纫加工速度的限制，封口速率较低。

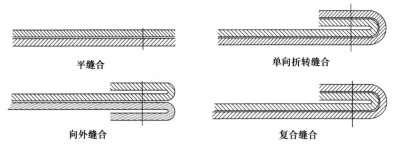

平缝合　　　　　　　　　　　　单向折转缝合

向外缝合　　　　　　　　　　　复合缝合

图18-37　缝合封口形式示意图（张国全，2013）

3. 订合封口机　　订合封口机是指使用金属钉等封闭包装容器的机器。其是在纸袋折合封口部位纸页上装订一或两枚封口钉，实现封口。订合封口机可以使用杂志书刊装订用的装订机头，将卷盘的细"铅丝"——镀锌低碳钢丝，经输送、裁切、弯折成钉，再装订到封口折合部位，最后弯折钉脚使其构成牢固的封口。主要应用于纸袋封口和大纸箱封合侧边。

4. 机械滚挤压封口机　　机械滚挤压封口机是用细齿牙滚轮对包装袋封口结合部位纸页实施强力滚挤压的机器。包装纸袋封口部位纸层，通过滚压轮时，受滚压轮牙齿的强力滚挤压作用，造成相互间紧密接合，实现封口。

机械滚挤压封口机结构简单、紧凑，包装封口处拆开简便，但封口纸层间的连接牢固性较差即封口强度差，仅适用于轻物料、小分量的双层包装或多层次包装的内包装中。

（二）纸箱封口机

包装纸箱是一种外包装容器，它是对已经进行各种形式的包装件再做集合排列包装。普通纸板或瓦楞纸板箱的箱底均由4个折片（即两个内折片，也称为小片；两个外折片，也称为大片或侧页）组成，在封口之前必须将折片折合后才能封口。纸箱自动封口机可以是一台独立的设备，也可以是自动装箱机械中的一个组成部分，常见的有纸箱黏合封口机、纸箱胶带封口机和捆扎封口机等多种类型。

1. 纸箱黏合封口机　　纸箱黏合封口机是在折合内折片之后，在内折片的外表面或是在外折片的内表面用涂胶装置施涂上黏合剂，当折合外折片时，用机械装置对黏接部位施加一定的压力使纸箱页片粘贴住，待黏合剂干固后实现纸箱封口。

图18-38为黏合封箱示意图。纸箱的内折片用压舌片压住，上胶毛刷先从胶水滚轮上刷取胶，然后将胶水刷在内折片的外侧，在折合外折片时，完成纸箱封口。在纸箱黏合系统中，一般有箱片折合装置、涂胶装置、使封盖间保持贴合接触的加压装置及加快黏合剂固化的装置等。

2. 纸箱胶带封口机　　利用粘贴胶带封合是目前最为广泛的封盒（箱）方法。折合好封口折片或是已采用黏合封口的纸箱，用卷盘式压敏胶带跨着封口折片的折合缝粘贴，并对其施加一定压力使箱口封牢。纸箱体各端头与粘接胶带的粘接长度一般应大于50mm。

图18-39为胶带封合示意图。纸箱按箭头方向进入封箱工位，在上下机架上设有胶带封条的展开机构；单面胶带被拉出后经压紧轮的作用，将纸箱大折片缝粘贴；随着纸箱的移动，胶带继续被拉出，到达切断工位时，切刀把上下两条胶带切断，并由毛刷把胶带两端头分别刷平粘紧在纸箱两侧面上。

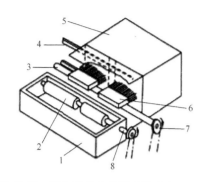

图18-38　黏合封箱示意图（张国全，2013）
1. 胶水槽；2. 胶水滚轮；3. 轴；4. 压舌片；
5. 箱坯；6. 上胶毛刷；7. 皮带轮；8. 轴

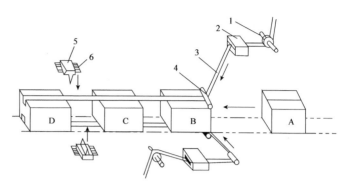

图18-39　胶带封合示意图（张国全，2013）
1. 导辊；2. 热水槽；3. 胶带；4. 压紧轮；5. 切刀；6. 毛刷。
A、B、C、D表示4个纸箱

3. 捆扎封口机　捆扎封口机是用捆扎带对已装填包装产品的包装箱以环绕方式沿其横断面缠绕，并紧紧地捆住箱子，最后用焊接、黏结、卡子或打结等方法，固定捆扎带两端头使其不松散，而完成对包装箱的一道捆扎。在包装纸箱捆扎封箱中，一般要进行两道捆扎。

图18-40为捆扎封箱实物图。折合页片后的纸箱由人工放置于捆扎机上，由工人牵引塑料捆扎带绕过包装箱，机械自动完成收紧带、压带、切带、热熔带等捆扎动作。完成一道捆扎后，由工人给包装箱转向再进行第二道捆扎。在全自动捆扎机中，每道捆扎的动作都由机器自动完成，可配置多台捆扎机对其进行多道捆扎。

捆扎封箱用的捆扎带有非金属带和金属带两类。非金属带有用玻璃纸、蜡纸或牛皮纸制造的捆扎带，以及用聚

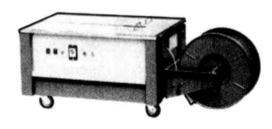

图18-40　捆扎封箱实物图（张国全，2013）

丙烯或尼龙材料制造的塑料捆扎带。其中，聚丙烯捆扎带由于使用性能好及成本低廉等方面的优点应用最广。金属捆扎带主要为薄钢带，具有承载力强、尺寸稳定的特性；非金属捆扎带有回弹性，在张力下会缓慢伸长，因而尺寸稳定性不及金属捆扎带，只适用中、小负载下的捆扎。重载或负荷特重情况下应采用金属捆扎带。

4. 热熔封口机　热熔封箱是指对封口折片贴合表面涂敷有热熔性塑料膜层的纸箱封口，需要热熔封口机进行。

封箱用热熔性塑料膜层是以复合方法在制造纸箱的复合材料时复合上去的，或专为封箱需要在制箱之后以乳胶液涂布待干燥后得到。热熔封箱口与一般具有热熔性塑料膜层材料的热熔封口方法相同，即以适当的加热方法和装置对需热封接的封口表面进行加热，使其表面的热熔性塑料膜层达到熔融状态，在折合封口折片的同时施加压力达到黏合，冷却后使折片黏结在一起，实现封箱。

热熔封箱的加热方式可取电热板或热空气流加热，视包装箱中包装物料的热敏感性而定；加压方法多为辊压法，也有用压板压贴的。

第五节　无菌包装设备

无菌包装基本上包括三部分：物料的杀菌、包装容器的灭菌和充填密封环境的无菌，所以无菌包装设备与一般机械包装设备的差别是无菌包装系统设有相对独立的包装材料杀菌系统和无菌环境的充填与封口系统，使得包装产品杀菌和包装材料相互独立，从而实现产品的灭菌，确保包装产品的风味和质量。目

前，商业化无菌包装系统的包装材料灭菌方法主要有4种：加热法、紫外线照射法、化学药剂处理法和放射性杀菌法。包装内容物的无菌化方法包括加热、微波处理、紫外线照射、超高压处理和过滤等，其中加热法是目前最经济和应用最多的方法。常见的无菌包装系统由超高温短时杀菌设备、无菌包装设备和CIP设备三部分组成，产品在密封的管道内连续加工和包装，整个系统加工和清洗消毒程序及温度、压力等参数均采用自动化控制，是高度智能化的设备。目前，国际上有30多家公司提供各类无菌设备，根据包装容器的类型，无菌包装设备主要有7种类型。下面以纸盒无菌包装设备为例进行介绍。

纸盒无菌包装设备主要有瑞士Tetra Pak公司的利乐包包装设备，包装材料以板材卷筒形式引入，被制成容器、充填并密封，这些可在一台机器上完成，通常包装机生产能力为4500~6000包/h。形状有菱形、砖形、屋顶形、利乐冠和利乐王等包装形式，容量为125~2000mL。

利乐包的包装材料是由纸基与铝箔、塑料复合层压而成，厚约0.35mm，复合材料由内及外的复合顺序为聚乙烯/铝箔/聚乙烯/纸或纸板/印刷油墨层/聚乙烯。纸张的作用是使利乐包硬挺，有一定的刚度，聚乙烯层使盒子紧密不漏，保护纸和铝箔不易受潮和腐蚀，也便于成盒时加热热封，铝箔是阻隔层，使制品不受光线、空气影响，保证包装制品有较长的保质期。

（一）利乐包包装设备工作原理

目前我国普遍引进的是砖形盒利乐包包装设备，其工作原理见图18-41。包装材料卷1放在机后的卡匣上；光敏电阻（光眼）2能发出添加新包装材料卷时的信号；平压辊3压平包装材料上的皱褶，以便于盒子成型；打印装置4在包装材料上打印日期和其他标志，装有两个打印滚筒，可在机器连续运行过程中改变打印的标志；弯曲辊5使包装材料以一定的曲率上升；两卷包装材料的接头通过接头记录器6时即自动记录，有接头的盒封口后由图中20处滑道排出；封条粘贴器7在包装材料的一边加贴一条塑料胶带，以便与包装材料另外一边黏合在一起；包装材料经过双氧水浴槽8时，其内壁即被双氧水所润湿，润湿量由内藏室控制器调节；挤压辊9挤去包装材料表面上多余的双氧水；空气收集罩10收集由纸筒上升的空气，这些热空气回流到无菌空气压缩机，然后由特制分离器收集的水冲洗残余的双氧水；顶曲辊11使包装材料向下弯曲，并由一组辊件使包装材料从平面转折为圆筒形；无菌液体制品充填管12外还有一套管，无菌热空气从内外管间隙吹到加热器底端，使其折向往上流动，以便使制品液面和纸筒之间充满无菌加压热空气；包装材料卷筒两边叠接纵缝通过缝加热器13时被无菌热空气加热；纵缝封口环14使封条塑胶带将包装材料两边加压黏合构成纵缝；环形加热管15为环形电热元件，产生辐射高热，使纸筒内壁消毒杀菌，同时使纸筒制品液面以上空间保持无菌；不锈钢浮标17控制纸筒内液面16，因此能保持适当的液面高度，使液面永远高于注入管，避免形成气泡；由充填管的管口18向纸筒装满制品后，纸筒横向封口钳19在液

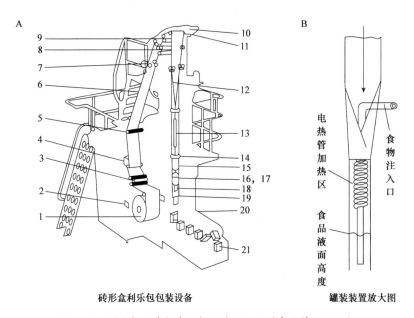

图18-41　利乐包无菌包装设备工作原理图（高晗等，2012）

面上将纸筒横封并切断；由接头记录器记录的带接头的纸盒从接头纸盒分拣装置20自动排出；完全密封纸盒21经曲折角和成型后形成砖形包装盒，此处分左边或右边推至输送带，送往装箱处。

在利乐包包装机上，包装材料向上传送时，其内表面的聚乙烯层会产生静电荷，来自周围环境的带有电荷的微生物便被吸附在包装材料上，并在接触食品的表面蔓延。包装材料经过H_2O_2水溶槽时，经35%H_2O_2和0.3%湿润剂杀菌，达到化学灭菌的目的。但冷的H_2O_2杀菌效果不好，需要热处理来提高H_2O_2的杀菌效力。包装材料经过挤压辊时挤去多余的H_2O_2液，此后包装材料形成筒状，向下延伸并进行纵向密封。无菌空气从制品液面处吹入，经过纸筒不断向上吹去，以防再度被细菌污染。

（二）利乐包包装设备的操作流程

利乐包包装机的操作流程如图18-42所示。

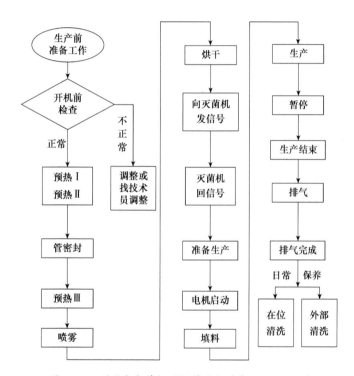

图18-42　利乐包包装机的操作流程（唐丽丽，2014）

本 章 小 结

常见的液态生物发酵产品有酒类、饮料、乳品和调味品等，包装时一般采用灌装机将液体产品按预订量灌注到包装容器内，包装所用的容器主要有玻璃瓶、金属罐、塑料袋、复合纸袋和复合纸盒等。灌装机的基本结构一般由包装容器供给装置、灌装液体供给装置和灌装阀三个部分组成。固体包装过程包括充填、包装、裹包和封口等主要包装工序及其他相关工序，常用的固体包装设备为袋包装设备、瓶包装设备和泡罩包装设备，将产品按照预订量充填到包装容器内，主要用于粉末状、颗粒状和小块状固体物料的包装。对黏度大于0.1Pa·s的半流体和黏滞流体需要采用压力灌装机，通过施加机械压力，利用活塞或柱塞的往复运动来压送液料，将产品充填到包装容器内。封口机是指将产品盛装于包装容器内后，对容器进行封口的机器，包括热压式、熔焊式、压盖式、压塞式、旋合式、卷边式、压力式、滚压式、缝合式和结扎式等。封口机适合于用任意材料制成的充填任意产品的包装容器的封口。无菌包装技术采用的包装容器有杯、盘、袋、桶、缸和盒等，容积为10~1135mL。包装材料主要采用塑料、铝箔、纸、塑料的复合膜，此复合膜制成的容器比金属容器节省15%~25%的费用，大大降低了包装成本，广泛用于饮料类产品的包装。无菌包装基本上包括三部分：物料的杀菌、包装容器的灭菌和充填密封环境的无菌。

思考题

1. 何谓负压灌装，其优点是什么，适合于哪类产品的包装？
2. 灌装机常见的故障有哪些，如何解决？
3. 简述啤酒灌装生产线的主要设备和工艺流程。
4. 黏度较大的流体产品包装时可选用哪些设备？
5. 固体包装形式有哪些，对应的包装设备主要有哪些机构？
6. 啤酒灌装后采用的封口机是哪些类型？
7. 分别简述塑料、玻璃、纸容器封口方式及装置。
8. 试分析什么举措能保证成型袋充填后封口平整？
9. 无菌包装的三大要素是什么？
10. 利乐包包装设备的工作流程是什么？
11. 固体无菌包装的难点是什么？

第十九章　典型发酵工业产品的设备工艺流程图或平面布局图

第一节　发酵工厂工艺流程与平面布局简述

一、生物工厂总平面设计

工厂总平面设计是在厂址选定以后进行的工作，是对工厂总体布置的平面设计。

主要任务是根据工厂建筑群的组成，以生产规模、生产特点、设计资料和总平面布置的原则为依据，按生产工艺流程，结合场地，使所建工厂形成布局合理、协调一致、生产有序与四周建筑群相互协调的有机整体。

平面布置很重要，合理的布局不仅使外形整洁、美观，而且生产使用中物料流动非常有序，可以有效降低费用，提高效率。

1. 总平面设计的基本内容　总平面设计内容因产品不同、规模不同和需要不同有很大的差异，但不管怎样，一般都包含以下几方面。

（1）平面布置设计。平面布置是总平面设计中的必要内容之一。平面布置应根据厂址面积、地形、生产要求等方面，先进行厂区划分，然后再合理确定全厂建筑物、构筑物、道路、管路、管线等设施。在厂区平面上的相对位置，使之适应生产工艺流程的要求，以便于生产管理和操作。

（2）竖向布置。主要是确定厂区内各个单项建筑的标高关系，它以平面坐标为依据。

（3）运输设计。选择厂内外运送方式，分析厂内外输送量及厂内人流、物流组织管理问题（公路运输还是铁路运输）。

（4）管线综合设计。根据工艺、水、汽、电等各类工程线的专业特点，综合规定其地上或地下敷设的位置、占地宽度、标高及间距，使之布局经济、合理、整齐。

（5）绿化设计。厂区绿化是城镇绿化的重要组成部分。现代化生物工厂由于对卫生条件要求高，绿化设计更为重要。

（6）其他。结合工厂实际情况及远景规划，合理布置综合利用设施和扩建预留地等。

2. 总平面设计的原则和要求　生物工厂总平面设计主要是依据审批的设计任务书、厂址选择报告和厂址总平面布置方案草图及生产工艺流程简图，并参照国家有关的设计标准和规范，逐步编制出来的，包括以下一些内容：①必须符合生产流程的要求；②主生产厂房设置在厂区中心地带，附属车间布置在周边位置；③要将人流、货流通道分开，避免交叉；④要考虑风向问题，注意城市规划要求；⑤设计要符合国家有关规范和规定，如防火规范、"三废"排放标准等。

3. 总平面设计的步骤　工厂总平面设计工作较为复杂，一般分为初步设计和施工图设计两阶段，每个阶段又分资料图和成品图两个步骤进行。

二、生物工厂工艺流程设计

工艺流程设计在生物工厂设计中是关键的环节，因为产品的优劣，能否在未来市场中获胜很大程度上取决于工艺技术的先进与否。工艺流程设计和车间布置设计是工艺设计的两个主要内容，是决定工厂的工艺计算、车间组成、生产设备及其布置的关键步骤。

工艺流程设计的主要任务包括两个方面：第一，由原料到成品的各个生产过程及顺序，就是生产过程中物料和能量发生的变化及流向，包括应用了哪些生化过程及设备；第二，绘制工艺流程图。生物生产过程中，原料往往不是直接变成产品，而是通过一系列的半成品或中间产品再变成成品，同时必须还有副产品的废液、废渣等生成，所以要注意环保设计。

选择生产方法就是选择工艺路线，是工厂设计的关键步骤。一个生物产品的生产过程，大致经过扩培、发酵、后处理等步骤，对同一生物制品的生产，因采用不同的菌种、发酵工艺条件，提取方法也有几种。例如，柠檬酸的提取可采用离子交换法、钙盐沉淀法和溶媒萃取法，这三种方法都可以从发酵液中提取柠檬酸，但差别十分大而且需要的设备也不同，这就需要我们进行分析比较，设计出一个合理、先进、优质和高产的工艺路线来。因此，生产方法的选择，不但是整个工艺设计的基础，对建成投产后的生产有长远影响。

1. 选择生产方法的依据

（1）原料来源、种类和性质。原料不同，生产方法流程也要有一定的差异，如以酒精、玉米、糖蜜为原料，则流程不同。

（2）产品的质量和规格。生产的产品质量不同，工艺流程也有区别。例如，酒精生产采用两塔式流程酒精质量较低，若想得到优级酒精就得用三塔式以上流程；啤酒也有淡色、浓色啤酒之分。

（3）生产规模。生产能力的大小。

（4）技术水平。选择成熟、有把握的工艺流程。

（5）建厂地区的自然环境。例如，在南方，气温高，发酵时需进行冷冻控制，因此冷冻机的设计规模大，北方相对小一些。

（6）经济合理性。经济效益是评价生产工艺方法优劣的一个重要方面，要切实做好经济效益比较工作，选用投资省、效益高、能耗低的生产方法。

2. 工艺流程的设计原则   工艺流程设计工作是一项重要而复杂的工作，它涉及的范围大，直接影响建厂的效益，因此必须考虑以下几个原则。

（1）保证产品质量符合国家标准。外销产品还必须满足销售地区的质量要求。

（2）尽量采用成熟、先进的技术和设备。可以引进国外先进的设备，但要考虑备品、备件的供应，维修保养是否有保证。

例如，啤酒厂糖化车间工艺流程设计中，以前均采用麦芽汁二段冷却技术，现在采用的麦芽汁一段冷却技术具有明显的节能效果，比原二段冷却节电40%，节水27%，降低煤耗5%，同时降低制冷剂用量，从而降低了啤酒生产成本。

（3）尽量减少"三废"排放量。要有完善的"三废"治理措施，以减少环境污染。

（4）确保安全生产，以保证人身和设备的安全。

（5）生产过程尽量机械化和自动化，实现稳产、高产。

3. 工艺流程的设计步骤   工艺流程设计通常经历生产工艺流程示意图、生产工艺流程草图、生产工艺流程图三个阶段。

（1）生产工艺流程示意图。生产工艺流程示意图又称为方框流程图，是在物料衡算前进行的，其任务是定性表示由原料转变为半成品到成品的过程，以及应用的设备。由于没有进行计算，绘制时不要求正确的比例。

（2）生产工艺流程草图的设计。生产工艺流程草图又称为物料流程图，它是在完成平衡计算，求出原料、半成品、产品、副产品、废水、废料的量，在设备选型及计算的基础上绘制的。

设备设计分两步进行：第一阶段，计算确定计量、贮存设备的容量，并决定这些容积的形式、尺寸和台数等；第二阶段，解决生物反应过程和单位操作的进程问题，如加热面、搅拌功率等，并进行初步平面布置。

生产工艺流程草图是一种以图形与表格相结合的形式来反映设计计算某些结果的图样。其包括：①图形，设备的示意图和流程图。②标注，设备的位号、名称及特征数据。③标题栏，图名、图号、设计阶段等。

绘制生产工艺流程草图时图样采取展开图形式，按生产工艺流程次序，由左至右画出一系列设备的图形，具体步骤如下：①把各楼层的地面线用双细线绘出，注上标高；②根据设备所处的相对高度，从左至右画出各设备的外形，设备之间应留有间距；③物料线用粗实线画出，水、汽、真空、压缩空气用细实线画出，并用箭头标明流动方向；④画出各设备流程号和辅助钱；⑤标注设备流程号和辅助线；⑥最后写上必要的文字说明。

（3）生产工艺流程图的设计。生产工艺流程图也称为带控制点的工艺流程图，是初步设计需要完成的图纸。它是在经过多次反复按顺序审查后，确认设计合理无误后绘制的生产工艺流程，比草图更加全面、完整和合理。它是设备布置和管道布置等设计的依据，并可以供施工安装、生产操作时参考。

第二节　好氧发酵工业产品的设备工艺流程图或平面布局图

一、好氧发酵工艺综述

（一）工艺原理

好氧发酵是好氧微生物如细菌、放线菌和真菌等通过自身的生命活动，通过氧化、还原与合成，把一部分有机质氧化成无机质，提供微生物生长所需的能量；一部分有机质转化成微生物合成新细胞所需的营养物质。好氧发酵过程见图19-1。

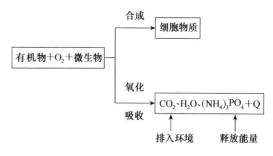

图19-1　好氧发酵过程

（二）工艺特点与工艺过程控制

好氧发酵的主要特点在于省地、省投资、省动力消耗，不产生废水和烟气，无异味，不需要高压和锅炉，杜绝了安全隐患，设备结构简单，操作方便，产品质量稳定，处理效果好。好养发酵产出物包括：氨基酸、食醋、生物肥（发酵肥）和生物蛋白（饲料）等。其过程控制主要包括：①水分；②温度；③pH；④氧气；⑤泡沫。

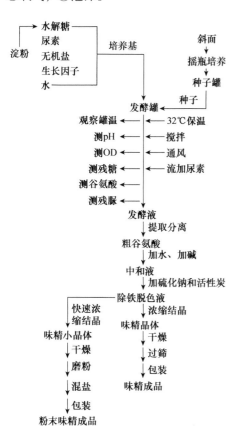

图19-2　味精生产工艺流程图

二、氨基酸发酵（以味精为例）

味精工厂生产的主要过程为：①发酵预处理（包括种子培养、原料预处理、制备无菌空气）；②发酵；③等电点提取；④中和制味精；⑤浓缩结晶；⑥精制分装。味精生产厂家一般都会设置糖化车间、发酵车间、提取车间还有精制车间作为主生产车间。另外，为了保障生产过程中的蒸汽需求，同时还会设置动力车间，锅炉燃烧产生蒸汽，并通过供气管路输送到各个生产需求部位。还要设置供水站，以保障对水的需求。所供的水经消毒、过滤系统的处理，输送到各个生产需求部位。

（一）味精生产工艺流程图

味精生产工艺流程图见图19-2。

（二）年产万吨味精工厂平面布局图

年产万吨味精工厂平面布局图见图19-3。

三、甲醇蛋白工艺

甲醇蛋白是通过培养单细胞生物而获得的菌体蛋白质，目前主要用作畜禽饲料蛋白，与其他饲料蛋白如鱼粉、大豆等天

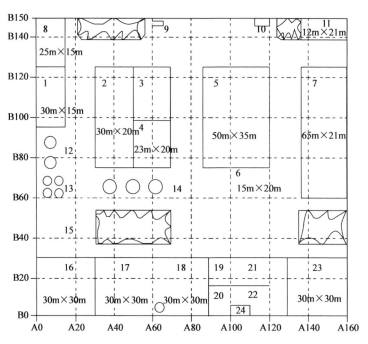

图 19-3 年产万吨味精工厂平面布局图（24 000m²）（于信令，1995）

1. 糖化；2. 主发酵；3. 发酵（种槽）；4. 发酵、空压间；5. 提取；6. 冷冻间；7. 精制、包装、化验、成品库；
8. 原料库；9. 地中衡；10. 门卫；11. 写字楼、餐厅；12. 糖液储罐；13. 酸碱储罐；14. 发酵液储罐；15. 液氨罐区；
16. 污水处理；17. 冷却水塔；18. 锅炉房；19. 洗手间；20. 浴池；21. 车库；22. 机修；23. 变配电；24. 化粪池。

A、B 的单位为 m，表示工厂的长和宽

然动植物蛋白质相比，营养价值较高。甲醇蛋白的主要成分包括粗蛋白质、脂肪、赖氨酸、蛋氨酸及胱氨酸，甲醇蛋白中的粗蛋白质质量分数平均在 70% 以上，而且还含有丰富的其他各种氨基酸、矿物质及维生素等，比动植物性蛋白的营养成分高得多。

（一）工艺技术选择

甲醇蛋白生产主要是以甲醇为碳源，通过采用选择性微生物生产单细胞蛋白，即甲醇蛋白。主要原料是甲醇、氨水、硫酸。工艺流程如图 19-4 所示。

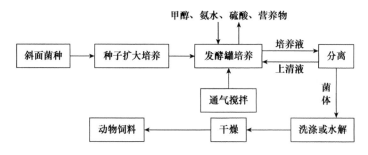

图 19-4 甲醇蛋白发酵流程图

采用发酵罐的形式有传统的搅拌式发酵罐、通气管式发酵罐、空气提升式发酵罐等。采用甲醇为原料生产甲醇蛋白的菌种不多，主要是一些不会引起疾病的细菌、酵母菌和微型藻类，其中以细菌为主。甲醇专用营养菌的细菌以甲烷单胞菌属和甲基球菌属居多，甲醇兼性营养以假单胞菌居多。菌体分离一般采用离心机分离，比较难分离的菌体可加入絮凝剂以提高其絮凝力，便于分离。如果作为人类食品，则需经过蛋白质抽取、纯化、干燥，除去大部分核酸后成为食物蛋白。

（二）工艺设备

发酵罐是甲醇蛋白生产的关键设备，如图19-5所示。对发酵罐的要求是：保证空气和能量利用良好；能迅速供给发酵所需的大量氧气；能长期稳定运转；有较大容积；传热良好等。主要有三种发酵罐：加压外循环式发酵罐、空气提升内循环式发酵罐、升气式发酵罐。

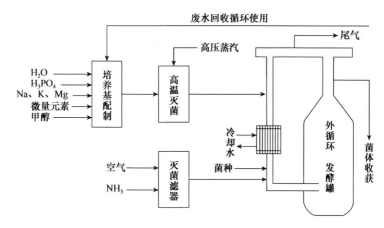

图19-5　甲醇蛋白生产工艺流程（黄方一和程爱芳，2013）

（三）工艺装置及工艺流程概述

以甲醇为原料的甲醇蛋白生产过程，包括下列工艺装置：①原辅材料灭菌；②甲醇发酵装置；③甲醇蛋白分离、干燥装置；④产品贮运系统；⑤产品储罐、包装等；⑥空气净化系统。

将物料混合均匀后装入发酵罐，通过高温蒸汽进行灭菌，待其自然冷却；甲醇酵母斜面种接种摇瓶进行培养，然后火环接种种子罐发酵培养，最后，通过压力将培养好的甲醇酵母种子经无菌不锈钢管道压入发酵罐进行发酵；发酵温度保持在30℃，pH为5.0，实时观察发酵情况，不断流加甲醇、氨水、磷酸等。

（四）甲醇蛋白生产主要设备及主要原、辅材料及公用工程消耗表

甲醇蛋白生产主要设备见表19-1。

表19-1　甲醇蛋白生产主要设备

设备名称	规格	数量
蒸汽灭菌系统		1
空气过滤及压缩系统		1
发酵罐	50m³	2
	5m³	2
补料罐		若干
絮凝槽		2
离心机		2
滚筒干燥机		1
粉碎机		1
菌种室		1
其他辅助设备		若干

主要原、辅材料及公用工程消耗见表19-2。

表19-2 主要原、辅材料及公用工程消耗（以每吨甲醇蛋白计）

序号	主要消耗品	单位	吨产品消耗
1	甲醇	t	2.0
2	液氨	t	0.208
3	营养物（磷盐等）	t	0.2
4	富氧空气	$N \cdot m^3$	160
5	冷却水（补充新鲜水量）	m^3	2.4
6	工艺水	m^3	2.8
7	电	$kW \cdot h$	400
8	低压蒸汽（0.6MPa）	t	2.0
9	燃料	GJ	7.0

第三节　厌氧发酵工业产品的设备工艺流程图或平面布局图

一、酵母发酵

酵母是酵母菌种（兼性厌氧菌）以淀粉或糖蜜为原料，配以含氮元素，经消毒灭菌，通入无菌空气，恒温培养，逐级扩大，收集酵母泥，酵母泥经造粒，低温沸腾干燥床或流化干燥床干燥加工而成的，是一种纯生物发酵剂。

（一）酵母发酵的原理

酵母发酵是在适宜的条件下将碳水化合物转变为二氧化碳、酒精还有少量的醇类、乳酸及能量等，是非常复杂的生物化学变化。

酵母在适宜的条件下，产生大量的二氧化碳气体，使某些产品呈蜂窝状膨松体，疏松而富有弹性。

（二）酵母的四大功能

（1）生物蓬松作用：酵母在产品发酵过程中产生二氧化碳，并由蛋白质形成的网状组织保留在产品中，使产品体积变大、松软多孔。

（2）蛋白质扩展作用：酵母除产生二氧化碳外还有软化蛋白质的作用，从而提高了产品的延展性和保气能力，化学膨大剂无此作用。

（3）提高发酵产品的香味：酵母发酵时除产生二氧化碳和酒精外，还伴有许多挥发性和非挥发性的化合物，形成了发酵产品所特有的气味。

（4）增加营养价值：酵母体内蛋白质含量多达一半，而且氨基酸含量高，还有较多的赖氨酸和维生素B_1、维生素B_2、维生素B_{11}及烟酸，所以提高了发酵产品的营养价值。酵母生产工艺流程见图19-6。

二、特级食用酒精生产技术（年产2万t优级酒精工程）

（一）原料预处理及工艺路线

目前，用于工业发酵法生产酒精的原料主要有淀粉质原料中的薯类原料（甘薯、木薯、马铃薯等）、糖质原料（甘蔗、废糖蜜等）及谷物原料（玉米、高粱、大米和小麦等）。

1. 薯类原料　干薯类原料预处理及工艺路线见图19-7，新鲜薯类原料预处理及工艺路线见图19-8。

2. 糖质原料　糖质原料预处理及工艺路线见图19-9。

3. 谷物原料　谷物原料预处理及工艺路线见图19-10。

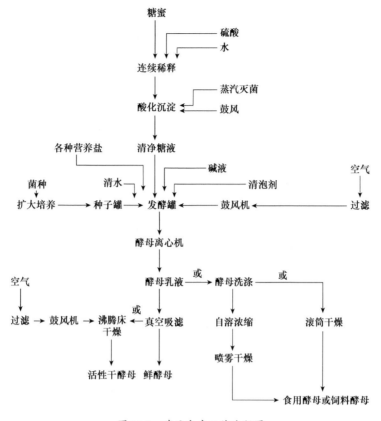

图 19-6 酵母生产工艺流程图

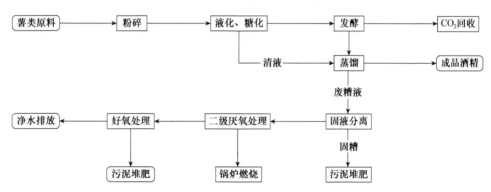

图 19-7 干薯类原料预处理及工艺路线

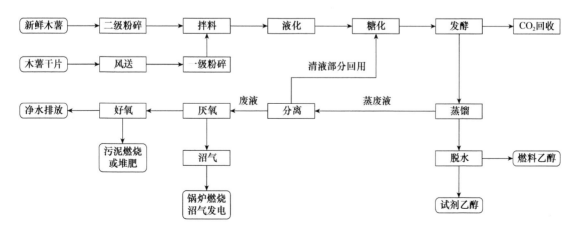

图 19-8 新鲜薯类原料预处理及工艺路线

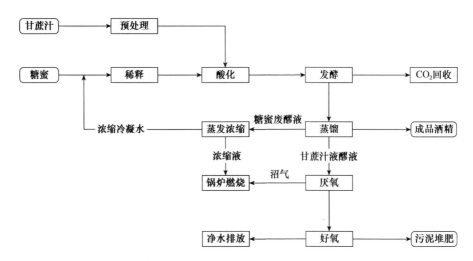

图 19-9 糖质原料预处理及工艺路线

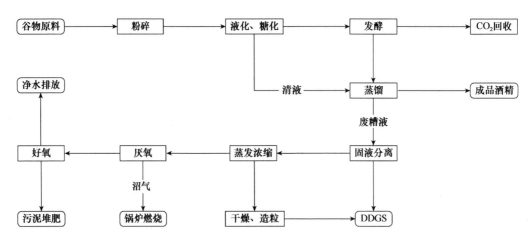

图 19-10 谷物原料预处理及工艺路线

（二）精馏部分

1. 工艺流程 从发酵工段来的成熟发酵醪，通过与粗馏塔顶的酒汽换热，再经回收塔顶酒汽二次预热后进入粗馏塔，粗馏塔在负压下工作，控制塔釜温度，目的在于增大乙醇和其他杂质间相对挥发度，使乙醇更易于分离，又彻底去除酸类杂质。同时有利于塔釜再沸器的换热，节约能耗，减少酒糟在粗馏塔中的积垢。粗馏塔的加热是利用精馏塔顶部、水洗塔顶部、甲醇塔顶部酒精蒸汽在再沸器中冷凝加热酒糟液产生的蒸汽进行的，出来的粗酒汽经醪液预热器和粗塔冷凝器冷凝，冷凝的粗酒液用泵送入水洗塔中部。

粗酒液从水洗塔中部进入，塔顶排除低沸组分与中级杂质，冷凝液全回流，由塔底抽出酒液输入精馏塔中部进行蒸馏、分离。

精馏塔在加压下工作，蒸汽通过塔底再沸器加热。控制塔釜温度、塔顶温度。塔顶酒汽用来作为水洗塔、甲醇塔和粗馏塔再沸器的热源，并经各塔再沸器冷凝，冷凝下来的酒液用泵打回流。从塔的加料口上下塔板提取富含中级杂质的杂醇油酒精，进入杂酒系统。半成品经冷凝回流后，再从塔的回流层下几层塔板上提取高浓度酒液送入甲醇塔中部进行脱甲醇处理。

甲醇塔利用经过水洗塔再沸器的精馏塔塔顶酒汽来加热塔再沸器进行二次蒸馏。然后，从塔底区域取出优级成品酒精。

将杂酒、淡酒集中后，直接进入回收系统处理，设置工业酒精回收塔，提高特优级酒精收率。回收塔利用精馏塔余馏水直接加热。

本工艺采用五塔差压蒸馏流程，可同时具备生产优级或部分特优级酒精的流程配置，实现一套装置多种产品的灵活性。在能量方面得到了充分合理的利用。常压和差压蒸馏的特点如表19-3所示。

表19-3　蒸馏工艺比较

工艺类型	常压蒸馏（五塔）	差压蒸馏（五塔）
蒸汽消耗	多	少
循环水用量	多	少
废液排放量	多	少
酒精质量	好	较好
自动化程度要求	一般	高
投资额度	小	大
电耗	两者比较接近	

2. 特级食用酒精六塔差压蒸馏工艺1　　配置粗馏塔、水洗塔、精馏塔、甲醇塔、回收塔、脱醛塔，其中精馏塔采用蒸汽供热，精馏塔塔顶酒汽供热水洗塔和甲醇塔，水洗塔和甲醇塔塔顶酒汽供热粗馏塔，回收塔塔顶酒汽供热脱醛塔，粗馏塔和脱醛塔塔顶酒汽预热成熟醪。工艺流程简图如图19-11所示。

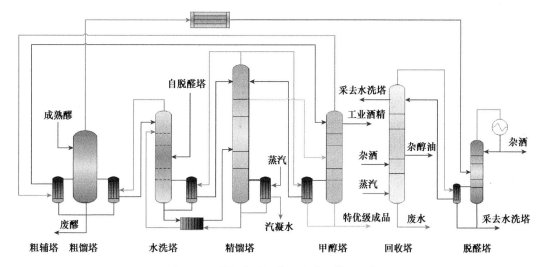

图19-11　特级食用酒精六塔差压蒸馏工艺1

3. 特级食用酒精六塔差压蒸馏工艺2　　本技术通过对特级食用酒精六塔差压蒸馏工艺1进行优化，达到提高特级食用酒精成品质量、简化控制系统并进一步降低能耗和水耗的目的。工艺装置配置粗馏塔、粗辅塔、水洗塔、精馏塔、甲醇塔、回收塔，其中精馏塔采用蒸汽供热，精馏塔塔顶酒汽供热水洗塔和甲醇塔，水洗塔和甲醇塔塔顶酒汽供热粗馏塔，回收塔塔顶酒汽供热粗辅塔，其他热源依次梯级预热醪液进料。工艺流程简图如图19-12所示。

（三）技术特点

（1）采用多点排杂技术，产品质量稳定，质量好。

（2）完全的自动化控制，减少操作人员数量，降低劳动强度。

（3）精馏塔一塔供热，精馏塔与水洗塔、甲醇塔实现了热耦合，水洗塔、甲醇塔和粗馏塔实现了热耦合，回收塔与粗辅塔（或脱醛塔）实现了热耦合，节能效果显著，吨酒精耗汽小于2.6t（蒸馏）。

（4）采用物料间的相互换热，不需要全部靠冷却冷凝，可大大节约冷却水的用量。

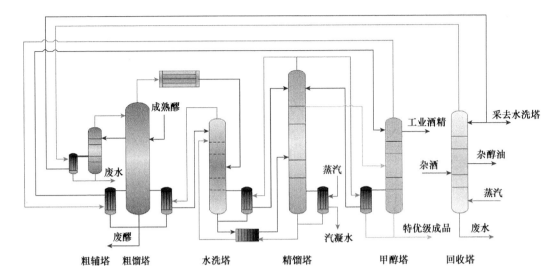

图 19-12　特级食用酒精六塔差压蒸馏工艺 2

三、厌氧生物处理

在没有游离氧的情况下，以厌氧微生物为主对有机物进行降解、稳定的一种无害化处理。在这种厌氧生物处理过程中，复杂的有机化合物被降解，转化为简单、稳定的化合物，同时释放能量。其中，大部分能量以甲烷形式出现，这是一种可燃气体，可回收利用。同时，仅少量有机物被转化、合成为新的细胞组成部分。

有机物厌氧发酵依次分为液化、产酸、产甲烷三个阶段（图 19-13），每一阶段各有其独特的微生物类群起作用。液化阶段起作用的细菌称为发酵性细菌，包括纤维素分解菌、脂肪分解菌和蛋白质水解菌。产酸阶段起作用的细菌是产氢产乙酸细菌。这两个阶段起作用的细菌统称为不产甲烷菌。产甲烷阶段起作用的细菌是产甲烷菌。

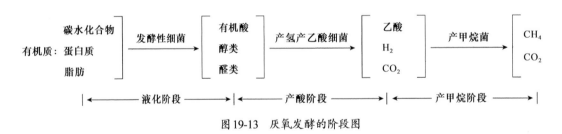

图 19-13　厌氧发酵的阶段图

在液化阶段，发酵细菌利用胞外酶对有机物进行体外酶解，使固体物质变成可溶于水的物质，然后细菌再吸收可溶于水的物质，并将其酶解成为不同产物。

在产酸阶段，产氢产乙酸细菌把前一阶段产生的一些中间产物丙酸、丁酸、乳酸、长链脂肪酸、醇类等进一步分解成乙酸和氢。

在产甲烷阶段，产甲烷菌利用 H_2/CO_2、乙酸，以及甲醇、甲酸、甲胺等化合物为基质，将其转化成甲烷。其中，H_2/CO_2 和乙酸是主要基质。一般认为，甲烷的形成主要来自 H_2 还原 CO_2 和乙酸的分解。根据对中间产物转化成甲烷的过程所做的研究发现乙酸是厌氧发酵中最重要的中间产物。

现代大型工业化沼气厌氧发酵工艺流程与设备，主要包括原料预处理，接种物的选择和富集，沼气发酵装置形状的选择、启动和日常运行管理，副产品沼渣和沼液的处置等技术措施。

主要特点：①能大量消纳有机物，适用于城市垃圾和污水处理厂污泥的处理和处置；②发酵周期比较短；③产生的沼气量大、质量高、用途广泛；④整个系统在运行过程中不会产生二次污染，不会对周围的环境造成危害；⑤整个系统的运行完全是自动化管理。

厌氧发酵装置为厌氧发酵池，也称为厌氧消化器。常用的发酵池包括：立式圆形水压式沼气池（图19-14）、立式圆形浮罩式沼气池（图19-15）、长方形（或方形）发酵池（图19-16）、现代大型工业化沼气发酵设备（19-17）。

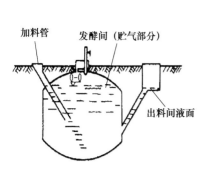

图19-14　立式圆形水压式沼气池工作原理示意图（王丽华和徐颖，2005）

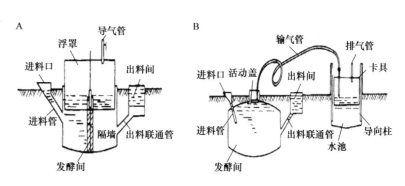

图19-15　立式圆形浮罩式沼气池示意图（王丽华和徐颖，2005）
A. 顶浮罩式；B. 侧浮罩式

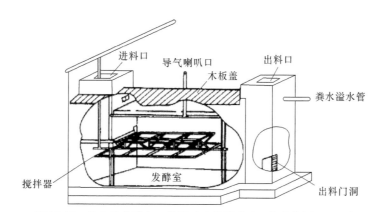

图19-16　长方形发酵池工作原理示意图（王丽华和徐颖，2005）

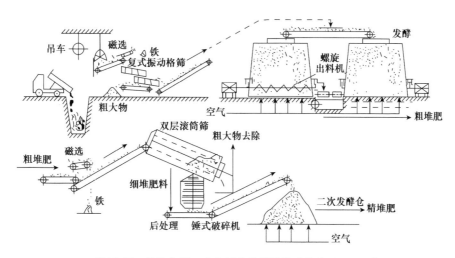

图19-17　现代大型工业化沼气发酵设备（孙秀云，2019）

本 章 小 结

工厂总平面设计是在厂址选定以后进行的工作，是对工厂总体布置的平面设计。平面布置很重要，合理的布局不仅使外形整洁、美观，而且生产使用中物料流动非常有序，可以有效地降低费用，提高效率。

工艺流程设计在生物工厂设计中是关键的环节，其主要任务包括两个方面：第一，由原料到成品的各个生产过程及顺序，就是生产过程中物料和能量发生的变化及流向，包括应用了哪些生化过程及设备；第二，绘制工艺流程图。工艺流程设计往往经历三个阶段：①生产工艺流程示意图；②生产工艺流程草图；③生产工艺流程图。

思考题

1. 发酵工厂平面设计的原则和要求有哪些？
2. 发酵工厂生产工艺的选择及工艺流程的设计原则是什么？
3. 好氧发酵工艺过程控制关键点是什么？
4. 简述谷氨酸生产的主要生产工艺。
5. 简述食用酒精的生产工艺流程。

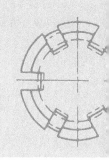

第五篇
设备管理概论

第二十章 设备管理

第一节 设备管理概述

一、设备管理的形成与发展

19世纪初，随着工业革命的产生和发展，生产由手工向机器转化，机器设备逐步加入工业生产中来，并且发挥着越来越重要的作用。随着工业生产规模的扩大，设备的技术复杂程度、数量、行业种类的增加和提高，对设备检修的要求也逐步提高，设备检修逐渐成为一个独立的工种，设备管理应运而生。设备管理的历史主要体现在检修方式的演变上。

1. 事后检修阶段

（1）坏了再修，不坏不修。

（2）缺乏检修前准备，检修停歇时间较长。

（3）检修无计划，常常打乱生产计划，影响交货期。

2. 预防检修阶段

（1）根据零件磨损规律和检查结果，在设备发生故障之前有计划地进行检修。

（2）由于检修的计划性，便于做好检修前准备工作，使设备检修停歇时间大为缩短。

预防检修，包括以检查、计划检修、验收、核算为内容的一整套工作体制和工作方法；如推行"计划预修制"，按照检修周期结构安排设备的大修、中修、小修，推行"设备检修复杂系数"等一整套技术标准。

3. 设备综合管理阶段 设备的制造与使用相结合、检修改造与更新相结合、技术管理与经济管理相结合、专业管理与群众管理相结合，以及预防为主、检修保养与计划检修并重等。以设备综合工程学、后勤学和全面生产维护（TPM）等为代表。

二、设备管理的重要意义

工厂的设备管理几乎涉及企业生产和经营的每一个方面，它的意义在于：①提高和稳定产品质量；②降低生产成本；③促进安全和环保；④促进生产资金的合理利用。

第二节 设备的采购、安装与验收

设备采购、安装与验收的流程图如图20-1所示。

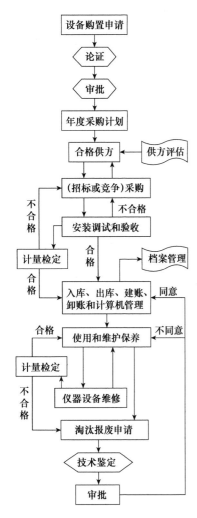

图 20-1   设备采购、安装与验收流程图
（王义辉等，2004）

一、设备采购管理

设备采购管理主要对企业各部门的设备采购申请进行管理，完成设备采购订单的创建，为系统提供设备采购信息。

（一）采购申请管理

企业各部门根据需要，创建设备采购申请并提交到申请部门审核，审核通过，再依次提交至质量技术部、安全生产部审核，最后采购申请人总审核，所有审核都通过，采购申请成功。该子系统包含申请号、申请部门、使用部门、设备名称、设备型号、生产厂家、预计价格、购置数量、申请日期、用途说明、质量技术部审核意见、安全生产部审核意见和采购申请总审核意见等信息。

（二）采购订单管理

采购订单是根据相应的采购申请而制订的，在创建采购订单时，要附加对应申请信息，作为订单创建的依据。订单创建完成之后，就是订单管理，根据需要实现订单编辑、删除等操作。主要包含订单编号、合同签字人、订单批准人、订单创建人、订单创建日期、订单批准意见、价格及对应采购申请信息等数据信息。

（三）审批

根据设备采购价值的高低，确定审批负责人及权限。

（四）采购控制

供应部门采购实行货比三家的原则，在质量上、价位上、性能上和服务上等进行综合比较，结合技术部门提出的要求，拟定采购合同，并负责与供货单位签订。

二、设备安装和验收

设备管理部门组织使用部门、生产部门、供应部门和技术部门等进行现场验收，设备验收内容包括档案接收、开箱检查和设备安装调试三部分。

（一）设备到货验收、安装和调试

（1）设备应按期到达指定地点，双方必须按合同要求履行验收事项。

（2）设备到货后，工厂按照装箱单及采购合同，进行开箱检查，验收合格后办理相应的交接手续。

（3）工厂组织开箱验收，检查的内容如下：①到货时的外包装有无损伤，若属裸露设备（构件），则要检查其刮碰等伤痕及油迹等损伤情况；②开箱前逐件检查到货件数、名称，是否与合同、招标文件相符，并做好清点记录；③设备技术资料（图纸、使用与保养说明书和备件目录等）随机配件、专用工具等，是否与合同内容相符；④开箱检查、核对实物与订货清单（装箱单）是否相符，有无因装卸或运输保管等方面的原因而导致设备残损。

（4）确认设备无误后工厂将设备安装和调试的计划通知设备处、生产处、技术处、质检处和使用部门等，相关部门按照计划要求安排专人积极配合。

（5）设备安装后（包括供方安装和公司自行安装），工厂应首先确认设备是否符合招标文件、采购合同、技术协议等的要求。如符合则进行调试，调试应包括空运转试验、设备的负荷试验、设备的精度试验等，具体调试程序由工厂根据不同设备确定；如不符合，工厂应拿出解决方案并按计划完成，然后再进行调试，否则将按规定进行考核。

（6）工厂应和供方一同做好设备试验的记录，双方之间一旦发生纠纷，记录将成为重要的书面依据。

（7）设备满负荷且正常运行72h后方可进行验收。在此期间生产部门做好运行记录，记录包括产量、质量和设备故障等。

（二）设备验收

（1）设备验收由工厂书面提出，设备处组织相关部门（应安排参加设备安装和调试的专人和使用部门负责人参加）在7个工作日内完成验收。验收意见如不统一则以设备处的意见为准，必要时设备处提出处理意见报总经理批准。

（2）设备验收的依据包含招标文件、采购合同和技术协议等。

（3）验收包括：设备运行情况、能耗、产量、稳定性、产品指标、设备技术资料（图纸、使用与保养说明书和备件目录等）、随机配件、专用工具是否齐全且满足招标文件、采购合同和技术协议要求等。

（4）设备验收过程中各种情形的处理：①完全满足各方面要求的属于验收通过，进入设备移交流程。②设备虽然满足招标文件、采购合同和技术协议的要求，但是和实际需要仍有一定差距的（如设备招标、采购时没有提出的要求或在安装和验收过程中新发现的要求），也属于设备验收通过，后续需要对设备性能进行改良。改良设备应由使用部门提出需求，分管领导批准后执行，必要时可单独立项。改良设备可以和供方协商也可以由公司自己进行。③重要验收项目不满足要求的，属于验收不通过，由设备处认定责任方。若属于供方责任的由技术部门负责组织整改，技术部门应在半个月内拿出方案（包括整改措施、时间计划和索赔方案等）报负责领导批准并实施，整改完成后重新走验收流程；若属于使用方责任的由设备处负责限期整改（15d内），整改完成后重新走验收流程。④个别验收项目不满足要求，但对生产和使用影响不大的，经过分管负责人同意后可以验收通过。但技术部门必须拿出解决方案并按计划完成，否则将按相关规定进行考核。

（5）设备验收合格后，技术部门将设备验收单复印件交财务处，财务处按合同支付设备款项。

（三）设备移交

（1）设备验收完毕后，由技术部门将设备移交设备处和设备使用部门，移交资料包括设备技术资料（图纸、使用与保养说明书和备件目录等）、随机配件和专用工具等。

（2）设备处建立设备台账及设备档案。

（3）在质保期内的设备，使用部门未经技术部门和设备处允许不得自行拆卸和大检修（仍需定期检查和维保），否则将视影响程度对责任部门进行处罚。

第三节　设备的使用、维护和保养

一、设备的正确使用

做到设备合理使用的基本条件是：按企业产品生产的工艺特点和实际需要配备设备，使其配套、布局合理、协调；依据设备的性能、承载负荷能力和技术特性，安排设备的生产任务；配备合格的操作者；制订并执行使用和维护保养设备的法规，包括一系列规章、制度，保证操作者按照设备的有关技术资料使用和维护设备；具有保证设备充分发挥效能的客观环境，包括必要的防护措施和防潮、防腐、防尘和防震的措施等；建立和执行使用设备的各项责任制度。使用设备的管理，就是依据这些基本条件，对设备从与供方签订合同起，直至退出生产为止，通过计划、组织、教育、监督及一系列措施，达到减少磨损，保持设备应有的精度、技术性能和生产效率，延长使用寿命，使设备经常处于良好技术状态，获得最佳经济效果。

（一）合理配备设备

生产部门合理配备设备是正确、合理使用设备，充分发挥效能、提高使用效果的前提。合理配备，就是企业应根据生产能力、生产性质和企业发展方向，按产品工艺技术要求的实际需要配备和选择设备。在配备和选择设备时，要注意以下几点。

（1）要考虑主要生产设备、辅助生产设备的成套性。不然，就会产生设备之间不相适应，造成生产安排不协调，影响正常生产进行。

（2）设备的配备，在性能上和经济效率上应相互协调，并随着产品结构的改变，品种、数量和技术要求的变化，以及新工艺、新材料的推广应用，各类设备的配备比例也进行相应调整，使其适应。

（3）在配备设备过程中，切忌追求"大而全""小而全"。一个企业内，在全面规划、平衡和落实各单位设备能力时，要以发挥设备的最大作用和最高利用效果为出发点，尽可能做到集中而不分散。

（4）有的专用设备，如果能利用现有设备进行改进、改装或通过某项工模夹具的革新来解决，就不要购置专用的设备。

（5）在配备设备中，要注意提高设备工艺加工的适应性和灵活性。

（二）新设备的使用

新设备的使用，要着重抓好以下主要环节。

1. 操作工的选择和培训　在选择操作工人时，必须经过：①文化知识和智力选择；②专业知识学习、考核；③操作使用技能培训。

只有通过以上三个方面的学习、培训，并经过全部考核合格、取得合格证，才能成为一名符合要求的设备操作者。

2. 拟定操作规程和保养细则　应根据设备说明书上所规定的技术要求性能、结构特点、操作使用规范、调整措施等，组织拟定安全操作规程，同时向操作人员提出操作使用要求的规范，并组织学习，使他们能掌握、熟知操作使用设备的具体要求和有关规定。在操作规程和保养细则中，要具体规定设备的使用范围、要求、方法、操作和保养的要求，以及其他注意事项。在拟定安全操作规程的同时，要拟定保养细则。设备保养细则的内容，包括外部保养和传动系统、安全装置、润滑系统、操纵系统、液压系统、电气控制计量仪表等各项保养规定和具体要求，并明确规定保养时间。

3. 明确岗位职责　对单人使用的设备，在明确操作人员后，必须明确其职责；两人以上同时使用或多人操作，应明确班组长负责设备的维护保养工作。

（三）设备的正常使用过程

设备在使用过程中的管理应与生产管理、工艺管理和操作技术管理密切结合起来，才能管好、用好。

1. 按设备技术性能合理地安排生产任务　生产者应依据设备的性能、技术条件、加工范围、载荷能力等合理安排生产任务。不能超负荷、超范围使用设备；不能片面追求产量而拼设备，该修的不修或挤占设备保养时间。要避免"大马拉小车"，造成设备、能源的浪费。

2. 加强工艺管理　设备完好是工艺管理和操作过硬的先决条件。然而工艺的合理性又直接影响设备的状态。从一些企业在实际工作中积累的资料来看，工艺的不合理会造成载荷加大，磨损速度加快，磨损量增加，使设备的寿命周期缩短了2/3。

3. 加强设备使用管理　工人要根据设备的有关技术文件、资料上规定的操作使用程序和设备的特性、技术要求、性能，正确、合理使用设备。为了保证设备得到正确、合理使用，要定期组织操作工学习操作技术理论知识和进行基本功训练；定期组织理论知识和实际操作考核。使他们熟悉设备性能、结构、原理，会维护保养，会检查和排除一般性故障；在操作上动作熟练、准确，协调动作好；具有一定的安全和防范知识，能判断、预防和处理事故，防止事故扩大造成更大的损失。

4. 设备使用注意事项　操作工必须做到"三好"（即管理好、用好、维护保养好）、"五不要"（即不要开着机器离开工作岗位，必须离开时，应停车并切断电源；不要违反操作流程，严格按使用要求和规范操作使用设备，不准脚踏设备和用脚踢电器开关、操作手柄；不要超负荷、超出加工范围使用设备，必要时应事先报告并经有关方面同意后可使用；不要带"病"运转，发现故障隐患，应及时停车检查，直到查明原因、排除隐患后才能继续使用；不要在机器上放置工件、材料、工具、量具等，严禁敲打设备导轨等部位），使设备经常保持整齐、清洁、润滑和安全。

5. 严格执行定人和定机的制度　在设备事故原因分析中，"操作不熟练"往往是由于操作工对该设备性能、操作要求、技术规范不熟悉。因此，操作工因工作需要调换使用其他型号、类别的设备时，应先熟悉新岗位所操作的设备性能、结构、原理和操作规范、使用要求，经考查合格后才能操作。

6. 配备从事检查、督促设备使用的设备检查员和维护工　为了及时检查、督促设备正确、合理使用和设备使用维护保养等有关规章制度的贯彻执行情况，企业应设立专职"设备检查员"，负责拟定设备操作规程、保养细则，检查、督促操作人员严格地按照操作规程、保养细则操作、保养设备；负责解决设备保养、故障排除中存在的技术问题；负责设备故障的统计、分析和有关资料的积累，研究常见故障、多发性故障的解决措施；负责设备使用期内信息的储存。设备检查员应经常巡回于各设备使用部门，及时了解、检查设备使用、维护保养情况，发现事故隐患，及时通知停机，并负责督促直至排除。

设备维护工的主要职责是，负责检查、督促分管区域内的设备正确使用和维护保养；协助设备检查员对操作工进行有关设备使用、维护保养技术的考核，帮助操作工掌握设备性能、结构和原理；排除设备在使用过程中的故障，保证设备正常使用。维护工要经常巡回于各设备，做到勤问、勤听、勤看和勤检查等。

7. 创造必要的工作环境和工作条件　设备对工作环境和工作条件有一定的要求，如一般设备要求工作环境清洁、不受腐蚀性和有害物质的侵蚀，安装必要的防护、防腐、防潮、保暖、降温等装置，配备必要的测量、控制和安全警报装置等仪器仪表。如果设备的工作环境和工作条件不符合要求，甚至很恶劣，不仅影响产品质量，损伤设备，对职工健康也有害无益，从而影响操作工情绪。

8. 建立健全必要的规章制度　针对设备的不同特点和技术要求，制订一套科学的管理制度、办法，并组织学习，保证贯彻执行，这是使设备得到合理使用的基本条件。规章制度主要包括：①设备操作使用责任制；②设备操作规程和保养细则；③设备维护保养制度；④设备维护检修专业人员巡回检查制度；⑤设备交接班制度。

二、设备维护保养

在日常工作中，设备的日常维护是指对设备在使用过程中，由于各部件、零件互相摩擦而产生的技术状态变化，进行经常的检查、调整和处理。这是一项经常性的工作，由操作工和检修工一起负责。设备的维护保养是指操作工和检修工，根据设备的技术资料和有关设备的启动、润滑、调整、防腐、防护等要求和保养细则，对在使用或闲置过程中的设备所进行的一系列作业，它是设备自身运动的客观要求。设备维护保养内容一般包括日常维护、定期维护、定期检查和精度检查。设备的维护保养是管、用、养、修等各项工作的基础，是保持设备经常处于完好状态的主要手段，是一项积极的预防工作。

设备的维护保养主要包含几个方面。

（1）整齐。工具、工件、附件放置整齐、合理，安全防护装置齐全，线路、管道完整，零部件无缺损。

（2）清洁。设备内外清洁，无灰尘，无黑污锈蚀；各运动件无油污，无拉毛、碰伤、划痕；各部位不漏水、漏气、漏油；切屑、垃圾清扫干净。

（3）安全。要求严格实行定人、定机、定岗位职责和交接班制度；操作工应熟悉设备性能、结构和原理，遵守操作规程，正确、合理地使用，精心地维护保养；各种安全防护装置可靠，受压容器按规定时间进行预防性试验，保证安全、可靠；控制系统工作正常，接地良好，电力传导电缆按规定时间、要求进行预防性试验，保证传输安全、正常，无事故隐患。

（4）润滑。按设备各部位润滑要求，按时加油、换油，油质符合要求；油壶、油枪、油杯齐全，油毡、油线清洁，油标醒目，油路畅通。

第四节　设备维护保养工作的检查

一、设备的三级保养制

三级保养制度是我国20世纪60年代中期开始，在总结苏联计划预修制在我国实践的基础上，逐步完善和发展起来的一种保养检修制，它体现了我国设备检修管理的重心由检修向保养的转变，反映了我国设备检修管理的进步和以预防为主的检修管理方针的更加明确。三级保养制的内容包括：设备的日常维护保养、一级保养和二级保养。三级保养制是以操作者为主对设备进行以保为主、保修并重的强制性检修制度。三级保养制是依靠群众，充分发挥群众的积极性，实行群管群修，专群结合，搞好设备维护保养的有效办法。

（一）设备的日常维护保养

设备的日常维护保养，一般有日保养和周保养，又称为"日例保"和"周例保"。

1. "日例保"　　"日例保"是由设备操作工人当班进行，认真做到班前四件事、班中五注意和班后四件事。

（1）班前四件事。消化图样资料，检查交接班记录；擦拭设备，按规定润滑加油；检查手柄位置和手动运转部位是否正确、灵活，安全装置是否可靠；低速运转检查传动是否正常，润滑、冷却是否畅通。

（2）班中五注意。注意运转声音，设备的温度、压力、液位、电气、液压、气压系统，仪表信号，安全保险是否正常。

（3）班后四件事。关闭开关，所有手柄放到零位；清除铁屑、脏物，擦净设备导轨面和滑动面上的油污，并加油；清扫工作场地，整理附件、工具；填写交接班记录和运转的台时记录，办理交接班手续。

2. "周例保"　　"周例保"由设备操作工人在每周末进行，保养时间为一般设备2h，精、大、稀设备4h。包括以下几个方面：①外观；②操纵传动；③液压润滑；④电气系统。

（二）一级保养

一级保养是以操作工人为主，检修工人协助，按计划对设备局部拆卸和检查，清洗规定的部位，疏通油路、管道，更换或清洗油线、毛毡、滤油器，调整设备各部位的配合间隙，紧固设备的各个部位。一级保养所用时间为4~8h，一级保养完成后应做记录并注明尚未清除的缺陷，车间机械员组织验收。一级保养的范围应是企业全部在用设备，对重点设备应严格执行。一级保养的主要目的是减少设备磨损、消除隐患、延长设备使用寿命。

（三）二级保养

二级保养以检修工人为主，操作工人参加来完成。二级保养列入设备的检修计划，对设备进行部分解体检查和检修，更换或修复磨损件，清洗、换油、检查检修电气部分，使设备的技术状况全面达到规定设备完好标准的要求。二级保养所用时间为7d左右。

二级保养完成后，检修工人应详细填写检修记录，由车间机械员和操作者验收，验收单交设备动力科存档。二级保养的主要目的是使设备达到完好标准，提高和巩固设备完好率，延长大修周期。

实行三级保养制，必须使操作工人对设备做到"三好""四会""四项要求"，并遵守"五项纪律"。三级保养制突出了维护保养在设备管理与计划检修工作中的地位，把对操作工人"三好""四会"的要求更加具体化，提高了操作工人维护设备的知识和技能。三级保养制突破了苏联计划预修制的有关规定，改进了计划预修制中的一些缺点，更切合实际。在三级保养制的推行中还学习吸收了军队管理武器的一些做法，并强调了群管群修。三级保养制在我国企业取得了好的效果和经验，由于三级保养制的贯彻实施，有效地提高了企业设备的完好率，降低了设备事故率，延长了设备大检修周期，降低了设备大检修费用，取得了较好的技术经济效果。

二、精、大、稀设备的使用维护要求

(一)四定工作

(1)定使用人员。按定人定机制度，精、大、稀设备操作工人应选择本工种中责任心强、技术水平高和实践经验丰富者，并尽可能保持较长时间的相对稳定。

(2)定检修人员。精、大、稀设备较多的企业，根据本企业条件，可组织精、大、稀设备专业检修或检修组，专门负责对精、大、稀设备的检查、精度调整、维护、检修。

(3)定操作规程。精、大、稀设备应分机型逐台编制操作规程，加以显示并严格执行。

(4)定备品配件。根据各种精、大、稀设备在企业生产中的作用及备件来源情况，确定储备定额，并优先解决。

(二)精密设备使用维护要求

(1)必须严格按说明书规定安装设备。

(2)对环境有特殊要求的设备（恒温、恒湿、防震和防尘等），企业应采取相应措施，确保设备精度性能。

(3)设备在日常维护保养中，不许拆卸零部件，发现异常立即停车，不允许带病运转。

(4)严格执行设备说明书规定的切削规范，只允许按直接用途进行零件精加工。加工余量应尽可能小。加工铸件时，毛坯面应预先喷砂或涂漆。

(5)非工作时间应加护罩，长时间停歇时应定期进行擦拭，润滑、空运转。

(6)附件和专用工具应有专用柜架搁置，保持清洁，防止研伤，不得外借。

三、动力设备的使用维护要求

动力设备是企业的关键设备，在运行中有高温、高压、易燃、有毒等危险因素，是保证安全生产的要害部位，为做到安全连续稳定供应生产上所需要的动能，对动力设备的使用维护应有特殊要求：①运行操作人员必须事先培训并经过考试合格；②必须有完整的技术资料、安全运行技术规程和运行记录；③运行人员在值班期间应随时进行巡回检查，不得随意离开工作岗位；④在运行过程中遇有不正常情况时，值班人员应根据操作规程紧急处理，并及时报告上级；⑤保证各种指示仪表和安全装置灵敏准确，定期校验，备用设备完整可靠；⑥动力设备不得带"病"运转，任何一处发生故障必须及时消除；⑦定期进行预防性试验和季节性检查；⑧经常对值班人员进行安全教育，严格执行安全保卫制度。

对于设备缺陷的处理：①设备发生缺陷，岗位操作和维护人员能排除的应立即排除，并在日志中详细记录；②岗位操作人员无力排除的设备缺陷要详细记录并逐级上报，同时精心操作，加强观察，注意缺陷发展；③未能及时排除的设备缺陷，必须在每天生产调度会上研究决定如何处理；④在安排处理每项缺陷前，必须有相应的措施，明确专人负责，防止缺陷扩大。

四、设备的区域维护

设备的区域维护又称为检修工包机制。检修工人承担一定生产区域内的设备检修工作，与生产操作工人共同做好日常维护、巡回检查、定期维护、计划检修及故障排除等工作，并负责完成管区内的设备完好率、故障停机率等考核指标。区域检修责任制是加强设备检修为生产服务、调动检修工人积极性和使生产工人主动关心设备保养和检修工作的一种好形式。

设备专业维护主要组织形式是区域维护组。区域维护组全面负责生产区域的设备维护保养和应急检修工作，它的工作任务是：①负责本区域内设备的维护检修工作，确保完成设备完好率、故障停机率等指标；②认真执行设备定期点检和区域巡回检查制，指导和督促操作工人做好日常维护和定期维护工作；③在车间机械员指导下参加设备状况普查、精度检查、调整、治漏，开展故障分析和状态监测等工作。

区域维护组这种组织形式的优点是：在完成应急检修时有高度机动性，从而可使设备检修停歇时间最短，而且值班钳工在无人召请时，可以完成各项预防作业和参与计划检修。

设备维护区域划分应考虑生产设备分布、设备状况、技术复杂程度、生产需要和检修钳工的技术水平等因素。可以根据上述因素将车间设备划分成若干区域，也可以按设备类型划分区域维护组。流水生产线的设备应按线划分维护区域。

区域维护组要编制定期检查和精度检查计划，并规定出每班对设备进行常规检查时间。为了使这些工作不影响生产，设备的计划检查要安排在工厂的非工作日进行，而每班的常规检查要安排在生产工人的午休时间进行。

五、设备的润滑管理

（一）对设备润滑管理工作的要求

（1）设润滑专业员负责设备润滑专业技术管理工作，设专职或兼职润滑工负责本单位设备润滑工作。

（2）每台设备都必须制订完善的设备润滑"五定"图表和要求，并认真执行。

（3）认真执行设备用油三清洁（油桶、油具、加油点），保证润滑油（脂）的清洁和油路畅通，防止堵塞。

（4）对大型、特殊、专用设备用油要坚持定期分析化验制度。

（5）润滑专业人员要做好设备润滑新技术推广和油品更新换代工作。

（6）认真做到废油的回收管理工作。

（二）润滑"五定"图表的制订、执行

（1）生产设备润滑"五定"图表必须逐台制订，与使用维护规程同时发至岗位。

（2）设备润滑"五定"图表的内容是：①定点，规定润滑部位、名称及加油点数；②定质，规定每个加油点润滑油脂牌号；③定时，规定加、换油时间；④定量，规定每次加、换油数量；⑤定人，规定每个加、换油点的负责人。

（3）岗位操作及维护人员要认真执行设备润滑"五定"图表规定，并做好运行记录。

（4）润滑专业人员要定期检查和不定期抽查润滑"五定"图表执行情况，发现问题及时处理。

（5）岗位操作和维护人员必须随时注意设备各部润滑状况，发现问题及时报告和处理。

（6）对生产设备润滑油跑、冒、滴、漏情况，要组织研究攻关，逐步解决。

（三）润滑油脂的分析化验管理

设备运转过程中，由于受到机件本身及外界灰尘、水分、温度等因素的影响，润滑油脂易变质，为保证润滑油的质量，需定期进行过滤分析和化验工作，对不同设备规定不同的取样化验时间。经化验后的油品不符合使用要求时要及时更换润滑油脂。对设备润滑油必须做到油具清洁和油路畅通。

六、提高设备维护水平的措施

为提高设备维护水平，应使维护工作基本做到"三化"，即规范化、工艺化、制度化。规范化就是使维护内容统一，哪些部位该清洗、哪些零件该调整、哪些装置该检查，要根据各企业情况按客观规律加以统一考虑和规定；工艺化就是根据不同设备制订各项维护工艺规程，按规程进行维护；制度化就是根据不同设备不同工作条件，规定不同维护周期和维护时间，并严格执行。

对定期维护工作，要制订工时定额和物质消耗定额并要按定额进行考核。设备维护工作应结合企业生产经济承包责任制进行考核。同时，企业还应发动群众开展专群结合的设备维护工作，进行自检、互检，开展设备大检查。设备运行动态管理，是指通过一定的手段，使各级维护与管理人员能牢牢掌握住设备的运行情况，依据设备运行的状况制订相应措施。

1.建立健全系统的设备巡检标准　对每台设备,依据其结构和运行方式,定出检查的部位(巡检点)、内容(检查什么)、正常运行的参数标准(允许的值),并针对设备的具体运行特点,对设备的每一个巡检点,确定出明确的检查周期,一般可分为时、班、日、周、旬和月检查点。

2.建立健全巡检保证体系　生产岗位操作人员负责对本岗位使用设备的所有巡检点进行检查,专业检修人员要承包对重点设备的巡检任务。根据设备的多少和复杂程度,确定设备专职巡检工的人数和人选,专职巡检工除负责承包重要的巡检点之外,要全面掌握设备运行动态。

3.信息传递与反馈　生产岗位操作人员巡检时,发现设备不能继续运转需紧急处理的问题,要立即通知当班调度,由值班负责人组织处理。一般隐患或缺陷,检查后登入检查表,并按时传递给专职巡检工。专职检修人员进行的设备点检,要做好记录,除安排本组处理外,要将信息向专职巡检工传递,以便统一汇总。

专职巡检工除完成承包的巡检点任务外,还要负责将各方面的巡检结果,按日汇总整理,并列出当日重点问题向各分部门传递。

各分部门列出主要问题,除登记台账之外,还应及时输入计算机,便于上级相关部门的综合管理。

4.动态资料的应用　巡检工针对巡检中发现的设备缺陷、隐患,提出应安排检修的项目,纳入检修计划。巡检中发现的设备缺陷,必须立即处理的,由当班的生产指挥者即刻组织处理;本班无能力处理的,由部门领导确定解决方案。

重要设备的重大缺陷,由领导组织研究,确定控制方案和处理方案。

5.设备薄弱环节的立项处理　凡属下列情况均属设备薄弱环节:①运行中经常发生故障停机而反复处理无效的部位;②运行中影响产品质量和产量的设备、部位;③运行达不到小修周期要求,经常要进行计划外检修的部位(或设备);④存在不安全隐患(人身及设备安全),且日常维护和简单检修无法解决的部位或设备。

6.对薄弱环节的管理　依据动态资料,列出设备薄弱环节,按时组织审理,确定当前应解决的项目,提出改进方案;组织有关人员对改进方案进行审议,审定后列入检修计划;设备薄弱环节改进实施后,要进行效果考察,做出评价意见,经有关领导审阅后,存入设备档案。

第五节　设备检修计划的编制和执行

一、确定检修计划的主要内容

(一)确定目标

计划工作过程的第一步就是确定目标。计划职能首先要确定未来的结果,想要达到的最终结果要由目标来表示,主要目标通常由若干子目标所支持。

具体到年度检修管理,其目标就是在尽可能短的时间内保质保量完成各个年度检修项目,为设备高效运行、完成生产计划提供设备保证。其分目标可以有三个:①质量目标;②年度检修的工期目标;③年度检修成本。

(二)设备检修的内容

设备检修计划的主要内容是确定计划期内的检修对象、类别、内容、日期、工时、停机时间及所需用的物资器材、费用等,其需要的各种检修定额标准大致有检修周期、检修间隔期、检修周期结构、检修复杂系数、检修劳动量定额和检修费用定额等。

二、编制检修计划

有以上定额参数标准,就可以编制检修计划。设备的检修计划一般可分为年度、季度和月度计划。年度计划又可分为分车间的年度检修计划，主要设备的大、中、小修计划和高、精、尖、特种设备的大检修计划等。

编制检修计划，要注意检修计划与生产计划之间，检修任务与检修能力之间，季与季、月与月之间的统筹平衡。要优先安排对产量、质量、成本、交货期、安全卫生和劳动情绪影响大的重点设备与关键设备，并要充分考虑生产技术准备工作的工作量进度和能源供应等因素的制约。

三、检修计划的下达与准备

检修计划经过审核和批准后，由计划部门下达给各车间贯彻执行。组织执行时，要做好技术准备和物质准备工作。

（1）做好检修前的技术准备工作，如拟订检修技术方案和工艺规程，设计检修用的工艺装备；编制检修图册；绘制自制的更换件图纸及准备好有关技术资料等。

（2）做好物资准备工作，如制造必要的工艺装备和配件；准备好检修用的设备、材料和工具；组织好外购配件、工具的供应等。

（3）在执行过程中，要对计划的执行情况进行检查、统计、分析，协调各种影响要素，以保证检修计划切实执行。

（一）进度控制的关键因素

根据年度检修进度实施和分析统计，关键控制因素主要有：①检修的工程量；②施工人员的数量和素质；③车间项目负责人与相应项目的施工小组之间的技术交底及协作配合；④大型吊装机械及指挥人员能否按时到位最为关键；⑤图纸、资料的准确性；⑥施工工艺方案的正确性。

（二）检修进度控制的措施

年度检修进度控制的措施包括组织措施、技术措施、合同措施、经济措施和信息管理措施等。

组织措施主要有：①落实车间负责进度控制的人员，具体控制任务和管理职责分工；②进行项目分解，如按项目结构分解、按项目进展阶段分解和按合同结构分解等，并建立编码体系；③确定进度协调工作制度，包括协调会议举行的时间、协调会议的参加人员等；④对影响进度目标实现的干扰和风险因素进行分析，风险分析要有依据，主要是根据大量资料的积累，对各种因素影响概率及进度拖延的损失值进行计算和预测，并应考虑有关项目审批部门对进度的影响等。

采用技术措施可以加快施工进度。

合同措施主要有分段发包、提前施工及各个合同的合同期与进度计划的协调等。

经济措施的实施可以保证资金供应。

信息管理措施主要是通过计划与实际进度的动态比较，定期地向有关部门提供报告。

对于进度控制来说，应明确一个基本思想计划不变是相对的，而变是绝对的；平衡是相对的，不平衡是绝对的。要针对变化采取对策，定期地、经常地调整进度计划。

（三）进度计划的实施过程

项目计划网络编制完成之后就可以进入具体施工阶段，在年度检修项目进度的实施过程中，由于人力、物资的供应和自然条件等因素的影响而打破原计划是常有的事，计划的平衡是相对的，不平衡是绝对的。因此，在计划执行过程中要及时了解实施进度。分析可能出现的偏差，然后采取适当措施控制进度，以尽可能达到目标工期的要求。

第六节　设备故障、检修与事故处理

设备一般性故障由操作工与车间机修自行检修。车间解决不了的故障交由生产部工程检修班检修。设备故障诊断为设备事故时，车间通知设备工程师及检修技术人员共同进行分析，设备工程师向生产部经理汇报后，联络设备制造商协商检修，记录存档。

一、设备故障的定义、分类及原因

（一）故障的定义

故障是指机械设备或者是机械系统在生产过程中，由于某种原因而造成机械设备或机械系统的正常功能产生影响的事件。这个概念中可以得出事故是故障的范畴，事故定义是因为故障导致的人身、财产及社会影响等损失超出限额。

（二）故障的分类

1. 突发性故障 突发性故障，也就是突然发生的设备故障，原因无外乎外界环境因素发生变化，而使得机械设备被影响，超出其承受的极限而出现故障，突发性故障具有无征兆、无规律和不可预测等特征。

2. 累积性故障 累积性故障和突发性故障不同，也是一种较为常见的故障类型，因为设备本身或者是由于外界环境产生的不利影响因素长期积累而形成，超出某临界点，机械设备就会出现故障。产生的主要原因是设备本身发生老化，长期使用而造成机械磨损、腐蚀和材料疲劳等，故障前会有明显征兆，事故发生过程中规律显著，故障具有很强的可预测性，跟设备的使用年限及使用环境有很大的关系。

（1）老化性故障。老化性故障是一个渐变过程，运用设备状态监测完全能预防和杜绝该类故障的发生。

（2）磨损性故障。由于运动部件磨损，在某一时刻超过极限值所引起的故障。

（3）腐蚀性故障。由于腐蚀而使设备零部件的强度、硬度、精度及其他技术性能遭到破坏所引起的故障。按腐蚀机理的不同可分为：①化学腐蚀，金属和周围介质直接发生化学反应所造成的腐蚀；②电化学腐蚀，金属和电介质发生电化学反应所造成的腐蚀；③物理腐蚀，金属与熔融盐、熔碱、液态金属相接触，使金属某一区域不断熔解，另一区域不断形成的物质转移现象。

（4）断裂性故障。可分为脆性断裂、疲劳断裂、应力腐蚀断裂和塑性断裂等。

（三）设备故障的原因

主要原因有：①设备本身设计方面存在缺陷；②设备制造工艺问题；③违章操作；④缺乏完善的管理制度。

二、设备事故管理对策

（一）设备故障分析方法

1. 进行设备故障分析的条件 进行故障分析，首先必须有确切的、完整的设备运转记录、检修记录及其他设备档案资料，这些资料主要有以下几项。

（1）主要设备档案、台账及设备卡片，记录设备设计、制造、安装时的各有关数据，包括设备图纸、计算书、各种检验记录及投产日期。

（2）设备运行记录。记录设备在运行过程中的压力、温度、流量、电流及累计运行时间、异常现象等。

（3）设备的定期检查和检修记录。记录设备性能老化、零部件损坏和检修情况。

（4）设备的事故记录。记录设备发生事故的详细过程、现象、分析结果、处理意见和预防措施等。

2. 设备故障分析方法 分析设备故障的方法有很多，最常用的分析方法有统计分析法、分步分析法和典型事故分析法等。

（1）统计分析法。所谓统计分析法就是通过统计某一设备或同类设备的零部件（如活塞等）或因某方面技术问题（如腐蚀、强度、水质等）所发生的故障，占该设备或该类设备总故障的百分比，然后分析设备故障发生的主要症结所在，为修理和经营决策提供依据的一种故障分析法。

（2）分步分析法。分步分析法是对设备故障的分析由大到小、由粗到细地逐步进行，最终必将找出故障频率最高的设备零部件或主要故障的形成原因，并采取对策。运用分步分析法对大型化、连续化的现代生物化工工业，能准确地分析故障的主要原因和故障倾向。

（3）典型事故分析法。对某一典型事故，采用专题分析方法，按事故调查程序进行事故调查，这一分析方法称为典型事故分析法。

设备事故调查程序如下：①迅速进行事故现场的调查工作；②拍照、绘图、记录现场情况；③成立专门的事故调查组，进行分析调查；④模拟实验、分析化验；⑤讨论分析，得出结论；⑥建立事故档案；⑦采取对策，防止事故发生。

（二）设备事故及其管理

1. 设备事故的分类　　凡是因非正常原因造成设备损坏，致使设备停止运转或降低效能者，均称为设备事故。按目前的有关规定，设备因非正常损坏造成停产时间、产量损失或修复费用达到下列规定数额的为设备事故。

（1）特大设备事故。设备损坏，造成全厂性停产72h；三类压力容器爆炸或修复费用达50万元的均为特大设备事故。

（2）重大设备事故。设备损坏，影响多系统产品（成品或半成品）产量日作业计划损失50%；大型单系列装置日作业计划产品产量损失100%或修复费用达10万元的为重大设备事故。

（3）一般设备事故。设备损坏，影响产品产量日作业计划损失10%以上或修复费用达1万元的为一般设备事故。

（4）微小设备事故。设备损坏，影响产品产量日作业计划的损失和修复费用低于一般事故的均为微小设备事故。

设备事故性质依照事故发生的原因可分为质量事故、自然事故、责任事故和破坏事故四种。

（1）质量事故。因制造、安装、检修质量不良而造成的事故，称为质量事故。

（2）自然事故。因自然灾害（如洪水、风灾、雷击、火灾、地震等）造成的事故，称为自然事故。

（3）责任事故。因违反操作、保养和检修规程、规范或有关规定、制度等造成的事故，称为责任事故。

（4）破坏事故。凡因人为的、有意识的损坏设备的，均为破坏事故。

2. 设备事故分析　　设备事故分析要按照事故分析的规则进行，并要做好原始记录。

事故分析的规则是：①事故发生后，有关人员要立即赶赴现场；②不破坏事故现场，不移动或接触事故部位或表面；③严格控制现场，认真记录或进行现场拍照；④在拆卸事故部位时，注意不要使零部件产生新的压伤、擦伤或变形；⑤分析事故除事故部位外，还要详细了解周围情况和环境（必要时分析现场气体成分）；⑥分析事故要根据实际调查的情况和测定的数据进行判断；⑦调查、访问有关人员，从中得出旁证材料和情况；⑧事故分析的原始数据和材料经整理存档。

3. 设备事故的处理

（1）设备事故的调查处理：①设备事故调查执行"三不放过"的原则，即事故原因分析不清不放过、事故责任者和群众没有受到教育不放过和没有防范措施不放过；②设备事故原因可分为设计不合理，安装调试有缺陷，制造质量差，违章指挥或操作，维修保养不周，检修技术方案失误，野蛮检修作业，检修质量差（包括材质不合理），超期检修、检验，安全附件、仪器仪表失灵等；③本着"三不放过"的原则，找出事故原因，提出防范措施，研究修复方案。

（2）事故报告。当设备事故发生后，有关人员应填报设备事故情况表。若是特大及重大设备事故，并应填报重大设备事故情况表，并上报。

（3）防范措施。设备动力管理部门应经常督促检查预防设备事故措施的贯彻执行，并督促车间经常对车间工人进行事故预防和安全教育工作。对于重大未遂事故也应像对待已遂事故一样，找出原因，吸取教训。

第七节　设备的改造和更新

一、设备改造更新的目的和作用

企业的设备改造和更新，是提高企业素质、促进企业技术进步、增强企业内在的发展能力和对外界环境变化的适应能力的需要。通过设备改造更新，必然会为企业的产品生产不断增加品种、提高质量、增加产量、降低消耗、节约能源、提高效率等方面带来极大的收益。

二、管理职责

企业的设备改造更新，是企业经营计划中的一项重要工作，同时也是一项综合性、全局性、科学性很强的工作，既需要有一个强有力的统一指挥，还需要相关各部门的协作配合。因此，企业应成立由总经理（或主管生产技术副总）为主负责的技改领导小组，以加强对工作的协调和技改统一的指挥领导。其主要成员应包括总工程师办主任、技术研发部长、生产作业部长、财会部长等。技改领导小组的工作职能中关于设备改造更新方面应包括以下内容：负责设备改造更新的计划管理；组织对项目的技术经济论证；对项目方案进行决策；批准项目费用的预算，审查资金使用情况；督察项目实施情况，协调部门间工作配合事项；对已完成交付使用的项目进行效益考核。

三、设备改造更新的项目决策

企业的设备改造更新，应有步骤地进行，即要有长期的总体规划，又要有各年需要进行的具体项目实施计划。对选定的更新改造项目，必须经过可行性研究，进行技术经济论证，对多种备选方案进行比较，选择投资少、工期短、收效快、效益高、能适宜企业长期发展需要的项目。

（一）设备改造的项目决策

企业的设备技术改造，不要追求形式，要讲求实效，对需要改造的陈旧落后设备，在具体方案制订时，应从企业发展的需要考虑，同时还要从设备本身的投资改造价值考虑，即通过改造后能给企业带来哪些方面的收益。一般来说应从以下几方面来考虑：①节约能源，节约原材料，降低消耗，降低成本；②提高设备的加工精度，提高产品的质量；③适应新产品开发，适应产品升级换代；④提高和改善工艺性能；⑤促进安全生产，改善环境保护；⑥便于生产控制，提高生产效率；⑦改善劳动条件，减轻劳动强度。

（二）设备更新的项目决策

设备更新包括生产设备、工艺装备和计量测试手段的更新，是企业技术改造的一项重要内容。更新设备不是原样翻版，而是要尽可能用先进的设备代替原有的落后设备。在进行决策过程中，应根据需要和可能，量力而行，讲求实效。由于设备更新要进行大量的资金投入，同时还将会使原有某些设备被淘汰废弃，所以在具体项目选择时一定要慎重。一般来说，属于下列情况的设备，应该优先予以更新。

（1）损耗严重，性能和精度已不能满足工艺要求，造成严重不利的技术经济后果的设备。

（2）已超过使用役龄，且大修在经济上不如更新合算的设备。

（3）设备陈旧，结构简单，技术落后，效率低下，即便进行改造也很难改变以上落后特征的。

（4）设备本身设计制造有严重缺陷，故障多，可靠性差、维修不方便，而且具有较大的安全隐患。

（5）设备性能落后，致使能源与原料严重浪费。如果两三年内所浪费能源和原材料的价值超过购置新设备费用时，应坚决更新。

四、设备改造更新的计划报批程序

设备改造更新的计划报批程序为项目申请→项目调研→项目论证→项目审批。

（1）项目申请：一般设备的改造和更新由使用部门提出申请，贵重、关键的设备改造和更新由总师办提出。内容包括申请的理由，改造后的设备性能、精度对产品工艺的满足情况，提高生产效率和经济效益等要求，并提出改造和更新的初步方案和意见。

（2）项目调研：该项工作主要由设备动力科进行，根据项目申请，调出所需改造更新设备的档案，查看设备的原始资料及历年来汇集的各种报表、记录资料，了解大修次数、使用役龄、精度劣化程序、以往的故障、对满足工艺要求方面存在的问题，以及安全、节能效率、结构缺陷等问题情况。

（3）项目论证：项目的可行性分析是非常必要的，无论是设备改造项目还是设备更新项目，都要进行技术经济方面的论证，以便为项目的决策提供依据。正常情况下零星的、投入的资金不大(一般为10 000万以下)的改造更新项目，以设备动力科为主，计划、生产、工艺技术、财务等部门参加组织论证。特殊情况下的，投资规模大的重大关键项目，由总工程师办组织论证。论证工作应从技术可行性和经济可行性两方面进行，要用数据说话，使项目论证结果准确可靠。论证所形成的报告应及时报技改领导小组。

（4）项目审批：设备改造更新的项目申请通过调研和分析论证后，公司技改领导小组负责人应召集小组会议作出最后的决策，如果没有其他不周之处，在总经理批准后，即可列入年度技改计划，并由总工程师办负责编制具体的"实施计划书"，交设备动力科或有关部门组织实施。

五、设备改造更新的实施要点

设备改造更新工作应严格按照实施计划书的内容规定，有计划、有步骤、按进度、按要求地进行。具体实施过程中应注意以下环节：①实行资金的归口管理；②抓好物资供应的保障工作；③实行项目责任制，抓好设备改造的过程管理；④做好设备引进的相关工作；⑤处理好闲置报废设备。

第八节　设备的封存、调拨、报废

一、设备的封存

生产设备连续停用三个月以上可封存，封存时填写设备封存表。封存以原地封存为主，设备的封存与启封，均需由车间向生产部申请批准实施，封存或启封后生产部知会财务部。封存时，设备不折旧，车间应做好设备的清洁及防尘、防锈、防潮等工作，并由生产部进行挂牌标识，原地封存的设备，要每月清洁一次设备外表面，检查油封情况，防止设备锈蚀，并将结果记录于相应的设备运行检修保养记录表中。

当设备经检修后仍达不到工艺要求的技术指标时，设备可办理报废。由车间提出申请，填写固定资产报废申请表。设备工程师进行技术鉴定，符合条件的，生产部、财务部签署意见，报总经办批准，由生产部和财务部根据报废处理意见进行报废作业。

二、设备的调拨

设备需在企业内调拨时，由需求部门填写申请，报总经办批准后，由调出部门、调入部门、财务部及设备工程师签字后实施。

三、设备报废

当设备达到使用年限时或考虑到寿命周期费用经济性问题时，设备便进入报废阶段，报废记录主要包含实际使用年限、预计使用年限、资产原值、已提折旧、尚存净值、预计净残值、技术鉴定的质量情况及报废原因依据、三结合小组（质量技术、安全生产、使用部门）鉴定意见、财务部门意见和总经理意见等信息。

总而言之，设备的管理是一个系统工程，需要不断地运用新的手段创新管理模式，保证企业设备运行的顺畅和高效率。同时，适应企业现代化管理的需要，使企业的设备管理更规范、更科学，符合设备管理信息化和自动化的发展趋势。

本 章 小 结

工厂的设备管理几乎涉及企业生产和经营的每一个方面，它的意义在于：①提高和稳定产品质量；②降低生产成本；③促进安全和环保；④促进生产资金的合理利用。设备采购管理主要对企业各部门的设备采购申请进行管理，完成设备采购订单的创建，为系统提供设备采购信息。设备管理部门组织使用部门、生产部门、供应部门和技术部门等进行现场验收，设备验收内容包括档案接收、开箱检查和设备安装调试三部分。设备维护保养内容一般包括日常维护、定期维护、定期检查和精度检查。设备的维护保养是管、用、养、修等各项工作的基础，是保持设备经常处于完好状态的主要手段，是一项积极的预防工作。设备一般性故障由操作工与车间机修自行检修。车间解决不了的故障交由生产部工程检修班检修。设备故障诊断为设备事故时，车间通知设备工程师及检修技术人员共同进行分析，设备工程师向生产部经理汇报后，联络设备制造商协商检修，记录存档。

思考题

1. 简述设备采购、安装、验收所需的一般流程。
2. 设备日保养中的班前四件事、班中五注意、班后四件事分别指什么？
3. 设备的日常维护保养包括哪些方面？
4. 设备的检修计划应包含哪些内容？年度、季度和月度检修有何区别？
5. 简述设备故障一般包含的类型及如何处理。

主要参考文献

白秀峰. 2003. 发酵工艺学. 北京：中国医药科技出版社

蔡剑明. 2013. 热电偶的工作原理及应用. 内蒙古科技与经济, 293（19）：76-77

曹家明, 许超群, 曾宪放. 2020. 毕赤酵母发酵过程的染菌分析及预防策略. 江苏农业科学, 48（8）：265-271

曹丽英, 李帅波, 李春东, 等. 2021. 锤片式饲料粉碎机的研究发展现状. 饲料工业, 42（3）：31-36

常寨成, 赵辰龙. 2017. 气流干燥机的几种形式及应用. 粮食与食品工业, 24（3）：52-54

陈必链. 2013. 生物工程设备. 北京：科学出版社

陈代杰, 朱宝泉. 1995. 工业微生物菌种选育与发酵控制技术. 上海：上海科学技术文献出版社

陈宁. 2020. 氨基酸工艺学. 2版. 北京：中国轻工业出版社

陈琦. 2016. 湿热灭菌及验证综述性探讨. 机电信息, 11：1-9

陈晓玲. 2012. 乳品超高温杀菌工艺研究. 中国食物与营养, 18（9）：40-44

程韦武, 庞莲香, 蓝同平. 2018. 螺旋输送机的设计. 现代制造技术与装备, 257：1-3

池永红, 范文斌. 2014. 发酵工程设备. 重庆：重庆大学出版社

崔建云. 2008. 食品加工机械与设备. 北京：中国轻工业出版社

崔晓慧, 赵亚南. 2020. 新型精馏塔填料、塔内件的开发应用. 化工设计通讯, 46（8）：27-28

戴悦华. 2015. 浅析氨基酸行业发酵罐的换热冷却系统. 发酵科技通讯, 44（3）：52-55

邓毛程. 2014. 氨基酸发酵生产技术. 北京：中国轻工业出版社

邓修, 杨笺康, 郝金玉, 等. 2002. 微波萃取器. 中华人民共和国：CN02111437.9

丁启圣, 王维一. 2011. 新型实用过滤技术. 北京：冶金工业出版社

董润安. 2016. 现代生物学. 北京：北京理工大学出版社

董守亮, 陈文秀, 郭斌, 等. 2017. 酒精蒸馏装置的技术改造. 化工管理, 33：111

董守亮, 王继富, 陈文秀, 等. 2017. 五塔二级差压酒精蒸馏工艺的生产应用研究. 化工管理, 29：49

段开红. 2017. 生物工程设备. 2版. 北京：科学出版社

鄂佐星, 佟启玉. 2009. 秸秆固体成型燃料技术. 哈尔滨：黑龙江人民出版社

樊云峰. 2019. 化工企业设备安装管理. 化学工程与装备, 1：250-252

方赵嵩. 2022. 制冷技术. 北京：机械工业出版社

方祖成, 李冬生, 汪超. 2017. 食品工厂机械装备. 北京：中国质检出版社

冯庆, 孙成杰. 2001. 在位清洗技术（CIP）简介. 医药工程设计, 4：11-14

高大响. 2019. 发酵工艺. 北京：中国轻工业出版社

高晗, 张露, 赵伟民. 2012. 食品包装技术. 北京：中国科学技术出版社

高孔荣. 1991. 发酵设备. 北京：中国轻工业出版社

高文远. 2014. 中药生物工程. 上海：上海科学技术出版社

高贤申. 2020. 生物反应器在设计、制造和使用过程中的质量控制及验证策略探讨. 化工与医药工程, 41（1）：15-23

高愿军. 2006. 软饮料工艺学. 北京：中国轻工业出版社

宫锡坤. 2005. 生物制药设备. 北京：中国医药科技出版社

巩耀武, 管丙军. 2006. 火力发电厂化学水处理实用技术. 北京：中国电力出版社

谷小虎, 李晓辉, 杨旭, 等. 2011. 甲醇蛋白的技术与市场. 煤化工, 39（5）：5-8

关振球. 1991. 轻工业包装机与生产线. 北京：轻工业出版社

管雪梅. 2020. 检测与转换技术. 北京：机械工业出版社

郭建平, 林伟初. 2006. 鱼粉加工技术与装备. 北京：海洋出版社

郭梅君, 刘幼强, 曹荣冰, 等. 2020. 液态发酵法白酒的连续蒸馏方法研究. 酿酒科技, 1：34-37

郭慕孙, 汪家鼎. 1995. 中国科学院院士咨询报告 发展中国的化工前沿. 北京：中国科学院化学部

郭勇. 2007. 生物制药技术. 2版. 北京：中国轻工业出版社

韩德权. 2008. 发酵工程. 哈尔滨：黑龙江大学出版社

韩东太. 2016. 能源与动力工程测试技术. 徐州：中国矿业大学出版社

韩静. 2019. 制药工程制图. 2版. 北京：中国医药科技出版社

何佳，赵启美，侯玉泽. 2008. 微生物工程概论. 北京：兵器工业出版社

何天白，胡汉杰. 2001. 功能高分子与新技术. 北京：化学工业出版社

贺建忠. 2006. 化工原理（下）. 徐州：中国矿业大学出版社

胡斌杰，郝喜才. 2018. 食品生产工艺. 开封：河南大学出版社

黄方一，程爱芳. 2013. 发酵工程. 3版. 武汉：华中师范大学出版社

黄方一，叶斌. 2006. 发酵工程. 武汉：华中师范大学出版社

黄芳一，程爱芳，徐锐. 2019. 发酵工程. 武汉：华中师范大学出版社

黄立新，郑文辉，王成章，等. 2007. 喷雾冷冻干燥在植物提取和医药中的应用. 林产化学与工业，S1：143-146

黄素逸，林秀诚，叶志瑾. 1996. 采暖空调制冷手册. 北京：机械工业出版社

黄亚东. 2006. 化工原理. 北京：中国轻工业出版社

黄亚东. 2013. 啤酒生产技术. 北京：中国轻工业出版社

黄志超，涂林鹏，刘举平，等. 2020. 超声波清洗技术及设备研究进展. 华东交通大学学报，37（3）：1-9

贾绍义，柴诚敬. 2001. 化工传质与分离过程. 北京：化学工业出版社

江晶. 2014. 污水处理技术与设备. 北京：冶金工业出版社

江晶. 2018. 大气污染治理技术与设备. 北京：冶金工业出版社

姜大志，时彤，孙俊兰. 2014. 管径比对脉冲气流干燥器干燥过程的影响. 中国粉体技术，20（6）：25-27

姜开维，骆海燕，窦冰然，等. 2016. 自吸式生物反应器放大方法研究进展. 食品与机械，32（1）：207-212

金杰. 2009. 制药过程自动化技术. 北京：中国医药科技出版社

金妍，商兆江，邵可，等. 2018. 基于石墨烯材料的pH传感器的研究进展. 应用技术学报，18（4）：313-316

康明官. 2001. 配制酒生产技术指南. 北京：化学工业出版社

李德发，范石军. 2002. 饲料工业手册. 北京：中国农业大学出版社

李德旺. 2005. 最新工厂常用清洗剂、脱脂剂、萃取剂操作控制与管理控制及典型案例剖析实务全书. 北京：中国化工出版社

李干禄，李辉，韦策，等. 2020. 高效换热器在生物反应器中的应用. 生物加工过程，18（6）：719-723

李欢竹. 2010. 超声波清洗技术在制药机械行业的应用. 应用能源技术，149（5）：18-20

李莉玲，陈泽田，王款，等. 2017. 年产20万吨微生物发酵饲料工厂设计. 轻工科技，33（11）：19-21

李良. 2017. 食品包装学. 北京：中国轻工业出版社

李伟霖. 2018. 高职院校设备采购管理系统研究. 金华职业技术学院学报，18（1）：1-5

李霞. 2007. 生物化工实训指导. 天津：天津大学出版社

李献. 2017. 塑料连续封口机设计分析与改进. 科技资讯，15（21）：101-102

李秀婷. 2013. 现代啤酒生产工艺. 北京：中国农业大学出版社

李学如，涂俊铭. 2014. 发酵工艺原理与技术. 武汉：华中科技大学出版社

李自良，赵彩红，王美皓，等. 2020. 动物细胞生物反应器研究进展. 动物医学进展，41（6）：103-108

梁冰洪，王斌鹏，刘海英，等. 2020. 啤酒两器糖化控制系统设计. 齐鲁工业大学学报，34（1）：36-41

梁世中. 2002. 生物工程设备. 北京：中国轻工业出版社

梁世中. 2011. 生物工程设备. 2版. 北京：中国轻工业出版社

梁世中，朱明军. 2011. 生物反应工程与设备. 广州：华南理工大学出版社

凌沛学. 2007. 制药设备. 北京：中国轻工业出版社

刘安静. 2019. 包装生产线设备安装与维护. 北京：中国轻工业出版社

刘殿宇，蔡永建. 2018. CIP清洗系统的设计及注意事项. 中国乳业，193：63-65

刘冬. 2008. 食品生物技术. 北京：中国轻工业出版社

刘凤霞. 2015. 马铃薯食品加工技术. 武汉：武汉大学出版社

刘桂兰. 2022. 食品生产环节生物工程技术的应用. 现代食品，28（17）：138-140

刘建方，许杰，张寒. 2021. 螺旋输送机的选型要素. 现代盐化工，4：102-103

刘建福，胡位荣. 2014. 细胞工程. 武汉：华中科技大学出版社

刘建明，郑雁飞，陈宇，等. 2011. 新型射流内循环搅拌发酵罐的研制. 发酵科技通讯，40（2）：29-30

刘军，彭润玲，张志军，等. 2008. 三类药用真空干燥设备的选型技术. 机电信息，191（17）：12-21

刘坤平，刘崴. 2019. 仪器分析教程. 武汉：华中科技大学出版社

刘落宪. 2007. 中药制药工程原理与设备. 2版. 北京：中国中医药出版社

刘娜. 2021. 超临界流体色谱的应用进展. 军事医学，45（7）：558-561

刘天中，张维，王俊峰，等. 2014. 微藻规模培养技术研究进展. 生命科学，26（5）：509-522

刘信中. 2005. CIP系统在啤酒厂的应用. 中国酿造，2：22-25

刘雄心，谭铁仁，李梦瑶，等. 2012. 平板式泡罩包装机成型装置凸轮曲线的改进. 包装与食品机械，30（5）：32-34

刘银堂，郭波，王武凤，等. 2020. 化工机械设备故障与事故管理分析. 化工设计通讯，46（1）：79，102

刘迎春，叶湘滨. 2015. 传感器原理、设计与应用. 北京：国防工业出版社

刘远. 2007. 食品生物技术导论. 北京：中国农业出版社

鲁储生. 2018. 刮膜式薄膜蒸发器的改进研究. 包装与食品机械，36（1）：70-72

鲁晓琳. 2018. 降膜蒸发器的设计要点分析. 科技与创新，10：134-135

陆强，赵雪冰，郑宗明. 2013. 液体生物燃料技术与工程. 上海：上海科学技术出版社

陆寿鹏. 2002. 酿造工艺上. 北京：高等教育出版社

罗云波. 2016. 食品生物技术导论. 北京：中国农业大学出版社

马长永. 2019. 湿空气物理性质计算方法研究. 工业锅炉，3：31-34

马海乐. 2004. 食品机械与设备. 北京：中国农业出版社

马凯坤，袁越锦，徐英英，等. 2022. 多能互补果蔬热风真空干燥设备设计及应用. 真空科学与技术学报，42（3）：228-235

马晓建. 1996. 生化工程与设备. 北京：化学工业出版社

孟胜男，胡容峰. 2016. 药剂学. 北京：中国医药科技出版社

聂傲. 2021. 叶片式气液分离器的数值模拟研究. 石油化工设计，38（1）：28-33

潘永康，王喜忠，刘相东. 2007. 现代干燥技术. 北京：化学工业出版社

盘爱享，施英乔，丁来保，等. 2008. 废水处理厌氧生物反应器研究进展. 生物质化学工程，294（5）：37-42

蒲彪，胡小松. 2016. 饮料工艺学. 北京：中国农业大学出版社

秦耀宗. 2007. 中等专业学校教材 酒精工艺学. 北京：中国轻工业出版社

邱立友. 2007. 发酵工程与设备. 北京：中国农业出版社

上海医药工业技术情报站. 1971. 国外制药化工设备近年发展概况（四）. 医药工业，9（8）：33-35

申澜，周爱东，吴小芹. 2015. 植物细胞培养生物反应器的种类特点及展望. 中国生物工程杂志，35（8）：109-115

沈川平. 2013. 设备前期管理存在问题与对策研究. 石油和化工设备，16（9）：83-85，90

沈海榕，高利坤，饶兵，等. 2021. 永磁磁选设备的研究现状及发展趋势. 有色金属（选矿部分），5：103-109

沈玉龙，曹文华. 2016. 绿色化学. 3版. 北京：中国环境科学出版社

沈月新. 2006. 食品保鲜贮藏手册. 上海：上海科学技术出版社

沈再春. 1993. 农产品加工机械与设备. 北京：中国农业出版社

宋建国. 2007. 化工原理. 哈尔滨：东北林业大学出版社

宋建农. 2006. 农业机械与设备. 北京：中国农业出版社

孙传瑜，张维洲. 2010. 药物制剂设备. 济南：山东大学出版社

孙怀远，孙波，杨丽英. 2016. 泡罩包装机使用与维护分析. 机电信息，473（11）：51-59

孙君社. 2001. 现代食品加工学. 北京：中国农业出版社

孙龙月，王艳，薛也，等. 2021. 检测性生物传感器的应用研究进展. 食品工业，42（4）：367-372

孙磊磹. 2014. 胜利油田微生物驱油现场实践及分析. 石油天然气学报，36（2）：149-152

孙秀云. 2019. 固体废物处理处置. 北京：北京航空航天大学出版社

谭志坚，李芬芳，邢健敏. 2010. 双水相萃取技术在分离、纯化中的应用. 化工技术与开发，39（8）：29-35

唐丽丽. 2014. 食品机械与设备. 重庆：重庆大学出版社

陶冉，贾学斌，马玉新，等. 2020. 厌氧膜生物反应器处理有机废水研究进展. 水利水电技术，51（10）：130-140.

滕海涛，李璟，姜新春，等. 2015. 五塔二级差压酒精蒸馏工艺的生产应用. 广东化工，42（13）：88-89

汪静，武卫东，王浩，等. 2021. 辅助冷凝器冷却水量对闭式热泵干燥系统性能的影响. 化工进展，40（3）：1307-1313

王建军. 2016. 过滤除菌工艺与应用探讨. 医药工艺与工程，37（3）：18-22

王金萍. 2018. 物流设施与设备. 沈阳：东北财经大学出版社

王劲松，曹品鲁，刘春鹏，等. 2013. 泡沫钻井流体消泡技术研究进展. 石油矿场机械，42（3）：21-26

王丽华，徐颖. 2005. 固体废物处理与资源化技术. 沈阳：辽宁大学出版社

王沛. 2006. 中药制药设备. 北京：中国中医药出版社

王沛. 2014. 制药原理与设备. 上海：上海科学技术出版社

王沛. 2019. 制药原理与设备. 2版. 上海：上海科学技术出版社

王淑波，蒋红梅. 2019. 化工原理. 武汉：华中科技大学出版社

王艳艳，王团结，彭敏. 2017. 常用干燥设备的应用及其选用原则研究. 机电信息，500（2）：1-16

王义辉，唐伟，魏静蓉，等. 2004. ISO质量管理体系与医疗设备的标准化管理. 医疗设备信息，6：65-67

王政文，张万尧，崔建航. 2021. 真空干燥技术研究进展与展望. 化工机械，48（3）：321-325

韦举兵，陈延林，李进勇，等. 2016. 糖蜜在线稀释系统的开发及应用. 广西糖业，4：15-19

温海江，车刚，王丽娟，等. 2016. 大豆精选工艺与设备的研究. 农机使用与维修，5：6-8

吴江超，颜雪琴．2017．仪器分析技术项目化教程．武汉：武汉理工大学出版社

吴龙奇．2008．产品包装系统设计与实施．北京：印刷工业出版社

武建新．2000．乳品技术装备．北京：中国轻工业出版社

席会平，田晓玲．2015．食品加工机械与设备．北京：中国农业出版社

夏焕章．2019．发酵工艺学．北京：中国医药科技出版社

夏建业，谢明辉，储炬，等．2018．生物反应器流场特性研究及其在生物过程优化与放大中的应用研究．生物产业技术，（1）：41-48

夏芸，张茂龙，张裕中．2011．鲜湿豆渣湿法粉碎技术研究．粮食与食品工业，18（4）：12-18

谢海萍．2018．试论企业物资设备采购管理的优化对策．商场现代化，7：112-113

谢小冬．2007．现代生物技术概论．北京：军事医学科学出版社

徐成海，张世伟，彭润玲，等．2008．真空冷冻干燥的现状与展望（二）．真空，221（3）：1-13

徐清华，马歌丽，王建松．2009．机械搅拌通风发酵罐的节能设计．化学工程与装备，2：48-50

徐桃珍．2018．简析真空冷冻干燥机．南方农机，49（3）：40-41

徐晓峰，南智懿．2020．信息化支持下医疗设备全生命周期的管理模型．医疗装备，33（18）：62-64

徐元博，吕玉贵，刘平安．2016．单效升膜蒸发器改造选型及其在硫酸淋洗液铼金属回收系统中的应用．硫酸工业，5：39-41

徐照明，李艳．2018．味精生产全过程自动控制．化工管理，2：104

薛雪．2006．化工原理 下．长沙：湖南科学技术出版社

闫彦龙，李成．2018．神华新疆化工有限公司煤化工高盐废水零排放技术进展．煤炭加工与综合利用，231（10）：19-22

闫一野．2011．普通真空干燥设备综述．干燥技术与设备，2：57-63

颜鑫，张霞．2019．传感器原理及应用．北京：北京邮电大学出版社

颜真，张英起．2007．蛋白质研究技术．西安：第四军医大学出版社

杨福宝，徐骏，石力开．2005．球形微细金属粉末超声雾化技术的最新研究进展．稀有金属，5：785-790

杨开，董同力嘎．2019．食品包装学．北京：中国轻工业出版社

杨世祥．1998．软饮料工艺学．北京：中国商业出版社

杨晓清．2009．包装机械与设备．北京：国防工业出版社

姚日生．2007．制药工程原理与设备．北京：高等教育出版社

姚汝华，周世水．2013．微生物工程工艺原理．3版．广州：华南理工大学出版社

要慧子．2017．吸附分离技术的应用及其最新进展．化工管理，34：78-79

伊平，李禄．1996．生化工程测试技术．天津：天津科学技术出版社

银建中，程绍杰，贾凌云，等．2009．生物反应器放大因素与方法研究．化工装备技术，30（1）：22-27

尹亦池．2020．卧式螺旋卸料沉降离心机节能研究进展．中国石油和化工标准与质量，40（4）：126-127

于成．2021．玉米乙醇生产工艺中的几种干法粉碎技术方案分析．酿酒，48（4）：116-120

于殿江，施定基，何培民，等．2021．微藻规模化培养研究进展．微生物学报，61（2）：333-345

于慧瑛．2021．微生物技术及其资源研究与应用．北京：新华出版社

于信令．1995．味精工业手册．北京：中国轻工业出版社

于颖，田耀华，黄娟．2010．在线清洗（CIP）新技术及设备．机电信息，251（5）：1-11

俞俊棠．1982．抗生素生产设备．北京：化学工业出版社

郁雯霞，任建清．2010．远红外真空干燥设备的设计与优化．机械工程与自动化，162（5）：76-78

袁一．2001．化学工程师手册．北京：机械工业出版社

翟学萍，齐建平，尤慧艳．2018．模拟移动床色谱技术研究进展．化学教育（中英文），39（4）：1-9

张改梅，宋晓利，赵寰宇，等．2016．包装印后加工．北京：印刷工业出版社

张国全．2013．包装机械设计．北京：印刷工业出版社

张茂芬．2018．连续发酵生产燃料乙醇过程的优化分析．化工管理，2：106

张瑞超，赵朔，白鹏．2013．模拟移动床色谱技术研究进展．现代化工，33（11）：119-122

张绪峤．2003．药物制剂设备与车间工艺设计．北京：中国医药科技出版社

张郢峰．2012．化工单元操作技术（下）．天津：天津大学出版社

张永京，李大玉，缪宏，等．2020．气升式内环流生物膜反应器设计与试验．农业装备技术，46（1）：40-42

张裕中．2000．食品加工技术装备．北京：中国轻工业出版社

张元兴，许学书．2001．生物反应器工程．上海：华东理工大学出版社

张越，曾林春．2022．组合式空气过滤器在集中空调系统中的应用分析．节能与环保，4：36-38

张增帅，张宝善，罗晌红，等．2012．食品微波真空干燥研究进展．食品工业科技，33（23）：393-397

章建浩．2000．食品包装大全．北京：中国轻工业出版社

赵德喜，曹学文，任大伟，等．2014．流砂过滤器试验研究与结构优化．石油矿场机械，43（2）：29-33

周前，刘恩海. 2018. 冷库技术. 2版. 徐州：中国矿业大学出版社

朱明军，梁世中. 2019. 生物工程设备. 3版. 北京：中国轻工业出版社

朱云. 2013. 冶金设备. 2版. 北京：冶金工业出版社

邹东恢. 2009. 生物加工设备选型与应用. 北京：化学工业出版社

邹东恢，梁敏. 2016. 生物工业过滤设备选用原则、设备选型与新发展. 食品工业，37（9）：203-207

邹东恢，梁敏. 2017. 生物工业干燥设备选型原则与设备选型及发展趋势. 食品工业，38（8）：225-230

邹东恢，梁敏. 2019. 生物反应器的选型原则与设备选型及新发展. 食品工业，40（4）：244-248

邹建. 2019. 淀粉生产及深加工研究. 北京：中国农业大学出版社

左永泉. 2009. 啤酒发酵罐的清洗和灭菌技术. 啤酒科技，144（12）：26-28

Yadav K S, Kale K. 2020. High pressure homogenizer in pharmaceuticals: understanding its critical processing parameters and applications. Journal of Pharmaceutical Innovation, 15(4): 690-701